Weniger schlecht Projekte managen

Weniger schlecht Projekte managen

Ohne Krise zum Projekterfolg

Anne Schüßler & Peter Schüßler

Anne Schüßler und Peter Schüßler

Lektorat: Alexandra Follenius
Fachgutachten: Jörg Staudemeyer
Korrektorat: Sibylle Feldmann, *www.richtiger-text.de*
Satz: III-satz, *www.drei-satz.de*
Herstellung: Stefanie Weidner
Umschlaggestaltung: Karen Montgomery, Michael Oréal, *www.oreal.de*
Druck und Bindung: mediaprint solutions GmbH, 33100 Paderborn

Bibliografische Information der Deutschen Nationalbibliothek
Die Deutsche Nationalbibliothek verzeichnet diese Publikation in der Deutschen Nationalbibliografie; detaillierte bibliografische Daten sind im Internet über *http://dnb.d-nb.de* abrufbar.

ISBN:
Print 978-3-96009-014-4
PDF 978-3-96010-195-6
ePub 978-3-96010-196-3
mobi 978-3-96010-197-0

1. Auflage

Wieblinger Weg 17
69123 Heidelberg

Hinweis:
Dieses Buch wurde auf PEFC-zertifiziertem Papier aus nachhaltiger Waldwirtschaft gedruckt. Der Umwelt zuliebe verzichten wir zusätzlich auf die Einschweißfolie.

Schreiben Sie uns:
Falls Sie Anregungen, Wünsche und Kommentare haben, lassen Sie es uns wissen: kommentar@oreilly.de.

5 4 3 2 1 0

Inhalt

Teil II Persönlichkeit und Fähigkeiten

Was erwartet Sie in diesem Buch?

Wir haben das Buch in drei Teile eingeteilt. Im ersten Teil lernen Sie über die Methoden des klassischen Projektmanagements alles, was Sie wissen müssen, um ein weniger schlechter Projektmanager zu werden, und dazu ein bisschen was zu agilen Projektmanagementmethoden. Im zweiten Teil gehen wir auf die persönlichen Fähigkeiten ein, die Sie neben dem Methodenwissen brauchen, um nicht im Projektmanagementalltag unterzugehen. Im dritten und letzten Teil werden wir noch ein wenig auf die Rolle der Organisation für das Projektmanagement eingehen.

In den ersten beiden Kapiteln betrachten wir die Grundlagen des Projektmanagements und gehen mit einer heiteren Selbsteinschätzung in die erste Runde, um danach zu lernen, was ein Projekt überhaupt ist und wie Sie entscheiden können, ob Sie ein Projektmanager sind oder auch nicht.

In den nächsten Kapiteln gehen wir die wichtigsten Methoden des Projektmanagements durch. Die Kapitel bauen aufeinander auf, sodass es sich empfiehlt, dieses Buch in der von den Autoren angedachten Reihenfolge zu lesen. Wenn Sie ganz dringend etwas Spezielles wissen möchten, können Sie aber auch in einem Kapitel Ihrer Wahl einsteigen, eventuell müssen Sie dann gelegentlich etwas zurückblättern.

Mit Kapitel 3 steigen wir richtig ein, und Sie lernen, warum Projektmanagement auch immer eine Erfahrungswissenschaft ist und was das für Sie bedeutet. In Kapitel 4 erfahren Sie, warum es wichtig ist, das Projektziel zu kennen und wie Sie es so definieren, dass Sie auch langfristig damit arbeiten können. In Kapitel 5 beschäftigen wir uns mit dem Projektumfeld, Ihren Stakeholdern, den verschiedenen Einflüssen, die von außen an Sie und Ihr Projekt herangetragen werden, und wie Sie damit umgehen können.

Damit landen wir bei Kapitel 6, in dem es dann so richtig zur Sache geht, weil wir uns hier endlich näher mit dem Projektstrukturplan (PSP) befassen. Wir erklären, was der Projektstrukturplan ist, wofür Sie ihn brauchen und wie Sie einen weniger schlechten Projektstrukturplan erstellen. In Kapitel 7 geht es dann um Risikomanagement. Sie lernen, wie Sie Risiken identifizieren, wie Sie sie bewerten und wie Sie damit umgehen können. Außerdem zeigen wir Ihnen die Tücken des Risikomanagements und warum es manchmal so schwierig ist, weniger schlechtes Risikomanagement im Projektalltag umzusetzen.

Anschließend beschäftigen wir uns in Kapitel 8 endlich mit der Terminplanung. In diesem Kapitel wird den Pedanten unter Ihnen das Herz aufgehen, denn wir zeigen Ihnen, wie man ein Projekt mithilfe der Netzplantechnik von vorne bis hinten durchplant, und verraten Ihnen schließlich, was der ominöse kritische Pfad ist, von dem man immer so viel hört. In Kapitel 9 und 10 verraten wir Ihnen dann noch, wie Sie neben Terminen auch Ressourcen und Kosten planen und welche Fallstricke Sie dabei beachten müssen.

Nach einer kleinen Übersicht der gesamten Projektmanagementmethodik in Kapitel 11 haben wir dann noch ein paar weitere Hinweise für Sie. So erfahren Sie in Kapitel 12 allerlei wissenswerte Dinge über das Projektcontrolling und wie Sie jederzeit Ihre Kosten im Blick behalten. Kapitel 13 widmet sich ganz agilen Softwaremanagementmethoden wie Kanban und Scrum. Wir erklären, was diese Methoden anders machen und warum und was Sie daraus für Ihr Projekt lernen können. Zuletzt kümmern wir uns in Kapitel 14 um die Projektdokumentation und zeigen Ihnen, was Sie warum wie dokumentieren sollten (oder eben besser nicht).

Damit wären wir am Ende unserer Reise durch die harten Fakten der Projektmanagementmethoden angekommen und können uns nunmehr Ihren persönlichen Fähigkeiten widmen. Als weniger schlechter Projektmanager haben Sie es nämlich auch immer mit Menschen zu tun, müssen kommunizieren, vermitteln und Konflikte lösen. In manchen Rollen werden Sie sich wohler fühlen als in anderen. Wir können Ihnen an dieser Stelle immerhin sagen, was vermutlich auf Sie zukommen wird, und Ihnen helfen, damit umzugehen.

In Kapitel 15 geht es um Kommunikation im Projekt. Wir erklären Ihnen, welche wichtigen Meetings im Laufe eines Projekts anstehen, wer daran beteiligt sein sollte und was Sie tun können, um Meetings effizient und nachhaltig zu gestalten. Kapitel 16 dreht sich um die große Frage der Motivation. In diesem Kapitel dröseln wir auf, was Motivation eigentlich bedeutet, woher sie kommt und wie Sie sich selber und Ihre Teammitglieder motivieren können.

Anschließend reden wir in Kapitel 17 über Selbststeuerung und Zeitmanagement. Da Sie als Projektmanager oft mehr auf dem tatsächlichen oder sprichwörtlichen Schreibtisch haben, als Sie realistischerweise abarbeiten können, müssen Sie wissen, wie Sie Ihre Zeit am sinnvollsten einsetzen, Aufgaben priorisieren und wie Sie auch delegieren können. Und zuletzt schauen wir uns in Kapitel 18 den Themenkomplex des Konfliktmanagements an, damit Sie gewappnet sind, wenn es in Ihrem Projekt mal nicht rosarot und flauschig zugeht. Wir erklären, welche Arten von Konflikten es typischerweise im Projektalltag gibt und wie Sie diese ohne Einsatz von roher Gewalt lösen können.

Damit wären wir auch schon fast am Ende des Buchs angekommen. Da ein Projekt aber selten im Vakuum existiert, sondern meistens innerhalb irgendeiner Art von Organisation verankert ist, schauen wir uns im dritten Teil auch diese Zusammenhänge einmal genauer an.

In Kapitel 19 lernen Sie zunächst die verschiedenen Projektorganisationsformen und ihre Eigenheiten kennen. Außerdem erklären wir Ihnen, welche Vor- und Nachteile die unterschiedlichen Organisationsformen haben und wie sich diese auf Ihre Rolle als Projektmanager auswirken können. Im jetzt wirklich allerletzten Kapitel 20 beleuchten wir dann noch kurz, wie Sie Probleme, die sich durch die Organisation ergeben, ansprechen und vielleicht sogar lösen können und welche Rolle ein Projektmanagementbüro innerhalb eines Unternehmens spielen kann.

c) Ich sorge dafür, dass das Projekt möglichst im Plan läuft, fungiere als Schnittstelle zwischen Management/Stakeholdern und Projektteam, kümmere mich um die Planung, das Risikomanagement und diene als Ansprechpartner. Ich habe sehr viele kleine Jobs rund um das Projekt, während das Projektteam fachlich möglichst ohne Störung arbeiten kann.

Wie erstellen Sie einen Netzplan?

a) Ich gehe zum nächsten Servicepunkt der Deutschen Bahn und hole mir einen.

b) Wir haben am Anfang des Projekts mal was in so ein Programm eingetippt und ausgedruckt. Ich glaube, die Datei liegt auf dem Rechner von Kollege Piependonk.

c) Wir haben in MS Project einen Netzplan erstellt, den wir auf einem Netzlaufwerk abgespeichert haben und regelmäßig prüfen und pflegen.

Wie findet man den kritischen Pfad heraus?

a) Der wird schon auf der Wanderkarte ausgeschildert sein.

b) Den kritischen Pfad erkenne ich aus dem Bauch heraus!

c) Da ich einen ordentlichen Netzplan mit sinnvollen Beziehungen zwischen den einzelnen Arbeitsschritten erstellt habe, weiß ich selbstverständlich, wo der kritische Pfad liegt!

Wie gehen Sie am besten mit Risiken um?

a) Ist Weglaufen eine Option?

b) Ach, das werden wir schon meistern, wenn es so weit ist. Mein Chef sagt immer: »Es gibt keine Probleme, nur Herausforderungen.« No Risk, no Fun!

c) Ich erstelle selbstverständlich eine Risikoanalyse, ordne die Risiken nach Eintrittswahrscheinlichkeit und Schadenshöhe und überlege mir Gegenmaßnahmen.

Ihr Projekt verspätet sich, Sie haben einen Meilenstein verrissen. Was machen Sie jetzt?

a) Was ist ein Meilenstein?

b) Ich weise das Projektteam an, bloß nichts zu sagen, und hoffe, dass es niemand merkt. Im Notfall schiebe ich es auf den externen Dienstleister, was will der schon machen?

c) Ich kommuniziere das Problem transparent an das Management und an den Kunden. Da uns das Problem glücklicherweise schon vorher bekannt war, konnten wir bereits Gegenmaßnahmen ergreifen, sodass sich die Verspätung nicht so schlimm auswirkt.

Haben Sie schon mal von agilen Projektmethoden gehört?

a) Nein. Aber ich gehe zwei Mal die Woche zur bewegten Pause. Zählt das auch?

b) Ja klar. Wir arbeiten schon lange agil und haben alle Prozesse abgeschafft. Irgendwie klappt das ja auch, es dauert nur länger, und keiner hat mehr Durchblick. Aber die Geschäftsführung sagt nichts, solange wir behaupten, das wäre normal bei Scrum.

c) Klar. Scrum, Kanban, XP. Wir evaluieren gerade die unterschiedlichen Prozesse und schauen, ob wir diese vernünftig innerhalb unserer Organisation einsetzen können. Das Management ist involviert und steht hinter uns.

Haben Sie überwiegend **a)** angekreuzt, sollten Sie noch mal überlegen, ob Sie überhaupt etwas über Projektmanagement wissen müssen, denn es klingt nicht ganz so, als hätten Sie schon einmal Berührung mit diesem Thema gehabt. Eventuell liegt aber genau da das Problem. Dann ist dieses Buch genau das richtige für Sie, und wir freuen uns, dass Sie unser Buch als Einstiegsbuch gewählt haben.

Haben Sie überwiegend **b)** angekreuzt, sind Sie exakt der richtige Kandidat für dieses Buch. Sie haben zwar in Ihrem Job mit Projektmanagement zu tun, lassen regelmäßig Buzzwords fallen, die Sie von anderen Buzzword-Fallenlassern gelernt haben, wissen aber letztlich nicht so wirklich, was sich dahinter verbirgt. Gegebenenfalls wissen Sie sogar recht viel von der Theorie, haben aber keine Ahnung, wie Sie Ihr Wissen brauchbar im Arbeitsalltag einsetzen können. Schön, dass Sie dieses Buch gefunden haben. Wir werden versuchen, alle Ihre Fragen zu beantworten, Missverständnisse zu klären und Ihnen wertvolle Tipps dazu zu geben, wie Sie ein besserer Projektmanager werden können.

Haben Sie überwiegend **c)** angekreuzt, sind Sie eindeutig überqualifiziert und können sich bei den Autoren ein »Überqualifiziert«-Kärtchen abholen (solange der Vorrat reicht). Vielleicht versprechen Sie sich von diesem Buch etwas, das wir nicht (mehr) leisten können, denn Sie wissen schon alles. Vielleicht können wir Ihnen aber inmitten von ganz viel »Weiß ich doch schon« auch den einen oder anderen hilfreichen Tipp geben, den Sie bisher noch nicht erhalten hatten. Vielleicht wollen Sie auch einfach nur klugscheißerisch prüfen, ob Sie irgendwo rumkritteln können. Vielleicht finden Sie den Titel witzig. (Obwohl, wirklich witzig ist er leider nicht.) Wir wollten nur was gesagt haben, bevor nachher Beschwerden kommen. Ansonsten: Lesen Sie gern weiter.

KAPITEL 2

»Hilfe, ich bin ein Projektmanager!«

Da stehen Sie nun, sind Projektmanager und wissen gar nicht so genau, was das eigentlich bedeutet. Immerhin haben Sie dieses Buch, womit die ersten Schritte gemacht wären. Zudem haben Sie erkannt, dass jetzt möglicherweise Aufgaben und Situationen auf Sie zukommen, die neu sind und sich von dem, was Sie bisher gemacht haben, unterscheiden könnten. Irgendwas wird anders werden, als es bisher war. Das ist eine wichtige Erkenntnis.

Aber gemach! Bevor wir Ihnen beibringen, wie man ein weniger schlechter Projektmanager wird, müssen wir erst herausfinden, ob Sie überhaupt ein Projektmanager sind, oder vielmehr, ob Sie vielleicht kein Projektmanager sind.

Woran erkenne ich, dass ich kein Projektmanager bin?

Nicht überall, wo Projektmanager draufsteht, steckt auch Projektmanager drin. »Projektmanager« ist ein Begriff, der sein Schicksal mit Buzzwords wie »agil«, »Web 2.0« oder »Cloud« teilt. Niemand weiß, was es bedeutet, aber es klingt so schön, kommt bei Kunden und Managern gut an und wird entsprechend auf jede Visitenkarte gedruckt und in jedes Dokument geschrieben, das nicht bei drei auf den Bäumen ist. Danach passiert oft nichts.

Eventuell kommt Ihnen das nun bereits bekannt vor. Ihr Chef verkündet Ihnen mit stolzgeschwellter Brust, dass Sie nun Projektmanager seien, auf Ihren Visitenkarten prangt ebenfalls bereits dieser kühne Titel, geändert hat sich aber seitdem nichts.

Oder es war ganz anders: Auch diesmal wird Ihnen mit großer Freude offenbart, dass Sie nunmehr Projektmanager seien, und auf einmal sitzen Sie in Meetings mit kryptischen Bezeichnungen, andere Menschen erwarten Entscheidungen von Ihnen oder wollen irgendwelche Dokumente von Ihnen haben. Das haben Sie alles so nicht gewollt, und gefragt hat Sie ja irgendwie auch keiner.

Es gibt viele Beispiele dafür, dass Sie nur Projektmanager heißen, aber keiner sind. Wenn Ihnen der Titel auf Ihrer Visitenkarte ausreicht und Sie eigentlich ganz glücklich damit sind, dass sich sonst nichts geändert hat, können Sie an dieser

KAPITEL 3

Failure is an Option(?) Methoden und Erfahrung

Aus einer Studie der Volkswagen Coaching GmbH in Zusammenarbeit mit der Universität Bremen geht hervor, dass die Unterstützung des Topmanagements – noch vor dem Methodeneinsatz und der Qualifizierung der Mitarbeiter im Projektmanagement – als der wichtigste Erfolgsfaktor für das Projektmanagement eingeschätzt wird.

Was hier doch etwas hochtrabend und businessmäßig professionell klingt, lässt sich auch bodenständiger formulieren: Wichtig ist vor allem, dass Ihre Firma Projektmanagement nicht nur auf dem Papier will, sondern auch bereit ist, etwas dafür zu tun.

Nun ist es natürlich so, dass jedes Topmanagement von sich behauptet, es unterstütze selbstverständlich die Projekte im Unternehmen. Dementsprechend kann man quasi sofort das Erlernen der Projektmanagementmethoden als das Wichtigste und auch das Dringlichste auf die To-do-Liste der Mitarbeiter setzen. Bei den Methoden für das Projektmanagement geht es in der Regel um harte Fakten, also um Dinge, die im besten Sinne des Worts erlernbar sind. Zudem ist die Sinnhaftigkeit dieser Kenntnisse gut vermittelbar: Ihr Chef wird sich deutlich mehr freuen, wenn Sie ihm im nächsten Meeting einen fertig ausgearbeiteten Projektplan vorlegen, als wenn Sie stundenlang über Konfliktlösungsstrategien philosophieren. Am Ende ist zwar vielleicht eine gute Strategie zur Konfliktlösung (oder besser noch: Konfliktvermeidung) wichtiger, um in genau Ihrem Projekt erfolgreich zu sein, aber dass Ihr größtes Problem nicht die Identifizierung von Arbeitspaketen ist, sondern dass sich Ihre Teammitglieder im Projektsandkasten dauernd mit Schäufelchen hauen, das müssen Sie erst mal vermitteln.

Lassen Sie uns positiv in die Thematik einsteigen: Es gibt ein ganzes Set von Projektmanagementmethoden, das im Übrigen deutlich über die Techniken zum Planen und Steuern von Projekten hinausgeht. Fast alles, was Sie in den nächsten Jahren an Aufgaben, Problemen und Stolperfallen erwartet, ist bekannt. Andere kluge Menschen haben sich Gedanken darüber gemacht und funktionierende Methoden gefunden, wie man damit umgehen kann. Systematisch erlernen kann

Auch bei den gerade genannten Beispielen zeigt sich, dass wir einige unserer Wünsche und Träume selbst beeinflussen können (Bällebäder sind zum Beispiel gar nicht so kostenintensiv), während das bei anderen nur bedingt möglich ist (noch ist die Existenz von Einhörnern nicht bewiesen). Aber noch etwas fällt auf: Bei allen Beispielen liegen uns Fragen auf der Zunge. Welche Krankheiten möchte ich nicht haben? Was bedeutet »erfolgreich im Beruf«? Wie alt will ich denn so konkret werden? Soll der Schokoladenkuchen mit oder ohne Walnüsse sein? Und was ist eigentlich dieses »Glück«, von dem alle immer reden?

Nehmen wir uns ein Beispiel heraus, das auch zum Rest dieses Buchs am besten passt: Ich möchte erfolgreich in meinem Beruf sein. Es gehört genau zu den Zielen, für die ich etwas tun kann. Ich kann meinen Erfolg selbst planen und kann mein Handeln danach ausrichten. Doch noch mal: Was bedeutet Erfolg? Für den einen bedeutet es, Ansehen im Beruf zu haben, im besten Fall verbunden mit einem schicken Firmenwagen, für den anderen bedeutet es, eine Aufgabe zu haben, die ihn aus- und erfüllt, und für einen dritten bedeutet es, viel Geld zu verdienen.

Für dieses Beispiel werfen Sie Ihre Selbstverwirklichungsideologie über Bord und stellen sich kurz vor, das kapitalistischste aller Ziele zu haben. Sagen Sie also: Ja, ich möchte viel Geld verdienen. Jetzt stellt sich die nächste Frage: Wie viel ist denn bitte VIEL? Sind das 4.000 Euro, oder gebe ich mich schon mit 2.000 Euro zufrieden, oder möchte ich gar 8.000 Euro im Monat verdienen? In diesem Beispiel pokern wir hoch, es ist ja auch nur ein Beispiel: Ja, ich möchte gern 8.000 Euro monatlich verdienen. Einen ganz schönen Wert haben wir uns da überlegt. In welcher Branche kann man denn so viel Geld verdienen? Die Frage sollte ich mir jetzt stellen, damit aus meiner Wunschvorstellung ein realistisches Ziel wird. Arbeite ich in einer sozialnahen Branche, werde ich die Zielgröße »8.000 Euro im Monat« wohl kaum erreichen. Arbeite ich in der Pharmaindustrie, dem Finanzsektor oder der Energiebranche, erscheint die Zielgröße schon deutlich realistischer.

Ohne das Beispiel endgültig zu Ende zu entwickeln, können wir schon jetzt einige Kriterien dafür erkennen, was ein Ziel ausmacht. Ziele müssen in jedem Fall spezifisch sein, ein in dieser Hinsicht gut formuliertes Ziel ist also: »Ich möchte mindestens 8.000 Euro monatlich verdienen.« Mit der Festlegung des Zielgehalts ist mein Ziel auch messbar, das heißt, ich kann bei Gelegenheit nachprüfen, ob ich es erreicht habe, ein Blick auf die monatliche Gehaltsabrechnung genügt. Mit der Auswahl der Branche ist mein Ziel zudem realistisch. Ich habe jetzt die nötigen Richtlinien für mein zukünftiges Handeln definiert, um das von mir gesteckte Ziel zu erreichen.

Die Zieldefinition in Projekten funktioniert dem Prinzip nach genauso. Es gibt einen Ausgangszustand (Wo stehe ich?), und es gibt einen Zielzustand (Wo will ich hin?). Um von dem einen Zustand in den anderen zu kommen, müssen Sie irgendwas tun, Dinge erledigen, Änderungen durchsetzen, was auch immer nötig ist. So gesehen, sind alle kleinen Schritte, die Sie machen müssen, um Ihr Ziel zu erreichen, die Aufgaben, die Ihr Projekt ausmachen und die damit letztlich Ihr Projekt sind. Das

Projekt ist also nur das Mittel Ihrer Wahl, um einen erwünschten Zielzustand zu erreichen, wenn bloßes Abwarten, Hoffen und Beten nicht ausreichen.

Wir nehmen ein einfaches Beispiel: Sie führen eine Software ein, um die Bearbeitung von irgendeiner Art mäßig interessanter Anträge zu automatisieren. Ihr Ziel ist vor allem eine schnellere Durchlaufzeit für die Bearbeitung der Anträge. Dass Sie mit dieser Software auch Fehlerhäufigkeiten reduzieren, insgesamt wirtschaftlicher agieren und die Sachbearbeiter weniger langweiligen Aufgaben nachgehen können, sind hübsche Nebeneffekte, die uns aber nur sekundär interessieren. Das Projekt ist das Mittel, das Ziel ist der Zweck. Die Zieldefinition erfüllt die Funktion, Ihnen einen Handlungsrahmen zu geben, an dem Sie sich orientieren, damit Sie sich im Projektalltag nicht hoffnungslos verirren und das Ziel am Ende auch tatsächlich erreichen.

Zieldefinitionen und ihre Funktionen

Über die reine Beschreibung eines Zwecks hinaus haben Ziele in Projekten auch noch andere Funktionen. Dies ist insbesondere begründet in der Komplexität von Projekten und natürlich vor dem Hintergrund, dass Projekte in einem sozialen Kontext stattfinden. Im Folgenden beschreiben wir weitere Funktionen, die Zieldefinitionen haben können.

Kontrolle

Wir spüren geradezu Ihre reflexartige Zurückhaltung, wenn uns das Wort Kontrolle über die Lippen geht. Es ist aber auch wichtig, zu betonen, dass Kontrolle im Sinne von *Steuerung* eine der wesentlichen Aufgaben des weniger schlechten Projektmanagers ist. Sofern Sie als Projektmanager Ziele für Ihr Projekt festgelegt haben, haben Sie auch die Möglichkeit, zu überprüfen, ob die Ziele erreicht wurden. Kontrolle im besten Sinne des Worts meint, die Zielerreichung zu steuern, es geht nicht darum, die Teammitglieder stasimäßig zu kontrollieren. Kontrolle ist die Messlatte für den Erfolg des Projekts.

Als weniger schlechter Projektmanager sind Sie hier gefragt, jedem einzelnen im Team für Ihre Steuerungsrolle zu sensibilisieren. Dabei geht es darum, eine Kultur zu schaffen, in der die Frage nach dem Zielerreichungsgrad nicht als persönlicher Affront wahrgenommen wird, sondern als das, was es tatsächlich ist: ein Hilfsmittel, um Ihr Projekt zu einem erfolgreichen Abschluss zu bringen.

Orientierung

Was Orientierung im Zusammenhang mit Zielen bedeutet, haben wir im obigen Beispiel bereits erläutert. Ein Ziel gibt Ihnen die Orientierung, wie Sie Ihr Handeln auszurichten haben, damit Sie dieses Ziel erreichen. In Bezug auf die Projektziele kommt eine soziale Dimension dazu. Hier geht es nicht mehr nur darum, dass Sie als Projektmanager wissen, was zu tun ist, sondern auch, dass jedes Teammitglied die Projektziele kennt und sein Handeln daran ausrichtet. Jeder im Team muss wissen, wohin die Reise geht. Hier stellt sich nicht nur die Frage »Was wollen wir erreichen?«, sondern eben auch »Was wollen wir nicht erreichen?« und »Wie kommen wir dahin?«

Für die Orientierung ist es wichtig, den Umfang des Projekts genau vor Augen zu haben. Ziele geben uns die Richtung vor, in die wir uns als Projektteam gemeinsam bewegen und an der wir unser Handeln ausrichten.

Hier sind die Kommunikationsfähigkeiten des weniger schlechten Projektmanagers gefragt. Die Zielsetzung Ihres Projekts muss klar und eindeutig kommuniziert werden, sodass jeder weiß, welche Rolle er im Gesamtkontext des Projekts spielt und was er zu tun hat. Die gute Kommunikation der Ziele bildet die Grundvoraussetzung für erfolgreiche Projektarbeit.

Verbindung

Ziele tragen dazu bei, dass Ihr gesamtes Team in eine Richtung arbeitet. Im besten Sinne verfolgen also alle dasselbe Ziel. Damit haben Ziele auch einen verbindenden Charakter. Ein Team kann noch so heterogen sein (unterschiedliche Charaktere, unterschiedliche Fachrichtungen, unterschiedliche Kulturen), die Ausrichtung an einem gemeinsamen Ziel verbindet selbst die heterogensten Teams.

Motivation

Das ist einfach: Ziele motivieren. Diesen Zusammenhang muss sich der weniger schlechte Projektmanager immer wieder bewusst machen. Es gibt einen unmittelbaren Zusammenhang zwischen klaren und verständlich formulierten Zielen und Motivation. Da in der Regel eine Führungskraft, sei es der Projektmanager oder der Linienmanager[2], für die Zieldefinition verantwortlich ist, gibt es auch einen unmittelbaren Zusammenhang zwischen Führung und Motivation. Ziele fördern die Motivation insofern, als dass es etwas gibt, auf das man hinarbeiten kann, das sich zu erreichen lohnt. Das bedeutet im Umkehrschluss, dass unklare Ziele oder, schlimmer, gar keine Ziele demotivierend sind. Verstärkt wird die Motivation oftmals dadurch, dass man als Team gemeinsam das Ziel erreichen kann. Daher ist eine klare Zielsetzung die Grundvoraussetzung für ein motiviertes Team. Machen Sie sich klar, dass es grundsätzlich immer motivierend ist, wenn man weiß, warum man tut, was man tut. Mitarbeiter, von denen erwartet wird, dass sie einfach nach Vorgabe Aufgaben erledigen (immerhin bekommen sie Geld dafür, reicht das nicht?), ohne dass sie über den Sinn dieser Aufgaben im Hinblick auf ein überge-

2 Der Linienmanager ist ein Vorgesetzter in einem hierarchisch organisierten Unternehmen. »Eine Linienorganisation besteht aus klaren und einheitlichen Weisungsbefugnissen auf jeder Ebene. Jeder Mitarbeiter eines Unternehmens weist eine Verbindung zu einer höheren Ebene auf. Gegenüber dieser muss sich jeder Mitarbeiter verantworten.« (*https://de.wikipedia.org/wiki/Linienorganisation*)

ordnetes Ziel informiert wären, fühlen sich nicht zu Unrecht oft wie eine Nebenfigur in einem beliebigen Kafkaroman.

Wenn Sie als weniger schlechter Projektmanager gefragt werden, ob Sie in der Lage sind, Ihr Team zu motivieren, stellen Sie sich zunächst einfach die Frage, ob Sie in der Lage sind, Ziele zu definieren und verständlich zu kommunizieren. Dann ist der erste Schritt zur Motivierung eines Teams getan.

Selektion

Schlüssige, in sich stimmige Ziele erleichtern die Auswahl von und die Entscheidung für Handlungsalternativen. Letztlich prüfen Sie als Projektmanager immer, ob Ihr Handeln dem Projektziel dienlich ist. Wenn ja, dann entscheiden Sie sich dafür, wenn nein, dann entscheiden Sie sich dagegen. So einfach, aber auch so wichtig ist das.

Ziele sind also nicht Selbstzweck, sondern die Definition von Zielen nimmt im Rahmen Ihrer Projektarbeit eine entscheidende Rolle ein. Ziele sind letztlich der Ausgangspunkt für erfolgreiche Projektarbeit insofern, als dass sie vorgeben, was zu tun ist, uns dabei helfen, zu kontrollieren, ob es auch wirklich getan wurde, und das Projektteam in Bezug auf die Zielerreichung zusammenzuschweißen. Nicht umsonst heißt es: »Zeig mir, wie dein Projekt beginnt, und ich sage dir, wie es endet.«

Zielkategorien

Jetzt kann man natürlich für vielfältige Bereiche Ziele setzen. Um hier ein wenig Systematik hineinzubringen, hilft uns das Projektmanagement, indem es Zielkategorien bereitstellt. Diese Zielkategorien sind – so einfach ist das – abgeleitet aus dem magischen Dreieck des Projektmanagements mit seinem Spannungsfeld zwischen Zeit, Aufwand/Kosten und Qualität. Wir stellen Ihnen an dieser Stelle zunächst die unterschiedlichen Zielkategorien vor, die die jeweiligen Ecken abbilden, und gehen später noch mal detaillierter auf die Bedeutung dieses Dreiecks für das Projektmanagement ein.[3]

Leistungsziele/Sachziele

Eine genau definierte Aufgabe muss bewältigt bzw. ein genau definiertes, spezifiziertes Produkt muss erstellt werden.

In der Zielkategorie *Leistungsziele* definieren Sie, was mit Ihrem Projekt erreicht werden soll. So legen Sie beispielsweise in einem Softwareprojekt fest, welche Funktionalitäten die Software haben soll. Das Ergebnis einer solchen Sammlung von

3 Die IPMA Competence Baseline 3.0 unterscheidet zwischen den übergeordneten Kategorien *Ergebnisziele* und *Vorgehensziele*. Um den Aufwand für die Zieldefinition möglichst gering zu halten, verzichte ich in der Darstellung auf diese Kategorisierung.

Funktionalitäten besteht mitunter aus einer Liste, die sich über mehrere Seiten Papier erstreckt. Hier kann es auch sinnvoll sein, zwischen Muss-Zielen und Kann-Zielen zu unterscheiden.

Muss-Ziele sind diejenigen Ziele, die in jedem Fall erreicht werden müssen, also beispielsweise die Funktionalitäten, die mindestens implementiert sein müssen. In der Regel handelt es sich hier um Knock-out-Kriterien. Eine Software, bei der jeder Nutzer ein eigenes Profil hat, muss in der Lage sein, ein funktionierendes und sicheres Log-in-Verfahren implementiert zu haben. Eine App zum Verwalten der schönsten Minigolfplätze ist nicht brauchbar, wenn keine Minigolfplatzdaten abgespeichert werden können.

Kann-Ziele sind die Ziele, die gemeinhin als »Nice to have« bezeichnet werden. Es wäre schön, wenn diese Funktion auch noch enthalten wäre, aber es besteht keine zwingende oder dringende Notwendigkeit.

Wirtschaftliche Ziele

Das Projekt muss im Rahmen des Projektbudgets abgeschlossen werden. Bestimmte wirtschaftliche Anforderungen, zum Beispiel Rentabilitätsziele oder Produktivitätsziele, müssen mit dem Projekt erfüllt werden.

Oftmals handelt es sich hier um Zielvorgaben, auf die Sie als Projektmanager gar keinen Einfluss haben. So werden zum Beispiel die Anforderungen an die Rendite eines Projekts durch das Unternehmen vorgegeben und bilden damit schon das erste Entscheidungskriterium, ob ein Projekt überhaupt durchgeführt wird oder nicht. Gerade in einem solchen Fall wird der Betrachtungszeitraum auf das Projekt nochmals deutlich erweitert.

Wenn Sie beispielsweise eine Software einführen, um den Prozess der Antragsbearbeitung zu optimieren, spielen nicht nur die eigentlichen Kosten für die Einführung der Software eine Rolle, sondern auch die Einspareffekte, die letztlich ausschlaggebend für den wirtschaftlichen Gesamterfolg des Projekts sind. Einfach gesagt: Wenn sich das Ganze am Schluss nicht rechnet, wird das Projekt gar nicht erst angegangen. Auf der anderen Seite gibt es natürlich ein Projektbudget, in unserem Beispiel das Budget für die Einführung der Software (Beratungsaufwand, Programmieraufwand, eventuell Aufwand für die Anschaffung neuer Hardware und so weiter). Dieses Budget nicht zu überschreiten, ist Zielvorgabe des weniger schlechten Projektmanagers, dessen Aufgabe es ist, das Projekt dahin gehend zu steuern.

Terminziele

Das Projekt muss innerhalb einer bestimmten Zeit abgeschlossen sein.

Terminziele beziehen sich typischerweise auch auf die Einhaltung von Zwischenterminen bzw. Zwischenmeilensteinen, die sich aus der Projektplanung oder aber auch aus den externen Rahmenbedingungen ergeben.

Sonderziele

Bis hierher war alles so weit klar. Damit es aber spannend bleibt und nicht zu einfach wird, kommen wir nun zu den *Sonderzielen*. Hierbei handelt es sich um Ziele, die nicht unmittelbar mit dem Projekt zu tun haben müssen. Ein Sonderziel könnte beispielsweise die Verbesserung des Unternehmensimages (*Imageziel*) sein.

Das magische Dreieck der Projektarbeit

Wir haben Ihnen ja versprochen, Sie mit dem Mysterium des magischen Dreiecks der Projektarbeit nicht alleine zu lassen. Eigentlich ist es ganz einfach: Stellen Sie sich ein Dreieck vor, bei dem jede Ecke eine der Zielkategorien *Leistungsziele*, *wirtschaftliche Ziele* und *Terminziele* repräsentiert. Wenn Sie sich nun innerhalb dieses Dreiecks bewegen, bedeutet jede Bewegung hin zu einer Ecke, dass Sie sich weiter von den anderen beiden Ecken entfernen. Sie werden also gezwungen, innerhalb dieser Kategorien die Prioritäten zu setzen, die die Basis für das Handeln im Projekt darstellen. Als Projektleiter müssen Sie sich immer die Frage stellen, welche der Kategorien in Ihrem Projekt am wichtigsten ist. Wie man sich dieses magische Dreieck bildlich vorstellen kann, zeigt Abbildung 4-1.

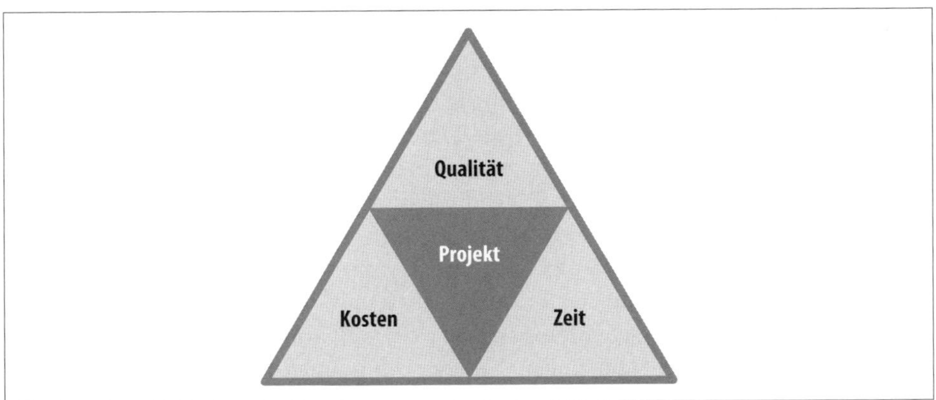

Abbildung 4-1: Das magische Dreieck der Projektarbeit mit seinen drei Ecken Zeit, Kosten und Qualität

Zunächst denken Sie vielleicht an Ihr Projektbudget, das Sie auf keinen Fall gefährden wollen und dürfen, und tatsächlich ist die Einhaltung des Projektbudgets meist das Erste, worauf der Auftraggeber oder die Geschäftsführung schaut. Das greift häufig aber deutlich zu kurz. Insbesondere bei Investitionsprojekten geht es ja darum, durch das Projekt einen nachhaltigen Gewinn zu erwirtschaften. Gehen wir nun in einem vereinfachten Beispiel davon aus, dass Sie mit der Einführung einer neuen Produktionsstraße eine Gewinnsteigerung von 10.000 Euro pro Tag erwarten. Droht hier eine zeitliche Verschiebung von einem Monat, wird eine Budgetüberschreitung von 100.000 Euro kaum ins Gewicht fallen, schließlich liegen die Mehrkosten deutlich unter den Verlusten durch eine spätere Inbetriebnahme.

Eventuell können Sie aber auch darüber nachdenken, den Leistungsumfang so zu verringern, dass die Produktionsstraße zunächst fristgemäß in Betrieb gehen kann, auch wenn noch nicht alle Funktionen zur Verfügung stehen. Die fehlende Leistung kann dann nach Inbetriebsetzung erbracht werden, indem Funktionen ergänzt werden.

In der IT-Branche kann man sich ähnliche Beispiele vorstellen. Nehmen wir das bereits angerissene Beispiel einer Software, die Anträge einlesen und automatisch verarbeiten kann. Wo vorher Sachbearbeiter saßen und mühsam Daten von Hand eintippten, reicht es nun, wenn die Anträge eingescannt werden und ein Programm automatisch die Daten interpretieren und in der Datenbank speichern kann. Die Zeitersparnis lässt sich auch hier letztlich in einem angestrebten monetären Gewinn beziffern, sei es, dass die Mitarbeiter ihre Zeit sinnvoller einsetzen und so bislang brachliegende Projekte des Unternehmens weitertreiben können, sei es (die sozial weniger verträgliche Variante), dass man jetzt die ganzen Studenten rausschmeißen kann, die vorher die Antragsdaten ins System eingegeben haben.

Auch hier entsteht durch eine Verzögerung des Projekts ein Geldverlust, denn je früher die Anträge automatisiert bearbeitet werden können, desto früher können die Angestellten mit schöneren Projekten betraut oder die Hilfskräfte entlassen werden. Und auch hier muss abgewogen werden, bis wann eine Verzögerung in Kauf genommen wird oder ob die Software sinnvollerweise mit verringertem Leistungsumfang in Betrieb genommen werden kann. Hakt es zum Beispiel noch an einer fehlerfreien Erkennung aller Antragsdaten, kann die Software zwar eventuell schon in Betrieb genommen werden, die Daten laufen aber noch nicht automatisiert ins System, sondern können erst nach einer Prüfung freigegeben werden. Die Sachbearbeiter sind noch nicht vollständig von einer lästigen Aufgabe befreit, es muss aber zumindest nicht mehr alles händisch abgetippt werden. Muss man befürchten, dass die Akzeptanz der Software darunter leidet, wenn sie bei der Einführung zwar schon ganz gut funktioniert, aber nicht der seit Monaten versprochene Heilsbringer ist, entscheidet man sich eventuell auch dafür, die Verzögerung mit den entsprechenden finanziellen Verlusten hinzunehmen, um sich ganz und gar dem Leistungsversprechen zu widmen. Als weniger schlechter Projektmanager wissen Sie, welche Zielkategorie für Sie am wichtigsten ist, oder Sie kümmern sich schleunigst darum, es herauszufinden.

Projektende vs. Zwischenmeilensteine

Das oben genannte Beispiel bezieht sich auf das Projektende, und es ist in diesem Beispiel sinnvoll, zu hinterfragen, welche Zielkategorie priorisiert wird. Häufig kommt es aber auch vor, dass Zwischenmeilensteine dringend erreicht werden müssen, da ansonsten das Gesamtprojekt gefährdet ist.

In einem Bauvorhaben, an dem ich in der Rolle des Terminplaners beteiligt war, gab es einen festen Termin, zu dem die Bäume gefällt werden mussten, damit Zufahrtsstraßen gebaut werden konnten. Dazu muss man wissen, dass es gesetzliche Bestimmungen gibt, die den Zeitpunkt für das Fällen von Bäumen einschränken. Generell dürfen Bäume in der Zeit von Anfang März bis Ende September nicht gefällt werden. Eine solche Restriktion führt, sofern das Arbeitspaket »Bäume fällen« nicht fristgerecht abgearbeitet wird, zu mindestens einem halben Jahr Verzug. Kaum auszudenken, wenn dieses Arbeitspaket auch noch auf dem kritischen Pfad liegt, also auf der Linie von aufeinanderfolgenden Arbeitspaketen, die keinen Zeitpuffer erlauben. Wir werden im Kapitel 8 zur Terminplanung noch genau erklären, was es mit dem kritischen Pfad auf sich hat (siehe Seite 103). Kurz gesagt, handelt es sich um die Prozesskette, bei der eine Verzögerung einer Teilaufgabe eine Verzögerung des Gesamtprojekts nach sich zieht. In diesem Fall verzögert sich also direkt auch das Projektende um ein halbes Jahr.

An diesem Beispiel sind zwei Dinge abzulesen:

1. Die Zielkategorie *Terminziele* bezieht sich nicht nur auf die Einhaltung des Endtermins, sondern gegebenenfalls auch auf die Planung und Einhaltung von Zwischenterminen
2. Bevor eine solch signifikante Verzögerung in Kauf genommen wird, ist es sinnvoll, über eine Budgeterhöhung nachzudenken, um den Prozess für den hier einzuhaltenden Termin z. B. durch den Einsatz von mehr Equipment oder durch Überstunden zu beschleunigen.

Zugegeben, das Beispiel oben zu der Antragseinlesesoftware ist deutlich vereinfacht, aber es trifft den Kern der Aufgabe des Projektleiters, die Aufgaben im Projekt entsprechend der führenden Zielgröße zu priorisieren. Grundsätzlich gilt es, die Kategorien des magischen Dreiecks im Gleichgewicht zu halten. Sie müssen darauf achten, sich nicht stur auf ein Ziel zu fokussieren und die beiden anderen dabei zu vergessen. Dann ist am Ende die Software möglicherweise superpünktlich fertiggestellt, dafür ist das Budget komplett aus dem Ruder gelaufen. Oder aber Sie haben alle Anforderungen mustergültig und fehlerfrei erfüllen können, haben dafür aber doppelt so lange gebraucht wie geplant. So gilt es auch stets abzuwägen, welche der drei Kategorien gerade die wichtigere ist und bei welchen eventuell noch Verhandlungsspielraum besteht. Dabei vergessen wir auch immerzu, dass wir ja eigentlich vier Zielkategorien haben: Leistungsziele, wirtschaftliche Ziele, Terminziele und Sonderziele. Wie passt nun die Kategorie der Sonderziele ins Bild?

Es kann sein, dass im Unternehmen Projekte durchgeführt werden, bei denen Zeit und Kosten eine untergeordnete Rolle spielen. Ein Beispiel könnte die Errichtung einer Windkraftanlage eines Energieunternehmens sein, das typischerweise auf dem Markt der fossilen Energien unterwegs ist, aber das Ziel hat, sich den Anstrich »Grün« zu geben. Natürlich soll diese Anlage auch Geld erwirtschaften und damit Gewinn abwerfen, aber es kann durchaus sein, dass die in dem Unternehmen gängigen Erwartungen an die Rentabilität solcher Projekte zugunsten des formulierten Ziels *Imageverbesserung* heruntergeschraubt werden.

In der IT kann die Entwicklung einer neuen Benutzeroberfläche so ein *Imageziel* sein. Hier fließt mitunter Zeit und Aufwand in eine neue Version der Software, die kaum neue Funktionalitäten bietet, aber eben moderner, schöner und vor allem besser bedienbar sein soll. Natürlich verspricht man sich von so einem hübschen neuen Kleid sicher auch eine höhere Nutzerzahl, vor allem geht es aber darum, das Image der verstaubten, technologisch abgehängten Software abzulegen oder zu vermeiden.

Typischerweise sind Sonderziele eher die weichen Ziele, die schwer messbar sind. Die Messbarkeit der Ziele ist aber dringend notwendig, um überprüfen zu können, ob ein Ziel tatsächlich auch erreicht wurde. Bei der Zielkategorie *Termine* ist das relativ einfach. Spätestens am Ende des Projekts weiß man, sofern es einen Terminplan gibt, ob der Endtermin eingehalten werden konnte oder nicht. Bei Sonderzielen kann sich diese Überprüfung aber schon mal als schwierig erweisen.

Nehmen wir noch mal das Beispiel der Imageverbesserung. Woher wissen wir überhaupt, was eintreffen muss, damit das Ziel erreicht ist? Wie können wir die Verbesserung des Images messen? Oder nehmen wir die Verbesserung der Mitarbeiterzufriedenheit. Auch hier stellt sich die Frage: Was muss eintreffen, damit das Ziel erreicht ist? Woher weiß ich denn, dass meine Mitarbeiter zufrieden sind, und woher soll ich vor allem wissen, ob sie zufriedener sind als vorher?[4]

Zielbeschreibung nach SMART

Um gerade auch den Zielerreichungsgrad der weichen Ziele messen zu können, müssen sie quantifiziert bzw. quantifizierbar beschrieben werden.

Wir nehmen hier das Beispiel »Verbesserung der Mitarbeiterzufriedenheit«: Durch die Einführung einer neuen Software soll die Zufriedenheit der Mitarbeiter gesteigert werden. Dieses Ziel werden sie nie oder immer erreichen aus einem einfachen Grund: Es gibt keine Referenzgröße. Außerdem haben Sie nicht festgelegt, bis wann Sie dieses Ziel erreichen wollen. Sie befinden sich also schon bei Projektstart auf einem ziemlich sicheren Weg in Ihre ganz persönliche Projekthölle. Und das alles nur, weil Sie nicht genug über Ihre Ziele nachgedacht haben.

Besser wäre hier schon: »Durch die Einführung einer neuen Software soll bis zum 31.12.2020 die Mitarbeiterzufriedenheit verbessert werden.« Mit dieser Aussage haben Sie Ihr Ziel immerhin schon mal terminiert.

4 Tatsächlich ist es schwieriger, ein Firmenimage oder die Zufriedenheit von Mitarbeitern zu messen, aber nicht unmöglich. Regelmäßige Umfragen sind eine zwar nicht immer günstige, aber grundsätzlich einfache Methode, die nötigen Antworten zu bekommen. Allerdings muss man sich oft ein bisschen länger gedulden, um herauszufinden, ob die eingeleiteten Maßnahmen Wirkung gezeigt haben oder nicht.

Weil uns das immer noch nicht reicht, werden wir erneut konkreter: »Bis zum 31.12.2020 sind 20% der Mitarbeiter zufriedener mit der Anwendung der Software.« Jetzt haben Sie Ihr Ziel, sofern Sie eine Referenzgröße haben, »messbar« gemacht. Nun müssen wir nur noch irgendwie an diese ominöse Referenzgröße kommen. Es ist aber überraschend einfach: Sie machen eine Mitarbeiterbefragung zur aktuellen Zufriedenheit mit der Software.

Dafür entwickeln Sie einen Fragebogen, der von allen Mitarbeitern beantwortet werden soll und der alle relevanten Bereiche Ihres Unternehmens abbildet. Sie achten darauf, dass die Fragen klar formuliert werden und die Antwortoptionen auswertbar und vergleichbar sind.

Nachdem die Ergebnisse vorliegen, wissen Sie, wo die größte Unzufriedenheit herrscht, und können – hoffentlich in enger Zusammenarbeit mit den Mitarbeitern – Maßnahmen entwickeln, um die Zufriedenheit in diesen Bereichen und damit auch mittelfristig die allgemeine Zufriedenheit der Mitarbeiter zu steigern.

Nach einem Jahr machen Sie erneut einer Umfrage mit den exakt gleichen Fragen und Antwortoptionen. Wenn Sie alles richtig gemacht haben, liegen Ihnen jetzt Zahlen vor, die belegen, dass Ihre Maßnahmen erfolgreich waren und die Mitarbeiter heute zufriedener sind als noch vor einem Jahr.

Das Akronym SMART hilft Ihnen dabei, Ziele so zu formulieren, dass der Zielerreichungsgrad am Ende auch gemessen werden kann:

- **S = Specific/Simple/Spezifisch:** Das Ziel ist einfach, verständlich und konkret.
- **M = Measurable/Messbar:** Der Zielerreichungsgrad kann gemessen werden.
- **A = Accepted/Akzeptiert/Abgestimmt:** Das Ziel ist akzeptiert und abgestimmt.
- **R = Realistic/Realistisch:** Das Ziel ist realistisch, es ist also kein unerreichbares Luftschloss.
- **T = Timeable/Timely/Terminiert:** Das Ziel ist zeitlich planbar mit festem Endtermin und Zwischenmeilensteinen.

Für unser Beispiel bedeutet das:

- **S** = Unser Ziel ist es, die Mitarbeiterzufriedenheit zu messen und mittelfristig zu steigern. Damit hätten wir unser Ziel verständlich und ausreichend konkret formuliert.
- **M** = Durch den Fragebogen und die messbaren Antwortoptionen (zum Beispiel auf einer Skala von 1 bis 5) haben wir die Möglichkeit, ein so schwammiges Konstrukt wie Zufriedenheit in brauchbarem Maße messen zu können.
- **A** = Die Maßnahme wird zusammen mit der Personalabteilung geplant, ist vom Management abgesegnet und wird von den Mitarbeitern als glaubwürdige Maßnahme zur Verbesserung ihres Arbeitsalltags wahrgenommen.
- **R** = Wir haben die Fragen so ausgewählt und formuliert, dass wir davon ausgehen können, alle wichtigen Aspekte der Unternehmensrealität abgebildet zu haben. Durch die Messbarkeit der Antworten sind wir außerdem in der Lage,

Schwachstellen zu identifizieren. Unser Ziel, konkrete und tragfähige Maßnahmen zu planen, um die Mitarbeiterzufriedenheit zu steigern, ist damit nicht nur utopisches Wunschdenken, sondern realistisch umsetzbar.

- **T** = Wir haben einen festen Termin zur Durchführung der ersten Mitarbeiterumfrage und der Präsentation der Ergebnisse. Ebenso haben wir für jede geplante Maßnahme einen eigenen Zeitplan mit einem festen Termin zur Umsetzung. Zuletzt steht auch der Termin für die zweite Mitarbeiterumfrage, mit der wir nach einem Jahr überprüfen, ob unsere Maßnahmen erfolgreich waren.

Indem wir unser Ziel nach der SMART-Regel definieren, planen und überprüfen, können wir sichergehen, keine wesentlichen Aspekte der Zieldefinition vergessen zu haben. Das schönste Ziel hilft nichts, wenn nicht klar ist, wann wir vorhaben, es zu erreichen. Das gilt für weniger schlechte Projektmanager genauso wie für weniger schlechte Alltagsbewältiger. Aus dem Plan, endlich mal wieder mit der besten Freundin ein leckeres Kölsch trinken zu gehen, wird nur was, wenn man sich endlich zusammen auf einen Termin geeinigt hat (T), der Termin auch kommuniziert wurde (A), beide diesen Termin einhalten können (R), der Ort des Kölschkonsums bekannt ist (S) und alle Beteiligten am Ende des Abends ausreichend angetüdelt sind (M). Und fangen Sie jetzt keine Diskussion an, selbstverständlich ist Kölsch lecker, Sie dürfen diese Projektmanagementübung aber natürlich auch mit Pils, Hefeweizen, irgendeinem obskuren Craft Beer oder (*Gott bewahre*) auch mit einem Altbier durchführen!

Zielbeziehungen und Zielkonflikte

Sie haben Ihre Ziele gesammelt, Sie wissen also, was Sie wollen. Sie haben Ihre Ziele kategorisiert, messbar gemacht und bestenfalls unter Zuhilfenahme von SMART beschrieben. Klasse! Fühlen Sie sich schon wie ein weniger schlechter Projektmanager?

Jetzt stellen Sie ungünstigerweise fest, dass es Ziele gibt, die in einem Widerspruch zueinander stehen. Grundsätzlich können Ziele in unterschiedlichen Beziehungen zueinander stehen. Sie können einander ausschließen, dann sprechen wir von einer *Zielantimonie*, sie können aber auch vollkommen deckungsgleich sein, dann sprechen wir von einer *Zielidentität*.

Bei positiven Zielbeziehungen, wie der Deckungsgleichheit von Zielen (*Zielidentität*), bei einer positiven Beeinflussung (*komplementäre Ziele*) oder gar bei Zielen, die überhaupt keinen Einfluss aufeinander haben (*Zielneutralität*), gibt es in der Regel keine Probleme. Dies gilt insbesondere für komplementäre Ziele, bei denen Ziel A durch Ziel B positiv beeinflusst wird.

Ein Beispiel dazu: Sie haben sich zum Ziel gesetzt, mindestens zwei Mal in der Woche eine Stunde Sport zu treiben. Auch haben Sie das Ziel, bis zur Mitte des

Jahres Ihr Wunschgewicht von 70 kg zu erreichen, und darüber hinaus haben Sie das Ziel, gesünder zu essen (weniger Kohlenhydrate, weniger Fett, mehr Gemüse). Alle drei Ziele ergänzen sich fabelhaft. Sie stehen komplementär zueinander.

Nun haben Sie ebenfalls das Ziel, in Zukunft weniger Auto zu fahren bzw. öfter die öffentlichen Verkehrsmittel zu nutzen. Sofern der Weg zu den Haltestellen der öffentlichen Verkehrsmittel nicht zu lang ist, steht das Ziel zu den zuvor genannten Zielen in keiner Beziehung. Die Zielbeziehung ist neutral bzw. indifferent. Wenn der Weg zur Haltestelle doch etwas länger ist oder Sie gar komplett aufs Fahrrad umsteigen, haben Sie auch hier eine komplementäre Beziehung, da die zusätzliche Bewegung Ihren Fitness- und Abnehmbemühungen direkt in die Hände spielt.

Der klassischste Fall eines Zielkonflikts ist etwas, das viele von uns täglich erleben: Auf der einen Seite steht der Job mit all seinen Pflichten und Verantwortungen, auf der anderen Seite steht unsere Familie, wie groß oder klein sie auch ausfallen mag, mit anderen, aber ebenso wichtigen Pflichten und Verantwortungen. Jede Stunde, die wir länger im Büro verbringen, um ein wichtiges Projekt voranzubringen, können wir nicht mit dem Partner beim Abendessen, den Kindern beim Spielen oder einfach so mit einem schönen Buch oder der neuesten Binge-Serie auf dem Sofa verbringen.

Denn eigentlich möchten Sie ja für die Familie und Ihre Freunde da sein, und außerdem haben Sie Hobbys, wollen noch eine Sprache lernen, mal ins Kino, eine Eule filzen oder ein Boot bauen (was wissen wir schon von Ihren Freizeitplänen?), aber Sie sind natürlich auch gefangen in den Konventionen Ihrer Arbeitswelt, und da geht es gar nicht immer zwangsläufig um den nächsten Karriereschritt, sondern einfach nur darum, dass es Ihr Einkommen und damit auch Ihre Existenz sichert. Die Krux ist folgende: Hand aufs Herz, wie lange hat es gedauert, um bewusst eine Entscheidung darüber zu treffen, welches der Ziele für Sie Priorität hat? Haben Sie diese Entscheidung überhaupt getroffen?

Sie glauben, wir kommen vom Thema ab? Was hat die Priorisierung innerhalb meines Privatlebens mit meiner Projektarbeit zu tun? Tatsächlich haben wir hier genau den Kern der Problematik erreicht. Die Zielbeziehung, in der Ziele in Konkurrenz zueinander stehen, sollten Sie als Projektleiter im Auge behalten, und für diese Ziele sollten Sie durch Priorisierung Klarheit schaffen. Ob wir uns den Druck, in beiden Bereichen so viele Menschen wie möglich so glücklich wie möglich zu machen, selbst machen oder ob er auch explizit an uns herangetragen wird, ist dabei erst mal egal. Wichtig ist, dass Sie als weniger schlechter Projektmanager die gerade beschriebene Situation und Ihr damit einhergehendes Unbehagen in Zukunft als klassisches Beispiel nicht kompatibler, sich gegenseitig ausschließender Ziele begreifen.

Wenn wir das obige Beispiel aus dem Privatleben in den Projektalltag übertragen, haben Sie hier nämlich innerhalb eines Projekts echtes Konfliktpotenzial. Zielkonkurrenzen können sich einerseits auf den Projektgegenstand beziehen. Andererseits – und das ist der gewichtigere Bereich – können die Ziele der agierenden Personen, Projektbeteiligten oder Stakeholder ebenfalls in Konkurrenz zueinander stehen.

Die klassischen Zielkonkurrenzen spielen sich hier zwischen den Zielen »Funktionsumfang/Qualität«, »Projektkosten« und »Endtermin« ab. Während Ihr Chef der Welt das neue Niedlichkeitsbewertungsprogramm für Hundewelpen so schnell wie möglich präsentieren will, möchte der Produktmanager den Funktionsumfang noch dringend um Katzenbabys erweitern, und der Budgetverantwortliche liegt Ihnen in den Ohren, weil die Kosten auf keinen Fall das geplante Budget überschreiten dürfen. In einer perfekten Welt ist das alles kein Problem, die Katzenbabys werden noch integriert, Sie haben die Kosten im Griff, und das Programm kann punktgenau zur großen Tierbaby-Convention vorgestellt werden. In der weniger perfekten Welt, in der wir uns leider befinden, müssen Sie oft mindestens einen Tod sterben. Das bedeutet, dass Sie abwägen und priorisieren und andere davon überzeugen müssen, dass Sie schon wissen, was Sie tun, und nicht immer alle Beteiligten so glücklich machen können, wie Sie es gern würden. Da die Tierbaby-Convention auch strategisch wichtig für Ihr Produkt ist, vermitteln Sie dem Produktmanager, dass die Katzenbabys zwar ganz sicher direkt als nächster Punkt auf Ihrer Liste stehen, Sie aber Ihre ganze Energie zunächst in die fehlerfreie Umsetzung des Basisprogramms stecken werden. Nebenbei bereiten Sie den Budgetverantwortlichen schon mal darauf vor, dass Sie in naher Zukunft einen weiteren Programmierer brauchen.

In diesem Sinne betreiben Sie als weniger schlechter Projektmanager nicht nur Erwartungsmanagement, sondern auch immer ein bisschen Enttäuschungsmanagement bei den Parteien, deren Wünsche Sie unter den aktuellen Bedingungen und unter Berücksichtigung aller Optionen nicht immer erfüllen können.

Lösungen für Zielkonflikte lassen sich selten kaninchengleich aus dem Zylinder ziehen. Bei konkurrierenden Zielen haben Sie als die Person, die den Konflikt auflösen muss, drei Möglichkeiten: Klärung, Priorisierung und Eskalation.

Klärung

Bevor Sie überhaupt irgendwas machen, reden Sie mit den unterschiedlichen Parteien und klären, wie wichtig die in Konflikt stehenden Ziele tatsächlich sind. Gerade bei der schriftlichen Kommunikation geht oft hilfreicher Subtext verloren, und das, was in der Mail superwichtig klang, entpuppt sich bei einem Gespräch als gar nicht so wild. Zielkonflikte können auch dann entstehen, wenn mehrere Parteien nichts von den Aktivitäten der jeweils anderen wissen und sich so einfach ohne Absicht die Anforderungen bei Ihnen häufen. Erst wenn nach solchen Sondierungsgesprächen der Zielkonflikt immer noch besteht, gehen Sie zum nächsten Schritt über und fangen an, zu priorisieren.

Priorisieren

Bringen Sie die Ziele in einer klare und begründbare Rangfolge. Welches Ziel ist wichtiger und warum? Welches kommt danach? In einem ersten Schritt können Sie dabei nach Muss-, Soll- und Kann-Zielen sortieren.

- *Muss-Ziele* sind solche, die unbedingt erreicht werden müssen. Ein Nicht-Erreichen dieser Ziele bedeutet auch immer das Scheitern des Projekts.
- *Soll-Ziele* sind solche, die erreicht werden sollten. Ein Nicht-Erreichen eines Soll-Ziels vermindert die Gesamtzufriedenheit der Stakeholder mit dem Projekt.
- *Kann-Ziele* sind solche, die mehr oder weniger gut erfüllt sein müssen. Diese sollten nur bei einem angemessenen Aufwand überhaupt in Angriff genommen werden.

Jetzt ist es eigentlich ganz einfach: Muss-Ziele schlagen Soll-Ziele, und Soll-Ziele schlagen Kann-Ziele. Reicht diese Unterteilung nicht, um den Konflikt aufzulösen, können Sie noch eine Gewichtung vornehmen. Muss-Ziele können dabei allerdings nicht gewichtet werden, da sie sowieso zwingend erreicht werden müssen.

Haben Sie jetzt eine Priorisierung vorgenommen, mit der sowohl Sie als auch Ihre Stakeholder und die betroffenen Parteien der konkurrierenden Ziele einverstanden sind, müssen Sie diese noch sauber dokumentieren und kommunizieren und können mit Ihrem erarbeiteten neuen Fahrplan weiterfahren. Konnte auch eine Priorisierung nicht weiterhelfen oder ist eine Priorisierung gar nicht möglich, weil zum Beispiel ein Zielkonflikt zwischen zwei Muss-Zielen besteht, hilft Ihnen nur noch der letzte Schritt: Sie müssen eskalieren.

Eskalation

In diesem letzten Schritt wenden Sie sich an die nächsthöhere Instanz, die in der Lage ist, Entscheidungen Ihr Projekt betreffend zu fällen. Dies kann Ihr Auftraggeber, Ihr Chef oder Ihr Geschäftsführer sein. Legen Sie Ihre Situation dar und erklären Sie, warum Sie auch als weniger schlechter Projektmanager nicht in der Lage sind, an dieser Stelle eine Entscheidung zu fällen, und diese Verantwortung zwangsläufig abgeben müssen. Wir drücken Ihnen die Daumen, dass Sie an ein verständnisvolles und entscheidungsfreudiges Management geraten, das Ihnen in dieser schwierigen Situation zur Seite steht.

Sobald Sie die Ziele Ihres Projekts systematisch erfasst und insbesondere die Sonderziele auch operationalisiert haben, ist schon ein erster wichtiger Schritt zur erfolgreichen Durchführung Ihres Projekts getan. Die Bedeutung der Zieldefinition kann gar nicht häufig genug betont werden, denn genau diese Ziele bilden die Grundlage für die weitere Planung. In der Phase der Projektdurchführung Ihres Projekts bilden die Ziele und deren Priorisierung dann die Grundlage für Ihr Handeln und für die Entscheidungen, die Sie zur Steuerung des Projekts treffen.

Zusammenfassung

Wir haben Ihnen jetzt gesagt, dass Ziele nicht nur wichtig, sondern sogar *sehr* wichtig sind, damit Sie mit Ihren Projekten Erfolg haben und ein weniger schlechter Projektmanager werden. Sie haben die unterschiedlichen Zielfunktionen und Zielkategorien kennengelernt. Außerdem wissen Sie jetzt, dass Sie Ziele SMART beschreiben können, und Sie wundern sich auch nicht mehr darüber, dass es Zielkonflikte gibt, denn das gehört zum Alltag des Projekts und ist damit Bestandteil Ihres Daseins als Projektmanagers. Bleibt die Frage, was Sie jetzt mit dem ganzen Wissen um die Ziele Schönes machen können.

Das Wissen um Zielfunktionen nehmen Sie einfach mal so mit und können damit in Zukunft einschätzen, ob Sie Ihrer Rolle als Projektmanager in Bezug auf die Definition und Kommunikation von Zielen gerecht geworden sind. Einfach gesagt, wenn Ihr Team offenkundig nicht motiviert ist, dann denken Sie darüber nach, ob Sie mit Ihrem Team ausreichend und vor allem explizit über die Projektziele gesprochen haben.

Mit dem Wissen um Zielkategorien können Sie einen Zielstrukturplan erstellen. Hierbei handelt es sich letztlich um ein Instrument, mit dem Ziele und die entsprechenden Zielkategorien visualisiert werden können. Das schafft Transparenz in Bezug auf die Projektinhalte und verdeutlicht jedem Projektbeteiligten, was mit dem Projekt erreicht werden soll (Leistungsziele) und wie die Rahmenbedingungen sind, damit es erreicht werden kann (wirtschaftliche Ziele und Terminziele). Eine vereinfachte Darstellung eines Zielstrukturplans könnte folgendermaßen aussehen:

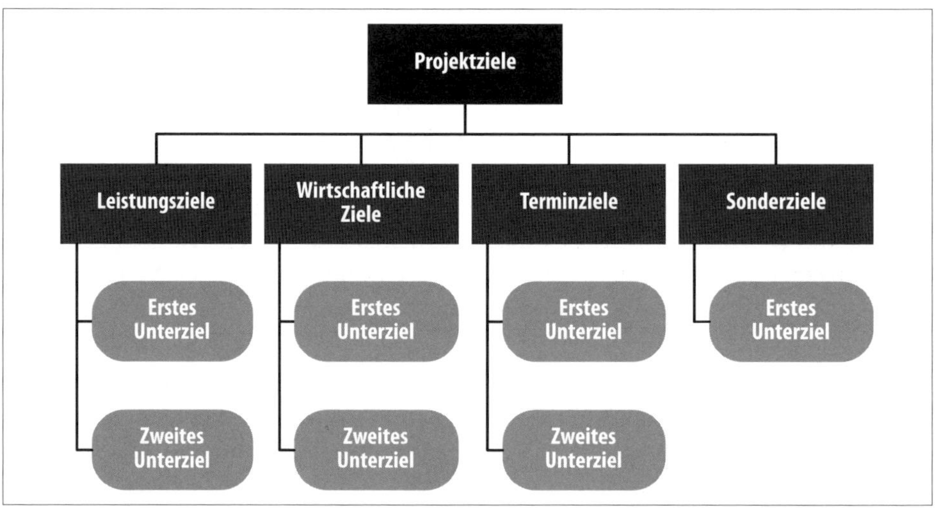

Abbildung 4-2: Einfacher Zielstrukturplan mit den vier Zielkategorien und mehreren Unterzielen

Bevor Sie sich jetzt direkt auf die Suche nach einer schicken Software machen, mit der Sie einen solchen krass professionellen Zielstrukturplan erstellen können, lesen Sie noch kurz weiter. Wir raten davon nämlich ab. Sehen Sie zu, dass Sie sich eine Metaplanwand in Ihren Projektraum stellen, und erarbeiten Sie mit Ihrem Team gemeinsam den Zielstrukturplan – ganz einfach mit Zetteln und Stiften wie die vordigitalen Höhlenmenschen an der Höhlenwand. Das hilft Ihnen insbesondere auch dabei, das Verständnis über Ihre Ziele im Team zu synchronisieren, sodass im Verlauf des Projekts keine unterschiedlichen Vorstellungen zu beklagen sind. Gemeinsames Erarbeiten ist immer noch die einfachste Methode, um sicherzustellen, dass alle an einem Strang ziehen und ein gemeinsames Verständnis darüber entsteht, was man tut, warum man es tut und wohin man will.

KAPITEL 5

Das Projekt, die Welt und ich – Umfeldanalyse und Stakeholdermanagement

Im Leben eines Projektmanagers gibt es immer wieder Phasen, in denen man so tief im Projektgeschäft steckt, dass man das Gefühl bekommt, es gäbe nichts anderes mehr als dieses Projekt und das Projektteam, mit dem man zusammenarbeitet. Das liegt sicherlich auch am Wesen des Projekts, das ja als eine der wesentlichen Eigenschaften seine Einzigartigkeit hat, das »so nie Dagewesene«. Schnell kann man der Illusion verfallen, man würde in einem seltsamen Projektvakuum arbeiten, und nur der tägliche Feierabend und seine Banalitäten wie Busfahren, Abendessen und Zähneputzen erinnern den Projektmanager dann daran, dass es noch eine Welt außerhalb des Projekts gibt.

Genau so, wie es eine Welt außerhalb des Projekts gibt, die gar nichts mit Ihrem Projekt zu tun hat oder zu tun haben will, so gibt es eine Welt, die in Ihrem Projektalltag zwar nicht dauernd vorkommt, aber sehr wohl eine große Rolle spielt und sich auch sehr für Ihr Projekt interessiert. Wir reden hier von Ihren Vorgesetzten, Ihren Geschäftsführern, Ihren Kunden oder Anwendern, die zwar nicht zu Ihrem Projektteam gehören, aber trotzdem einen Einfluss auf Ihr Projekt haben oder von Ihrem Projekt direkt betroffen sind, die Sie im besten Fall in Ruhe arbeiten lassen oder im schlimmsten Fall belagern oder kontrollieren wollen.

Darüber hinaus gibt es eine weitere Welt, der Ihr Projekt zwar eher egal ist, die die Entscheidungen, die Sie als Projektmanager treffen müssen, aber durchaus beeinflusst. In der IT sind Sie zum Beispiel auch immer Marktentscheidungen von Dritten ausgeliefert, wenn Technologien nicht mehr unterstützt werden oder andersrum dringend eine Version für ein neues Betriebssystem entwickelt werden muss.

Mit diesem Projektumfeld und den Menschen, die darin vorkommen, müssen Sie umgehen können. Sie müssen wissen, wer alles ein Interesse an Ihrem Projekt hat, wie dieses Interesse aussieht und wie eine konkrete Instanz Ihr Projekt beeinflussen kann. Wie Sie überhaupt erst herausfinden, wer außer Ihnen und Ihrem Team noch wichtig für Ihr Projekt ist und wie Sie mit einschränkenden Rahmenbedingungen, unterschiedlichen Interessen und den daraus resultierenden Störungen und Konflikten umgehen können, verraten wir Ihnen im folgenden Kapitel.

Umfeldanalyse

> Kein Mensch ist eine Insel, vollständig für sich allein; jeder Mensch ist ein Stück des Kontinents, ein Teil der Heimat.
>
> – *John Donne,* Meditation XVII

Nachdem Sie definiert habe, was Sie mit Ihrem Projekt eigentlich erreichen wollen, schauen Sie sich an, in welchem Umfeld Ihr Projekt stattfinden wird. Sie machen also eine Analyse Ihres Projektumfelds. Was meinen wir aber denn damit? Projekte stehen häufig im Fokus der Öffentlichkeit. Repräsentative Beispiele haben wir in Deutschland im Moment genügend. Prominenteste Beispiele sind der Berliner Flughafen oder Stuttgart 21[1]. Diese Projekte finden in einem Umfeld statt, das geprägt ist durch die öffentliche Meinung und die Politik.

Die Umfeldfaktoren »Öffentlichkeit« und »Politik« beeinflussen das Projekt, umgekehrt wird aber auch die öffentliche Meinung durch das Projekt beeinflusst. Projekt und Umfeld stehen in diesem Sinne in einer Wechselwirkung zueinander. Dabei gibt es eine Reihe von Faktoren, die sogenannten Umfeldfaktoren, die für diese Wechselwirkung prägend sind: Projekte finden beispielsweise in einem kulturellen, wirtschaftlichen, organisatorischen, gesellschaftlichen oder ökologischen Umfeld statt. Alle diese Faktoren können das Projekt beeinflussen. Wenn Sie beispielsweise Projekte im Ausland haben, finden diese in einem Umfeld statt, das nicht nur geprägt ist durch eine andere Kultur, als wir sie kennen, sondern eventuell auch durch andere gesetzliche Rahmenbedingungen. Es ist wichtig, dass Ihnen diese Rahmenbedingungen bewusst sind, ansonsten warten unter Umständen unschöne Überraschungen auf Sie.

Wir müssen aber nicht ins Ausland gehen, um die Wirkung des Umfelds auf unsere alltägliche Projektarbeit beobachten zu können. Es reicht, wenn Sie sich ganz normale kleine Projekte in Ihrem Unternehmen anschauen, denn auch diese finden zwangsläufig in einem politischen Umfeld Ihres Unternehmens statt, in dem es unterschiedliche Interessen und bestimmte Rahmenbedingungen gibt. Diese Rahmenbedingungen und Interessen gilt es zu analysieren, damit Sie sicher und erfolgreich innerhalb des Projektumfelds agieren können.

Die frühzeitige und vorausschauende Betrachtung des Projektumfelds hilft Ihnen dabei, Probleme zu verhindern bzw. zu entschärfen. Mit dem Wissen um Ihr Projektumfeld betreiben Sie proaktives Projektmanagement. Zu häufig haben wir miterlebt, wie auf Probleme, die aus dem Umfeld des Projekts resultieren, nur mehr reagiert wurde. Hier hätte eine systematische Betrachtung im Vorfeld zumindest dazu beitragen können, nicht überrascht zu sein.

---

1 Zum aktuellen Zeitpunkt (Juni 2020) ist der Eröffnungstermin des Flughafens Berlin-Brandenburg für Oktober 2020 vorgesehen, der Termin für die Eröffnung des neuen Stuttgarter Hauptbahnhofs wurde auf 2025 verschoben.

Die Methodik, die durch das Projektmanagement vorgeschlagen wird, ist nicht kompliziert. Hier hilft ein einfaches Portfolio, in dem das Projektumfeld wie in Abbildung 5-1 kategorisiert wird.

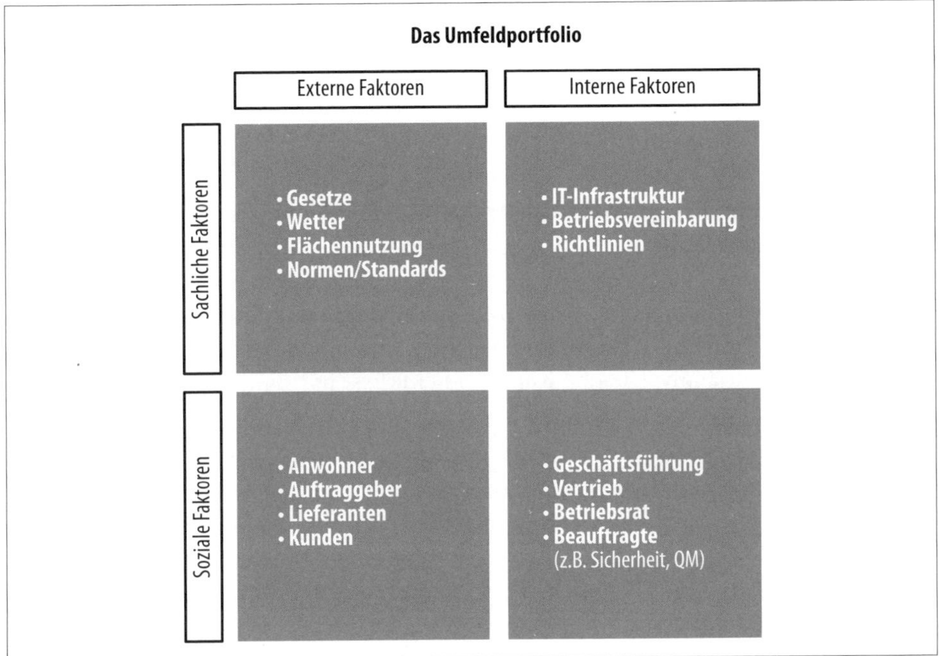

Abbildung 5-1: Das Umfeldportfolio kategorisiert die Faktoren, die das Projekt beeinflussen, und differenziert dabei zwischen sachlichen und sozialen Faktoren auf der einen und externen und internen Faktoren auf der anderen Achse.

Die Kategorien *Sozial* und *Sachlich* sowie *Extern* und *Intern* helfen uns dabei, in Bezug auf die Analyse des Projektumfelds den richtigen Fokus zu setzen. Haben Sie ein Projekt, in dem es um den Umbau Ihrer Organisation geht, liegt der Fokus auf den internen Umfeldfaktoren. In diesem Fall müssen Sie überlegen, inwieweit Ihr Projekt durch den Betriebsrat beeinflusst werden kann, wie Sie die Geschäftsführung mitnehmen oder in welchem Ausmaß andere Abteilungen von dem Projekt betroffen sind. Handelt es sich um ein IT-Projekt in Ihrem Unternehmen, müssen Sie in jedem Fall schauen, inwieweit die neue Software mit der vorhandenen IT-Infrastruktur kompatibel ist, Sie müssen die IT-Richtlinien berücksichtigen, und vor allem dürfen Sie nicht vergessen, dass zukünftig ganz konkret Mitarbeiter mit der neuen Software arbeiten müssen. Sie können natürlich ganz locker all diese Faktoren ignorieren und hoffen, dass schon alles irgendwie gut gehen wird. Beschweren Sie sich dann aber nicht, wenn sich herausstellt, dass sich der Einsatz der Software massiv verzögert, weil dafür Umbauten an der Infrastruktur nötig waren, der Kollege der IT-Sicherheit mit hochrotem Kopf vor Ihrem Büro steht, weil Sie Sicherheitsrichtlinien nicht beachtet haben, und alle Kollegen, die mit der Software arbeiten müssen, kein Wort mehr mit Ihnen reden, weil die gewählte Software erstens unhandlich zu bedienen ist und zweitens die Hälfte der Alltagsanforderungen nicht erfüllt.

Besser ist es also, Sie machen sich vorher Gedanken darüber, wer außer Ihnen noch mit dem Projekt zu tun haben wird, und holen so alle Informationen, die Sie über die beteiligten Parteien benötigen, rechtzeitig ein. Nehmen Sie den ersten Satz des Zitats am Kapitelanfang und ersetzen Sie »*Mensch*« mit »*Projekt*«. Dann haben Sie die grundlegende Botschaft, um die es uns geht: *Kein Projekt ist eine Insel, vollständig für sich allein.*

Vielleicht ist Ihnen bereits aufgefallen, dass die Umfeldanalyse zunächst rein deskriptiv ist, es gibt keine Bewertung des identifizierten Projektumfelds. Das liegt daran, dass die oben vorgeschlagene Systematik einen sympathischen Vorteil hat: Die sozialen Umfeldfaktoren werden Bestandteil der Stakeholderanalyse, die wir in diesem Kapitel noch näher beleuchten werden, und die sachlichen Umfeldfaktoren gehen in die Risikoanalyse (siehe Kapitel 7) ein. Erst hier findet die Bewertung der entsprechenden Faktoren statt.

Der Vorteil dieser Herangehensweise ist, dass die beiden Vorgänge der Identifikation und der Bewertung hier bewusst voneinander getrennt werden. Insbesondere sehr fachorientierte Menschen neigen dazu, identifizierte Sachverhalte sofort einer Bewertung zu unterziehen. Da wird dann gern bis ins kleinste Detail diskutiert (oft problem- und nicht lösungsorientiert), und nach geraumer Zeit stellen Sie als schlechter Projektmanager zwei Sachen fest: Erstens hat eine Klärung des Sachverhalts trotz mehrstündiger Sitzungen immer noch nicht stattgefunden, und zweitens sind die Zettel, auf denen Sie die Ergebnisse des Meetings notieren wollten, geradezu unangenehm leer. Diese fachlichen Debattierklübchen haben wir häufig genug erlebt, nur gebracht haben sie selten etwas und schon gar nicht Ihrem Projekt. Als weniger schlechter Projektmanager sind Sie in der Lage, ein Meeting, in dem es um die Identifikation von Umweltfaktoren geht, so zu lenken, dass das Papier am Ende auch beschrieben ist und Sie genau über alle relevanten Umweltfaktoren Ihres Projekts Bescheid wissen. Sie wissen außerdem, dass die Bewertung der identifizierten Umfeldfaktoren erst in einem zweiten methodischen Schritt erfolgt, nämlich in der Risikoanalyse und der Stakeholderanalyse, und können in dieser Hinsicht vorauspreschende Kollegen zurückhalten.

Stakeholdermanagement

Unter dem Begriff Stakeholder findet sich in der deutschen Wikipedia folgende Definition:

> Als Stakeholder (dt. Teilhaber) wird eine Person oder Gruppe bezeichnet, die ein berechtigtes Interesse am Verlauf oder Ergebnis eines Prozesses oder Projekts hat.[2]

2 *https://de.wikipedia.org/wiki/Stakeholder*

*Stake*holder sind im Übrigen nicht zu verwechseln mit *Share*holdern: Als Shareholder werden die Inhaber oder Anteilseigner eines Unternehmens bezeichnet. Bei Ersteren geht es also um all jene Beteiligten, die in irgendeiner Art und Weise ein Interesse am Unternehmen bzw. am Projekt haben, bei Zweiteren um die Beteiligten, die auf irgendeine Art und Weise finanziell an der Unternehmung beteiligt sind.

Unter einer Stakeholderanalyse versteht man dementsprechend eine Ermittlung der Interessenträger einer Sache sowie die Art und Weise der Beziehung. Doch bevor wir mit der Analyse anfangen, müssen wir erst mal herausfinden, wer diese ominösen Stakeholder überhaupt sind.

Einfach gesagt, sind Stakeholder alle Personen oder Personengruppen, die ein Interesse an dem Projekt haben oder die von dem Projektvorhaben betroffen sind. Häufig wird in diesem Zusammenhang auch von den Projektbeteiligten gesprochen. Das greift allerdings deutlich zu kurz, da die Projektbeteiligten tatsächlich nur diejenigen Personen sind, die auch aktiv im Projekt mitarbeiten. Betroffenheit kann aber auch bei den Personen ausgelöst werden, die eben gerade nicht aktiv an dem Projekt oder der Durchführung des Projekts beteiligt sind. Denken Sie an die Anwohner bei einem Bauprojekt, denken Sie an die Anwender einer zu entwickelnden Software, denken Sie an die Mitarbeiter in Ihrem Unternehmen, die von einem Umstrukturierungsprojekt betroffen sind, und so weiter. All diese Personengruppen sind nicht beteiligt, wurden im Zweifel auch nicht gefragt, sind aber trotzdem in hohem Maße von Ihrem Projekt und seinem Ausgang betroffen. Aber auch die aktiv am Projekt beteiligten Personen sind Stakeholder. Ihre Teammitglieder haben hoffentlich ein Interesse an dem Projekt, Ihr Auftraggeber wird sich für das Projekt interessieren, und vermutlich wird auch die Geschäftsführung einen Blick auf den Projektfortschritt und später den Projekterfolg werfen.

Das sind schon mal ganz schön viele Menschen, die Sie zu analysieren haben. Eventuell haben Sie jetzt erst mal einen Schreck bekommen, diese ganzen Leute hatten Sie gar nicht auf dem Schirm, wo kommen die auf einmal her? Gern würden Sie jetzt hören, dass wir uns einen kleinen Scherz erlaubt haben, Sie wollten doch nur in Ruhe Ihr Projekt managen, müssen Sie sich jetzt wirklich um all diese Menschen kümmern? Und jetzt mal ehrlich, geht die das überhaupt was an, die sind doch nicht Ihr Chef, können die Ihnen wirklich in Ihr schönes Projekt reinpfuschen?

Natürlich können Sie das, denken Sie wieder an John Donne und die Insel: Kein Projekt ist eine Insel, kein Projekt wird in einem Vakuum durchgeführt. All diese Personengruppen können Einfluss auf Ihr Projekt nehmen und werden das im Zweifel auch tun. Glücklicherweise geht es hier aber nicht nur um negativen, sondern auch um positiven Einfluss. Insofern ist es nicht nur hilfreich, sondern sogar notwendig, die Stakeholder systematisch zu analysieren, um herauszufinden, wer Ihnen im Projekt schaden kann, wen Sie aber umgekehrt auch einbeziehen können, um Ihr Projekt voranzubringen. Stakeholder können beides sein: Projektverhinderer und Projektförderer.

Um herauszufinden, mit wem Sie es zu tun haben, müssen Sie darüber nachdenken, in welchem Verhältnis die Personen oder Personengruppen jeweils zu Ihrem Projekt stehen. Wie ist deren Interesse in Bezug auf das Projekt motiviert? In einem zweiten Schritt schauen Sie sich dann an, wie Sie mit den jeweiligen Gruppen umgehen möchten. Jetzt sind wir auch schon mittendrin im großen Stakeholderdschungel und kämpfen uns durchs Gestrüpp. Gehen wir also ein paar Schritte zurück, fangen wir noch mal ganz am Anfang an und gehen wir ganz systematisch an die Sache heran.

Schritt 1: Stakeholder identifizieren

Zunächst müssen Sie wissen, wer alles zu Ihren Stakeholdern gehört. Das ist tatsächlich recht einfach. Sofern Sie dieses Buch nicht nur zum Zeitvertreib lesen, sondern Ihre neuen Erkenntnisse auch im Projektalltag anwenden, sollten Sie sich bei der Projektumfeldanalyse ausführlich damit auseinandergesetzt haben, was denn nun die sozialen Umfeldfaktoren Ihres Projekts sind. Sie sollten also schon einzelne Personen oder Personengruppen als wichtig für Ihr Projekt identifiziert haben. Genau diese Personen und Personengruppen sind Ihre Stakeholder, sie haben ein Interesse an Ihrem Projekt und werden voraussichtlich auf irgendeine Art und Weise auf Ihr Projekt einwirken. Hier zeigt sich wieder, wie die einzelnen methodischen Elemente des Projektmanagements ineinandergreifen. Die Grundlage für das Stakeholdermanagement bildet die Umfeldanalyse. Die Ergebnisse der Stakeholderanalyse (die Maßnahmen zum Umgang mit Stakeholdern) finden ihren Niederschlag in der Planung (Termine, Kosten, Ressourcen). Und im Projektcontrolling werden nicht nur Termine und Kosten überprüft, auch der Erfolg einer Stakeholdermaßnahme wird hier Thema des Monitorings. Im Projektmanagement hängt alles irgendwie zusammen, Sie machen so gut wie nie etwas nur um seiner selbst willen, sondern immer auch, weil es im weiteren Verlauf des Projekts relevant sein wird.

Weil es aber ja bei der Umfeldanalyse eher um einen Rundumblick über Ihr Projekt ging, bei dem der soziale Aspekt nur ein Teilbereich war, kann es durchaus sein, dass Ihnen der eine oder andere soziale Umfeldfaktor durchgegangen ist. Sie haben jetzt noch mal die Gelegenheit, darüber nachzudenken, wer eigentlich darüber hinaus noch von Ihrem Projekt betroffen ist.

Umfeld-, Stakeholder- und Risikoanalyse

In meinen Workshops zum Thema Projektmanagement sind die Methoden Umfeld-, Stakeholder- und Risikoanalyse immer wieder auch Inhalt und Gegenstand von Übungen, die die Teilnehmer anhand eines Fallbeispiels durchführen.

Die Umfeldanalyse ist der erste methodische Aspekt, den ich mit den Teilnehmern erarbeite. Schon in diesem frühen Stadium weise ich immer wieder darauf hin, dass Arbeitsergebnisse aus der einen Methode (zum Beispiel der Umfeldanalyse) die

Grundlage für andere Methoden sind (Umfeldanalyse = Basis für Stakeholder- und Risikomanagement) oder in anderen Methoden weiterverarbeitet werden (Ergebnisse aus dem Stakeholdermanagement werden in der Planung weiterverarbeitet). In der Praxis bedeutet das, dass alle sozialen Umfeldfaktoren im ersten Schritt der Stakeholderanalyse (Identifikation der Stakeholder) präsent sein müssen. Für die Risikoanalyse gilt das Gleiche, alle identifizierten sachlichen Umfeldfaktoren müssen in das Ergebnis des ersten Schritts der Risikoanalyse (Identifikation der Risiken) einfließen.

In meinen Workshops beobachte ich Folgendes: Die sachlichen und auch die sozialen Umfeldfaktoren bleiben in der jeweiligen Analyse unerklärlicherweise häufig unbeachtet, obwohl der Zusammenhang der einzelnen methodischen Elemente bereits besprochen wurde. Im Projektmanagement steht keine Methode für sich. Das Ergebnis jeder Methode findet innerhalb des gesamten methodischen Ansatzes seinen Niederschlag, wird also im Sinne des Projekts weiterverarbeitet.

Peter Schüßler

Schritt 2: Stakeholder analysieren und evaluieren

Jetzt geht es an das Bewerten unserer identifizierten Stakeholder. Die Möglichkeiten, Personen oder Personengruppen zu bewerten, sind natürlich vielfältig, und man könnte sich allzu rasch im Kriteriendschungel aller möglichen Bewertungen verirren. Das Projektmanagement hilft uns hier und macht es uns einfach. Das erste Kriterium zur Bewertung eines Stakeholders ist das Konfliktpotenzial, das er gegenüber dem Projekt mitbringt. Steht er dem Projekt negativ gegenüber, können Sie davon ausgehen, dass es ein hohes Konfliktpotenzial gibt. Steht er dem Projekt positiv gegenüber, wird es wenig Konfliktpotenzial geben. In so einem Fall können Sie sogar hoffen, dass Sie diese Person einbinden können, um Ihr Projekt zu fördern.

Aber machen wir uns nichts vor, jede noch so positive Einstellung zu Ihrem Projekt nützt nichts, solange der entsprechende Stakeholder nicht tatsächlich in der Lage ist, Ihnen auch wirklich zu helfen. Das Zauberwort heißt »Einfluss«. So schön es ist, wenn ein Stakeholder Ihr Projekt für das beste Projekt der ganzen Welt hält, wenn er oder sie keinen oder kaum Einfluss hat, wird Ihnen das bei Ihrer täglichen Arbeit kaum helfen. Im umgekehrten Fall heißt das natürlich auch, dass Sie sich die Frage stellen müssen, ob Ihr ganz persönlicher Nörgler vom Dienst wirklich den Einfluss hat, um Ihrem Projekt zu schaden, oder ob Sie jenseits von gelegentlichen Schimpftiraden gar nichts zu befürchten haben.

Die beiden Kriterien zur Bewertung der Stakeholder heißen also *Konfliktpotenzial* und *Einfluss* bzw. *Macht*. Ist es nicht fantastisch, auf welch simple Parameter sich ein so komplizierter Vorgang wie das Bewerten von Personen im Sinne Ihres Projekts reduzieren lässt?

Schritt 3: Stakeholderportfolio

Nachdem Sie nun Ihre Stakeholder bewertet haben, erstellen Sie ein Stakeholderportfolio, in das Sie Ihre Einschätzungen zu den einzelnen Stakeholdern eintragen. Die Visualisierung eines Stakeholderportfolios sieht exemplarisch wie in Abbildung 5-2 aus.

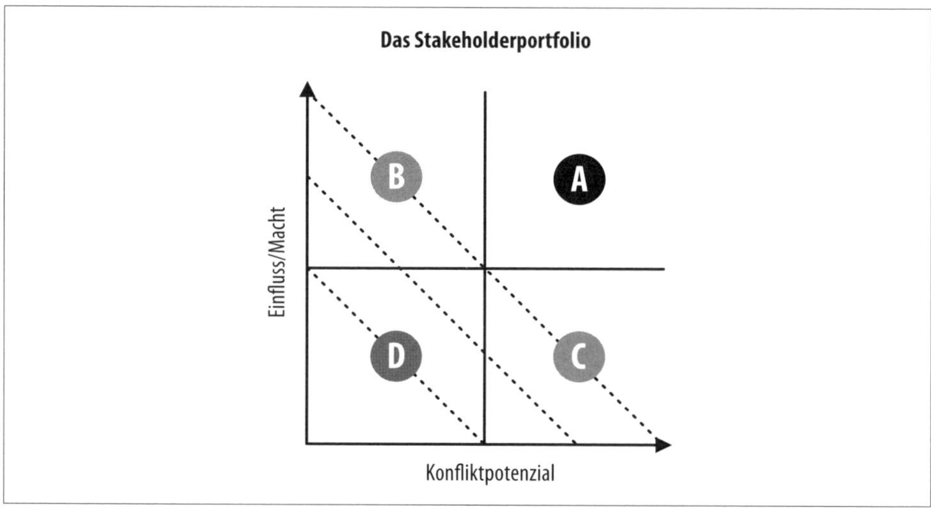

Abbildung 5-2: Schematische Darstellung eines Stakeholderportfolios

Jeder der Stakeholder besetzt einen Quadranten in dem Portfolio. Diese Darstellung ermöglicht zunächst eine recht einfache Einschätzung, was die Zielsetzung im Umgang mit dem jeweiligen Stakeholder sein muss.

Der Opponent: A-Quadrant

Die schlechte Nachricht zuerst: Dieser Stakeholder *ist* ein Problem. Schlimmer noch: Er ist *Ihr* Problem. Bei diesem Stakeholder stellen Sie fest, dass es ein hohes Konfliktpotenzial gibt, die Einstellung zu Ihrem Projekt also negativ ist und dieser Stakeholder leider auch bedrohlichen Einfluss nehmen kann. Dieser Stakeholder kann Ihr ganz persönlicher Showstopper werden. Grundsätzlich – das verdeutlicht die Darstellung im Stakeholderportfolio ganz gut – müssen alle Maßnahmen in Bezug auf diesen Stakeholder darauf hinwirken, dass er in den B-Quadranten rückt.

Natürlich gäbe es auch die Alternative, den Stakeholder in den C-Quadranten zu schubsen, die Wahrscheinlichkeit, dass dieser Coup gelingt, ist aber als geringer einzuschätzen als die Möglichkeit, ihn durch positive Aktionen doch noch von dem Projekt zu überzeugen. Wenn Sie also Ihren Arbeitsalltag nicht mit dem Spinnen mafiöser Intrigen verbringen möchten oder können, dann versuchen Sie herauszufinden, was Sie tun müssen, um Ihre einflussreichen Feinde zu Ihren einflussreichen Freunden zu machen.

Der Promotor: B-Quadrant

Dieser Stakeholder *kann* ihr Problem werden, ist es aber aktuell nicht. Puh. Sie haben festgestellt, dass dieser Stakeholder zwar eine Menge Einfluss hat, aber letztlich positiv zu Ihrem Projekt steht, oder dass es zumindest kein Konfliktpotenzial gibt. Im ersten Schritt ist darauf zu achten, dass dieser Stakeholder nicht durch eine Verkettung ungünstiger Umstände in den A-Quadranten rutscht. Tun Sie also alles, damit diese positive Stimmung beibehalten wird, verärgern Sie ihn nicht! Dieser Stakeholder darf Ihnen nicht ausbüchsen.

Hier zeigt sich im Übrigen eine gewisse Unzulänglichkeit des Modells, die aber nicht dramatisch ist. So bestechend einfach und logisch in der Handhabung die Bewertungskriterien »Konfliktpotenzial« und »Einfluss/Macht« auch sind, natürlich kommt es ebenfalls darauf an, *welches* Interesse bzw. *welche* Einstellung der entsprechende Stakeholder in Bezug auf das Projekt hat. Der Grad, in dem ein Stakeholder vom Erfolg des Projekts betroffen ist, hat zunächst keine Aussagekraft darüber, ob er oder sie dem Projekt positiv, negativ oder neutral gegenübersteht.

Nehmen wir dieses Kriterium als Dimension der Bewertung mit auf, ergibt sich ein insofern leicht verändertes Bild, als dass der Stakeholder des B-Quadranten – sofern er großes Interesse an dem Projekt hat und seine Einstellung zum Projekt positiv bewertet wird – als Projektbefürworter eingesetzt werden kann. Er ist der Promotor Ihres Projekts, und zwar im besten Sinne des Worts. Wenn Sie ihn einbinden, kann er Lösungen für Sie erarbeiten und das Projekt nach vorne bringen. Der Promotor ist – wie der Name schon sagt – derjenige, der für Ihr Projekt Werbung macht (oder zumindest machen könnte), und er ist derjenige, der auf andere Stakeholdergruppen positiven Einfluss nehmen kann.

Damit sind wir im Übrigen bei einem weiteren Aspekt, den wir bei der Analyse der Stakeholder berücksichtigen sollten. Bei der Analyse ist immer auch darauf zu achten, in welcher Beziehung Stakeholder zueinander stehen. Wer kann eigentlich wen in welche Richtung beeinflussen, gibt es gar Möglichkeiten, dass sich zwischen Stakeholdern Koalitionen bilden und plötzlich zwei als jeweils schwach angesehene Gruppen sich zu einer starken Gruppe formieren? Machen wir uns nichts vor, wenn Sie mit Menschen zusammenarbeiten, werden Sie auch immer mit persönlichen Befindlichkeiten zu tun haben. Diese können gerechtfertigt sein, es kann gute, objektive Gründe dafür geben, dass jemand Ihr Projekt eher doof findet und gegen Sie arbeitet.

Der Querulant: C-Quadrant

Dieser Stakeholder ist der Meckerer. Sofern er ein Interesse an Ihrem Projekt hat, ist er derjenige, der Ihnen immer auf die Nerven gehen wird, den Sie aber zum Glück nicht zu fürchten haben. Sein Einfluss ist gering, sodass Sie davon ausgehen können, dass dieser Stakeholder auch nicht in der Lage ist, Einfluss auf andere Stakeholder zu nehmen. Im Zweifelsfall ist es derjenige, der am lautesten brüllt, der aber auch am wenigsten wahr- oder ernst genommen wird.

Was ist bei Ihrem Nörgler vom Dienst zu beachten? Entsprechend unserer Logik aus den vorherigen Quadranten müssen wir im Blick behalten, ob sich das Machtgefüge während Ihres Projekts dahin gehend ändert, dass dieser Stakeholder sich auf Dauer doch Gehör verschafft. Manchmal können es auch die einfachen Dinge sein, die diesen Stakeholder zum Problem machen. Eine Beförderung in eine neue Position, die ihm plötzlich Gehör qua Amt verschafft, ist für Sie besonders ungünstig. Schlecht ist es auch, wenn es dem Querulanten gelingt, sich einen Verbündeten aus dem A- oder B-Quadranten zu organisieren.

Beobachten Sie also, wie sich der Schreihals in Bezug auf die Machtkonstellationen in Ihrem Projekt entwickelt. Ist es notwendig, ihn von Ihrem Projekt zu überzeugen? Definitiv nein! Stakeholdermanagement ist ein schwieriges und vor allem zeitintensives Unterfangen, schonen Sie Ihre Kräfte und beschäftigen Sie sich mit denen, die Ihnen wirklich schaden (A-Quadrant) oder richtig helfen können (B-Quadrant). Sie haben auch sonst schon genug zu tun.

D-Quadrant

Letztlich erinnert das Stakeholderportfolio immer auch an die Eisenhower-Matrix zum Zeitmanagement bzw. Delegieren von Aufgaben (siehe Seite 234). Wichtige und dringliche Aufgaben (A-Quadrant) erledigen Sie selbst und möglichst sofort. Unwichtige und nicht dringliche Aufgaben (D-Quadrant) kommen in den Papierkorb, verschwenden Sie keine Zeit darauf, die Erledigung dieser Aufgaben bringen Sie nicht weiter, binden aber eine Menge Zeit. Ähnlich sieht es hier auch aus, es gibt eine Vielzahl von Stakeholdern, denen Ihr Projekt, obwohl sie betroffen sind, einfach nur egal ist und die zudem auch keinen Einfluss nehmen können. Das Bild des Papierkorbs ist jetzt nicht wirklich das adäquate Symbol, aber verschwenden Sie keine Zeit in Richtung dieser Stakeholder. Priorisieren Sie einfach in Richtung A-Quadrant und B-Quadrant und behalten Sie Ihren C-Quadranten im Auge.

Schritt 4: Maßnahmen entwickeln

Sobald Sie nun die von Ihnen identifizierten Stakeholder in Bezug auf ihr Konfliktpotenzial und ihren Einfluss eingeschätzt und zudem herausgefunden haben, welches Interesse die jeweiligen Stakeholder an Ihrem Projektvorhaben haben und in welcher Beziehung sie zueinander stehen, können Sie sich überlegen, wie Sie mit den einzelnen Personen oder Personengruppen verfahren möchten. Welche Strategien möchten Sie anwenden, um den Stakeholder in Ihrem Sinne bzw. im Sinne Ihres Projekts zu beeinflussen oder zumindest dahin gehend zu beeinflussen, dass dieser Stakeholder Ihr Projekt nicht gefährdet?

Nun kann es schwierig werden, jeden einzelnen Stakeholder unter die Lupe zu nehmen und zu schauen, wie er in Bezug auf unser Projekt beeinflusst werden kann. Bei kleineren Projekten, bei denen der Kreis der Stakeholder überschaubar ist, mag das noch gehen, bei großen, sehr komplexen Projekten, die sich unter Umständen auch noch im internationalen Umfeld bewegen, wird das schon komplizierter. Hier ist möglicherweise die Anzahl der Stakeholder recht hoch. Um den Aufwand möglichst gering zu halten, gibt es im Projektmanagement bewährte Beeinflussungsstrategien, besser vielleicht *Handlungsstrategien*, die uns dabei helfen, einzuschätzen, wie wir mit unseren Stakeholdern umgehen können. Das Schöne daran ist, dass diese Strategien mit den oben entwickelten Quadranten korrespondieren. Man spricht gelegentlich auch von der »Quadrantenstrategie«:

Partizipative Strategie (partizipative Maßnahmen)

Die Strategie für den Stakeholder des B-Quadranten: Die partizipative Strategie wird bei den Stakeholdern angewendet, die großen Einfluss geltend machen, dem Projekt aber positiv gegenüberstehen. Diese Stakeholder werden in wesentliche Kommunikations- und Entscheidungsprozesse mit eingebunden. Das sind Stakeholder, deren Meinung wichtig ist und deren Ratschläge auch Gehör finden. Das Verhältnis ist partnerschaftlich. Durch die enge Einbindung wird die positive Sichtweise auf das Projekt verstärkt – und das insbesondere dadurch, dass dieser Stakeholder sich tatsächlich auch ernst genommen fühlt.

Am Ende ist dieser Stakeholder nicht nur derjenige, der Ihrem Projekt positiv gegenübersteht, sondern sich auch aktiv für Ihr Projekt einsetzt. Nehmen Sie diesen Stakeholder mit, lassen Sie ihn partizipieren, dann wird er sich für das Projekt begeistern und mit dieser Begeisterung andere Stakeholder anstecken. Diesen Trumpf dürfen Sie nicht aus der Hand geben. Spielen Sie ihn, wann immer Sie können. Am Ende ist es reiner Pragmatismus, denn um alle diejenigen, die von diesem Stakeholder begeistert werden, brauchen Sie sich schon nicht mehr zu kümmern und haben Zeit für andere Dinge.

Diskursive Strategie (diskursive Maßnahmen)

Die Strategie für den Stakeholder des A-Quadranten: Leider können Sie die Stakeholder des A-Quadranten nicht ignorieren. So sehr Sie sich gelegentlich wünschen, diesem Stakeholder sagen zu können, dass Sie seine Meinung zu Ihrem Projekt nicht interessiert – dies ist nicht die richtige Strategie, und Sie sollten diese Art der Auseinandersetzung tunlichst vermeiden. Sie müssen sich mit ihm befassen, denn, wie bereits gesagt, er hat eventuell die Macht, Ihr Projekt scheitern zu lassen.

Mit diesen Stakeholdern müssen Sie streiten, diese Stakeholder müssen Sie überzeugen, bei diesen Stakeholdern müssen Sie werben. Das bedeutet, dass Sie deren Argumente kennen müssen und möglichst antizipieren können, um sie in der Auseinandersetzung mit ihnen zu entkräften. Im besten Fall gelingt es Ihnen, diesen Stakeholder von den Zielen Ihres Projekts zu überzeugen und ihn ins Boot zu holen. Das, was Sie aber mindestens erreichen müssen, ist, den Stakeholder so einzufangen, dass er Ihr Projekt nicht torpediert. Bei allem, was Sie im Projektgeschäft zu tun haben, bleibt nämlich keine Zeit mehr dafür, auch noch Schüsse von der Seite abzuwehren.

Repressive Strategien (repressive Maßnahmen)

Die Strategie für Stakeholder des C-Quadranten: Nennen Sie ihn, wie Sie wollen, etwa zahnloser Tiger oder Rochen ohne Stachel. Er ist einer der sprichwörtlichen Hunde, die bellen, aber nicht beißen. Machen wir uns jedoch nichts vor, auch die ständige Nörgelei und die ewige Schießerei mit Softbällen nerven und binden im schlimmsten Fall Zeit. Diesen Stakeholder informieren Sie so wenig wie möglich und so viel wie nötig. Geben Sie ihm durch eine gezielte Dosierung an Informationen das Gefühl, dabei zu sein. Wenn Sie Promotoren haben, lassen Sie diese auf den Nörgler einwirken. Oft wollen solche Querulanten auch einfach nur ein bisschen Aufmerksamkeit und das Gefühl, gehört zu werden. Insofern ist die Einflussnahme durch einen Ihrer Promotoren eine recht charmante Lösung. Sie müssen gar nicht aktiv in Erscheinung treten, können aber darauf hoffen, dass in naher Zukunft auch die störenden Zwischenrufe ein Ende haben.

Maßnahmen planen

Nachdem Sie nun wissen, welche Strategien Sie für welchen Stakeholder anwenden müssen, planen Sie im Detail, was Sie mit dem jeweiligen Stakeholder machen wollen. Die oben genannten Handlungsstrategien helfen Ihnen, eine erste Einschätzung vorzunehmen, aber insbesondere bei Personen, die große Macht und ein hohes Konfliktpotenzial haben, greifen derartige Allgemeinplätze deutlich zu kurz.

Hier gilt es genau hinzuschauen: Welche Maßnahme ist angemessen, gibt es einen idealen Zeitpunkt, eine Maßnahme zu platzieren, und wer führt die Maßnahme durch? Fragen über Fragen. Da es bei der Durchführung von Stakeholdermaßnahmen immer um Kommunikation geht, stellt sich hier die einfache Frage: *WER* kommuniziert mit *WEM*, *WANN* und *WIE*, um *WELCHES* Ziel zu erreichen?

WER: Mit dem »Wer« wird festgelegt, wer für die Kommunikation verantwortlich ist. Das ist insbesondere im Verhältnis zu »mit wem« wichtig, damit die Kommunikation auf einer adäquaten Hierarchieebene stattfindet. Dies wird noch wichtiger, wenn man sich mit seinem Projekt in einem sozialen oder kulturellen Umfeld bewegt, in dem Hierarchien eine große Rolle spielen. Die Kommunikation mit dem Stakeholder muss auf Augenhöhe stattfinden. Leider reicht hier nicht immer die fachliche Augenhöhe, oft geht es auch um die hierarchische Augenhöhe. Insofern kann es sich anbieten, dass gar nicht Sie selbst das Gespräch suchen, sondern Ihr Vorgesetzter.

WANN: Die Frage nach dem »Wann« bezieht sich insbesondere auch auf die Häufigkeit der Kommunikation. Dabei kann die Kommunikation mit dem Stakeholder durchaus in den normalen operativen Projektablauf eingebunden sein: Zu jedem zweiten Projektmeeting im Monat wird Stakeholder A eingeladen und hat die Möglichkeit, sich beim Projektteam in Bezug auf den Projektfortschritt zu informieren. Es können aber auch konkrete Termine in Abhängigkeit von der Projektplanung und bestimmten Meilensteinen mit Stakeholdern gemacht werden. Bevor die neue

Software also in Betrieb genommen wird, planen Sie ein Meeting mit den Anwendern, um sie angemessen über die bevorstehenden Änderungen zu informieren.

WIE: Das »Wie« bezieht sich auf das geeignete Kommunikationsmedium. Die Teilnahme an regelmäßig stattfindenden Statusmeetings kann ein Kommunikationskanal sein, Veröffentlichungen zum Projekt im Intranet, die Einbindung der Presse und so weiter ein anderer. Bei diesen Maßnahmen befinden wir uns schon nah an der Grenze zum Projektmarketing, denn viele dieser Kommunikationskanäle sind klassische Marketingkanäle. Vergessen Sie aber nicht, dass auch das persönliche Gespräch mit einem Stakeholder, eventuell in einem informelleren Rahmen, eine wichtige und zielführende Maßnahme sein kann.

WELCHES ZIEL: Die Frage der Zielsetzung müssen Sie sich ebenfalls stellen. Wollen Sie überzeugen, oder wollen Sie »nur« informieren? Wie bereits dargestellt, sollte es darum gehen, bei den Stakeholdern möglichst das Konfliktpotenzial zu reduzieren. Je nachdem, ob Sie überzeugen oder informieren möchten, leiten Sie den Aufwand ab, den Sie mit Ihrer Maßnahme betreiben möchten.

Wer soll das bezahlen?

Nicht nur das Erstellen der Kommunikationsmatrix macht Arbeit, auch für die Durchführung der Maßnahme sollte der entsprechende Aufwand eingeplant werden. Natürlich verursacht Aufwand zwangsläufig auch immer Kosten, und es scheint zunächst nicht intuitiv, dass wir hier wirklich von Projektkosten sprechen, aber das tun wir tatsächlich. Dieser Aufwand muss genau so terminlich und kostenmäßig geplant werden wie alles andere auch, er ist Teil Ihres Projekts, so seltsam Ihnen das jetzt noch vorkommen mag. Nach diesem Kapitel sollte Ihnen aber auch bewusst sein, wie wichtig Analyse, Planung und Durchführung der Stakeholdermaßnahmen für eine erfolgreiche Zielerreichung Ihres Projekts sind. Da Stakeholdermanagement immer Zeit und Ressourcen kostet, muss sie eben auch eingeplant werden.

Stakeholdermanagement und Projektplanung

Natürlich gehören die Umfeldanalyse und das Stakeholdermanagement immer auch in meine Seminare zum Projektmanagement. Bevor die Teilnehmer eine Übung zum Thema absolvieren, wird ausführlich die Methodik der Bewertung erklärt. Zudem wird auf den Zusammenhang zwischen Maßnahmen und Planung hingewiesen.

In einer Übung müssen die Teilnehmer dann Stakeholder eines Fallbeispiels identifizieren und bewerten. Obwohl die Bewertung der Stakeholder aus dem Fallbeispiel manchmal recht unterschiedlich ausfällt, wird die Übung als sehr hilfreich wahrgenommen, da man sich überhaupt erst mal systematisch mit den unterschiedlichen Personen und Personengruppen beschäftigt und dafür sensibilisiert wird, dass es Maßnahmen geben muss, die Stakeholder von dem Projekt zu überzeugen.

Im Anschluss daran geht es darum, einen Projektstrukturplan zu entwickeln. Zwar wurde das Zusammenspiel von Stakeholdermanagement und Planung zuvor erörtert, trotzdem kommen die geeigneten Maßnahmen im Projektstrukturplan der Teilnehmer häufig noch zu kurz. Das zusätzliche Einbeziehen des Stakeholdermanagements ist ungewohnt, hier ist in der Regel noch Nachbesserungspotenzial.

Peter Schüßler

Weniger schlechtes Stakeholdermanagement

Sowohl die Umfeldanalyse als auch die Stakeholderanalyse finden in der aktuellen Projektpraxis so gut wie nicht statt oder sind zumindest Randerscheinungen des Projektmanagements. Um es schlicht auszusprechen: Eine systematische Stakeholderanalyse wird nicht gemacht, und systematisches Stakeholdermanagement wird einfach nicht betrieben.

Sachbezogen vs. projektbezogen

Nun haben wir doch gerade erst festgestellt, wie wichtig Analyse und Bewertung des Projektumfelds sind und wie wichtig es ist, diejenigen Personen und Personengruppen im Blick zu haben, die von unserem Projekt betroffen sind. Trotzdem wird dieser Teil des Projektmanagements sträflichst vernachlässigt. »Warum nur, warum?«, werden Sie sich als weniger schlechter Projektmanager verzweifelt fragen. Die Antwort ist recht einfach: Eine Stakeholderanalyse hat zunächst nichts mit dem Projektgegenstand zu tun.

Sie kennen das nur zu gut: Sie haben die Aufgabe, eine neue Software einzuführen, um den Vertrieb zu optimieren. Da gibt es eine Menge zu tun: Sie definieren die Anforderungen an die Software, Sie treffen sich mit potenziellen Anbietern, Sie entwickeln ein Grobkonzept und ein Detailkonzept und so weiter. Sie merken vielleicht schon, Ihre Arbeit ist *sachbezogen*, Sie bearbeiten den Projektgegenstand, aber Sie arbeiten eben nicht *projektbezogen*, Sie bearbeiten nicht Ihr Projekt. Wenn Sie projektbezogen arbeiten, dann beschäftigen Sie sich natürlich immer noch vorrangig mit der zu programmierenden Software, Sie beschäftigen sich aber auch damit, welche Auswirkungen die Einführung der Software auf die Personen hat, die später diese Software nutzen sollen. Sie beschäftigen sich außerdem damit, ob der Betriebsrat mit der Datenerfassung, die durch diese Software erfolgt, einverstanden ist, Sie versuchen, das noch kritische Mitglied der Geschäftsführung zu überzeugen, und Sie kümmern sich auch um den einen Kollegen, der Ihnen den Projekterfolg neidet.

Das, was hier so wortreich beschrieben wird, kann man mit einem einfachen Satz ausdrücken: SIE NEHMEN DIE MENSCHEN MIT! Genau darum geht es im Stakeholdermanagement: Menschen mitzunehmen, Menschen zu informieren, Menschen ihre Ängste vor Veränderung zu nehmen, Menschen von der Sache zu überzeugen und für die Sache zu begeistern. Das, in der sprichwörtlichen Nussschale, ist Stakeholdermanagement.

Spätestens jetzt wird Ihnen bewusst, warum wir uns neben den Methoden des Projektmanagements auch mit den Aspekten der Persönlichkeit des Projektmanagers beschäftigen. Spätestens jetzt stellen Sie sich vielleicht die Frage, ob Sie das überhaupt können, dieses abgefahrene Zeug mit Menschen begeistern und überzeugen. Das hat Ihnen niemand während des Studiums oder der Ausbildung erklärt, und das steht auch gar nicht in Ihrer Stellenbeschreibung!

Fragen Sie sich also, ob Sie diese Person sind oder ob Sie doch eigentlich lieber der Tüftler sein möchten, der alleine und ungestört in seinem Büro sitzt und etwas herumstrickt. Arbeiten Sie lieber sachbezogen, oder haben Sie das ganze Projekt im Blick und richten Ihr Handeln entsprechend aus? Wir werden Sie mit der Suche nach einer Antwort nicht alleine lassen und Ihnen in diesem Buch Hinweise dazu geben, wie Sie jenseits von Methodenkenntnissen auch persönlich an der Aufgabe des weniger schlechten Projektmanagers wachsen können.

Stakeholdermanagement kostet Geld

Die Fokussierung auf den Projektgegenstand (die sachbezogene Arbeit) hat oftmals zwei Gründe. Erstens ist es für viele Menschen das, was sie erfahrungsgemäß können und wo sie sich sicher und einigermaßen zu Hause fühlen. Gerade in technischen Berufen finden Sie nicht zwangsläufig Menschen, die Ihren Beruf primär gewählt haben, weil Sie »gerne was mit Menschen« machen wollten. Zweitens arbeiten wir schließlich für eine konkrete Sache, die wir planen. Um das Sachergebnis »Erstellung und Einführung der neuen Welpenbewertungssoftware« zu erreichen, planen wir Termine, Kosten und natürlich auch unsere zur Verfügung stehenden Ressourcen. Das ganze strubbelige soziale Drumherum hat also weder in der Gefühlswelt der Projektmitarbeiter noch in der Planung einen richtigen Platz.

Jetzt kommt die Krux. Sobald wir die Stakeholderanalyse gemacht und festgestellt haben, dass bestimmte Personengruppen regelmäßig informiert werden sollten, muss dieses Informieren auch geplant werden. Es müssen Termine und Vorbereitungszeiten eingeplant werden, eventuell gibt es Informationspräsentationen, die erstellt, oder regelmäßige Projekt-Newsletter, die geschrieben werden müssen. Das alles bindet Ressourcen und kostet Geld, und von beidem hat man üblicherweise im Projektalltag nur begrenzt viel zur Verfügung.

Stakeholdermanagement ist aufwendig und kann richtig teuer sein. Die Praxis zeigt aber, dass Projekte häufig nicht an der fachlichen Kompetenz, sondern schon eher an der methodischen Kompetenz, aber oft insbesondere an der sozialen Kompetenz scheitern. Fachlich stimmte alles (oder zumindest das meiste), die Methoden könnten noch besser sitzen, aber die Menschen, die direkt vom Projekt betroffen sind, wurden einfach nicht abgeholt. Beispiele gibt es in den unterschiedlichsten Projektarten: Transformationsprojekte in Unternehmen gehen nicht ohne Betriebsrat, Softwareprojekte gehen nicht ohne die zukünftigen Anwender, und große Investitionsprojekte gehen nicht ohne die Politik. So gern und oft man sich auch als weniger schlechter Projektmanager eine Welt ohne Befindlichkeiten wünscht, so bleibt dies doch nur ein süßer Traum.

Als weniger schlechter Projektmanager wissen Sie aber nun: Auch wenn Sie gern würden, Sie können nicht ohne die Menschen, die an Ihrem Projekt beteiligt und von Ihrem Projekt betroffen sind. Da Sie nicht ohne können, müssen Sie diese Menschen kennen und sie nach ihren Bedürfnissen und Möglichkeiten integrieren.

Sorgen Sie dafür, dass die Befürworter Ihres Projekts nicht nur Ihnen sagen, wie toll Ihr Projekt ist, sondern auch möglichst vielen anderen. Nutzen Sie die Gelegenheit, die Ihnen ein einflussreicher Projektfan bietet. Gleichzeitig müssen Sie Ihre Opponenten identifizieren, ihre Beweggründe verstehen und diese im Rahmen Ihrer Möglichkeiten auf Ihre Seite bekommen. Halten Sie sich die Querulanten vom Leib und kümmern Sie sich nicht um den Rest. Ein Projektmanager ist keine Insel, Projektarbeit findet nicht im Vakuum statt, aber mit einem ordentlichen Stakeholdermanagement fallen Sie deutlich seltener auf Ihr Projektmanagernäschen als ohne.

KAPITEL 6

Erst mal aufräumen! Der Projektstrukturplan

Bis hierhin haben wir jetzt zwar schon einiges gemacht, aber so richtig viel weiter sind wir noch nicht. Möglicherweise fühlen Sie sich ein wenig wie in einem Bus, der das Ziel ansteuert, indem er in immer kleiner werdenden Kreisen darum herum fährt. Da kann man schon mal ungeduldig werden. Natürlich ist die Landschaft schön, aber dafür haben Sie jetzt gerade keine Zeit. Natürlich ist es schön, zu wissen, was man erreichen will und unter welchen Rahmenbedingungen man arbeitet, aber eigentlich wollen Sie doch wissen, was Sie tun müssen und wie Sie es am besten tun können.

Aber keine Panik! Genau damit fangen wir jetzt an und widmen uns demnächst dem sagenumwobenen Projektstrukturplan. Hier die Definition der Wikipedia:

Der **Projektstrukturplan** (**PSP**) (engl. *work breakdown structure*; abgekürzt *WBS*) ist das Ergebnis einer Gliederung des Projekts in plan- und kontrollierbare Elemente.[1]

Der Projektstrukturplan wird häufig (und zu Recht) als das Herzstück der Projektplanung bezeichnet. Aus dem Projektstrukturplan können nämlich alle anderen Planungselemente, wie zum Beispiel der Terminplan und der Kostenplan, aber auch die Projektorganisation bis hin zum Skillplan, abgeleitet werden. Das bedeutet zweierlei: Erstens brauchen Sie als weniger schlechter Projektmanager wirklich dringend einen PSP, und zweitens brauchen Sie ihn möglichst schnell in der Anfangsphase des Projekts. Um es mit den Worten der ehemaligen Topmodel-Anwärterin Denise Dahinten[2] zu sagen: »Ohne Projektstrukturplan keine Competition!«

Nachdem Sie jetzt wissen, wie unglaublich enorm überaus wichtig der Projektstrukturplan ist, drängen sich direkt mehrere Frage auf: Was ist das überhaupt?

1 *http://de.wikipedia.org/wiki/Projektstrukturplan*

2 Denise Dahinten nahm an der zweiten Staffel des Reality-Formats »Germany's Next Top Model« teil und laberte sich mit dem schönen Satz »Ohne Tasche keine Competition« eine kleine Kerbe in das große Erinnerungsdenkmal der klumschen Laufstegshow.

Wie erstelle ich einen Projektstrukturplan? Muss ich einen Projektstrukturplan pflegen, und, wenn ja, wie funktioniert das? Und wenn ich so einen Projektstrukturplan habe, was mache ich dann damit?

Was ist ein Projektstrukturplan überhaupt?

Vereinfacht gesagt – aber diese Vereinfachung bringt es schon auf den Punkt –, ist der PSP eine sinnvoll gegliederte Sammlung aller für das Projekt notwendigen Aktivitäten oder Tätigkeiten. Diese Aktivitäten und Tätigkeiten werden in der Projektmanagementsprache als *Arbeitspakete* bezeichnet. Sinnvoll bedeutet in diesem Zusammenhang, dass es gliedernde Strukturierungselemente gibt. Je nach Größe des Projekts können diese Strukturierungselemente auch Teilprojekte des Gesamtprojekts sein.

Wichtig ist dabei, dass alle (und wir meinen wirklich *alle*) Aktivitäten im PSP erfasst werden. Das bedeutet in der Praxis allerdings auch, dass die Erstellung des Projektstrukturplans durchaus aufwendig ist und damit auf der ewigen Rangliste der beliebtesten Projektmanagementtätigkeiten eher auf den unteren Rängen sein Dasein fristet.

Der Projektstrukturplan ist ein bisschen die Steuererklärung des Projektmanagements: Niemand macht es wirklich gern, aber es muss nun mal gemacht werden. Auf der positiven Seite bekommen Sie bei einem Projektstrukturplan garantiert immer eine Rückerstattung, Sie sparen nämlich ziemlich sicher im weiteren Verlauf des Projekts Zeit und/oder Geld. Allerdings darf man mit der Erstellung des PSP auch nicht bis auf den letzten Drücker warten. Am besten ist, Sie fangen gleich damit an, wenn Sie dieses Kapitel fertig gelesen haben.

Wie erstelle ich einen Projektstrukturplan?

Sie wissen jetzt also, dass der Projektstrukturplan eine irgendwie geordnete Sammlung aller für das Projekt relevanten Arbeitspakete ist. Relevant bedeutet in diesem Zusammenhang, dass alle diese Arbeitspakete notwendig sind, um die Projektziele zu erreichen. Entscheidend für einen weniger schlechten Projektstrukturplan ist die *sinnvolle Gliederung*, für die sich unterschiedliche Gliederungsprinzipien etabliert haben.

Letztlich ist die strukturierte Herangehensweise an Aufgaben jeder Art etwas, das auch Sie sicherlich schon mehrmals in Ihrem Leben gemacht haben. So ist die Gliederung des PSP vergleichbar mit der Erstellung eines Inhaltsverzeichnisses eines Fachbuchs oder mit der Gliederung eines Vortrags oder eines Texts. Sie schreiben nicht so häufig Bücher oder Texte und finden den Vergleich deshalb irgendwie ungünstig? Das macht nichts, wir können das Beispiel dennoch einmal durchspielen, Sie haben ja auch Fantasie. Wie würden Sie also vorgehen, wenn Sie ein Fachbuch oder einen Fachtext schrieben?

1. Als Erstes brauchen Sie ein Thema, zu dem Sie gern schreiben möchten, am besten eines, in dem Sie sich zumindest etwas auskennen.

   Übertragen auf das Projektmanagement, wäre das Thema also Ihr Projekt mit allen definierten Eigenschaften, die ein Projekt so haben kann.

2. Als Nächstes müssen Sie überlegen, wie Sie Ihr Thema sinnvoll in Unterthemen aufgliedern können. Welche Unterthemen, Abschnitte oder Kapitel brauchen Sie, um Ihr Hauptthema abzubilden?

   Im Fall Ihres Projekts: Aus welchen Unteraufgaben setzt sich das Projekt zusammen, und welche größeren Aufgaben lassen sich noch in kleinere sinnvolle Unteraufgaben aufteilen?

3. Nun müssen Sie noch überlegen, welche (inhaltlichen) Aspekte wichtig sind, um das Unterthema umfassend zu beschreiben. Sie bilden Absätze, um die unterschiedlichen Aspekte voneinander abzuheben.

   Im Fall Ihres Projekts: Was muss konkret getan werden, damit die identifizierten Aufgaben und Unteraufgaben als erledigt gelten können?

Nach diesen drei Schritten haben Sie sich bereits gehörig Gedanken über den Inhalt und die dazugehörigen Aufgaben Ihres Projekts gemacht. Sie haben viele kleine Arbeitspakete definiert, von denen Sie wissen, dass sie erledigt werden müssen, damit die Projektziele erreicht werden. Diese Arbeitspakete liegen nicht auf einem großen, ungeordneten Haufen vor Ihnen, sondern sind klar größeren Themen zugeordnet. Kurz gesagt: Jetzt wissen Sie, *was* zu tun ist.

Lassen Sie uns über ein anderes Beispiel nachdenken. Wir bedienen uns hier eines Klassikers, der das Prinzip sehr gut verständlich macht, weil dieses Beispiel allen geläufig ist, und entschuldigen uns gleichzeitig bei all denjenigen, die dieses Beispiel schon aus einer beliebigen Projektmanagementschulung kennen: Sie ziehen um.[3]

Wir gehen optimistisch davon aus, dass jeder Leser dieses Buchs schon mindestens einmal im Leben selbst umgezogen ist, vermutlich sogar mehrmals. Was Ihnen vielleicht nicht klar war: Ein Umzug ist immer auch ein kleines Projekt. Sie waren also schon ein- oder mehrmals ein kleiner privater Projektmanager. Ob Sie ein schlechter oder ein weniger schlechter Projektmanager waren, können wir nicht beurteilen, aber Sie können ja mal Ihren Partner oder die zur Hilfe geeilten Freunde befragen, wie schlimm es wirklich war.

Ihr Ziel ist es, innerhalb eines Tags (begrenzter *Zeitraum*) von einer Wohnung in die andere zu kommen. Dazu haben Sie, wenn überhaupt, ein möglichst günstiges Umzugsunternehmen beauftragt (begrenzte Ressource *Geld*). Am liebsten hätten Sie natürlich die gesamte Nachbarschaft »eingeladen«, Ihnen zu helfen, die haben

3 Wir entschuldigen uns auch bei all den Menschen, die gerade umziehen oder umgezogen sind oder demnächst umziehen müssen und eigentlich nicht öfter als nötig ans Umziehen denken möchten. Wir wissen, dass Umziehen furchtbar ist, aber das Beispiel funktioniert leider wirklich gut.

aber alle überraschend etwas anderes zu tun. Daher können Ihnen nur die zwei Freunde, die noch in Ihrer WhatsApp-Umzugshelfergruppe verblieben sind – die also entweder Heilige sind oder dummerweise vergessen haben, abzusagen, oder wirklich überhaupt kein Leben haben –, helfen (noch mal begrenzte Ressource, diesmal aber *Personen*).

1. Im ersten Schritt überlegen Sie, was alles vor dem eigentlichen Tag des Umzugs zu erledigen ist, Sie planen also Ihre Vorbereitungsphase: Umzugsunternehmen anrufen und Kostenvoranschläge einholen, Vertrag machen, Kisten besorgen, neue Wohnung renovieren, für die alte Wohnung einen Nachmieter besorgen, Strom an- und abmelden, Umzugstermin festlegen und so weiter.
2. Dann überlegen Sie, was am Tag des Umzugs zu tun ist: Kisten einpacken (erst Schlafzimmer, dann Wohnzimmer, dann Küche), dann Möbel abbauen, Kisten in den Umzugswagen tragen (hoffentlich waren die Möbelpacker pünktlich), Möbel in den Umzugswagen packen, Wohnung besenrein kehren – und ab geht's in die neue Wohnung. In der neuen Wohnung dann gleiches Spiel, nur umgekehrt: erst Wagen ausräumen, dann Möbel aufbauen, dann Kisten ausräumen.
3. Nach dem Umzug ist ja leider immer noch Arbeit übrig. Es folgt also die Nachbereitung. Möbel müssen noch arrangiert, Bilder aufgehängt werden, und bis es tatsächlich so gemütlich ist, wie man es gern hätte, geht noch der eine und andere Tag ins Land.[4] Und schließlich gibt es ja noch die Einweihungsparty, die letztendlich den Umzugserfolg bestätigt und das Projekt »Umzug« in der Regel beschließt. Oder ist die Einweihungsparty wieder ein eigenes Projekt? (Eventuell erübrigt sich die Einweihungsparty auch, denn erstens ist die Wohnung gerade frisch renoviert und soll auch möglichst lange in diesem Zustand bleiben, und zweitens haben Sie nach diesem Umzug sowieso keine Freunde mehr.)

Was wir hier in drei Phasen beschrieben haben, ist nichts anderes als die gedankliche Erarbeitung eines Projektstrukturplans, wobei wir uns hier, quasi unbewusst, schon an einer der Strukturierungsmöglichkeiten orientiert haben. Letztlich haben wir geschaut, welche Aktivitäten in den einzelnen Phasen des Umzugs – Vorbereitung, Durchführung und Nachbereitung – relevant sind. Wir haben uns an den Umzugsphasen orientiert und damit einen *phasenorientierten Projektstrukturplan* erarbeitet. Wenn wir das Ergebnis jetzt visualisieren, erhalten wir in etwa eine Darstellung, wie Sie sie in Abbildung 6-1 sehen.

4 Die Autoren wissen, wovon sie reden, und sind dafür bekannt, auch mal jahrelang ohne Vorhänge zu wohnen, weil das Anbringen der Gardinenstange nicht ordentlich im Umzugsprojektstrukturplan eingeplant wurde. Sie zeigten sich aber beim letzten Umzug überraschend lernfähig und ließen ungeliebte und viel prokrastinierte Nacharbeitungstätigkeiten einfach direkt vom Umzugsunternehmen durchführen.

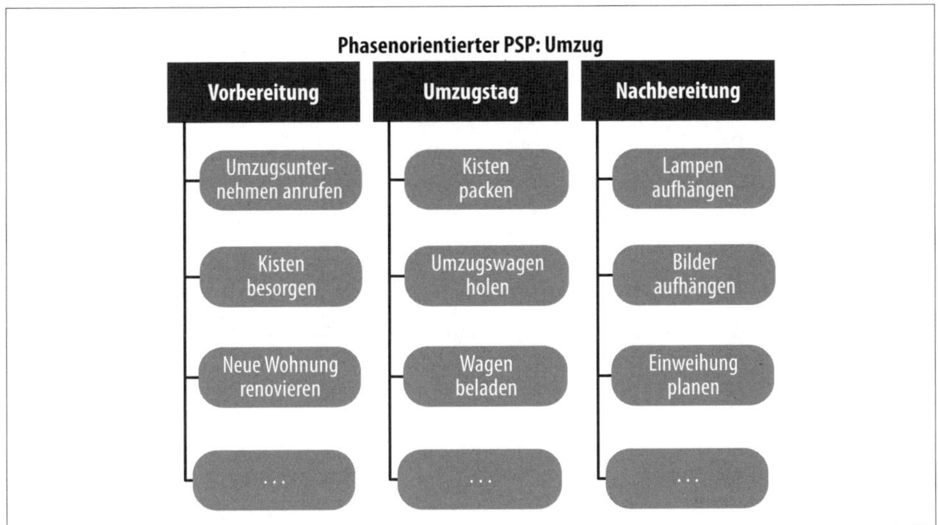

Abbildung 6-1: Im phasenorientierten Projektstrukturplan wird das Projekt in die einzelnen Phasen mit den jeweiligen Aktivitäten gegliedert.

Andere typische Strukturierungsmöglichkeiten sind die Orientierung an Objekten (*objektorientierter Projektstrukturplan*) und die Orientierung an Funktionen (*funktionsorientierter Projektstrukturplan*). Da sehr häufig die eine oder andere Strukturierung nicht ausschließlich greift, gibt es auch Mischformen. In diesem Fall sprechen wir vom *gemischtorientierten Projektstrukturplan*.

Um bei unserem Beispielprojekt zu bleiben, ziehen wir jetzt nicht nur um, wir müssen leider auch ein bisschen renovieren. Zur Renovierung gehören typischerweise Aktivitäten wie, den alten, hässlichen PVC-Boden rauszureißen und einen neuen, schönen Parkettboden zu verlegen. Wir müssen alte Blümchentapeten abreißen und neue Tapeten anbringen und dann natürlich noch streichen.

Sie haben jetzt die Möglichkeit, die Arbeitspakete nach Objekten zu gliedern. Objekte sind in diesem Fall die Räume, in denen die Aktivitäten stattfinden. Das bedeutet, Sie schauen sich alle Aktivitäten an, die in der Küche erledigt werden müssen, damit die Renovierung der Küche als abgeschlossen gelten kann. Das Gleiche machen Sie für das Schlafzimmer, für das Wohnzimmer, für das Bad und was Sie sonst noch an Zimmern haben. Manche dieser Arbeitspakete werden gleich sein, andere werden nur in einem Raum nötig sein. Wenn wir unseren Projektstrukturplan also nach Räumen ordnen, gliedern wir ihn nach Objekten und haben somit einen *objektorientierten Projektstrukturplan*.

Letztlich hängen an diesen Aktivitäten immer auch Funktionen, es sei denn, Sie sind König oder Königin des Selbermachens. Die Maler- und Tapezierarbeiten werden vom Maler gemacht, die Bodenarbeiten werden vom Fliesenleger oder Parkettverleger durchgeführt, und wenn noch Renovierungsarbeiten an den Wasserrohren durchgeführt werden müssen, dann kommt der Klempner ins Haus.

Sie können Ihren PSP dementsprechend auch nach Funktionen gliedern. Dafür überlegen Sie zunächst, welche unterschiedlichen Funktionen eine Rolle spielen und welche Arbeitspakete für diese Funktionen relevant sind. In diesem Fall schauen Sie sich also zum Beispiel die Funktion des Malers und Tapezierers an und überlegen, was dieser alles zu tun hat. Das Gleiche machen Sie für den Fliesenleger, für den Klempner und dann am Ende für sich selbst. Weil Sie das Renovierungsprojekt jetzt nach Funktionen gegliedert haben, sprechen wir von einem *funktionsorientierten Projektstrukturplan.*

Wie sich ein objektorientierter Projektstrukturplan von einem funktionsorientierten Projektstrukturplan unterscheidet, können Sie in Abbildung 6-2 sehen. Wir haben uns auch hier an unserem Umzugsbeispiel orientiert.

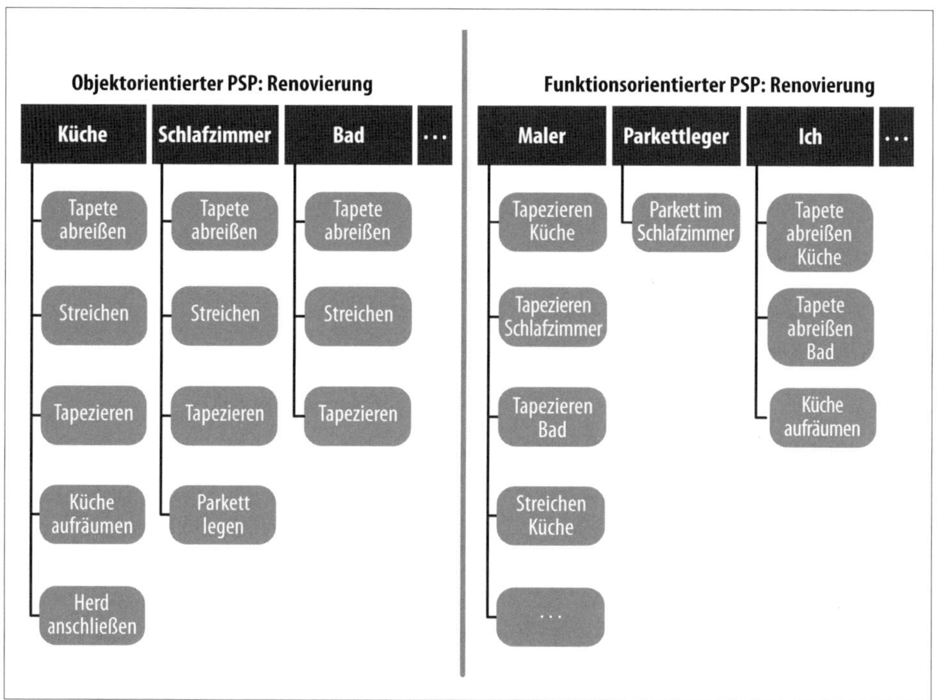

Abbildung 6-2: Unterschied zwischen einem objektorientierten und einem funktionsorientierten Projektstrukturplan

In der Softwareentwicklung kann man sich die Unterscheidung zwischen einem objektorientierten und einem funktionsorientierten Projektstrukturplan ungefähr so vorstellen: Innerhalb eines Softwareprojekts müssen mehrere Module entwickelt werden. Die Entwicklung umfasst Planung und Design, Programmierung, Tests und die Abnahme des Kunden oder Produktmanagers. Bei einem objektorientierten Projektstrukturplan gehen Sie von den Modulen aus und überlegen sich zu jedem Modul, welche Arbeitspakete erledigt werden müssen. Diese können je nach Modul anders aussehen. Sie können aber auch von den Funktionen ausgehen und überlegen, welche Arbeitspakete der Designer, die Programmierer, die Datenbankentwickler, die Tester und der Produktmanager erledigen müssen. Am Ende ist es egal, welchen Weg Sie nehmen, denn die Arbeitspakete sollten ungefähr gleich aussehen. Lediglich die Art und Weise, wie Sie die Pakete ermittelt haben und wie sie strukturiert sind, unterscheiden sich.

Der funktionsorientierte Projektstrukturplan ist auch deshalb interessant, weil entweder er sehr häufig die Strukturen der Unternehmensorganisation direkt abbildet oder sich aus ihm die Skillprofile oder sogar die gesamte Projektorganisation ableiten lassen. Was es damit genau auf sich hat, erklären wir später in Kapitel 19, *Organisiert euch!*, in dem es um Projektorganisationsformen geht.

Die Frage, welche Strukturierung die richtige für Ihr Projekt ist, kann zunächst nicht eindeutig beantwortet werden. Die Praxis zeigt, dass das Konzept der Gemischtorientierung am ehesten zum Tragen kommt, da sich selten nur ein Strukturierungsprinzip auf das gesamte Projekt anwenden lässt. Verzweifeln Sie also nicht, wenn sich Ihr Projekt gar nicht ausschließlich über das von Ihnen gewählte Strukturierungsprinzip abbilden lässt.

Es geht also irgendwie darum, herauszufinden, was alles getan werden muss, damit am Ende das angestrebte Ziel erreicht wird. Hierzu gibt es zwei grundlegende Ansätze. Wie Sie sich vorstellen können, liegt die Wahrheit mal wieder in der Mitte, sodass es noch einen dritten Ansatz gibt, der sich aus diesen Basisansätzen ableiten lässt.

Top-down-Ansatz (deduktiv: vom Ganzen zum Detail)
: Beim Top-down-Ansatz wird der Projektstrukturplan vom Groben ins Detail entwickelt. Das bedeutet, dass das Gesamtprojekt zunächst in Teilprojekte und dann in immer kleiner werdende Arbeitspakete zerlegt wird.

Bottom-up-Ansatz (induktiv: vom Detail zum Ganzen)
: Der Bottom-up-Ansatz ist (Überraschung!) die Umkehrung des Top-down-Prinzips. Hier wird zunächst gesammelt, welche Aktivitäten relevant sein könnten. In einem zweiten Schritt werden diese Arbeitspakete zu sinnvollen Themenblöcken zusammengefasst. Die Struktur entwickelt sich also von unten nach oben, daher auch der Name Bottom-up.

Im Ergebnis haben Sie in Ihrem Projektstrukturplan alle Arbeitspakete identifiziert, die notwendig sind, um Ihre Projektziele zu erreichen – oder anders gesagt, um das Projekt erfolgreich durchzuführen. Zu jedem dieser Arbeitspakete wird dann sukzessive eine Arbeitspaketbeschreibung entwickelt. Neben den Informationen darüber, was mit dem Arbeitspaket erreicht werden soll, sind hier noch viele weitere Informationen hinterlegt. Im Einzelnen sind das:

- **Verantwortlichkeiten**: Wer ist für dieses Arbeitspaket verantwortlich?
- **Bearbeiter**: Wer ist für die Bearbeitung und Fertigstellung des Arbeitspakets verantwortlich?
- **Voraussetzungen**: Welche Voraussetzungen müssen erfüllt sein, damit mit der Bearbeitung des Arbeitspakets begonnen werden kann? Oftmals handelt

es sich bei den Voraussetzungen einfach um andere Arbeitspakete, die vorher abgearbeitet werden müssen.

- **Termine:** Wann startet das Arbeitspaket, wie lange dauert es, und wann wird es abgeschlossen sein?
- **Kosten:** Wie viel kostet die Bearbeitung des Arbeitspakets?
- **Risiken:** Gibt es spezifische Risiken, die genau dieses Arbeitspaket betreffen?

Tatsächlich ist es heute in der Praxis kaum mehr üblich, eine Arbeitspaketbeschreibung anzufertigen. Sobald Sie Ihr Projekt mit Microsoft Project oder einem vergleichbaren Planungstool planen, tragen Sie alle diese Informationen in das Planungstool ein.

Gründe gegen einen Projektstrukturplan und warum sie Unfug sind

Obwohl stets – unter anderem auch in diesem Buch – betont wird, dass der Projektstrukturplan ein wichtiges Planungsinstrument ist, gibt es immer wieder Projekte, in denen es keinen PSP gibt. Wie kann das sein? Wir wissen es auch nicht genau, haben aber ein paar Ideen, wie es dazu kommen kann.

Ein Projektstrukturplan ist aufwendig

Ein einfacher Grund liegt auf der Hand: Die Erstellung eines Projektstrukturplans ist sehr aufwendig. Je nach Komplexität des Projekts kann ein Projektstrukturplan sehr, sehr viele Arbeitspakete beinhalten.[5] Wird die Methode PSP ernst genommen und jedes Arbeitspaket in adäquatem Maße beschrieben, bedeutet das einen erheblichen Aufwand, der betrieben werden muss, um einen vernünftigen PSP, in dem wirklich *alle* notwendigen Schritte für die Projektplanung enthalten sein sollen, zu erstellen.

Tatsächlich ist das Problem der Komplexität eher ein Problem des benötigten Aufwands, es geht also im Endeffekt um Ressourcen und Kosten. Insofern ist dieses Problem meist auch ein Problem der Organisation und der Verankerung des Projektmanagements in der Organisation und des Verständnisses dessen, was Projektmanagement in der weniger schlechten Ausführungsvariante notwendigerweise bedeutet. Selbst bei komplexen Projekten wird vom Projektleiter oft erwartet, dass er irgendwie fachlich in den Projekten arbeitet, anstatt sich mit den Projektmanagementtätigkeiten wie Planung, Controlling, Stakeholder und Risiken zu beschäftigen. Wo bleibt da die Zeit, einen Projektstrukturplan anzufertigen?

5 Bevor Sie jetzt einen Schreck bekommen, machen Sie sich bitte klar, dass ein Projekt alles sein kann, von einem kleinen 3.000-Euro- bis zu einem Millionen-Projekt. Wo Ihre Projekte innerhalb dieses Spektrums liegen, können wir natürlich nicht sagen.

Abgesehen von dieser Grundproblematik, ist letztlich ein *Kick-off-Workshop* die ideale Gelegenheit, den Projektstrukturplan im Team, und zwar mit allen Projektbeteiligten, zu entwickeln. Hierbei ist es hilfreich, wenn alle im Team ein ähnliches Verständnis von der zu erledigenden Aufgabe haben. Dann ist es ein Leichtes, auch bei größeren Projekten die Erstellung des PSP über die Teilprojekte zu organisieren, sodass jeder Teilprojektleiter für seinen eigenen Fachbereich einen »Unter-PSP« erstellt.

Eine solche Veranstaltung ist Gold wert, zumal unterschiedliche Ziele verfolgt werden können und im besten Fall dann tatsächlich auch erreicht werden:

- Identifikation der Arbeitspakete auf Basis des aktuellen Wissensstands
- Identifikation von Schnittstellen im Projekt
- Synchronisation des Projektteams mit den Projektinhalten und Projektzielen
- Transparenz in Bezug auf die Aufgabenstellung
- Identifikation möglicher Risiken im Projekt

Solch ein Kick-off-Workshop, in dem Ihr Projektteam zum ersten Mal intensiv zusammenarbeitet, hat oft den angenehmen Nebeneffekt, dass sich das Team jetzt auch als Team begreift und sich mit dem Projekt und den Projektzielen identifizieren kann.

Wie so ein Kick-off-Workshop aussieht und was Sie dafür organisieren müssen, erfahren Sie in Kapitel 15, *Projektkommunikation ist (un)wahrscheinlich*.

Tatsächlich ist die Erstellung eines Projektstrukturplans aufwendig, und das ganze Verfahren ist umso aufwendiger, je mehr Projekte Sie in Ihrem Unternehmen haben. Hier sollten Sie als weniger schlechter Projektmanager mit Ihren Projektmanagementkollegen darüber nachdenken, inwieweit die Projektstrukturpläne Ihrer Projekte standardisiert werden können.

Viele Projekte weisen trotz ihrer Einmaligkeit (insbesondere in Bezug auf die Umstände) immer wieder Ähnlichkeiten auf. Dies betrifft häufig die Projektrisiken, aber insbesondere auch die Arbeitspakete. Also bietet es sich durchaus an, für bestimmte, immer wiederkehrende Projektarten einen standardisierten Projektstrukturplan zu entwickeln, auf den Sie als Projektmanager zugreifen können und der Ihnen bei der Erarbeitung Ihres individuellen Projektstrukturplans hilft. Jetzt müssen Sie diesen standardisierten Projektstrukturplan natürlich nicht selbst anfertigen. Idealerweise gibt es in Ihrem Unternehmen ein Projektmanagementbüro (*Project Management Office*, PMO), das sich solcher Themen in Zusammenarbeit mit den Projektmanagern im Unternehmen annimmt und standardisierte Werkzeuge bereitstellt.

Mangel an brauchbaren Tools

Der zweite wesentliche Grund für das ebenso rätselhafte wie gefährliche PSP-Vakuum in vielen Projekten ist die Tatsache, dass es nur wenige EDV-Tools gibt, mit denen brauchbare Projektstrukturpläne erzeugt werden können. Zum einen ist die Visualisierung, insbesondere bei vielen Arbeitspaketen, schwierig, zum anderen ist aber auch die Anbindung an Werkzeuge zur Terminplanung wie beispielsweise Microsoft Project nicht immer gewährleistet. Es ist wenig verwunderlich, dass die Geduldsspanne des Projektmanagers begrenzt ist, wenn er gerade in stundenlanger Arbeit einen Projektstrukturplan eingepflegt hat und diese mühsame Arbeit ihm noch nicht mal ermöglicht, aus den nun vorhandenen Daten einen zumindest rudimentären Terminplan zu erstellen. Selbst wenn ein Projektstrukturplan, beispielsweise in Microsoft Visio, im Detail eingepflegt wurde, lässt sich ein durchschnittlich komplexes Projekt auch auf diesem Weg oft immer noch unzureichend übersichtlich darstellen.

Die Frage danach, ob es nicht irgendeine Software gibt, die uns unsere Arbeit erleichtert oder sogar abnimmt, ist mittlerweile eine Selbstverständlichkeit und auch nichts Verwerfliches. Dafür ist Software schließlich gemacht. Im Fall des Projektstrukturplans schlagen wir aber einen ganz anderen, quasi revolutionären Ansatz vor. Wir machen es ganz ohne Software! Ja, das ist unser voller Ernst.

Eine sehr gute Möglichkeit, einen Projektstrukturplan zu erstellen, ist die Verwendung von Metaplankarten, die Sie in Ihrem Projektraum an die Wand hängen. Auf jeder Metaplankarte steht ein Arbeitspaket. Die Gliederung können Sie zudem farblich kennzeichnen. So sind zum Beispiel alle Teilprojekte blau und alle Arbeitspakete grün. Diese vermeintlich unkonventionelle, weil krass undigitale Methode bietet den Vorteil, dass Sie Ihren Projektstrukturplan ohne großen Aufwand immer wieder ergänzen oder auch Arbeitspakete austauschen können. Außerdem besitzt diese Methode den gigantischen Vorteil, dass die Arbeitspakete für Ihr Team und jeden, der sich im Projektraum aufhält, zu jedem Zeitpunkt transparent sind. Sie können zudem während der Durchführung Ihres Projekts den Projektfortschritt jederzeit sichtbar machen, indem Sie einen Haken an ein abgeschlossenes Arbeitspaket setzen.

Tatsächlich ist das Auf- oder Umhängen einer Metaplankarte oft mit einer geringeren Hemmschwelle verbunden als das Pflegen eines digitalen Plans – vor allem wenn ein Stapel Karten nebst Stift jederzeit griffbereit danebenliegt.

Nicht umsonst ist die gut sichtbare Visualisierung mit Metaplankarten und Flipchartbogen gerade im Zuge von agiler Softwareentwicklung mit Scrum und Kanban wieder populär geworden. Auch hier steht Transparenz des Projektinhalts und -fortschritts sowie eine möglichst einfache Handhabung der Tools im Vordergrund.

Denken Sie immer daran, dass der PSP dazu da ist, Ihnen und Ihrem Team die Arbeit im Verlauf des Projekts zu erleichtern. Lassen Sie sich also nicht von Ihrem Projektstrukturplan einschüchtern und zu seinem Sklaven machen. Der PSP soll nicht ob seiner Schönheit und Perfektion gefallen, sondern eine klare Aufgabe erfüllen. Wenn sich dieses Ziel besser mit Stift und Papier umsetzen lässt als mit millimetergenau ausgerichteten Kästchen in einem digitalen Dokument, dann ist dagegen nichts zu sagen.

Prozess der Erstellung

Eine Erfahrung in Bezug auf das Erstellen des Projektstrukturplans hat einer der Autoren sehr häufig in Schulungsveranstaltungen zum Thema Projektmanagement gemacht: Es gibt viele Menschen, denen die Untergliederung von Aufgaben in kleinere Teilaufgaben sehr schwerfällt. Gerade Menschen mit akademischem Abschluss sollten diese Fähigkeit im Studium bereits erworben haben und nun bei der Erstellung des Projektstrukturplans einbringen können. Dennoch ist dabei immer wieder Folgendes zu beobachten:

- Eine nicht dienliche Detailverliebtheit und das Verlieren in Details: Dies ist typisch für Menschen mit hoher Fachorientierung, also durchaus bei vielen Softwareentwicklern zu erwarten. Stellen Sie einem Softwareentwickler eine Aufgabe, und er oder sie wird sich nach wenigen Nachfragen zu fachlichen Themen direkt an technischen Details festbeißen und Sie in Diskussionen verwickeln, die Sie gar nicht führen wollten und vielleicht auch gar nicht führen können. Halten Sie Ihre technischen Projektmitarbeiter im Zaum und instruieren Sie sie dahin gehend, dass bei der Planung des Projekts, also in diesem Fall bei der Identifikation der Arbeitspakete, die technischen Details nicht alle sofort geklärt werden müssen. Es wird schwierig werden, aber es geht.
- Festhalten an methodischen Regeln beim Erarbeiten eines PSP: Am Ende wollen Sie eigentlich nur einen Projektstrukturplan, der der Wirklichkeit möglichst nahekommt. Verlieren Sie nicht zu viel Zeit und Energie damit, den methodisch korrektesten Weg zu nehmen, um den schönsten Projektstrukturplan im ganzen Land zu ersinnen, sondern denken Sie pragmatisch. Ihr PSP darf, muss aber nicht perfekt sein. Hauptsache ist zunächst, dass Sie überhaupt einen haben. Wie Sie dahin gekommen sind, interessiert nachher niemanden mehr.
- Priorisierung falscher Fragestellungen: Nicht das »Was«, sondern das »Wie« wird in den Vordergrund gestellt. Die Frage nach dem »Wie« kann und soll aber immer erst später im Planungsprozess gestellt werden. Für die Erstellung eines Projektstrukturplans hat dieser Aspekt zunächst keine Relevanz.

»Das können wir doch noch gar nicht wissen!«

Gerade zu Beginn eines Projekts sind viele Themen unbekannt. So steht zum Beispiel die Frage im Raum, ob für eine bestimmte Anforderung die technische Lösung intern entwickelt wird oder ob es einfacher ist, eine bereits existierende Lösung einzukaufen. Von dieser Entscheidung hängen aber einige Unteraufgaben ab, die anders aussehen, je nachdem, wofür man sich letzten Endes entscheidet. Bei einer internen Lösung steht ein gesamter Entwicklungsprozess an, bei der eingekauften Software muss eventuell Zeit für Anpassungen und die Kommunikation mit dem externen Dienstleister eingeplant werden.

Ist das Thema neu und unbekannt, ist dies oftmals Grund und Entschuldigung dafür, den Projektstrukturplan nicht in ausreichender Tiefe zu entwickeln. Ihre Entwickler werden vielleicht vor Ihnen stehen und sagen: »Das können wir heute ja noch gar nicht wissen!« Aus Sicht der Entwickler ist diese Reaktion vollkommen verständlich, erfahrungsgemäß haben wir es gerade in komplexen Projekten mit einer Vielzahl von Faktoren zu tun, die die Planung einer neuen Aufgabe erschweren.

Diese Herangehensweise, die eher die fachliche Perspektive einnimmt, ist in Bezug auf Projektmanagement und Planung von Projekten nicht zielführend oder hilfreich. Die Antwort des weniger schlechten Projektmanagers lautet deswegen: »Was müssen wir denn tun, um an die Informationen heranzukommen?«

Bei dem oben genannten Beispiel wäre es denkbar, eine kleine Taskforce zu mobilisieren, die innerhalb einer gesetzten Frist die wesentlichen Argumente für und gegen beide Optionen sammelt. Mit diesen Informationen können Sie die Entscheidung, ob Sie lieber eine interne Lösung nehmen oder eine externe bevorzugen, bereits zu Beginn des Projekts treffen.

In diesem Beispiel wird der Unterschied zwischen Fachorientierung und Prozessorientierung deutlich. Ein guter Projektmanager orientiert sich immer an den Prozessen. Seine Frage muss nicht sein, was die fachliche Information ist, sondern wie das Team an diese Information herankommt.

Wichtig ist an dieser Stelle vor allem, dass Sie es bemerken, wenn sich eine Diskussion in die falsche Richtung bewegt, und sofort gegensteuern. Gefragt ist hier also Ihre Autorität als Projektmanager sowie Ihre Fähigkeit, ein Meeting zur Erstellung eines Projektstrukturplans zu moderieren und sich nicht von Ihren Mitarbeitern, die sich gern sofort in fachliche Detaildiskussionen stürzen möchten, ablenken zu lassen. Zeigen Sie, dass Ihnen bewusst ist, dass diese Fragen selbstverständlich irgendwann geklärt werden müssen, aber eben *nicht jetzt*.

Die Aufgabenstellung, die es zu lösen gilt, heißt Projektstrukturplan, und Sie wissen spätestens jetzt, dass sich der Projektstrukturplan mit der Frage beschäftigt, *was* zu tun ist, um die Projektziele zu erreichen. Verschieben Sie alle anderen Fragen nach dem Wie, Wann, Wer und Wo auf später und sorgen Sie dafür, dass auch allen anderen Projektmitgliedern die Bedeutung des Projektstrukturplans bewusst ist. Ein weniger schlechter Projektmanager gibt sein Methodenwissen an sein Team weiter. Wenn Sie Glück haben, finden Sie im Team sogar Mitstreiter, die Sie dabei unterstützen, Fachdiskussionen einzudämmen und auf später zu verschieben, und sind nicht immer allein der strenge Oberboss, der ein Machtwort sprechen muss.

Wie und warum muss ich einen Projektstrukturplan pflegen?

Vielleicht haben Sie es schon geahnt. Natürlich reicht es nicht, einen Projektstrukturplan zu haben, man muss sich auch um ihn kümmern. Das Pflegen des Projektstrukturplans gehört ebenfalls zu den Aufgaben des weniger schlechten Projektmanagers. Weil es erstens anders kommt und zweitens als man denkt, ist ein Projekt nie oder nur höchst selten statisch. Die Wahrscheinlichkeit, dass sich im Laufe des Projekts irgendetwas ändert, ist hoch. Arbeitspakete können sich inhaltlich ändern, sie können auf einmal wegfallen, und neue werden dafür geboren und müssen ihren Platz im Plan bekommen.

Der Projektstrukturplan ist also ein lebendes Dokument, in dem sich letztlich auch die Dynamik von Projekten widerspiegelt. Insbesondere wenn sich zu Beginn des Projekts bestimmte Teilprojekte noch nicht sinnvoll in konkrete Arbeitspakete gliedern ließen, ist es notwendig, sie im Laufe des Projekts in entsprechende To-dos zu unterteilen. In diesem Fall würden also neue Arbeitspakete hinzukommen und den PSP ergänzen. Eventuell stellt sich auch heraus, dass eine bestimmte Aufgabe wegfällt, sei es, weil sich die Rahmenbedingungen geändert haben oder weil die Aufgabe implizit durch das Abarbeiten einer anderen Aufgabe erledigt wurde. Nicht immer lassen sich alle Aufgaben direkt am Anfang eines Projekts realistisch vorhersagen. Auch als weniger schlechter Projektmanager sind Sie immer noch ein ganz normaler Mensch und kein Hellseher mit magischen Fähigkeiten.

Ein weiterer Aspekt der Pflege Ihres Projektstrukturplans ist das Fortschreiben Ihres Projekts. In der Realisierungsphase kommt es idealerweise zu dem Punkt, an dem ein Arbeitspaket abgearbeitet ist. Auch den aktuellen Fortschrittsgrad Ihres Arbeitspakets pflegen Sie in Ihren PSP ein. Insbesondere dann, wenn Sie ein Arbeitspaket als abgeschlossen kennzeichnen, erhalten Sie im Laufe der Projektrealisierung eine sehr gute Übersicht über den Gesamtfortschritt Ihres Projekts, können sich freuen, wenn alles nach Plan läuft, oder rechtzeitig gegensteuern, wenn zu lange Stillstand herrscht. Zum einen findet die Pflege des PSP also immer dann statt, wenn ein konkretes Ereignis eine Überprüfung des Plans nahelegt, zum anderen sollten Sie aber auf jeden Fall in regelmäßigen Abständen Ihren Projektstrukturplan prüfen und bei Bedarf anpassen. Legen Sie sich im Zweifel einen festen, sich wiederholenden Termin im Kalender an oder machen Sie die Überprüfung des PSP zu einem festen Teil eines ohnehin stattfindenden regelmäßigen Meetings. Letzteres hat den Vorteil, dass Sie hier auch den Input weiterer Projektteammitglieder abfragen und direkt im Plan abbilden können.

In der Praxis wird es wie so oft auf eine Mischform hinauslaufen. Wenn Sie bei jedem abgearbeiteten Paket sofort benachrichtigt werden und den PSP aktualisieren, machen Sie am Ende nichts anderes mehr und werden zu einem überbezahlten Haken-an-Pakete-Macher. Das gebündelte Kennzeichnen abgearbeiteter Pakete oder die generelle Überprüfung des PSP sollte in regelmäßigen Abständen erfolgen. Tritt aber eine signifikante Änderung ein – erweitert oder reduziert sich etwa der

Umfang des Projekts oder stellen sich getroffene Annahmen als falsch heraus und ein Teilprojekt muss neu geplant werden –, sollten Sie nicht bis zum nächsten Meeting warten, sondern sich möglichst zeitnah an die Überarbeitung des Projektstrukturplans machen.

Der Projektstrukturplan ist fertig! Und nun?

Bei der Frage »Und nun?« schließt sich der Kreis zum Anfang des Kapitels. Wir hatten gesagt, dass der Projektstrukturplan das Herzstück Ihres Projekts ist und Sie als weniger schlechter Projektmanager auf keinen Fall auf das Erstellen eines Projektstrukturplans verzichten dürfen. Dabei bleiben wir natürlich auch. Tatsächlich hat der Projektstrukturplan bislang aber nur eine einzige Frage wirklich geklärt: *Was ist zu tun, um die Projektziele zu erreichen?*

Natürlich ist es erst mal besonders wichtig, sich einen Überblick über das WAS zu verschaffen, bevor man über das WIE oder gar das WER oder WANN zu philosophieren beginnt. Unbestritten bleiben hier aber noch ein paar zentrale Fragen offen, mit denen wir uns in den nächsten Kapiteln auseinandersetzen werden.

Die Frage nach dem WIE wird in Kapitel 8, *Alles nach Plan? – Termin- und Ablaufplanung*, erklärt. Hier geht es im Wesentlichen um die Frage, wie die Arbeitspakete fachlogisch hintereinandergeschaltet und verknüpft werden müssen. Wir geben schon ein kleines Beispiel und spoilern hemmungslos das entsprechende Kapitel: Natürlich ergibt es keinen Sinn, wenn der Umzugswagen schon losfährt (Arbeitspaket »Fahrt zum neuen Wohnort«), ohne dass er vorher beladen wurde (Arbeitspaket »Beladen des Umzugswagen«). Das klingt zwar banal, am Ende sind Sie aber froh, wenn Sie Ihr Projekt so sicher geplant haben, dass die Möbelpacker nicht mit leerem Wagen vor der neuen Wohnung stehen.

Die Frage nach dem WANN wird dann durch Ihren Terminplan geklärt. Hier wird festgelegt, wann ein Arbeitspaket startet und wann es unter Berücksichtigung einer geschätzten Dauer idealerweise abgeschlossen sein wird.

Zu klären ist auch noch, WER für das Arbeitspaket verantwortlich ist. In diesem Schritt machen Sie eine Aufstellung der benötigten Ressourcen und Skills und stellen hoffentlich fest, dass die benötigten Fähigkeiten durch entsprechendes Personal in Ihrem Unternehmen nicht nur vorhanden sind, sondern auch für Ihr Projekt eingesetzt werden können.

Abschließend ist dann auch noch zu klären, WIE VIEL Ihr Projekt kostet. Hier schauen Sie sich die Kosten pro Arbeitspaket an und können diese dann auf Teilprojektebene und letztendlich auf das gesamte Projekt hochrechnen.

All diese Fragen, auf die Ihr Auftraggeber, Ihre Geschäftsführung und hoffentlich auch Sie gern eine Antwort hätten, können Sie mithilfe Ihres Projektstrukturplans dann tatsächlich mit ruhigem Gewissen beantworten. Und damit haben wir nun hoffentlich auch endgültig die Frage geklärt, warum der Projektstrukturplan so wichtig ist, dass wir ihn gern als das Herzstück Ihrer Projektplanung bezeichnen.

KAPITEL 7

RISIKO!

Alles, was schiefgehen kann, wird auch schiefgehen.

– *Murphys Gesetz*

Wenn es mehrere Möglichkeiten gibt, eine Aufgabe zu erledigen, und eine davon in einer Katastrophe endet oder sonst wie unerwünschte Konsequenzen nach sich zieht, dann wird es jemand genau so machen.

– *Urfassung von Murphys Gesetz*

Das Wort Risiko ist bei einem Teil dieses Autorenduos seit früher Kindheit negativ besetzt, allerdings nicht wegen der Bedeutung des Worts, sondern weil bei »Der große Preis« mit Wim Thoelke immer sehr bedrohliche Musik gespielt wurde, sobald ein Kandidat eine Risikofrage erwischte. Wir werden trotzdem versuchen, dieses Thema so wenig bedrohlich wie möglich zu vermitteln und Ihnen nicht nur die Angst vor Spielshowmusik, sondern auch die vor Projektrisiken zu nehmen

Bei Risiken handelt es sich um mögliche negative Abweichungen im Projektverlauf (relevante Gefahren) gegenüber der Projektplanung durch das Eintreten von ungeplanten oder das Nicht-Eintreten von geplanten Ereignissen oder Umständen (Risikofaktoren). Eine mögliche positive Abweichung im Projektverlauf wird als Chance bezeichnet. In den folgenden Ausführungen wird vereinfachend von Risiken gesprochen, obwohl Chancen und Risiken gleichermaßen gemeint sind.

Zielsetzung des Risikomanagements ist die frühzeitige systematische und vollständige Erfassung von Projektrisiken und deren transparente Darstellung sowie die Bewertung der Projektrisiken und die Entwicklung geeigneter Maßnahmen als Grundlage für unternehmerische Entscheidungen im Rahmen des Projekts. Anders gesagt, Sie beschäftigen sich intensiv mit allem, was schiefgehen könnte, versuchen, halbwegs realistisch einzuschätzen, wie wahrscheinlich es ist, dass es schiefgeht, und überlegen dann, wie Sie möglichst verhindern können, dass es schiefgeht, oder wie Sie zumindest dafür sorgen können, dass nicht alle sterben müssen, wenn es schiefgeht. Klingt nach vielen Stunden motivierender Arbeit, nicht wahr?

So banal zunächst die Definition und so plausibel die Zielsetzung für die Methode *Risikomanagement* ist, so offenkundig schwierig erweist sich deren Anwendung in der Praxis. Natürlich ist allseits bekannt und unumstritten, dass es sehr, sehr wichtig ist, sich intensiv mit den Projektrisiken zu beschäftigen und die Ergebnisse dieser Beschäftigung in einem Plan zu dokumentieren. Fragt man jedoch vorsichtig nach dem Projektrisikoplan, ist dieser in den meisten Fällen nicht vorhanden, und man erntet entweder irritierte oder zutiefst verschämte Blicke. Wie es zu diesem Unglück kommen kann, wollen wir uns später genauer ansehen, zunächst betrachten wir, was es mit der Methode so auf sich hat.

Risikomanagement ist ein wesentliches Steuerungsinstrument über alle Phasen des Projektlebenszyklus. Damit ist Risikomanagement qua Definition auch keine einmalige Betrachtung der Risiken zu Beginn des Projekts, sondern ein fortlaufender Prozess, der mit der Initialisierung des Projekts startet und mit einer abschließenden Risikobetrachtung und Dokumentation endet. Diese abschließende Risikobetrachtung ist auch bekannt als *Lessons Learned* und dient nicht nur als nostalgischer Rückblick auf das schönste/schlimmste/anstrengendste/chaotischste Projekt Ihres Lebens, sondern durchaus der Verwendung der gewonnenen Erkenntnisse in Folgeprojekten. Wenn wir Sie also gelegentlich darauf hinweisen, dass es zu Ihrem Projektmanagerjob gehört, gefälligst aus Fehlern klug zu werden, dann meinen wir das durchaus ernst. Es gibt sogar ein extra Meeting dafür! (Aber auch dazu später mehr.)

Einmaligkeit von Risikomanagement

Eine häufig gemachte Beobachtung ist, dass Risikomanagement zu Beginn des Projekts stattfindet. Da werden mit großer Mühe und großem Engagement Fachabteilungen in Bezug auf potenzielle Risiken befragt, da wird eine Liste angefertigt, in der ein Zahlenwerk in Bezug auf die Risikobewertung erstellt wird, und das ganze Werk wird am Ende stolz der Geschäftsführung oder dem Auftraggeber präsentiert. In einem letzten Schritt verschwindet der möglicherweise schönste und beste Projektrisikoplan, der je erstellt wurde, dann für immer und ewig in einer Schublade und wird irgendwann von Mäusen zernagt. Ein trauriges Schicksal!

Eine einmalige Risikobetrachtung wird in diesem Fall als Risikomanagement verkauft, um der Geschäftsführung oder dem Auftraggeber zu zeigen, dass man bei der Projektmanagementschulung gut aufgepasst hat und selbstverständlich weiß, wie man ein Projekt leitet. Die Anwendung der Methode findet also häufig eher aus Profilierungsgründen statt und nicht, weil man wirklich ernsthaft glaubt, dass ein Projektrisikoplan für das Projekt wichtig oder sinnvoll sein könnte.

Das geht so lange gut, bis die Geschäftsführung während des Projekts nachfragt, wie es um den aktuellen Status der Risiken steht. Dann müssen Sie als Projektmanager im Zweifelsfall leider zugeben, dass Sie die Risikotabelle zwar brav abgeheftet, aber danach nie wieder auch nur angeschaut geschweige denn weiter gepflegt haben.

Noch schlimmer kommt es aber, wenn die Geschäftsführung überhaupt nicht mehr nachfragt. Sie sparen sich damit zwar einen peinlichen Moment, im Zweifelsfall bedeutet das aber auch, dass Sie gerade Projektmanagement im Blindflug machen.

Möglicherweise mögen Sie den Thrill des Ungewissen, dann würden wir Ihnen aber ans Herz legen, diese Vorliebe lieber im Abenteuerurlaub und nicht im Projektalltag auszuleben. Projektmanagement ohne aktives Risikomanagement als Grundlage für unternehmerische Entscheidungen ist nicht nur verantwortungslos, sondern auch fahrlässig.

Risikomanagement in fünf (mehr oder weniger) einfachen Schritten

Im Wesentlichen entsprechen die Prozessschritte im Risikomanagement den Schritten, die im PDCA-Zyklus (*Plan – Do – Check – Act*) verwendet werden. Dieser Zyklus, auch bekannt als Demingkreis oder Shewhart Cycle[1], beschreibt einen iterativen Prozess, der aus der Qualitätssicherung kommt und in den 1930er-Jahren von William Edwards Deming nach den Erkenntnissen des US-amerikanischen Physikers Walter Andrew Shewhart bei seiner Arbeit bei Western Electric entwickelt wurde. Im Deutschen können die vier Schritte als »Planen – Tun – Überprüfen – Umsetzen« oder »Planen – Umsetzen – Überprüfen – Handeln« übersetzt werden. Diese Schritte helfen uns auch beim Risikomanagement. Allerdings sind zwei Prozessschritte vorgeschaltet. Bevor ich Maßnahmen für ein Risiko planen kann, muss ich es zunächst identifizieren und in einem zweiten Schritt bewerten.

Schritt 1: Risiken identifizieren

Im ersten Prozessschritt werden die projektspezifischen Risiken identifiziert. Konkret bedeutet das, dass Sie sich als Projektleiter die Frage stellen müssen, welche Risiken es in Ihrem Projekt gibt. Besser ist es übrigens noch, wenn Sie anderen Leuten diese Frage stellen, aber dazu kommen wir später.

Betrachten wir ein Risiko für diese Übung als eine *Abweichung vom Plan*. Letztlich wollen Sie die Frage »Läuft alles nach Plan?« immer mit einem beherzten und vor allem ungelogenen »Ja!« beantwortet können. Ist die Antwort hingegen »Na ja, also abgesehen davon, dass die Oberfläche noch nicht steht und wir drei Wochen länger für den Log-in-Mechanismus gebraucht haben und gerade drei Leute mit Grippe im Bett liegen, also abgesehen *davon* läuft es eigentlich ganz gut.«, dann haben Sie vermutlich ein Problem, denn Ihre eigentliche Antwort war »Nein«, nur haben Sie es etwas positiver verpacken wollen.

Um sicherzugehen, dass tatsächlich alles nach Plan läuft, und um herauszufinden, was eventuell in einer ungewissen Zukunft nicht nach Plan laufen könnte, müssen Sie sich mit Ihrer Projektplanung auseinandersetzen und mögliche Risiken identifizieren. Die Basis für die Identifikation bilden folgende Hilfsmittel:

1 *https://de.wikipedia.org/wiki/Demingkreis*

- **Recherche:** Sie haben einen Internetanschluss und wissen, wie man Google bedient? Herzlichen Glückwunsch! Insbesondere wenn Sie im internationalen Umfeld unterwegs sind, gibt es im Internet zahlreiche Informationen, die Ihnen helfen, Risiken zu identifizieren. Sind es Wetterrisiken, die Sie typischerweise in Bauprojekten haben, dann schauen Sie sich die Wetterstatistiken zu der jeweiligen Region an. Geht es um die Sicherheit des Projektteams, schauen Sie sich die Kriminalitätsstatistiken der jeweiligen Region an. Wenn Sie sich von bestimmten Technologien abhängig machen, finden Sie heraus, wie sicher es ist, dass diese Technologien auch in Zukunft noch unterstützt werden und welche Alternativen Sie haben, wenn dieser Support irgendwann ausbleibt. (Nicht ohne Grund zucken Entwickler bei den Begriffen »Flash« und »Silverlight« immer unwillkürlich zusammen.)
- **Erfahrungen:** Sie haben ähnliche Projekte schon einmal gemacht, und Ihr Unternehmen war so schlau, diese Projekte und damit auch die aufgetretenen Risiken zu dokumentieren? Herzlichen Glückwunsch! Schauen Sie einfach in die Projektdokumentation dieser Projekte, und Sie haben erste plausible Anhaltspunkte für die Risiken, die Sie in Ihrem Projekt zu erwarten haben.
- **Projektkatalog:** Ihr Unternehmen stellt Checklisten oder Risikokataloge bereit, in denen für das Projekt typische Risiken gelistet sind? Herzlichen Glückwunsch, Sie haben weitere Anhaltspunkte für potenzielle Risiken in Ihrem Projekt. Dabei sind die Risiken in den Checklisten in der Regel in Bezug auf die typischen Risiken in den typischen Projekten Ihres Unternehmens kategorisiert. Das können Risiken sein, die z.B. die angewendete Technologie betreffen, oder aber auch Risiken, die zurückzuführen sind auf das politische Umfeld Ihres Projekts.

Treffen insbesondere die Punkte zwei und drei zu, dürfen wir Sie zum Hauptgewinn beglückwünschen. Wir sehen hier einen deutlichen Hinweis darauf, dass Projektmanagement als Methode in Ihrem Unternehmen Fuß gefasst hat und dass Risikomanagement in den Projekten des Unternehmens ernsthaft betrieben wird, was sich insbesondere auch an der Verfügbarkeit von den Lessons Learned aus vorherigen Projekten zeigt. Liegen diese Anhaltspunkte vor, ist schon eine Menge Arbeit getan, und die Identifizierung auch der projektspezifischen Risiken geht Ihnen leichter von der Hand. Ist das nicht der Fall, wird es ein bisschen aufwendiger. Risiko, verstanden als mögliche Abweichung vom Plan, setzt einen Plan voraus, den Sie als Informationsquelle nutzen können:

- **Projektumfeldanalyse:** Sie haben eine Projektumfeldanalyse gemacht? Herzlichen Glückwunsch! Alle sachlichen Umfeldfaktoren, die Sie identifiziert haben, gehen schon mal per se in die Risikoanalyse ein. Sie sind auf einem sehr guten Weg, die Risiken Ihres Projekts möglichst vollständig zu betrachten.
- **Projektstrukturplan:** Sie haben eine Projektplanung? Herzlichen Glückwunsch! Sie können aus dieser Ihre Risiken ableiten. Schauen Sie sich die Arbeitspakete in Ihrem Projektstrukturplan an. Diese geben Ihnen auf der einen Seite die

Möglichkeit, ein etwas schwammiges größeres Risiko in kleinere konkretere Risiköchen runterzubrechen, andererseits verrät Ihnen das Arbeitspaket, wer denn der Spezialist ist, an den Sie sich wenden müssen, um die jeweiligen fachlichen Risiken zu identifizieren und im nächsten Schritt dann auch zu bewerten. Darüber hinaus schauen Sie sich aber auch Ihren Terminplan an, der ja vom Projektstrukturplan abgeleitet ist. Hier finden Sie Hinweise darauf, ob die Dauer eines Arbeitspakets eventuell zu kurz eingeschätzt wurde oder ob es Stellen gibt, an denen der weitere Verlauf des Projekts im hohen Maße von einem einzigen Arbeitspaket abhängt.

Schritt 2: Risiken evaluieren

Die Bewertung der identifizierten Risiken ist sicherlich der schwierigste Teil im gesamten Risikomanagementprozess. Doch gemach, keine Panik! Blättern Sie jetzt nicht schnell weiter, um im Fall eines Verhörs auf Schuldminderung wegen Unwissenheit hoffen zu können. Erstens ist das eine denkbar schlechte Idee, und zweitens erklären wir Ihnen ja alles. Zunächst stellt sich also die Frage: Was bedeutet Bewertung eigentlich?

Wir geben ein Beispiel: Sie planen ein Arbeitspaket zur Programmierung eines speziellen Softwaremoduls. Diese Programmierarbeit kann nur von einem Kollegen im Unternehmen ausgeführt werden, der über das entsprechende Spezialwissen verfügt. Die Ausführung dieses Arbeitspakets ist für die Monate Dezember und Januar geplant. Erfahrungsgemäß handelt es sich bei diesen Monaten um die Monate des Jahres, bei denen es gehäuft zu krankheitsbedingten Ausfällen kommt, weil alle Nase lang jemand mit einer Erkältung darniederliegt. Außerdem nehmen viele Mitarbeiter zwischen Weihnachten und Neujahr Urlaub. Sie denken automatisch, ohne bewusst Risikomanagement zu betreiben, darüber nach, dass die Wahrscheinlichkeit steigt, dass der Kollege in der Zeit, in der das Arbeitspaket fällig ist, nicht verfügbar ist. Sie denken in diesem Fall also über eine Eintrittswahrscheinlichkeit nach.

Gleichzeitig denken Sie aber auch darüber nach, welche Auswirkungen der Ausfall des Kollegen hat. In erster Linie betrachten Sie wahrscheinlich die Abhängigkeiten zu anderen Arbeitspaketen und stellen fest, dass es in der Gesamtbetrachtung zu einer Verzögerung des Projektendtermins kommen würde, wenn das Arbeitspaket des Kollegen nicht rechtzeitig erledigt ist. Oh Gott! Das ist jetzt tatsächlich schlecht, denn eine Verzögerung des Projekts bedeutet gleichzeitig auch signifikante Einschnitte in der Wirtschaftlichkeit des Projekts. Sie denken nun also ebenso automatisch und ohne systematisches Risikomanagement zu betreiben über die eventuelle Schadenshöhe nach.

Damit haben Sie die zwei wesentlichen Parameter zur Bewertung von Risiken selbst identifiziert – die Eintrittswahrscheinlichkeit und die Schadenshöhe (siehe Kasten »Risikomanagement – ein alltägliches Phänomen« weiter unten) –, und es war eigentlich gar nicht so schwer.

Die gute Nachricht ist: Mehr Bewertungskriterien gibt es nicht. Mit Eintrittswahrscheinlichkeit und Schadenshöhe haben wir schon alle Parameter, die für die Bewertung von Risiken relevant sind. Die schlechte Nachricht ist: Beide Parameter sind schwer zu quantifizieren. Selbst ausgewiesene Spezialisten tun sich schwer, in Bezug auf diese Kriterien konkrete Zahlen zu nennen. Es gibt hier allerdings noch eine weitere gute Nachricht: Eine genaue Quantifizierung ist in den meisten Fällen gar nicht nötig. Sie müssen also gar nicht vorher sagen können, dass die Eintrittswahrscheinlichkeit genau 13,5 % und die Schadenshöhe im Eintrittsfall exakt 105.360 Euro beträgt. Stattdessen werden die Risiken in einer ersten Bewertung grob priorisiert.

Hierzu teilt man zunächst Eintrittswahrscheinlichkeit und Schadenshöhe in jeweils drei Kategorien ein:

- **Eintrittswahrscheinlichkeit**
  - hoch = sehr wahrscheinlich
  - mittel = kann sein, muss aber nicht
  - niedrig = unwahrscheinlich

Im Fall der Schadenshöhe kann man hoch, mittel und niedrig in ein Verhältnis zum Gesamtvolumen des Projekts setzen. Eine mögliche Kategorisierung könnte dann folgendermaßen aussehen:

- **Schadenshöhe**
  - hoch = größer als 30 % des Investitionsvolumens
  - mittel = zwischen 5 % und 30 % des Investitionsvolumens
  - niedrig = kleiner als 5 % des Investitionsvolumens

Diese Kategorisierung der Schadenshöhe ist nur ein Beispiel. Stimmen Sie sich hier eng mit Ihrem Auftraggeber oder der Geschäftsführung ab und ermitteln Sie die ganz individuellen Schadensschmerzgrenzen in Ihrem Projekt. Dazu führen Sie sich bitte vor Augen, dass bei der obigen beispielhaften Kategorisierung 5 % zunächst nicht viel erscheinen, wir bei größeren Projekten aber auch hier ganz schnell bei mittleren fünfstelligen Beträgen sind, für die man sich in einer mittelattraktiven deutschen Kleinstadt eine hübsche Zweizimmereigentumswohnung mit Balkon kaufen könnte.

Wir entlassen Sie also aus der Pflicht, alles ganz genau schon im Voraus zu wissen, und begnügen uns mit drei einfachen Kategorien zur Einordnung. Mit dieser Bewertungstaxonomie kommen Sie dann auch wesentlich schneller zu Ergebnissen, wenn Sie die von Ihnen identifizierten Risiken bewerten müssen, denn aus der Kombination der Bewertungskategorien können Sie nun sehr leicht Prioritäten ableiten.

- **Prio A:** Alle Risiken mit hoher Eintrittswahrscheinlichkeit und hoher Schadenshöhe.

- **Prio B:** Alle Risiken mit hoher Eintrittswahrscheinlichkeit oder hoher Schadenshöhe.
- **Prio C:** Alle Risiken mit niedriger Eintrittswahrscheinlichkeit und/oder Schadenshöhe.

Abbildung 7-1 zeigt, wie eine solche Risikomatrix aussehen kann. Alle Risiken, die sich rechts oben verorten lassen, müssen umgehend weiter geprüft und Gegenmaßnahmen müssen vorbereitet werden. Alle die, die sich links unten verorten lassen, können ignoriert werden. Alle anderen Risiken müssen beobachtet werden.

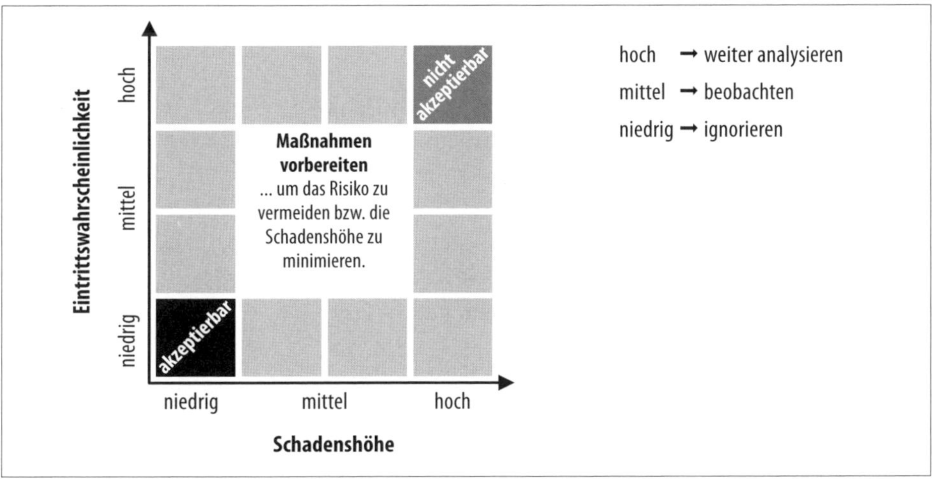

Abbildung 7-1: Ermittlung der Priorisierung von Projektrisiken

Aus dieser deutlich vereinfachten Sicht auf die Bewertung von Risiken lassen sich unmittelbar Strategien ableiten, um mit Risiken umzugehen.

Risiken der Priorität A

Diese Risiken müssen in jedem Fall weiter analysiert werden. Hier ist letztlich eine genauere Analyse der Eintrittswahrscheinlichkeit und der Schadenshöhe unumgänglich. Diese Analyse bildet die Grundlage für den Umgang mit dem Risiko und den weiteren Umgang mit dem Projekt, denn sobald ein solches Risiko identifiziert wurde und sich die Bewertung bestätigt, kann es durchaus auch dazu kommen, dass der Abbruch des Projekts entschieden wird. Hier gilt es für den weniger schlechten Projektmanager, nicht lange zu warten, sondern möglichst schnell herauszufinden, wie dramatisch die Lage wirklich ist.

Bevor Sie jetzt in Panik geraten, weil Sie Ihr Projekt schon den Bach runtergehen sehen, können wir Sie beruhigen. Es ist grundsätzlich erst mal kein Beinbruch, ein Risiko mit der Priorität A identifiziert zu haben. Besser, Sie wissen jetzt darüber Bescheid, als wenn es bereits zu spät ist. Tatsächlich kann das Eintreten eines solchen Risikos erhebliche Folgen haben. In jedem Fall wird ein Projekt abgebrochen, wenn durch das identifizierte und bewertete Risiko Leib und Leben in Gefahr sind. Dass durch Ihr Projekt Menschen oder niedliche Tiere zu Schaden kommen, wollen Sie wirklich niemandem und am wenigsten sich selbst antun.

Möglicherweise gibt es bei Risiken mit hoher Eintrittswahrscheinlichkeit und hoher Schadenshöhe aber auch die Möglichkeit, das Risiko zu übertragen. Das Übertragen von Risiken gehört zu den typischen Strategien im Umgang mit Risiken. So können Sie Risiken zum Beispiel versichern, oder Sie schreiben die von Ihnen und Ihrem Team identifizierten Risiken den Lieferanten in den Vertrag und machen es damit tatsächlich zu einem Problem anderer Menschen.

Risiken der Priorität B

Diese Risiken erfordern kein akutes Handeln, müssen aber weiter beobachtet werden. Hier gilt es in regelmäßigen Abständen, zum Beispiel in einem Projektrisikomeeting, zu überprüfen, wie sich das Risiko entwickelt. Hat sich die Eintrittswahrscheinlichkeit erhöht (oder verringert)? Ist der absehbare Schaden größer (oder kleiner) geworden? Greifen die Maßnahmen, die entwickelt wurden? Wie Sie an diese Maßnahmen kommen, dazu erfahren Sie gleich noch mehr.

Risiken der Priorität C

Diese Risiken können Sie getrost ignorieren. Eine geringe Eintrittswahrscheinlichkeit gepaart mit geringer Schadenshöhe kann Ihnen wenig anhaben, darauf sollten Sie keine Zeit verschwenden, von der Sie als weniger schlechter Projektmanager sowieso nicht mehr viel haben.

Schritt 3: Maßnahmen planen und implementieren

Die Risiken Ihres Projekts haben Sie nun identifiziert und auf Basis Ihrer Bewertung auch priorisiert. Eventuell sitzen Sie also gerade schwitzend am Schreibtisch, weil Ihnen all die kleinen und großen Unglücke, die Ihrem Projekt widerfahren könnten, bewusst werden. Wie konnten Sie jemals glauben, dieser Aufgabe gewachsen zu sein! Alles wird schiefgehen! Die Welt wird untergehen, und nach Ihrem aktuellen Kenntnisstand wird es allein Ihre Schuld sein! Aber stopp, beruhigen Sie sich! Atmen Sie ein, atmen Sie aus, einatmen, ausatmen, alles wird gut. Wir waren doch erst beim zweiten Schritt, es geht noch weiter. Jetzt gilt es nämlich, Maßnahmen gegen die Risiken, die auf der Prioritätenliste ganz oben stehen, zu planen.

Grundsätzlich gibt es zwei Arten von Maßnahmen: Zum einen gibt es Maßnahmen, die die Eintrittswahrscheinlichkeit reduzieren (*präventive Maßnahmen*), zum anderen können Maßnahmen die angenommene Schadenshöhe minimieren (*korrektive Maßnahmen*). Mit anderen Worten: Sie können entweder dafür sorgen, dass ein Risiko gar nicht erst eintritt, oder Sie sorgen dafür, dass, wenn es doch eintritt, alles gar nicht so schlimm ist, wie es gerade noch scheint.

Betrachten wir zunächst die präventive Maßnahme. Sobald Sie sich für die Durchführung einer Maßnahme entschieden haben, wird diese in die Projektplanung mit aufgenommen. Das bedeutet, dass die aus der Maßnahme resultierenden Arbeitspakete in den Terminplan mit einfließen und die aus der Maßnahme resultierenden Kosten in den Kostenplan einfließen.

Was bedeutet das für unser Beispiel? Sie haben das Risiko identifiziert und festgestellt, dass es eine erhöhte Eintrittswahrscheinlichkeit gibt. Ausschlaggebend für die Entscheidung, eine Maßnahme zu planen, ist jedoch vielmehr die Gewissheit, dass der Schaden, der durch eine Verspätung des Projektendtermins entsteht, so hoch wäre, dass es in jedem Fall sinnvoll ist, jetzt direkt mehr Zeit und Ressourcen zu investieren und eine präventive Maßnahme zu planen. In unserem Beispiel können Sie Ihrem Spezialisten einen weiteren Entwickler zuordnen und diesen entsprechend fachlich ausbilden bzw. ausbilden lassen. Wenn Sie nicht ohnehin schon Pair Programming praktizieren, können Sie in diesem Fall diese Methode nahelegen und so dafür sorgen, dass Sie einen Back-up-Mitarbeiter haben, der im Ernstfall das Arbeitspaket erledigen könnte.

Neben den präventiven Maßnahmen, die die Eintrittswahrscheinlichkeit verringern, gibt es zudem die korrektiven Maßnahmen, mit denen die Schadenshöhe im Fall des Risikoeintritts möglichst gering gehalten wird. Die einfachste korrektive Maßnahme ist die Versicherung des Risikos. Hierbei handelt es sich nicht, wie häufig angenommen, um eine präventive Maßnahme, obwohl sie natürlich bereits vor Eintreten des Risikos durchgeführt wurde. Es geht bei der Versicherung eines Risikos ja darum, den Schaden nach Eintritt des Risikoereignisses möglichst gering zu halten, also Verringerung der Schadenshöhe.

Eine präventive Maßnahme ist also etwas, das Sie tun, damit die befürchtete Situation nicht eintritt, und eine korrektive ist etwas, das Sie tun, damit es nicht so schrecklich wird, wenn die befürchtete Situation doch eintritt. Tatsächlich ist es in der Praxis gelegentlich schwierig, präventive von korrektiven Maßnahmen zu unterscheiden, und man gerät schnell in akademische Diskussionen, wenn man es ganz genau nehmen will. Das Ausbilden eines zweiten Entwicklers zum Spezialisten könnte also auch als korrektive Maßnahme verstanden werden, da es ja darum geht, jemanden in der Hinterhand zu haben, wenn Ihr Mitarbeiter ausfällt. Eine präventive Maßnahme wäre eine, die verhindert, dass der Mitarbeiter krank wird. Sie könnten ihm also täglich Vitamintabletten ins Wasser mischen oder jeden Tag eine gesunde Gemüsesuppe vorbeibringen. Ganz eventuell könnte das Ihr Mitarbeiter aber auch skurril bis übergriffig finden und sich um Ihre mentale Verfassung sorgen, insofern raten wir von dieser ganz konkreten präventiven Maßnahme eher ab.

Es kommt auch immer darauf an, wie man das Risiko formuliert. Wenn Ihr Risiko lautet: »Herr Kleinschmidt könnte ausfallen«, dann ist das Ausbilden eines zweiten Mitarbeiters eine korrektive Maßnahme. Wenn es hingegen heißt: »Wir könnten zu wenig Spezialisten für den Käsebrötchen-Konfigurator haben«, dann ist das Ausbilden eines zweiten Mitarbeiters zum Käsebrötchen-Konfigurator-Spezialisten eine präventive Maßnahme. Sie sehen hier, dass es letztlich auch ein bisschen egal ist, solange Sie sich Ihrer Risiken bewusst sind und sich so gut wie möglich darauf vorbereiten, wie mit ihnen umzugehen ist.

Doch zurück zu unserem Beispiel. Was machen Sie also nun, wenn der Kollege tatsächlich ausfällt und Sie auch niemanden in Ihrem Team rechtzeitig ausgebildet haben, der die Aufgabe übernehmen kann? Hier könnten Sie bereits im Vorfeld sicherstellen, dass Sie im Ernstfall eine Anlaufstelle haben, um kompetente Entwickler für den besagten Fachbereich kurzfristig einkaufen zu können. Eventuell haben Sie schon Angebote eingeholt, auf deren Basis Sie sicherstellen, dass die Anforderungen zeitnah, mit hoher Qualität und möglichst kostengünstig umgesetzt werden.

Nur weil man etwas also angeht, *bevor* der Schadensfall tatsächlich eintrifft, bedeutet das nicht zwingend, dass es sich um eine präventive Maßnahme handelt. Es ist vergleichbar mit Versicherungen, die Sie ja auch nicht dann abschließen, wenn das Kind schon in den Brunnen gefallen ist, sondern bevor etwas passiert. Doch wie bereits erwähnt, geht es darum, den Schaden für Sie möglichst gering zu halten. In unserem Beispiel verhindern wir durch unsere Maßnahmen nicht, dass der Kollege krank wird, auch haben wir nicht dafür gesorgt, dass ein Ersatzmann im Team ausgebildet wurde, der die Arbeit übernehmen kann. Aber jetzt, da der Fall eingetreten ist, sind wir in der Lage, schnell auf das entsprechende Know-how zuzugreifen – und dass zu einem günstigen Preis, da wir uns im Vorfeld entsprechende Angebote eingeholt haben. Sie haben also den Schaden nicht verhindert, aber immerhin *vermindert*, da Sie nicht nur schnell reagieren und damit den Zeitverzug gering halten können, sondern auch dafür gesorgt haben, dass Sie hierfür keinen Schlüsseldienst-Notfallpreis zahlen müssen.

Wenn Sie Ihr Risikomanagement bis hierher betrieben haben, sollten Sie Ihre Ergebnisse dokumentieren. Hierzu legen Sie in Excel eine einfache Tabelle an, die mindestens folgende Informationen enthält:

- **Risikoname:** Sie haben Ihrem Risiko hoffentlich einen Namen gegeben, mit dem auch Außenstehende (oder Ihr berühmt-berüchtigtes Zukunfts-Ich, das alles, was Sie gerade hoch konzentriert machen, in spätestens vier Wochen schon wieder vergessen hat) unmittelbar etwas anfangen können.
- **Risikobeschreibung:** Für den Fall, dass der Name doch nicht selbsterklärend ist, hilft es, das Risiko kurz zu beschreiben.
- **Eintrittswahrscheinlichkeit:** Höhe der Eintrittswahrscheinlichkeit gemäß der verabredeten Taxonomie.
- **Schadenshöhe:** Höhe des Schadens gemäß der verabredeten Taxonomie.
- **Priorität:** Priorität (A, B, C) auf Basis der Bewertung von Eintrittswahrscheinlichkeit und Schadenshöhe.
- **Maßnahme:** Kurze Beschreibung der Maßnahme, die für das Risiko initiiert wird.
- **Verantwortlich:** Wer ist für das Risiko und die Maßnahme verantwortlich?

Schritt 4: Risikokontrolle

Der vierte Schritt, die *Risikokontrolle*, umfasst zwei Bereiche, die regelmäßig betrachtet werden müssen. Zum einen sind das die Risiken selbst. In regelmäßigen Abständen wird der Risikostatus neu bewertet. Dahinter steckt die zeitliche Dimension von Risiken. Ein Risiko erstreckt sich nicht zwangsläufig über das gesamte Projekt, sondern ist an Zeiten gebunden. Bleiben wir bei unserem Beispiel: Sobald das Arbeitspaket abgearbeitet ist und das Softwaremodul fertiggestellt wurde, ist das Risiko schlicht vorbei, so einfach ist das. Sie können jetzt erleichtert aufatmen und irgendwohin drei Kreuze machen.

Darüber hinaus wird aber auch der Status der das Risiko betreffenden korrektiven oder präventiven Maßnahme betrachtet. Das ist einfach. Da die Maßnahme inzwischen Teil des Projektplans ist, wird deren Status im Rahmen des Projektcontrollings betrachtet und bewertet. Zur Statusbewertung gehört, zu schauen, ob die Maßnahme termingerecht begonnen wurde, ob die Durchführung der Maßnahme wie geplant läuft und natürlich auch, ob die abgeschlossene Maßnahme in Bezug auf das Risiko greift.

Wir haben uns in unserem Beispiel dafür entschieden, unserem Spezialisten einen Kollegen zur Seite zu stellen, der in die heiligen Weihen seines Käsebrötchen-Wissens eingeweiht wird. Nebenbei bemerkt, ist das ohnehin keine schlechte Idee und gehört zu einer guten Unternehmenskultur, in der Wissenstransfer großgeschrieben wird, eigentlich sowieso dazu. Wenn Sie in Ihrem Unternehmen eine Kultur der Spezialwissen-Inselchen vorfinden, muss so ein Wissensträger nur für längere Zeit ausfallen oder – *Gott bewahre!* – in ein anderes Unternehmen wechseln, und plötzlich können Aufgaben nicht mehr erledigt werden, weil man vorher weder Zeit noch Geld investieren wollte, um Wissen etwas großzügiger im Unternehmen zu verteilen. Seien Sie also ein weniger schlechter Projektmanager und initiieren Sie den Wissenstransfer in Ihrem Projekt nicht nur, sondern kontrollieren Sie regelmäßig, ob dieser auch tatsächlich stattfindet. Erkundigen Sie sich also, wie weit der Wissenstransfer gediehen ist. Bestenfalls bestätigt der eingearbeitete Kollege noch vor der drohenden Winterzeit, dass er in der Lage ist, im Ernstfall die Aufgaben zu übernehmen, und Sie können beruhigt zum Vanillekipferl greifen und müssen sich nicht mehr (oder jedenfalls nicht mehr so sehr) vor Grippeviren und Schnupfenbazillen fürchten.

Schritt 5: Risikoreporting

Aus diesem Zusammenhang ergibt sich ein fünfter Schritt, der den Risikomanagementprozess komplementiert: das *Risikoreporting*. Risiken müssen regelmäßig an entsprechende Stakeholder berichtet werden. Der einfachste Grund ist, dass dann niemand später sagen kann, davon nichts gewusst zu haben. Eventuell müssen aber auch Entscheidungen in Bezug auf das Risiko getroffen werden, die vom Projektleiter nicht getroffen werden können, da sie seine Befugnisse überschreiten.

Insofern bedeutet Risikoberichterstattung immer auch eine Entlastung des Projektleiters.

Schlechte Projektmanager haben oft zu viel Angst oder zu viel Stolz, um die Projektrisiken transparent an ihren Vorgesetzten, den Kunden oder andere Stakeholder zu kommunizieren, weil sie befürchten, es könnte der Eindruck entstehen, dass sie das Projekt nicht im Griff hätten, zu pessimistisch wären, keine »We can do it!«-Mentalität mitbrächten oder leider nicht in der Lage wären, im Alleingang die Welt zu retten.[2] Wenn Sie sehr, sehr viel Glück haben, geht in Ihrem Projekt nichts schief, und Sie können nach vielen durchwachten Nächten wieder ruhig einschlafen. Sind Sie allerdings kein Mensch mit Gustav Gans'schen Glückspilzqualitäten, ist das die falsche Herangehensweise. Wir raten Ihnen daher dazu, Stolz und Angst abzulegen, um als weniger schlechter Projektmanager gleichsam mutig wie bescheiden die möglichen Risiken Ihres Projekts zu kommunizieren.

Probleme beim Risikomanagement

Es bleibt noch die Frage von vorhin: Warum ist die Implementierung von Risikomanagement im Projekt so schwierig? Ist sie vielleicht gar nicht so schwierig, sondern nur lästig, und wird deswegen gern erfolgreich von der Projektagenda gestrichen? Sind all die schlechten Projektmanager vielleicht einfach nur faul?

Wir geben zu, bei der Beschreibung der Methode zum Risikomanagement haben wir Ihnen ein paar Wahrheiten über den wahren fiesen Charakter des Risikomanagements verheimlicht. Tatsächlich ist die Einteilung in die Bewertungskategorien »hoch«, »mittel« und »niedrig« eine methodische Vereinfachung. Wir sind allerdings davon überzeugt, dass diese grobe Einteilung sinnvoll und hilfreich ist, ansonsten hätten wir Sie Ihnen auch nicht präsentiert.

Da Sie als angehender weniger schlechter Projektmanager und aufmerksamer Leser dieses Buchs aber auch wissen wollen, wie man es noch genauer und methodisch korrekter machen kann, werden wir Ihnen das ebenfalls verraten. Sowohl Eintrittswahrscheinlichkeit als auch Schadenshöhe werden gemäß der exakt angewendeten Methode ganz genau quantifiziert, und aus dem Produkt der beiden ermittelt sich dann der sogenannte *Risikowert* (RW).

Wir geben ein einfaches Beispiel: Sie kommen nach viel Nachdenken und einer genauen Analyse zu dem Ergebnis, dass Ihr Risiko eine Eintrittswahrscheinlichkeit von 10% hat und dass die Schadenshöhe bei ziemlich genau 100.000 Euro liegt. Bei diesem Beispiel beträgt der Risikowert nun 10% von 100.000 Euro, also 10.000 Euro. Jetzt planen Sie eine Maßnahme, die die Eintrittswahrscheinlichkeit verringert. Sie schätzen die Kosten für die Durchführung der Maßnahme auf 2.000 Euro.

2 Leider gibt es immer wieder auch schlechte Vorgesetzte, schlechte Kunden oder schlechte Stakeholder, die das auch glauben. Nutzen Sie die Chance und versuchen Sie, diesen Menschen die Vorteile eines guten Risikoreportings nahezubringen. Sie machen nicht nur Ihre Zukunft schöner, sondern auch die zukünftiger Projektmanager.

Durch die Maßnahme verringern Sie die Eintrittswahrscheinlichkeit auf 5 %. Durch die Multiplikation des neuen Werts für die Eintrittswahrscheinlichkeit von 5 % mit dem unveränderten Wert der Schadenshöhe von 100.000 Euro (denn an dieser hat sich noch nichts geändert) erhalten Sie einen neuen Risikowert (RWneu), in unserem Fall 5.000 Euro.

Die Entscheidung für die Maßnahme fällt, indem Sie die Summe aus dem neuen Risikowert und den Kosten der Maßnahme (hier: 7.000 Euro) mit dem alten Risikowert vergleichen (hier: 10.000 Euro). Sofern diese Summe kleiner als der alte Risikowert ist, führen Sie die Maßnahme durch!

Es ist eigentlich ganz einfach und für Freunde exakter Darstellungen und großer Genauigkeit ein einziger Quell der Freude. Aber genau hier liegt ein zentrales Problem bei der Durchführung des Risikomanagements. Wir generieren hier eine Scheingenauigkeit, die auf der einen Seite sehr aufwendig ist, auf der anderen Seite oftmals aber jeglicher Datenbasis entbehrt.

Risikomanagement, in dieser Detailtiefe betrieben, ist tatsächlich sehr aufwendig, da viel intensivere Analysen erstellt werden müssen, um zu realistischen und damit auch brauchbaren Werten zu kommen. Es kostet also viel Zeit, die man sich im Rahmen seines Projekts damit beschäftigen muss, um am Ende einen vernünftigen Risikomanagementplan aufstellen zu können. Tatsächlich bezweifelt das Autorenduo, dass diese Herangehensweise zielführend ist. Je nachdem, wie diskussionsfreudig und pedantisch Ihre Kollegen und Mitarbeiter sind, kann es dann auch passieren, dass Sie auf einmal darüber streiten müssen, ob ein identifiziertes Risiko eine Eintrittswahrscheinlichkeit von 13,5 oder 13,8 % hat. Wir mutmaßen einfach mal, dass Sie für solche Diskussionen weder Lust noch Zeit haben. Denken Sie auch immer daran, dass Sie nur ein Projektmanager sind und kein Hellseher.

Hier ist Pragmatismus auf der einen Seite, aber auch methodische Sicherheit auf der anderen Seite gefragt. Im ersten Schritt kommt es zunächst darauf an, die wesentlichen Risiken zu identifizieren und zu dokumentieren und entsprechende Maßnahmen zu planen und zu implementieren. Methodisch sicher sind Sie dann, wenn Sie in der Lage sind, eine Entscheidung darüber zu treffen, bei welchem Risiko es sich lohnt, genauer hinzuschauen. In diesem Fall ist die Herangehensweise über die Ermittlung des Risikowerts vielleicht sogar hilfreich, da Sie so zum einen ein genaueres Bild der potenziellen Folgen eines Risikofalls bekommen und zum anderen ein kommunizierbares und bezifferbares Argument für oder gegen den Einsatz einer Maßnahme haben. Tun Sie uns und sich aber einen Gefallen und machen Sie das nicht bei allem, was Sie als potenzielles Risiko identifiziert haben. Da steht der Aufwand in keinem Verhältnis zum Ergebnis.

Neben diesen Schwierigkeiten, die in der Methode selbst begründet sind, gibt es auch ein Problem, das in der Wahrnehmung der Methode begründet ist und das dafür verantwortlich ist, dass es mit dem Risikomanagement nicht ganz so einfach ist. Risikomanagement ist keine Methode, deren Erfolg direkt offenkundig ist. Erst in der Rückschau, wenn ein Risikofall eingetreten ist und dadurch die Projektkosten in die Höhe geschnellt sind oder anderweitig signifikante Verzögerungen verursacht wurden, offenbart sich der Nutzen eines systematisierten Risikomanagementprozesses.

Insofern haben wir es hier mit einem kleinen Paradox zu tun: Sie werden nämlich nur dann hieb- und stichfeste Argumente für ein ordentliches Risikomanagement haben, wenn tatsächlich in einem Projekt ein vorausgesagtes Risiko eingetreten ist und die Folgen aufgrund der von Ihnen geplanten Maßnahmen weniger schlimm ausfielen als ohne sie. Auch dann müssen Sie erst mal beweisen können, dass es ohne diese Maßnahmen schlimmer gewesen wäre, das können Sie aber natürlich nicht, weil die Maßnahmen ja getroffen wurden. Andersherum können Sie auch nie wirklich beweisen, dass ein Projekt, das durch ein unvorhergesehenes Risiko zurückgeworfen wurde, mit einem vernünftigen Risikomanagement weniger gelitten hätte.

Kurz gesagt: Ein Teil Ihres Arguments für ein ordentliches Risikomanagement wird sich immer im Bereich einer nicht beweisbaren Annahme befinden. Im Prinzip wäre an dieser Stelle die Multiversentheorie ganz praktisch, dann würde man einfach das gleiche Projekt in zwei unterschiedlichen Universen durchführen, einmal mit und einmal ohne Risikomanagement, und am Ende vergleichen, welches schneller fertig wurde oder weniger gekostet hat oder bei welchem am Schluss weniger Entwickler mit Burn-out ausfielen oder bei welchem die Welt nicht unterging. Leider haben wir nur dieses Universum und können nur durch Erfahrung klug werden und die richtigen Argumente sammeln.

Risikomanagement entspricht nicht der Risikokultur

Kultur, Sie dachten, das gibt es nur in der Oper? Nein, es gibt auch den Begriff der Unternehmenskultur, von dem der Begriff der Risikokultur abgeleitet werden kann. Unternehmenskultur wird verstanden als ein gemeinsames Orientierungsmuster, also ein kollektives Handlungsmuster, das sich in Unternehmen ausgeprägt hat. Bei diesen Handlungsmustern handelt es sich um selbstverständliche Annahmen im nicht hinterfragbaren Bereich, das heißt, die Reflexion dieser Annahmen ist die Ausnahme und keinesfalls die Regel.[3]

Diesen Handlungsmustern liegen Werte und Vorstellungen zugrunde, die sich in dem jeweiligen Unternehmen entwickelt und stabilisiert haben. Auch der Umgang mit und das Behandeln von Risiken haben gewisse Ausprägungen im Unternehmen. Ganz einfach gesagt, gibt es Unternehmen, die risikofreudig sind, und es gibt Unternehmen, die Risiken in jedem Fall vermeiden möchten. Projekte müssen in der Regel von einer übergeordneten Instanz, zumeist der Geschäftsführung des Unternehmens, freigegeben werden. Je nach Ausprägung der Risikokultur (die im Übrigen ganz einfach mit dem Verständnis von Risiken im Projekt zu tun hat) hört

3 Siehe Georg Schreyögg und Jochen Koch: »Grundlagen des Managements« (Springer Gabler, 2015), S. 248.

man schon mal leicht den Satz: »Hab ich ein Risiko, hab ich kein Projekt.« Dass Risiken als Showstopper für Projekte gelten, darf eigentlich nicht passieren. Im Zweifelsfall gibt es immer Menschen oder Organisationen, die risikofreudiger sind und dann letztlich das Projekt und damit das Geschäft machen.

Offensichtlich gibt es also viele vermeintlich gute Gründe, das mit diesem Risikomanagement doch nicht zu machen. Haben wir Sie hier etwa ein Kapitel völlig umsonst lesen lassen? Ihre wertvolle Zeit verschwendet? Wir behaupten, das haben wir nicht. Es gibt nämlich auch viele gute Gründe, Risikomanagement zu betreiben. Die zwei wichtigsten stellen wir Ihnen nun vor:

1. Schützen Sie sich selbst!

Als Projektleiter verantworten Sie den Erfolg Ihres Projekts. Spätestens nach Verzögerungen oder Kostenanstieg (wobei jede Verzögerung üblicherweise auch Kostenanstieg bedeutet) werden Sie nach den Ursachen gefragt werden.

Sie antworten dann: »Na ja, das Wetter hat die Fertigstellung verzögert.«

»Das Wetter?«, werden Sie dann zurückgefragt. »Aber Sie wussten schon um die Wetterbedingungen in Nordost-Katschinkistan?«

Dieser Minidialog zeigt genau auf, worum es beim Risikomanagement geht. Das Wetterrisiko für unterschiedliche Regionen ist bekannt. Es ist an vielen Stellen (zum Beispiel im Internet) durch entsprechende Statistiken abrufbar. Es handelt sich also um ein Risiko, dessen Eintrittswahrscheinlichkeit recht gut bestimmt werden kann. Was folgt daraus? Sie dürfen es in keinem Fall ignorieren. Vielmehr müssen Sie sich überlegen, wie Sie damit jetzt umgehen.

Um das Beispiel zu konkretisieren: Ihre Planung muss so gestaltet sein, dass die Fundamente einer zu errichtenden Anlage außerhalb der Regenzeit gebaut werden. Dazu sind im schlimmsten Fall Maßnahmen zu entwickeln, die entweder den Bau noch vor der Regenzeit ermöglichen, oder Szenarien (Kosten- und Terminszenarien) zu entwickeln, die aufzeigen, wie sich der Bau der Fundamente nach der Regenzeit auswirkt.

An dieser Stelle können wir auch unser Beispiel vom Anfang wieder aufnehmen. Sie haben Ihren Spezialisten, der über die Wintermonate eine dringliche Aufgabe erledigen soll. Fällt dieser jetzt tatsächlich krankheits- oder urlaubsbedingt länger aus und die Aufgabe verzögert sich, werden Sie sich im Zweifelsfall unangenehmen Nachfragen stellen müssen. Denn dass im Dezember Mitarbeiter wegen Erkältungen ausfallen oder über Weihnachten Urlaub nehmen, ist kein Geheimnis, damit hätten Sie rechnen können.

2. Realistische Kosten und Termine

Sie haben bereits einen Termin- und einen Kostenplan für Ihr Projekt erstellt und glauben, es handele sich um eine realistische Einschätzung? Weit gefehlt, wenn Sie versäumt haben, die Risiken einzuplanen. Vielfach gibt es in der Planung einfach einen Risikoaufschlag, der je nach Unternehmen oder Branche 5 bis 10% des Gesamtinvestitionsvolumens beträgt. Es gibt Fälle, in denen das in Ordnung ist. Bin ich aber in größeren Projekten unterwegs, ergibt die ausdifferenzierte Darstellung der Risiken und der Kosten, die damit verbunden sind, Sinn, um eine wirklich realistische Einschätzung der potenziellen Projektkosten zu erhalten.

Am Ende hilft Ihnen der schönste und detaillierteste Terminplan nichts, wenn Sie hinterher doppelt so lange brauchen, und auch einen Kostenplan können Sie sich schenken, wenn Sie nur für den Sonnenscheinfall planen und keine Regenwölkchen am Projekthimmel berücksichtigen. Selbstverständlich möchte jeder, dass das Projekt in so wenig Zeit und mit so wenigen Kosten wie möglich umgesetzt wird, aber noch viel lieber möchte man einen Projektplan, der möglichst nah an der Realität ist. Optimismus hin oder her: Um ein glaubwürdiger Projektmanager zu werden und zu bleiben, sollten Sie das Risikomanagement als guten neuen und vor allem hilfreichen Freund in Ihrem Projektbüro empfangen und ihm einen gemütlichen Sessel anbieten. Es könnte der Beginn einer wunderbaren Freundschaft sein.

Risikomanagement – ein alltägliches Phänomen

Tatsächlich ist es so, dass wir Risikomanagement tagtäglich in Reinform betreiben, ohne dass es uns bewusst ist. Ein Beispiel: Sie wohnen in Köln und haben morgen einen Termin bei einem Kunden in Frankfurt. Sie sind öfter bei diesem Kunden, aus diesem Grund (also aus Ihrer Erfahrung) wissen Sie, dass die Anreise mit dem Auto in der Regel zwei Stunden in Anspruch nimmt. Der Kunde legt Wert darauf, dass Sie pünktlich erscheinen. Es ist Dezember. Was machen Sie?

Natürlich schauen Sie sich den Wetterbericht an. Für den morgigen Tag sind niedrige Temperaturen um den Gefrierpunkt und Niederschlag angekündigt. Das heißt, die Wahrscheinlichkeit, dass es Glatteis gibt, ist hoch. Im Risikomanagement würden wir sagen: Die Eintrittswahrscheinlichkeit für das Risiko »Glatteis« hat sich signifikant erhöht. Sie wissen zudem, dass sich auch die Wahrscheinlichkeit von Staus durch Unfälle oder langsam und vorsichtig fahrende Wagenkolonnen signifikant erhöht hat. Damit wissen Sie, dass die normal veranschlagte (normal geplante) Zeit von zwei Stunden eventuell nicht ausreichend sein wird.

Sie ergreifen Maßnahmen. Eine erste offensichtliche Maßnahme kann sein, dass Sie deutlich mehr Zeit für die Anreise einplanen. Sie müssen also schon um 6 Uhr und nicht erst um 8 Uhr aufstehen. Sie hassen erst kurz Ihr Leben, dann das Wetter und dann den Kunden, aber das geht vorüber, das haben wir alle schon mal durchgemacht.

Doch halt, das zielt zu kurz! In Ihre Erwägungen werden sicherlich noch andere Aspekte einfließen. Ein anderer für das Risiko relevanter Aspekt ist die Wichtigkeit des Kunden bzw. die Bedeutung dieses Geschäftstermins. Handelt es sich um einen A-Kunden, handelt es sich um einen Termin, bei dem richtig viel auf dem Spiel steht, oder handelt es sich hier um einen, sagen wir mal, zu vernachlässigenden Kunden, der Ihnen eh nicht viel einbringt?

Hier analysieren Sie jetzt die Schadenshöhe beim Eintreffen des Risikos. Erst jetzt erarbeiten Sie für sich eine Maßnahme, die dem tatsächlichen Sachverhalt auch gerecht wird. Vielleicht lohnt es sich ja, bereits am Vorabend anzureisen, um zu gewährleisten, dass Sie den Termin pünktlich wahrnehmen können. Wenn das Ihre Entscheidung ist, haben Sie offensichtlich die Kosten für ein Hotel (Maßnahme) geringer eingeschätzt als den zu erwartenden monetären Schaden, der Ihnen durch das Zuspätkommen entstehen würde. Auf der anderen Seite können Sie auch entscheiden, den Termin kurzfristig abzusagen oder um einen neuen Termin zu bitten. Ein verständnisvoller Kunde oder einer mit einem leeren Terminkalender wird Ihnen einen Ersatztermin vorschlagen oder Ihnen mitteilen, dass er sowieso den ganzen Tag im Haus ist und Sie einfach Bescheid sagen sollen, wenn Sie angekommen sind.

Besonders schön an diesem Beispiel ist, dass sich hiermit auch andere Methoden aus dem Projektmanagement erklären lassen und es zudem sehr gut geeignet ist, um Zusammenhänge zwischen den Methoden darzustellen. Letztlich ist nämlich die Aktivität zwischen Abfahrt und Ankunft, sprich die Fahrt zum Termin, eine Aktivität, die auf dem kritischen Pfad liegt, also der Prozesskette, bei der jede Verzögerung eines einzelnen Prozessschritts eine Verzögerung der gesamten Aktivität bedeutet (dazu mehr in Kapitel 8 über Terminplanung). Verschiebt sich also diese Aktivität, verschiebt sich auch der Beginn des Termins. Der Zusammenhang von Planung und Risikomanagement wird offenkundig. Ohne bewusst darüber nachzudenken, analysieren Sie das Risiko unter Berücksichtigung der entscheidenden Parameter (Eintrittswahrscheinlichkeit und Schadenshöhe), entwickeln Maßnahmen – und das nur, weil Sie hier eine potenzielle Abweichung zu Ihrem Plan erkannt haben. Na bitte, so schwierig ist das doch alles gar nicht!

Die Kunst besteht freilich darin, das, was Sie sowieso schon dauernd intuitiv tun, in einen entsprechenden systematischen Prozess zu fassen, medial aufzubereiten und innerhalb der Organisation zu implementieren. Hier liegt der Hund begraben.

Weniger schlechtes Risikomanagement

Warum aber ist Risikomanagement so schwierig? Wie in der Beschreibung der Methodik gesehen, ist der Risikomanagementprozess selbst gar nicht sonderlich schwierig, dennoch tun sich viele Projektleiter schwer, diesen Prozess systematisch durchzuführen. Woran liegt das?

Risikoidentifikation

Offenbar bereitet bereits dieser Schritt im systematischen Risikomanagement Schwierigkeiten. Häufig wird Risiko mit einer Aufgabe verwechselt, die einfach abzuarbeiten ist. Ein Beispiel: In Ihrem Projekt gibt es ein Arbeitspaket »Vorbereitung der Präsentation der Software für die Fachmesse«. Dieses ist natürlich mit dem Meilenstein »Präsentation der Software auf der Fachmesse« verknüpft. Für diesen

Meilenstein gibt es eine Deadline, die nicht überschritten werden darf, denn es ist nicht davon auszugehen, dass die Veranstalter der Fachmesse sich von Ihnen oder Ihren Mitarbeitern dazu überreden lassen, die Messe um ein paar Tage zu verschieben. Selbst bittere Tränen werden Sie hier nicht weiterbringen.

Wenn Sie nun also im Rahmen der Risikoanalyse mögliche Risiken identifizieren, ist es denkbar, dass das Risiko »Wir könnten nicht rechtzeitig zur Fachmesse fertig sein« genannt wird. Ist das überhaupt ein Risiko? Die Frage war ein bisschen rhetorisch gemeint, denn die Antwort lautet: Nein. Dass Sie zu einem wichtigen Termin mit der Software noch nicht oder noch nicht ausreichend fertig sein könnten, ist lediglich die Folge des Eintretens eines Risikos.

Ihre eigentliche Aufgabe ist es, herauszufinden, was alles schiefgehen könnte, damit das Projekt derart in Verzug gerät, dass es nicht rechtzeitig zur Messepräsentation fertig sein könnte. Das sind Ihre wirklichen Risiken, und jetzt haben Sie einen konkreten Ansatzpunkt, die Eintrittswahrscheinlichkeit zu bewerten, die Schadenshöhe abzusehen und eine adäquate Maßnahme zu planen.

Gerade wenn Sie die Risiken im Dialog mit Ihrem Team identifizieren, lohnt es sich, vermeintliche Risiken im Projektteam mal durchzuspielen, um ein gemeinsames Verständnis davon zu entwickeln, was überhaupt ein Risiko ist, was zu vernachlässigen ist und was man sowieso tun muss, egal was kommt.

No Plan, No Risk

Wird Risiko tatsächlich als die Abweichung vom Plan verstanden, setzt das natürlich voraus, dass es einen Plan gibt. Das heißt, ein Risiko kann nur gegen eine vorhandene Planung identifiziert und auch bewertet werden. Besonders offenkundig wird dieser Zusammenhang in Bezug auf die Zeitplanung im Projekt.

Um die Auswirkungen eines eingetroffenen Risikos auf die Projektlaufzeit beurteilen zu können, muss ich wissen, inwieweit beispielsweise der kritische Pfad betroffen ist. Umgekehrt muss ich auch feststellen können, in welchem Rahmen Pufferzeiten genutzt werden können, um die Auswirkungen eines eingetroffenen Risikos abzufangen. Alternativ können Sie die Maßnahmen, die der Verringerung der Eintrittswahrscheinlichkeit dienen, in den Projektzeitplan so integrieren, dass zeitliche Puffer genutzt werden. Damit wird der kritische Pfad nicht berührt, und die negativen Auswirkungen auf das Gesamtprojekt werden minimiert. In jedem Fall brauchen Sie aber einen Plan. Sonst wird aus »No Risk, no Fun« nämlich ein »No Plan, no Risk«, und Sie stehen da mit den schönsten und hehrsten Absichten, Risikomanagement durchzuführen, und können leider gar nicht so viel tun.

Fach-Know-how = Risiko-Know-how

Systematisches Risikomanagement ist eine originäre Aufgabe des weniger schlechten Projektmanagers, keine Frage. Tatsächlich haben wir im Risikomanagement ein Beispiel dafür, wie fachliche Kompetenz und Steuerungskompetenz ineinandergreifen und wie sie sich voneinander abgrenzen.

Sie als Projektmanager sind hier zwar in der Verantwortung, den Risikoprozess zu führen, also dafür zu sorgen, dass die potenziellen Risiken identifiziert und bewertet werden. Allerdings sind Sie *nicht* dafür verantwortlich, die Risiken zu identifizieren und zu bewerten. Sie führen und steuern also den Prozess, für die einzelnen Prozessschritte gibt es aber in der Regel Fachleute, die sich in den konkreten Themen, um die es geht, viel besser auskennen als Sie. Das ist auch gut so, und Sie brechen sich keinen Zacken aus Ihrem Projektmanagerkrönchen, wenn Sie sich und Ihren Mitarbeitern eingestehen, dass Sie gar nicht alles besser wissen und können, dafür haben Sie ja so viele schlaue und kompetente Mitarbeiter. Als weniger schlechter Projektmanager sind nicht Sie derjenige, der krampfhaft nach fachlichen Risiken sucht, sondern Sie sind derjenige, der den Risikomanagementprozess moderiert, der dafür sorgt, dass Maßnahmen entwickelt werden, und der ein Auge darauf hat, ob die Maßnahmen auch tatsächlich greifen.

Risikomanagement im Verhältnis zum Projekt

So stellt sich zuletzt die Frage, was denn eigentlich zu beachten ist, um Risikomanagement erfolgreich in die Projekte zu implementieren. Wie immer gilt auch hier, dass die Methode an die Rahmenbedingungen des Projekts angepasst werden muss.

Habe ich ein kleines Projekt, lohnt sich ein ausgefeiltes Risikomanagement, in dem jedes Risiko bis ins Detail bewertet wurde und in dem es zu jedem Risiko ein Kosten- oder Terminszenario gibt, in dem Auswirkungen dargestellt sind, kaum. Vielmehr reicht ein vereinfachter Risikoplan, der die wichtigsten Risiken mit den jeweiligen Auswirkungen recht grob darstellt. In diesem Fall haben Sie zumindest einmal mit ein paar anderen Menschen über mögliche Probleme gesprochen und stolpern nicht komplett naiv ins Projektgetümmel.

Risikomanagement und Organisation

Ein wichtiger Aspekt für erfolgreiches Risikomanagement ist die Implementierung der Methode in die Organisation. Hier geht es auch um einfache Dinge wie zum Beispiel eine Risikocheckliste. Häufig sind die Risiken von Projekten mit gleichem Liefergegenstand ähnlich, wenn nicht sogar gleich. Im besten Fall kann es also sogar sein, dass jemand anderer bereits vorgearbeitet hat und Sie sich nur noch um die für Ihr Projekt spezifischen Details kümmern müssen.

Möglicherweise ändern sich aber auch die Rahmenbedingungen. So sind beim Einsatz einer medizinischen Software in Deutschland andere gesetzliche Rahmenbedingungen zu berücksichtigen als in Brasilien. In diesem Fall ist das Länderrisiko ein anderes, die technischen Risiken bleiben aber zunächst gleich.

Bei vielen Projekten können Sie sich im Rahmen der Ihrer Firma bereits bekannten technischen Voraussetzungen bewegen, dann ist die Benennung der Risiken vermutlich einfach, denn Sie, eine Kollegin oder ein Kollege haben sich schon einmal Gedanken darüber gemacht oder sind im ungünstigeren Fall schon Opfer eines nicht bedachten Risikos geworden. Lernen Sie sowohl aus den Fehlern als auch aus den Erfolgen Ihrer Vorgänger und Vorgängerprojekte. Möglicherweise haben Sie es aber auch mit neuen Risiken zu tun: Ihr Softwareprojekt soll mit einer neuen Technologie oder Programmiersprache entwickelt werden, ein neues Framework wird eingesetzt, oder Sie arbeiten erstmals mit einem Drittanbieter zusammen. Die Schwierigkeiten der neuen Programmiersprache lassen sich schwer abschätzen, die Probleme des Frameworks auch nicht, und wie sich der Drittanbieter in Bezug auf zeitnahe Reaktion und die schnelle Behebung von Fehlern verhält, können Sie nur ahnen.

Handelt es sich um ein größeres Projekt, bietet es sich an dieser Stelle an, innerhalb eines zeitlich genau festgesteckten Rahmens einen Prototyp zu entwickeln, so die offensichtlichsten Stolperfallen im Vorfeld bereits aufzuspüren und die Machbarkeit des Projekts grundsätzlich abzuschätzen. Stellen Sie hier sicher, dass dieses Prototypprojekt nicht aus dem Ruder läuft, und achten Sie darauf, dass innerhalb des vorher festgelegten Rahmens alle wesentlichen Fragen geklärt werden.

Im besten Fall sind die typischen Risiken von ähnlichen Projekten nicht nur bekannt, sondern innerhalb eines Wissensmanagementsystems im Unternehmen erfasst, auf das jeder Projektleiter Zugriff hat. Idealerweise hat das Unternehmen ein solches System über die letzten Jahre systematisch aufgebaut, sodass es zu bestimmten Risiken schon verwertbare Daten über Eintrittswahrscheinlichkeiten und Auswirkungen gibt. Wenn es so etwas in Ihrem Unternehmen noch nicht gibt, wäre das Ihre Chance, eine solche Datenbank zu starten. Stellen Sie in jedem Fall sicher, dass die für Ihr Projekt gesammelten Risiken samt Maßnahmen so abgelegt werden, dass sie auch für andere Projektleiter abrufbar sind.[4]

4 Ein anderer Projektleiter ist im Zweifel auch Ihr Zukunfts-Ich. Unterschätzen Sie nie die Kraft des erfolgreichen Vergessens und Verdrängens. Wenn Sie in zwei Jahren nämlich wieder ein ähnliches Projekt bekommen, werden Sie sich über Ihre eigene Weitsicht freuen, wenn Sie die Risiken und Maßnahmen nicht noch einmal komplett neu erarbeiteten müssen.

KAPITEL 8

Alles nach Plan? Termin- und Ablaufplanung

> Ich habe auch Kollegen, die Projektpläne in EXCEL-Tabellen machen. Sobald ich da beteiligt bin, kommen die Zahlen alle in ProjectLibre rein und auf einmal kann ich hellsehen.
>
> – *Volker König, IT-Projektmanager im Redaktionschat des Techniktagebuchs*

In der deutschsprachigen Wikipedia wird Terminplanung wie folgt definiert: »Die Terminplanung, Terminermittlung oder das Harmonogramm (engl. Scheduling) legt Anfangs- und Endtermine für das Durchführen von Aufgaben fest.«

Bei der Termin- und Ablaufplanung handelt es sich um das zentrale Instrument zur Planung und Steuerung der Termine, genauer gesagt der Terminsituation der Arbeitspakete im Projekt. Im Terminplan legen wir fest, wann was gemacht werden soll. Dabei ergibt sich das Was aus den für den Projektstrukturplan identifizierten Arbeitspaketen, wie Sie es in Kapitel 6, *Erst mal aufräumen! – Der Projektstrukturplan*, gelernt haben. Wie sich das Wann ergibt, erfahren Sie in diesem Kapitel. Auch hier gilt: So einfach die Methode und so plausibel deren Anwendung, so selten wird Terminplanung im Sinne des Projektmanagements methodisch korrekt angewendet.

Ist hier von Terminplanung die Rede, ist auch das Termincontrolling mit in die Betrachtung eingeschlossen.

Natürlich arbeiten auch schlechte Projektmanager nicht komplett ohne Terminplan, jedenfalls vermuten wir das. Es gibt zum Beispiel ziemlich sicher ein Enddatum, es gibt ein paar einschränkende Rahmenbedingungen, und es gibt – hier fängt aber schon die höhere Planungskunst an – ein paar Meilensteine, die zu halten sind. Oft handelt es sich hierbei um Meilensteine, in denen jeweils die Lieferung bestimmter Leistungen zu einem festen Termin festgelegt ist.

Allzu oft begegnen uns Äußerungen wie: »Warum soll ich überhaupt einen Plan machen, die Realität sieht doch ganz anders aus?« Unsere Antwort darauf: »Natürlich sieht die Realität meistens anders aus, ansonsten wären wir Hellseher und keine Projektmanager. Aber soll uns das daran hindern, einen Plan zu machen?« Komischerweise haben immer alle schon einen Plan B, aber wäre es nicht schöner, zunächst einen vernünftigen, im besten Fall sogar einen realistischen Plan A zu haben, bevor wir anfangen, über Plan B zu philosophieren?

Wofür das alles?

> »Wie lange brauchen Sie dafür?«
>
> »Wofür denn genau?«
>
> »Weiß ich noch nicht.«
>
> »Zwei Wochen.«
>
> »Das erscheint mir zu viel!«
>
> – *Tweet von @GebbiGibson am 13.10.2017*[1]

Vielleicht muss man sich aber auch erst mal klarmachen, wofür ein guter Plan im Sinne eines Terminplans für das Projekt hilfreich und wichtig ist. Was kann ein Terminplan leisten? Wofür ist er gut?

Übersicht über das Projekt
: Ein guter Terminplan bietet einen Überblick über das Projekt. Er sagt uns, welche die Hauptphasen des Projekts sind und wann wichtige Meilensteine erreicht werden.

Orientierung im Projekt
: Ein guter Terminplan bietet Orientierung, besonders auch für die Teammitglieder im Projekt. Jedes Teammitglied kann einschätzen, wann es mit der Bearbeitung seiner Arbeitspakete dran ist.

Entscheidungshilfe bei Verzögerungen
: Ein guter Terminplan bietet Entscheidungshilfen. Um in einem Projekt Entscheidungen fällen zu können, braucht der weniger schlechte Projektleiter eine Informationsgrundlage. Er muss wissen, was wichtig und was weniger wichtig ist. Alle Arbeitspakete, die auf dem kritischen Pfad liegen, sind schon mal per se wichtig. Was genau dieser ominöse kritische Pfad ist, erklären wir Ihnen auf Seite 103 in diesem Kapitel im Detail. Kurz gesagt, sind das die Arbeitspakete, deren Verzögerung auch eine Verzögerung des gesamten Projekts bedeuten. Inwiefern eine Verzögerung für Sie relevant ist, können wir mangels Hellseherfähigkeit nicht beurteilen. Es gibt Projekte, bei denen selbst ein paar Wochen Verzögerung gar nichts ausmachen, eventuell reagiert Ihr Chef oder der Kunde etwas verhalten, viel mehr haben Sie aber nicht zu befürchten. Es gibt aber auch Projekte, da kostet jeder Tag Verzögerung mehrere Hunderttausend Euro. Hier sollte sich einfach nichts verzögern.

---

1 *https://twitter.com/GebbiGibson/status/918815678223781888*

Mit einem funktionierenden Terminplan wissen Sie aber, welche Arbeitspakete kritisch für das gesamte Projekt sind und bei welchen Sie sich eine Verzögerung erlauben können.

Transparenz für alle Beteiligten

Ein guter Terminplan schafft Transparenz im Projekt. Dies betrifft die Abfolge von Arbeitspaketen auf der einen Seite, aber auch den damit verbundenen Aufwand und den Einsatz von Ressourcen auf der anderen Seite.

Doch Vorsicht: Transparenz, insbesondere in Bezug auf die Auslastung der Mitarbeiter, ist nicht immer erwünscht und wird von den Linienmanagern gelegentlich sogar unterbunden. Der Grund dafür ist so einfach wie unschön. Bei aktiv gelebter Intransparenz ist es für den Mitarbeiter schwer, etwaige Überlastungen nachzuweisen. Habe ich jedoch einen Terminplan, in dem arbeitspaketbasiert Ressourcen hinterlegt sind, ist es sehr einfach, nachzuweisen, dass es eine Überlastung des entsprechenden Mitarbeiters gibt.

Das ist nicht nur hilfreich für den Mitarbeiter, sondern auch für Sie, da Sie rechtzeitig agieren können, wenn sich ein Ressourcenengpass abzeichnet.

Steuerung des Ablaufs und der Termine für den Projektleiter

Natürlich ist der Terminplan *das* Steuerungsinstrument für das Projekt. Zu jedem Zeitpunkt im Projekt gibt der Terminplan Auskunft darüber, wann ein Arbeitspaket starten muss oder hätte starten müssen, wann es enden muss oder hätte enden müssen. Allein diese zunächst sehr einfache Betrachtung zeigt das Steuerungspotenzial des Terminplans. Als Projektleiter können Sie sich zu jedem Zeitpunkt die Frage stellen, ob alle Voraussetzungen für den Beginn des nächsten anstehenden Arbeitspakets erfüllt sind oder was noch gebraucht wird, damit das Arbeitspaket auch tatsächlich starten kann. Allein mit der Entscheidung, für den Start des Arbeitspakets die notwendigen Voraussetzungen zu schaffen, betreiben Sie schon Projektsteuerung vom Feinsten.

Die Möglichkeit der Steuerung gilt dabei nicht nur für die eher abstrakten Arbeitspakete, sondern natürlich auch für die ganz konkreten Mitarbeiter, die diese Arbeitspakete bearbeiten.

Es stellen sich aber in Hinblick auf Ihren Terminplan noch ganz andere Fragen: Gibt es einen auf Basis der Verknüpfung von Arbeitspaketen berechneten kritischen Pfad? Gibt es berechnete Pufferzeiten? Wurde der Endtermin berechnet oder festgelegt? Eventuell können Sie diese Fragen noch nicht mit der Sicherheit eines erfahrenen Projektmanagers beantworten. Machen Sie sich deswegen aber keine Sorgen, wir klären im Laufe dieses Kapitels noch alles auf.

Ein festgelegter Endtermin ist zum Beispiel häufig völlig unrealistisch, denn er hat nichts mit der Projektrealität zu tun. Auch stellt sich für manche Projektmanager überraschend heraus, dass man einen kritischen Pfad gar nicht »aus dem Bauch heraus« festlegen kann, da dieser auf einem Berechnungsalgorithmus beruht. Die guten Nachrichten: Dieser Berechnungsalgorithmus ist nicht besonders kompliziert. Der kritische Pfad ist dementsprechend auch keine Gefühlsduselei, sondern gibt dem Projektleiter ein berechnetes Modell an die Hand, das die Grundlage für Entscheidungen im Projekt bildet.

Es gibt aber noch weitere Fragen, die sich in Bezug auf Ihren Terminplan stellen: Wurde der Aufwand für die Aktivitäten, auch in Hinblick auf die jeweilige Dauer, realistisch eingeschätzt? Ist hinter den Meilensteinen (hoffentlich nicht nur Vertragsmeilensteine) auch die Erbringung von Leistungen hinterlegt, muss also zu einem Meilenstein eine Lieferung oder gar ein Set von Lieferungen erbracht sein? Können Sie mit Ihrem Terminplan Szenarien errechnen, die Ihnen die terminlichen Auswirkungen bei der Einschätzung von Risiken aufzeigen?

Wenn Sie alle diese Fragen mit »Ja« beantworten, sind Sie schon ganz gut unterwegs. Sie können aber trotzdem weiterlesen, denn wir haben hoffentlich noch den einen oder anderen Tipp für Sie und Ihren Freund, den Terminplan, auf Lager.

Ist hier von Terminplan die Rede, ist natürlich nicht die Auflistung von Terminen im Sinne eines Terminkalenders gemeint. Terminplanung im Projektmanagement meint die Berechnung von Anfangs- und Endterminen auf Basis einer sinnvollen, also fachlogischen Verknüpfung der zuvor im Projektstrukturplan identifizierten Arbeitspakete. Die Termine Ihres Terminplans sollten dementsprechend nie das Ergebnis der Terminvorstellung des Auftraggebers oder einer wie auch immer gearteten Vorgabe sein, sondern das Ergebnis der sinnvollen Verknüpfung Ihrer Arbeitspakete und den Dauern, die es braucht, um diese Arbeitspakete abzuarbeiten. Anders gesagt, sind die einzig brauchbaren Termine diejenigen, die sich automatisch ergeben, wenn Sie die Dinge, die getan werden müssen, und die Zeit, die es braucht, um diese zu erledigen, in eine sinnvolle Struktur gebracht haben. Alle anderen Termine sind entweder ausgedacht oder unrealistisch oder beides und werden Sie als Projektmanager im Ernstfall um den Verstand bringen.

Wie man einen Terminplan baut

Eigentlich ist die Anwendung der Methode »Termin- und Ablaufplanung« gar nicht so schwierig. Das Hintereinanderschalten von Arbeitspaketen erscheint einem allerdings allein der Menge wegen oft als unzumutbare Aufgabe. Schon deswegen wird häufig zu einer unterstützenden EDV-Software gegriffen, und hier liegt dann das nächste Problem. Der Einsatz einer Software wie zum Beispiel Microsoft Project scheint die Sache zu vereinfachen, was auch tatsächlich der Wahrheit entspricht, allerdings müssen ein paar Dinge beachtet werden, damit es auch wirklich so klappt, wie es soll. Zudem wird häufig unterschätzt, dass Microsoft Project auf der Terminologie des Projektmanagements aufbaut, was bedeutet, dass für eine sinnvolle Anwendung des Programms Kenntnisse über Projektmanagement dringend erforderlich sind. Sie müssen also erst verstanden haben, was Sie überhaupt tun wollen, bevor Sie sich die Arbeit mithilfe einer Softwarelösung leichter machen können. Wenn Sie den Methodenteil dieses Buchs gelesen und verstanden haben, sollte das aber kein Problem mehr für Sie sein.

Word vs. Project

Die Kenntnis über Verfahren des Projektmanagements und das Wissen um die Projektmanagementterminologie sind unbedingt erforderlich, um ein Planungs- und Steuerungsinstrument wie Microsoft Project sinnvoll anzuwenden.

Damit unterscheidet sich die Anwendung eines Planungstools grundsätzlich von der Anwendung einer Textverarbeitungssoftware. Da wissen wir, was mit Befehlen wie *Fett*, *Blocksatz* oder *Seitenumbruch* gemeint ist. Wir wissen es unter anderem deshalb, weil wir im täglichen Leben damit zu tun haben, weil jeder schon mal einen Text schreiben musste und weil sich viele Funktionen und deren Bezeichnungen ganz gut mit ein bisschen gesundem Menschenverstand erklären lassen.

Bei Microsoft Project sieht das schon ganz anders aus. Nehmen wir als Beispiel mal die Vorgangseingabe. Allein schon der Unterschied zwischen »automatisch geplant« und »manuell geplant« stellt Sie ohne Kenntnisse der Netzplantechnik vor ein Problem. Wie sollen Sie hier eine Entscheidung treffen, wenn Sie keine Ahnung haben, was das bedeutet und was für Ihr Projekt die bessere Wahl ist? Schon gar nicht können Sie die Auswirkungen Ihrer Entscheidung einschätzen. Kennen Sie allerdings das Prinzip der Netzplantechnik, das der Berechnung von Project zugrunde liegt, wissen Sie nicht nur, was hinter den Begriffen steckt, sondern können auch sehr wohl entscheiden, welche Eingabeform für Ihr Projekt die richtige ist, und beherzt auf den richtigen Knopf klicken.

Microsoft Project steht hier stellvertretend für alle softwarebasierten Projektplanungsinstrumente. Da die Planungstools auf der Systematik des Projektmanagements basieren, sind sie in der Anwendung alle sehr ähnlich, lediglich im Funktionsumfang und in der Ausprägung verschiedener Funktionen unterscheiden sich die Programme. Es ist zumindest nicht unwahrscheinlich, dass Sie, wenn in Ihrer Firma halbwegs ernsthaftes Projektmanagement betrieben wird (oder betrieben werden soll), tatsächlich mit Microsoft Project zu tun haben werden, insofern werden wir es weiterhin stellvertretend für den bunten Blumenstrauß aller verfügbaren Projektplanungstools verwenden.

Schritt 1: Eine Vorgangsliste erstellen

Eigentlich ganz einfach, sofern Sie einen Projektstrukturplan gemacht haben. Aber da Sie unsere Ratschläge ja alle beherzigt haben, ist das selbstverständlich der Fall. Alle Arbeitspakete Ihres Projektstrukturplans werden jetzt in eine tabellarische Liste übertragen. Die Tabelle enthält in der einfachsten Form folgende Informationen:

1. Name des Arbeitspakets
2. Dauer des Arbeitspakets

3. Vorgänger (welches Arbeitspaket muss abgeschlossen sein, damit dieses Arbeitspaket starten kann)

Machen wir uns nichts vor, für die Erstellung einer solchen Liste bedarf es keiner großen Kraftanstrengung und schon gar nicht eines großen Arsenals an Hilfsmitteln aus der Datenverarbeitung. Papier und Stift reichen aus. Ein bisschen Sitzfleisch und Geduld brauchen Sie eventuell auch. Dennoch entspricht diese Liste – und für diesen Zusammenhang möchten wir Sie hier gern sensibilisieren – genau jener Ansicht, die Sie erhalten, wenn Sie Microsoft Project zum ersten Mal öffnen. Die Basisansicht von Project ist nämlich nichts anderes als eine Vorgangsliste, wie sie in Abbildung 8-1 zu sehen ist.

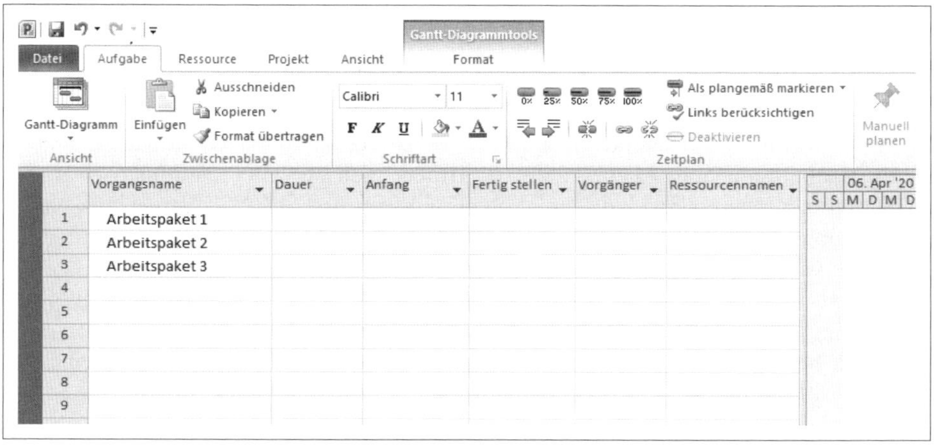

Abbildung 8-1: Wenn Sie Microsoft Project öffnen, erhalten Sie (abhängig von der Version) ungefähr diese Ansicht einer Vorgangsliste.

Machen Sie an dieser Stelle nicht den Fehler, konkrete Daten in die Spalten für Vorgangsstart und -ende zu schreiben. Warum Sie das nicht tun sollten und wie es stattdessen funktioniert, erklären wir Ihnen später in diesem Kapitel.

Schritt 2: Dauern der Arbeitspakete schätzen

Die Dauer eines Arbeitspakets ist einer der Bestandteile der Vorgangsliste. Um hier einen Wert einzutragen, müssen wir die Dauer des Arbeitspakets möglichst realistisch abschätzen. Es gibt Arbeitspakete, bei denen das recht einfach ist. Stellen Sie sich vor, Sie richten ein Fest aus und haben ein Arbeitspaket »Brot selber backen«. Dafür müssen Sie wissen, wie lange Sie für das Kneten des Teigs brauchen, Sie müssen die Geh- und Backzeiten des Teigs kennen und natürlich einkalkulieren, dass das Brot eventuell vor dem Verzehr noch ein bisschen abkühlen muss. Einiges davon steht im Rezept, anderes wissen Sie aus Erfahrung. Wenn Sie nun alle Dauern der Arbeitsschritte zusammenrechnen, wissen Sie, wie lange Sie insgesamt für den Vorgang »Brot backen« benötigen, und damit auch, wann Sie damit anfangen müssen, damit das Brot rechtzeitig zum Partystart fertig ist.

Sie haben gerade die erste Methode zur Einschätzung der Dauern von Arbeitspaketen kennengelernt: die Expertenschätzung. In unserem Beispiel sind Sie nämlich Experte im Brotbacken. Was machen Sie aber, wenn Sie zum ersten Mal ein Brot backen wollen? Sie rufen wahrscheinlich Ihre Mutter oder Ihren Vater an oder fragen in der nächsten Mittagspause die Kollegin, die regelmäßig Brot selber backt.[2] Alternativ suchen Sie im Internet und stoßen auf ein YouTube-Video eines Brotgurus. Warum trauen Sie den Einschätzungen dieser Menschen? Weil Sie davon ausgehen, dass diese in ihrem Leben genügend Erfahrung im Backen von Broten gesammelt haben.

Im Alltag machen wir unbewusst dauernd Expertenschätzungen. Das fängt morgens an, wenn wir den Wecker so einstellen, dass wir genug Zeit zum Duschen, Anziehen, Zähneputzen und Frühstücken haben und trotzdem pünktlich im Büro sind. Wir schätzen, wie lange wir zum Einkaufen brauchen oder wie viel Zeit wir am ersten Urlaubstag fürs Packen und Beladen des Autos benötigen. Immer dann, wenn wir planen, wann wir etwas anfangen müssen, um rechtzeitig fertig zu sein, läuft also eine kleine Expertenschätzung in unserem Kopf ab, mit der wir auf Basis unserer Erfahrungen zu einer halbwegs belastbaren Einschätzung der benötigten Dauer kommen.

Neben der Expertenschätzung gibt es aber noch andere Wege, zu halbwegs brauchbaren Zahlen zu kommen. Schließlich können Sie nicht in allem Experte sein. Im schlimmsten Fall machen Sie etwas völlig Neues und können noch nicht mal einen Experten finden, der Ihnen die richtige Antwort einflüstert. Aber »kein Experte, keine Schätzung« hilft leider auch nicht weiter, also muss man einen anderen Weg finden. Die Methoden zur Schätzung der Dauern im Überblick:

Delphi-Methode

Bei der Delphi-Methode handelt es sich um eine Expertenschätzung. Dabei ist die Bezeichnung etwas unsauber, denn im Gegenteil zum griechischen Orakel müssen Sie vor der Einholung Ihrer Schätzung keine junge Ziege mit eiskaltem Wasser besprenkeln. Vielmehr sind Sie entweder selbst Experte, oder Sie nehmen den Telefonhörer in die Hand und befragen einen oder mehrere Experten in Bezug auf die Dauer des Arbeitspakets. Dabei ist es durchaus hilfreich, mehrere Experten zu befragen, um die unterschiedlichen Aussagen zu mitteln und so noch plausiblere Ergebnisse zu erhalten.

Aufgrund ihrer Erfahrung können Experten die Dauer von Arbeitspaketen oft gut einschätzen, meistens einfach weil sie es – worum auch immer es geht – schon mehr als einmal getan haben. Wie wir ja im obigen Beispiel gezeigt haben, sind wir allein im Alltag schon große Schätzexperten, wenn es um Dinge geht, die wir regelmäßig machen. Im Projektalltag ist das nicht anders, auch hier haben Sie es oft mit

2 Die Autoren empfehlen an dieser Stelle das No Knead Bread von Mark Bittman, auch bekannt als Topfbrot, das über die New York Times große Popularität gewann. Es ist wirklich sehr einfach, man braucht allerdings viel Zeit und einen Bräter.

Vorgängen zu tun, die so oder so ähnlich schon einmal durchgeführt wurden. Sie müssen nur wissen, wen Sie für welches Thema ansprechen können.

PERT-Methode

Bei der *Program Evaluation and Review Technique*, kurz PERT – oder auch Drei-Zeiten-Methode genannt, handelt es sich um eine Methode, die Sie tagtäglich anwenden (die also eventuell gar nicht so kompliziert ist). Denken Sie an unser Beispiel aus dem Risikomanagement. Sie schätzen unter Berücksichtigung möglicher Risiken jeweils ein wahrscheinliches, ein pessimistisches und ein optimistisches Szenario. Die Annahme, dass alles super läuft und keines der von Ihnen identifizierten Risiken eintritt, ist Ihr Best Case. Die Annahme, dass jedes der Risiken, die Sie identifiziert haben, eintritt, es also richtig schlecht läuft, ist Ihr Worst Case. Die Wahrheit liegt aber bekanntlich in der Mitte, und da gibt es ein Szenario, das Sie vor dem Hintergrund der Eintrittswahrscheinlichkeit der identifizierten Risiken als das wahrscheinlichste Szenario einschätzen. Was jetzt kommt, ist noch ein bisschen Mathematik. Sie mitteln einfach die unterschiedlichen Szenarien und erhalten eine realistische Dauer.

Sie kommen beispielsweise aus Köln und müssen morgen eine Präsentation bei Ihrem Kunden in Essen halten. Der Termin der Präsentation ist um 10 Uhr, Sie müssen also spätestens um 9:45 Uhr beim Kunden auf den Hof fahren, damit Sie pünktlich um 10 Uhr anfangen können. Sie befragen Google Maps und geben Start- und Zieladresse in die entsprechenden Felder ein. Google Maps spuckt Ihnen eine Route aus und präsentiert Ihnen freundlicherweise auch die von Google Maps berechnete Fahrtdauer für diese Route. Sagen wir mal, Sie brauchen 60 Minuten. Berechnete Abfahrtszeit ist dementsprechend 8:45 Uhr.

Jetzt fängt es bei Ihnen aber an zu rattern. Moment mal, die Strecke von Köln nach Essen kennen Sie, da gibt es doch diese Baustelle zwischen Düsseldorf und Hilden. Dann hören Sie abends die Nachrichten. Die Wettervorhersage sagt Schneefälle bis in die Niederungen voraus (also auch in Köln und Essen). Oh je, das kann ja was geben! Schneechaos in NRW ist, wie Sie wissen, gleichbedeutend mit Verkehrschaos in NRW.[3] Das kennen Sie noch aus dem letzten Jahr, in dem man an einem solchen Tag teilweise Stunden gebraucht hat, um wenige Kilometer zu überwinden. Die Distanz, die Sie morgen zurücklegen wollen, beträgt aber nicht wenige, sondern ungefähr 80 Kilometer. Sie überlegen also. Bestenfalls sind die Räumdienste unterwegs gewesen, es sind keine vom Schnee verwirrten Autofahrer auf Ihrer Strecke unterwegs, und Sie brauchen sich gar keine Sorgen zu machen. Das ist Ihr Best-Case-Szenario. Wenn es schlecht läuft, stehen Sie stundenlang im Stau, und es kann auch gut drei Stunden dauern. Wahrscheinlich wird es einfach ein bisschen länger dauern, und Sie sitzen 30 Minuten länger im Auto.

3 Treffen sich zwei Schneeflocken. Sagt die eine: »Komm mit, wir fliegen nach Köln und machen Verkehrschaos!« Winkt die andere ab: »Ach nee, das schaffst du auch ganz alleine.«

Mathematisch ist die PERT-Analyse schnell erklärt. Es geht um die Kombination aus optimistischer, pessimistischer und wahrscheinlicher Schätzung der Vorgangsdauer. Aus diesen drei verschiedenen Dauern wird nun das Mittel gebildet. Ganz einfach:

VD = (OD + ND + PD) / 3

Die Abkürzungen bedeuten Folgendes:

- VD = Vorgangsdauer
- OD = Optimistische Dauer
- NP = Normale (wahrscheinliche) Dauer
- PD = Pessimistische Dauer

Oder mit konkreten Zahlen:

VD = (60 + 90 + 180) / 3 = 110

Nach dieser Rechnung wäre die Schätzung für die Dauer der Fahrtzeit nach der PERT-Methode also 110 Minuten.

Analogieverfahren

Manchmal ist Projektmanagement recht prätentiös. Da werden einfachste Verfahren, Methoden und Sachverhalte in ziemlich komplizierte Begriffe gefasst. Das ist auch hier der Fall. Analogieverfahren bedeutet nichts anderes als einen Rückgriff auf bereits gemachte Erfahrungen. Schätzen Sie die Dauer, indem Sie auf Vorgangsdauern aus früheren Projekten zurückgreifen, in denen Sie eine ähnliche Problemstellung bearbeitet haben. Aus dieser Zeit wissen Sie ja noch, wie lange das Arbeitspaket tatsächlich gedauert hat.

Wissen Sie nicht? Aber, aber ... warum denn nicht? Sie erraten, worauf wir hinauswollen. Die Voraussetzung dafür ist, dass Sie dieses Arbeitspaket selbst bearbeitet haben oder dass es von dem Projekt eine Projektdokumentation gibt, in der Sie jetzt nachlesen können. Das ist leider in der Regel nicht der Fall, und daher stellt sich immer wieder die Frage, warum diese wichtige und enorm hilfreiche Dokumentation vergangener Projekte so oft fehlt.

Die Unternehmen tun sich keinen Gefallen damit, die Zeit zu sparen, die gebraucht wird, um ein ordentliches Lessons Learned, in dem der Projektverlauf dokumentiert wird, durchzuführen. Das ist der erste Schritt zu einem erfolgreichen Wissensmanagement. Stattdessen werden die Erfahrungen aus den Projekten in den Köpfen der Mitarbeiter gelassen. Diese Mitarbeiter verlassen dann das Unternehmen völlig überraschend, weil sie eine neue bessere Stelle gefunden haben oder (noch überraschender) in Rente gehen. Das Wissen ist dann weg. Das ist Kapitalvernichtung auf höchstem und sinnlosestem Niveau, nur weil man sich die Zeit und das Geld, das nötig gewesen wäre, um die Erfahrungen zu dokumentieren, sparen wollte.

Schritt 3: Arbeitspakete hintereinanderschalten, Netzplan erstellen

Der Netzplan ist nun das Instrument, mit dem Sie die identifizierten und geschätzten Arbeitspakete hintereinanderschalten und damit bestimmen, in welcher Reihenfolge die Arbeitspakete abgearbeitet werden. Ein guter Netzplan ist die Voraussetzung für die Ablaufsteuerung des Projekts. Warum das so ist, klären wir jetzt.

Der Netzplan gibt Ihnen den kritischen Pfad aus

Die zunächst etwas verwirrende Definition des kritischen Pfads lautet folgendermaßen:

Der kritische Pfad ist der längste Pfad, an dem das Projekt am kürzesten abgeschlossen werden kann.

»Hä?«, denken Sie jetzt. »Was soll das denn bedeuten?« Aber keine Panik, wir klären es sofort auf.

Ein bisschen einfacher formuliert, bedeutet es: Ein Arbeitspaket, das auf dem kritischen Pfad liegt, hat *keinen* Puffer. Das heißt, wenn sich dieses Arbeitspaket verschiebt, verschiebt sich der Endtermin des gesamten Projekts. Was es genau mit dem kritischen Pfad auf sich hat, erklären wir Ihnen auf Seite 103.

Der Netzplan gibt Ihnen Auskunft darüber, welche Arbeitspakete einen Puffer haben

Puffer entstehen dort, wo Arbeitspakete parallel ablaufen können und eine Prozesskette kürzer ist als die andere. An welchen Stellen Sie mit wie viel Puffer arbeiten können, ergibt sich automatisch aus der Verkettung der einzelnen Arbeitspakete. Das wiederum bedeutet, dass Sie nun wissen, welche Arbeitspakete verschoben werden können, ohne dass sich das Gesamtprojekt verschiebt. Natürlich müssen auch diese Pakete erledigt werden, unendlichen Puffer gibt es in Projekten nicht. An dieser Stelle haben Sie jedoch mehr Spielraum und müssen nicht gleich in Panik verfallen, wenn es mal einen Tag länger dauert.

Zusammengefasst, liefert Ihnen Ihr Netzplan also die Antwort auf die Frage, auf welche Arbeitspakete Sie ein besonderes Augenmerk haben sollten und welche Sie vielleicht nicht konstant unter Beobachtung haben müssen. Ein komplexer Netzplan mit zig kleinen Arbeitspaketkästchen wirkt so direkt weniger erschreckend und verwirrend. Auch wenn es zunächst nicht so aussieht: Der Netzplan ist Ihr Freund und will Ihnen bei der Übersicht über Ihr Projekt helfen. Nur weil er anfangs etwas unübersichtlich erscheint, sollten Sie ihn also nicht aus dem Projektbüro verbannen, sondern freudig begrüßen.

Um Ihnen den Zusammenhang zu verdeutlichen, bauen wir jetzt ein kleines Beispiel. Dieses Beispiel soll in der Kürze nicht stellvertretend für einen realistischen

Netzplan stehen, sondern Ihnen vielmehr die Methode der Netzplantechnik näherbringen.

Am Anfang stehen zwei Arbeitspakete. Das eine Arbeitspaket, AP1, hat eine Dauer von drei Tagen, und das andere Arbeitspaket, AP2, dauert vier Tage. AP2 kann erst starten, wenn AP1 abgeschlossen ist. Stellen Sie sich einfach vor, dass AP1 die Implementierung eines Softwarefeatures beinhaltet und AP2 das Testen des Features. Wenn wir das visualisieren, erhalten wir die Grafik in Abbildung 8-2:

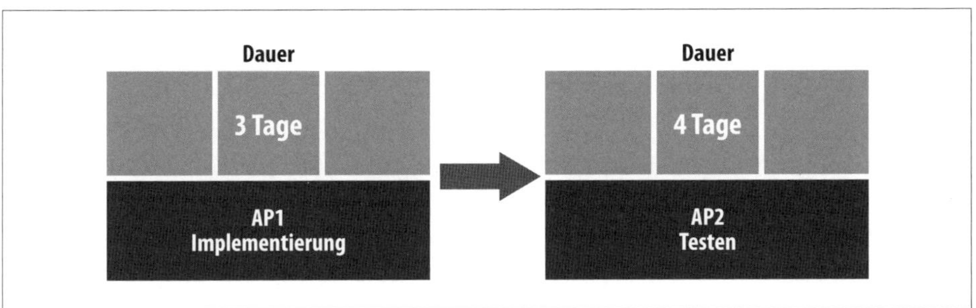

Abbildung 8-2: Erster Schritt: Wir kennen den Inhalt der beiden Arbeitspakete und die jeweilige Dauer und wissen, dass AP1 fertig sein muss, bevor AP2 starten kann.

Nehmen wir nun an, AP1 startet bei null, so ist der früheste Anfangstermin für AP1 gleich 0. Damit kann nun mit der bekannten Dauer für AP1 der früheste Endtermin des Arbeitspakets berechnet werden. Hier sind wir sofort schon in der Netzplanterminologie:

- FAZ[4]: Frühester Anfangszeitpunkt
- FEZ[5]: Frühester Endzeitpunkt

Zudem haben wir die erste für die Netzplantechnik relevante Formel:

FEZ = FAZ + Dauer

Weitere Abkürzungen der Netzplanterminologie, die Ihnen gleich noch begegnen werden, sind:

- SEZ: Spätester Endzeitpunkt
- SAZ: Spätester Anfangszeitpunkt

Der früheste Endzeitpunkt des Arbeitspakets ist dann auch der früheste Anfangszeitpunkt des nachfolgenden Arbeitspakets. Also übertragen wir im nächsten Schritt den Wert für den frühesten Endzeitpunkt von AP1 in das Feld für den frühesten Anfangszeitpunkt von AP2 und errechnen mit unserer Formel (FEZ = FAZ + Dauer) den frühesten Endzeitpunkt für AP2. In unserem Fall ist das 3 + 4 = 7 (Abbildung 8-3).

4 Nicht die Zeitung!

5 Nicht die Kopfbedeckung!

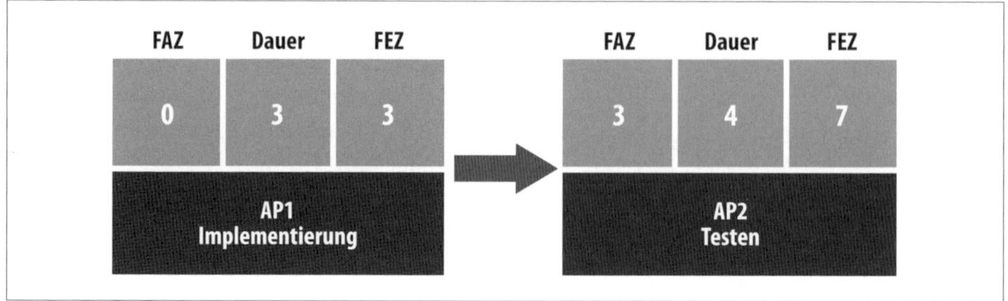

Abbildung 8-3: Zweiter Schritt: AP1 ist das erste Arbeitspaket im Projekt, startet also an Tag 0 (FAZ) und endet an Tag 3 (FEZ), daraus ergibt sich, dass AP2 an Tag 3 (FAZ) startet und – da es vier Tage dauert – an Tag 7 (FEZ) endet.

Was sagt uns diese Grafik bislang? Richtig! Wir haben auf Basis der Aneinanderreihung von Arbeitspaketen die Gesamtprojektdauer ermittelt, und das in der sogenannten *Vorwärtsrechnung*, wir haben also ausgehend vom ersten Arbeitspaket *vorwärts* bis zum letzten Arbeitspaket gerechnet.

Im nächsten Schritt werden wir ausgehend vom letzten Arbeitspaket unseren Netzplan rückwärts berechnen. Während wir durch die Vorwärtsrechnung die frühesten Anfangs- und Endtermine berechnen, erhalten wir im Ergebnis bei der *Rückwärtsrechnung* die *spätesten* Anfangs- und Endtermine. Wir sprechen in diesem Zusammenhang auch von der frühesten und spätesten Lage eines Arbeitspakets.

Wie geht das jetzt mit der Rückwärtsrechnung? Eigentlich ganz einfach! Wir hatten ja als frühesten Endzeitpunkt für unser Projekt den Wert 7 ermittelt. Dieser Wert entspricht dem spätesten Endzeitpunkt für das Projekt. Also wird dieser Wert in unserem Arbeitspaket entsprechend übertragen (Abbildung 8-4).

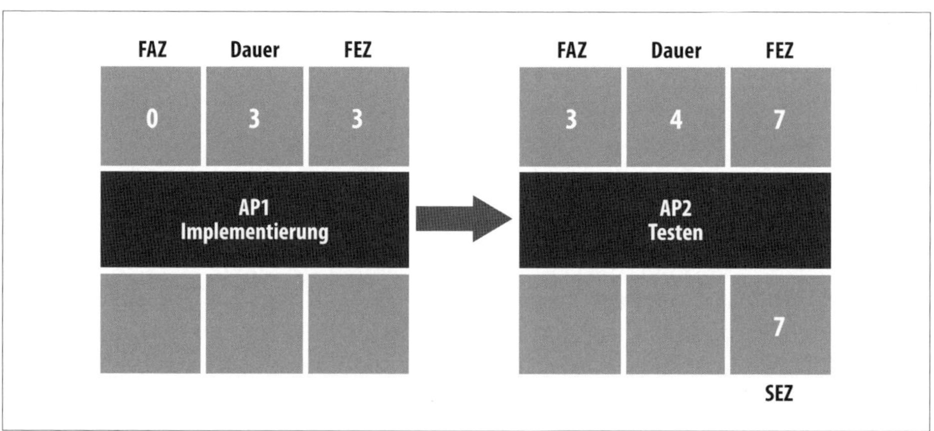

Abbildung 8-4: Dritter Schritt: AP2 ist das letzte Arbeitspaket im Projekt, daraus schlussfolgern wir knallhart, dass der früheste Endzeitpunkt (FEZ) von AP2 auch gleichzeitig der späteste Endzeitpunkt (SEZ) von AP2 sein muss.

Der Rest ist einfach. Durch Subtraktion der Dauer ermitteln wir den spätesten Anfangszeitpunkt des Arbeitspakets, übertragen diesen auf den spätesten Endzeitpunkt des Vorgängers, subtrahieren erneut die Dauer und haben schließlich eine Darstellung wie in Abbildung 8-5.

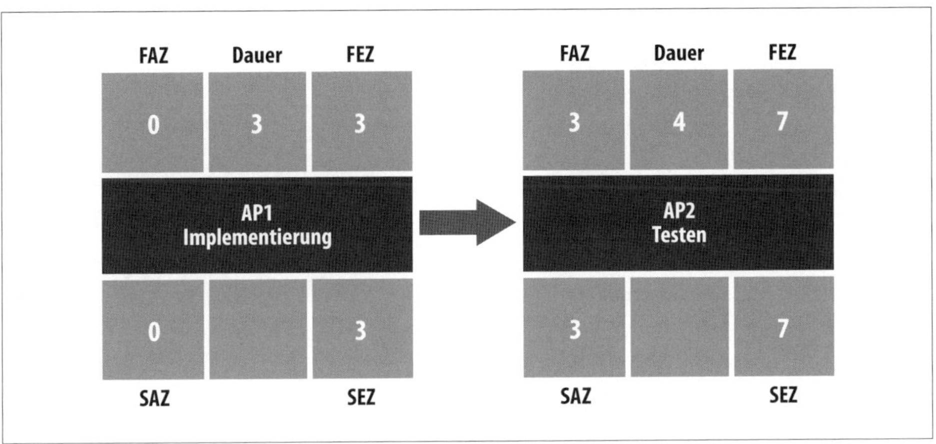

Abbildung 8-5: Vierter Schritt: Jetzt rechnen wir rückwärts. Wenn der späteste Endzeitpunkt (SEZ) 7 ist und AP2 vier Tage dauert, dann ist der späteste Anfangszeitpunkt (SAZ) 3. Der späteste Anfangszeitpunkt von AP2 ist gleichzeitig der späteste Endzeitpunkt des vorhergehenden Pakets, also ist der SEZ von AP1 ebenfalls 3, und der SAZ von AP1 ist 0.

Mit der Grafik in Abbildung 8-5 haben wir tatsächlich schon fast einen kompletten Netzplan erstellt. Zugegebenermaßen ist dieser noch sehr einfach, da er lediglich aus zwei Arbeitspaketen besteht, aber er ist vollständig. In dieser Darstellung fehlen aber noch die Pufferzeiten, zu denen kommen wir später, wenn es interessant wird.

Lassen Sie uns einen Schritt weitergehen. Nehmen wir an, wir hätten nicht zwei, sondern drei Arbeitspakete. AP1 und AP2 stehen in diesem Beispiel für zwei parallel laufende Implementierungsvorgänge, AP3 für das Testen des fertigen Produkts. Die Tests können in diesem Fall erst starten, wenn das komplette Produkt fertig ist. Wir gehen also davon aus, dass *sowohl das erste als auch das zweite* Arbeitspaket abgeschlossen sein müssen, damit das dritte Arbeitspaket starten kann. Es ergibt sich zunächst eine Grafik wie in Abbildung 8-6.

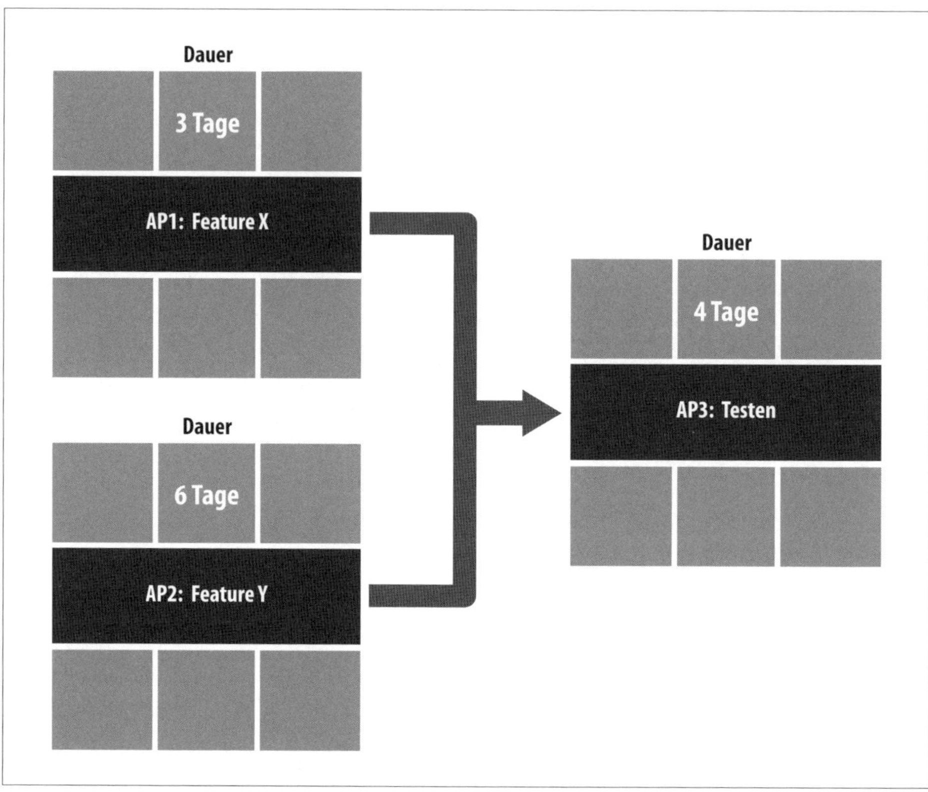

Abbildung 8-6: Netzplan mit drei Arbeitspaketen, bei denen zwei parallel laufen. Das letzte Arbeitspaket kann erst starten, wenn AP1 und AP2 abgeschlossen sind.

Wir berechnen zunächst, wie bereits gelernt, die früheste Lage für das erste und zweite Arbeitspaket. Das ist einfach! Der früheste Endtermin für das AP1 ist gleich drei, und der früheste Endtermin für das AP2 ist gleich sechs. Was nun? Wir hatten oben gelernt, dass wir den frühesten Endtermin des Vorgängers auf den frühesten Anfangstermin des Nachfolgers übertragen.

Unser Nachfolger, also unser AP3, hat allerdings zwei Vorgänger. Wir müssen das bislang Gelernte insofern ein wenig präzisieren, als dass wir nicht einfach irgendeinen Vorgängerwert übertragen, sondern den größten Wert der jeweiligen Vorgänger. Das ist ja auch logisch: Wenn AP1 und AP2 die Voraussetzungen dafür sind, dass AP3 beginnen kann, dann kann AP3 erst beginnen, wenn das am längsten dauernde Vorgängerpaket abgeschlossen ist. Das bedeutet, der früheste Anfangszeitpunkt für AP3 ist 6, und der früheste Endzeitpunkt ist 10, siehe Abbildung 8-7.

Als Formel ausgedrückt:

FAZNachfolger = MaxFEZVorgänger

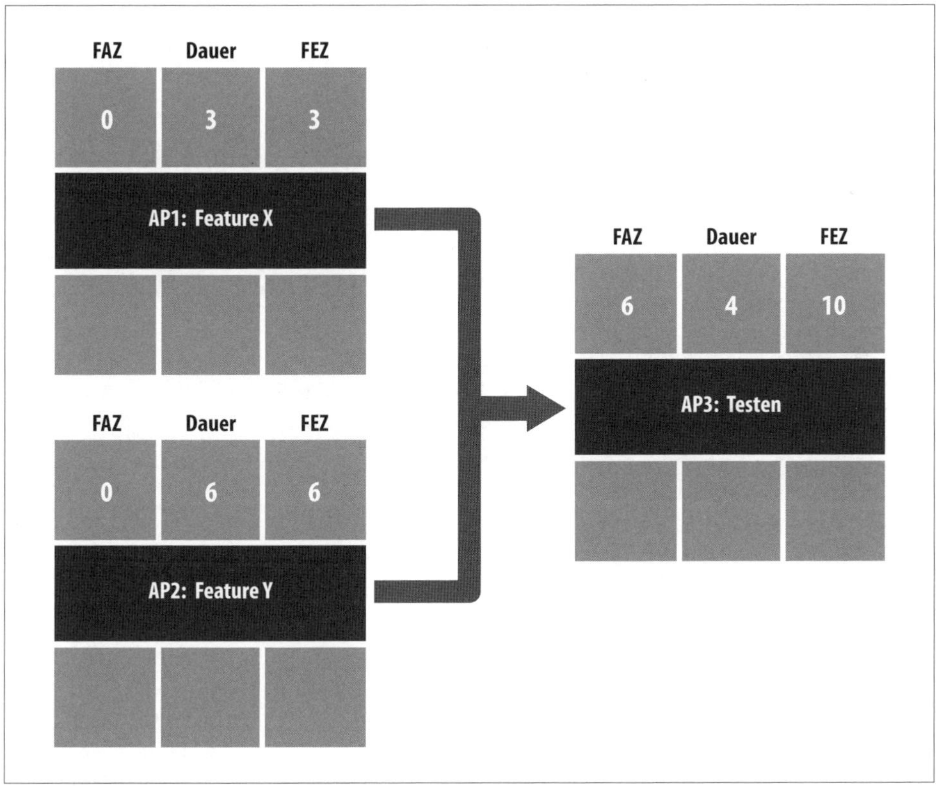

Abbildung 8-7: AP3 darf erst starten, wenn beide vorhergehenden Arbeitspakete fertig sind. Dementsprechend ist der früheste Anfangszeitpunkt von AP3 gleich dem höheren frühesten Endzeitpunkt von AP1 und AP2. Da 6 größer als 3 ist, ist der FAZ von AP3 also 6.

Jetzt geht es in die Rückwärtsrechnung. Wie gewohnt, übertragen wir den frühesten Endzeitpunkt des dritten Arbeitspakets, dieser entspricht unserem spätesten Endzeitpunkt bzw. dem Projektende. Wir berechnen wie gewohnt die späteste Lage der Arbeitspakete AP1 und AP2 und erhalten eine Darstellung wie in Abbildung 8-8.

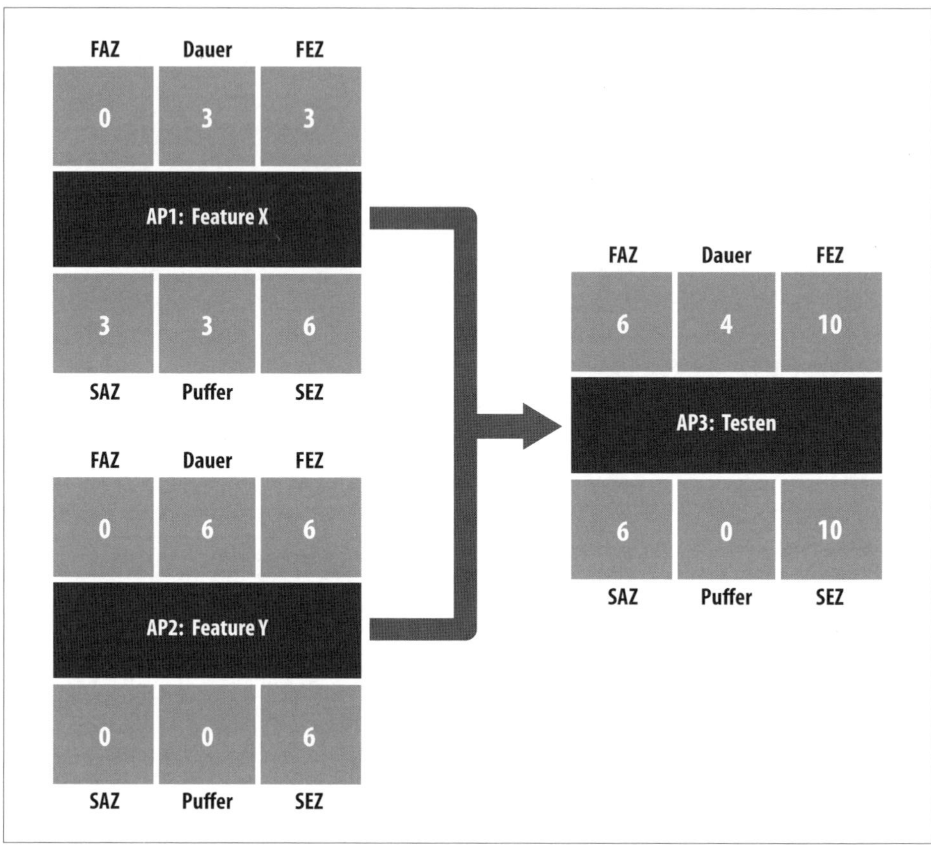

Abbildung 8-8: Bei der Rückwärtsrechnung ändert sich bei AP3 zunächst nichts. Der späteste Anfangszeitpunkt ist hier ebenfalls 6. Dieser wird nun als spätester Endzeitpunkt bei den Vorgängern AP1 und AP2 eingetragen. Auch bei AP2 ist weiterhin der FAZ gleich dem SAZ und der FEZ gleich dem SEZ. Bei AP1 hingegen haben wir nun einen Puffer: Da der späteste Endzeitpunkt 6 ist, das Paket aber eine Dauer von 3 hat, ergibt sich daraus ein spätester Anfangszeitpunkt von 3 und damit ein Puffer von 3 (SAZ – FAZ).

Und jetzt? Jetzt haben wir erst mal nichts anderes gemacht, als einen Netzplan mit drei Arbeitspaketen erstellt. Doch im Gegensatz zu dem ersten zugegebenermaßen sehr simplen Beispiel fällt hier etwas auf: Die späteste Lage von AP1 stimmt nicht mit der frühesten Lage von AP1 überein. Das, was wir hier erst mal mathematisch beobachten können, ist ja auch ganz logisch.

Lassen Sie uns konkreter werden. Wenn beide Arbeitspakete (AP1 und AP2) die Voraussetzung dafür sind, dass AP3 starten kann und AP2 sechs Tage dauert, dann muss AP1 nicht zwingend nach drei Tagen fertig sein, sondern es ist ausreichend, wenn AP1 nach sechs Tagen fertig ist. AP1 hat einen *Puffer*, wir sprechen in diesem Fall vom Gesamtpuffer von drei Tagen.

In eine Formel gebracht: **Gesamte Pufferzeit = FAZ – SAZ**

Der kritische Pfad

Aber noch etwas steckt in dieser kleinen Anordnung von drei Arbeitspaketen. Wenn wir die Formel für den Gesamtpuffer auf die Arbeitspakete AP2 und AP3 anwenden, erhalten wir im Ergebnis jeweils null. Anders gesagt: Diese Arbeitspakete haben keinen Puffer, wir können also nicht rumtrödeln oder gemütlich in der Küche Kaffee trinken, wenn wir im Zeitplan fertig werden und keinen Ärger bekommen wollen. Zudem bedeutet das, dass diese Arbeitspakete auf dem *kritischen Pfad* liegen.

Definition

Ein Arbeitspaket liegt dann auf dem kritischen Pfad, wenn die gesamte Pufferzeit des Arbeitspakets gleich null ist.

Der kritische Pfad ist also die Kette von Arbeitspaketen zwischen Start und Ende des Projekts, bei denen es in keinem Arbeitspaket einen Puffer gibt. Der kritische Pfad wird dementsprechend auch nicht von Ihnen oder irgendeiner anderen Person festgelegt, er ergibt sich zwangsläufig aus den Berechnungen Ihres Terminplans auf Basis der Dauern der Arbeitspakete und ihrer logischen Aneinanderreihung.

Der kritische Pfad klingt – nun ja – kritisch. Müssen Sie sich als Projektmanager jetzt Sorgen machen, und geht Sie das überhaupt etwas an? Vor allem müssen Sie den kritischen Pfad immer im Auge behalten. Sobald sich nämlich ein Arbeitspaket, das auf dem kritischen Pfad liegt, verzögert, verzögert sich auch das gesamte Projekt. Das ist die logische Konsequenz aus einer Reihe von hintereinandergeschalteten Arbeitspaketen, die alle keinen Puffer haben.

Für Sie als weniger schlechter Projektmanager geht es darum, zu wissen, welche Arbeitspakete wichtig sind, welche Arbeitspakete also unserer besonderen Aufmerksamkeit bedürfen. Wenn Arbeitspakete Pufferzeiten aufweisen, ist es möglicherweise gar nicht so schlimm, wenn sie sich etwas verzögern. Alle Arbeitspakete, die keinen Puffer haben, verzögern allerdings Ihr gesamtes Projekt, und das kann Sie als Projektleiter ganz schön ins Schwitzen bringen.

Damit haben Sie jetzt das Grundprinzip der Netzplantechnik kennengelernt. Wir werden uns später noch einige Feinheiten ansehen. Wie schon angedeutet, gibt es hier eine gute und eine schlechte Nachricht. Diesmal die schlechte zuerst, das halten Sie schon aus: So ein Netzplan kann beliebig kompliziert werden. Die gute Nachricht: Sie haben es selbst in der Hand, wie kompliziert er wird! Und noch eine gute Nachricht: Sie werden einen Netzplan (das versprechen wir) nie, wirklich niemals[6], per Hand berechnen müssen. Diese Arbeit wird Ihnen von Projektmanagementtools wie Microsoft Project abgenommen.

6 Es sei denn, Sie machen eine Ausbildung zum/zur Fachinformatiker/-in. Dann eventuell doch. (Anne Schüßler, Fachinformatikerin)

Daraus ergibt sich eine weitere schlechte Nachricht: Sie müssen den Umgang mit einem Projektmanagementtool lernen. Aber auch hier gibt es eine gute Nachricht: Das ist glücklicherweise gar nicht so schwer.

Terminierung des Netzplans

Bevor wir jetzt in einige Feinheiten gehen, lassen Sie uns noch mal das zweite Beispiel ansehen. Bislang haben wir hier mit abstrakten Zahlenwerten gearbeitet. Das war auch in Ordnung. Jetzt stellen wir uns aber die Frage, ob es sich bei der Angabe der Dauern für die Arbeitspakete um Tage, Wochen oder gar Monate handelt. Gehen wir mal davon aus, es sind Tage gemeint, dann ergibt sich eine Gesamtdauer für das Projekt von zehn Tagen.

Für die weitere Projektplanung ist es jetzt natürlich wichtig, dieses abstrakte Modell aus Arbeitspaketen, Dauern und definierten Abfolgen zu terminieren. Konkret bedeutet das: Wir starten mit AP1 und AP2 am kommenden Montag (das Datum müssen Sie selbst raussuchen). Nach sechs Tagen ist das AP2 abgeschlossen, und das AP3 kann beginnen. Der Starttermin für das AP3 ist dann also ... was? Der Montag? Der Dienstag? Was stimmt denn jetzt? Wie so oft kommt es drauf an. Es kommt zum Beispiel drauf an, ob es in der Woche einen Feiertag gibt oder ob Sie mit einer Fünf-Tage-Woche oder mit einer Sechs-Tage-Woche planen.

Das heißt, die entscheidenden Parameter für die Terminierung der Arbeitspakete (Terminierung bedeutet Anfangstermin und Endtermin) sind die geschätzte Dauer des Arbeitspakets, die fachlogische Verknüpfung der Arbeitspakete miteinander und der hinterlegte Kalender.

Feinheiten der Netzplantechnik

Wie bereits angekündigt, müssen wir uns noch mit einigen Feinheiten in der Netzplantechnik beschäftigen. Zunächst kann es durchaus vorkommen, dass Arbeitspakete zwar aufeinanderfolgend sind, dies aber mit einem gewissen Abstand. Klingt verwirrend? Ein einfaches Beispiel dafür kommt aus dem Häuslebaubereich, wo man nach dem Gießen des Betons für das Häuslefundament nicht direkt anschließend weitermachen kann, sondern zunächst geduldig warten muss, bis der Beton getrocknet ist. Hier haben wir also zwei direkt aufeinanderfolgende Arbeitspakete, zwischen denen man eine kleine Pause einlegen muss und nicht nach Ende des ersten direkt mit dem zweiten loslegen kann.

Es handelt sich hier um Zeitabstände zwischen den Arbeitspaketen, die in EDV-Planungstools wie Microsoft Project auch genau so eingegeben werden können.

Ein weiteres Element, das wir hier betrachten müssen, sind die sogenannten Anordnungsbeziehungen (AOB). Auch hinter diesem Begriff versteckt sich kein Hexenwerk, es ist eigentlich alles ganz einfach und logisch. Überlegen Sie, was passieren würde, wenn Sie alle Arbeitspakete nacheinander abarbeiten. Wahrscheinlich würden Sie unverhältnismäßig lang für Ihr Projekt brauchen. Also gibt es Arbeiten, die

Sie, genügend Ressourcen vorausgesetzt, parallelisieren können, und zwar sogar dann, wenn die Arbeitspakete voneinander abhängig sind.

Wie dieser Zaubertrick funktioniert, erklärt sich mit einem einfachen Beispiel. Sie möchten gern Ihr Wohnzimmer tapezieren. Sie haben zwei Arbeitspakete identifiziert:

- AP1 = Alte Tapete abreißen (Dauer = 3 Stunden)
- AP2 = Neue Tapete anbringen (Dauer = 4 Stunden)

In diesem Fall ist der Start des zweiten Arbeitspakets abhängig vom ersten Arbeitspaket. Allerdings ist es nicht vom Ende des Arbeitspakets, sondern vom Beginn des Arbeitspakets abhängig. Soll heißen, sobald schon Teile der Tapete abgerissen wurden, kann mit dem Tapezieren begonnen werden. Es handelt sich hier um eine sogenannte Anfang-Anfang-Beziehung, auch Anfangsfolge genannt.

Neben der Anfangsfolge gibt es wenig überraschend auch die Endfolge. Bei der Endfolge müssen die Arbeitspakete zeitgleich abgeschlossen werden. Tatsächlich findet man in der Literatur selten eine Angabe dazu, warum man Arbeitspakete mit einer Ende-Ende-Beziehung verknüpft. Lassen Sie uns noch mal ein Küchenbeispiel bemühen. Sie kochen Nudeln (AP1). Sie lieben Ihre Nudeln al dente und wissen, dass die Nudeln zwölf Minuten kochen müssen (steht so auf der Packung), um diese Konsistenz zu erhalten. Zu den Nudeln möchten Sie gern Karotten dünsten (AP2). Die Zubereitung dauert sieben Minuten. Beide Speisen sollen natürlich zeitgleich fertig sein, damit Sie gleichzeitig beide Speisen servieren können (Servieren = AP3). Sie verknüpfen die Arbeitspakete AP1 und AP2 mit einer Ende-Ende-Verknüpfung. Klar, die beiden Arbeitspakete müssen abgeschlossen sein, damit das Arbeitspaket AP3 beginnen kann, vor allem aber müssen sie zeitgleich fertig sein, damit die Möhren nicht schon kalt sind, wenn Sie die Nudeln vom Herd nehmen (oder umgekehrt). Wichtig ist hier also, dass Sie durch diese Verknüpfung die Anfangszeit für das Arbeitspaket AP2 errechnen können.

Bei diesem Beispiel lässt sich das leicht ableiten. Sie müssen fünf Minuten, nachdem Sie mit den Nudeln gestartet haben, mit den Karotten beginnen.

Natürlich lassen sich die Berechnungen in unseren Beispielen alle einfach im Kopf und teilweise recht intuitiv durchführen. Wenn Sie aber nicht zwei oder drei oder vier Arbeitspakete, sondern 100 organisieren und verknüpfen müssen, kommen Sie mit Intuition nicht mehr besonders weit (und sollten das zu Ihrem eigenen Schutz auch gar nicht probieren).

Die Anordnungsbeziehungen im Überblick

Sie wissen jetzt also, dass Sie Arbeitspakete miteinander verknüpfen und wie Sie aus vielen kleinen Einzelschritten einen mitunter überraschend komplexen Netzplan aufbauen können. Aber so ganz fertig sind wir noch nicht mit dem Thema, denn auch die Art, wie Sie Pakete miteinander verknüpfen können, spielt eine Rolle und kann Ihren Terminplan beeinflussen. Die einfachste dieser Anordnungsbeziehungen ist die Ende-Anfang-Beziehung, bei der der nachfolgende Task erst beginnen kann, wenn der Vorgänger beendet ist – so wie man zum Beispiel erst seine Socken ausziehen kann, wenn man erfolgreich seine Schuhe ausgezogen hat. Aber damit ist es nicht getan. Sie sollen auch die kurioseren Geschwister der Ende-Anfang-Beziehung kennenlernen, also stellen wir Sie Ihnen nun der Reihe nach vor.

Abbildung 8-9: Normalfolge: Ende-Anfang-Beziehung

- Der Nachfolger kann erst starten, wenn der Vorgänger beendet ist.
- Diese Folge kommt in circa 80 % aller Fälle zum Tragen.

Abbildung 8-10: Anfangsfolge: Anfang-Anfang-Beziehung

- Der Nachfolger kann erst starten, wenn der Vorgänger angefangen hat.
- Diese Folge wird häufig zeitversetzt (mit Zeitabstand) geplant.

Abbildung 8-11: Endfolge: Ende-Ende-Beziehung

- Der Nachfolger endet gleichzeitig mit dem Vorgänger.
- Da die Arbeitspakete gleichzeitig enden müssen, wird diese Verknüpfung verwendet, um den Anfangszeitpunkt des Nachfolgers zu ermitteln.

Abbildung 8-12: Sprungfolge: Anfang-Ende-Beziehung

- Der Vorgänger kann erst enden, wenn der Nachfolger angefangen hat.
- Diese Verknüpfung kommt in der Praxis nur sehr selten vor. Typischerweise werden damit »Ablösebeziehungen« (siehe Kasten) abgebildet.

Sprungfolge: ein theoretisches Konstrukt?

Zu meinen Kunden gehörte unter anderem die Bundeswehr. Trotz Wehrdienstverweigerung habe ich auf der Hardthöhe in Bonn eine längere Veranstaltung zum Thema Projektmanagement durchgeführt. Natürlich ging es auch da um das Thema Terminplanung mit Microsoft Project.

Wie immer habe ich referiert, dass die Sprungfolge eher ein theoretisches Konstrukt sei, das in der Realität nicht vorkommt (tatsächlich ist mir das Planen von Sprungfolgen in IT-Projekten noch nicht untergekommen). Ich wollte mich schon dem nächsten Thema widmen, als ich lautstarken Protest vernahm.

Halt und Moment mal, musste ich mich belehren lassen: Der wachhabende Offizier kann seine Wache erst beenden, wenn der Nachfolger seinen Dienst angetreten hat.

Jawoll! Das ist mal eine Sprungfolge in Reinform.

Peter Schüßler

Begriffe der Netzplantechnik im Überblick[7]

Netzplan
Die grafische Darstellung von Abläufen und deren Abhängigkeiten.

Netzplantechnik
Beinhaltet alle Verfahren zur Analyse, Planung, Steuerung und Überwachung von Abläufen.

Vorgang/Arbeitspaket
Bislang haben wir immer von Arbeitspaketen gesprochen. Tatsächlich lassen sich Arbeitspakete oft noch in kleinere Ablaufelemente bzw. Vorgänge ausdifferenzieren, die die einzelnen Arbeitsschritte darstellen. Die Unterscheidung zwischen Arbeitspaket und Vorgang ist nicht immer eindeutig, es kommt hier auch auf den Detailgrad der Planung an.

Ereignis/Meilenstein
Hierbei handelt es sich um ein Ablaufelement, das das Eintreten eines bestimmten Zustands beschreibt. Das Ereignis trifft zu einem bestimmten Zeitpunkt ein. Ein Ereignis bzw. der Meilenstein hat keine zeitliche Ausdehnung (Dauer = 0).

7 Michael Gessler (Hrsg.): »Kompetenzbasiertes Projektmanagement (PM3): Handbuch für die Projektarbeit, Qualifizierung und Zertifizierung« (GPM, 2010), S. 375.

Dauer

Die Dauer ist die geschätzte Dauer (in Stunden, Tagen, Wochen oder Monaten), die gebraucht wird, um das Arbeitspaket fertigzustellen.

Früheste Lage

Die früheste Lage bezeichnet den frühesten Anfangs- und Endtermin (FAZ und FEZ) eines Arbeitspakets in Abhängigkeit von der Verknüpfung und dem hinterlegten Kalender.

Späteste Lage

Die späteste Lage bezeichnet den spätesten Anfangs- und Endtermin (SAZ und SEZ) eines Arbeitspakets in Abhängigkeit von seiner Dauer, der Verknüpfung und dem hinterlegten Kalender.

Gesamte Pufferzeit

Die gesamte Pufferzeit bezeichnet den Zeitraum, in dem sich ein Arbeitspaket verschieben kann, ohne dass sich das Projektende verschiebt. Die dazugehörige Formel dafür lautet: GP = FAZ – SAZ.

Der Gesamtpuffer kann auch negativ sein. In diesem Fall zeigt er an, wann man mit dem Arbeitspaket hätte beginnen müssen, damit es rechtzeitig hätte beendet werden können.

Kritischer Pfad

Der kritische Pfad ist die längste Zeitdauer, in der das Projekt am kürzesten beendet werden kann. Ein Arbeitspaket liegt dann auf dem kritischen Pfad, wenn die gesamte Pufferzeit gleich null ist. Verschiebt sich ein Arbeitspaket, das auf dem kritischen Pfad liegt, verschiebt sich auch das Gesamtprojekt.

Vorgänge, die auf dem kritischen Pfad liegen, bedürfen der besonderen Aufmerksamkeit des Projektmanagers, was im Umkehrschluss bedeutet, dass Vorgänge, die nicht auf dem kritischen Pfad liegen, in gewissem Maße vernachlässigt werden können. Dies ist insbesondere dann wichtig, wenn viele Arbeitspakete gesteuert werden müssen und eine Priorisierung notwendig ist.

Anordnungsbeziehungen (AOB)

Anordnungsbeziehungen sind die verschiedenen Möglichkeiten, Arbeitspakete miteinander in Beziehung zu setzen (zu verknüpfen), wobei die fachlogische Abhängigkeit für die Verknüpfung führend ist.

Einschränkungen

Es gibt Arbeitspakete, die zu einem bestimmten Zeitpunkt fertiggestellt werden oder zu einem bestimmten Zeitpunkt angefangen haben müssen. Diese einschränkenden Bedingungen werden über feste Termine im Netzplan abgebildet. Grundsätzlich wird unterschieden zwischen *harten Einschränkungen* (»Muss anfangen am ...«/»Muss enden am ...«) und *weichen Einschränkungen* (»Anfang nicht früher als ...«/»Anfang nicht später als ...«/»Ende nicht früher als ...«/»Ende nicht später als ...«).

Die einfachste und häufigste Einschränkung bezieht sich auf das Projektende. Das Management sagt Ihnen schon mal den Endtermin für Ihr Projekt voraus. Meist ist dieser Termin unrealistisch. Wenn Sie nun diesen Termin in Ihrem Terminplan als Meilenstein abgebildet und mit der Einschränkung »Muss enden am« versehen haben, erhalten Sie in der Regel einen negativen Puffer, der Ihnen anzeigt, wann Sie hätten beginnen müssen, um den vom Management beschlossenen Termin zu halten. Dieser von Ihnen berechnete Anfangstermin liegt – pessimistisch vorausgesagt – in der Vergangenheit, und solange wir noch keine Zeitmaschinen haben, haben Sie nun eventuell ein Problem.

Bei dem Einsatz von Einschränkungen ist insbesondere bei der Verwendung von EDV-gestützten Planungstools Vorsicht geboten. Einschränkungen hebeln den Netzplanberechnungsalgorithmus aus. Das macht den Plan auf Dauer unübersichtlich und nicht kontrollierbar.

Der häufigste Fehler bei der Anwendung von Microsoft Project

Tatsächlich ist die Verwendung von Microsoft Project gar nicht so einfach, wie man es sich erhofft, aber am Ende auch nicht zu schwierig, sobald die ersten Schritte gegangen sind. Eine der wesentlichen Fehlerquellen, die ich immer wieder beobachtet habe, war, dass Projektmanager oder Planer in der Spalte für den Anfangszeitpunkt eines Vorgangs immer ein konkretes Datum eingegeben haben.

Dann passiert etwas, das von den meisten Menschen wahrscheinlich gar nicht wahrgenommen oder ernst genommen wird. Microsoft Project weist Sie freundlichst darauf hin, dass die Eingabe eines Datumswerts nicht die beste Art ist, Projekte zu planen.

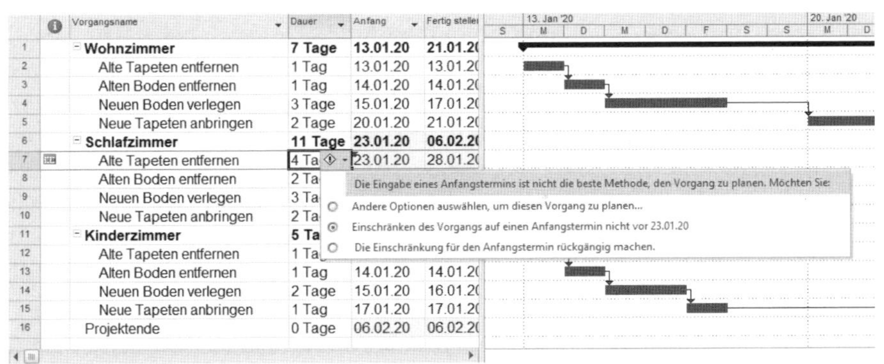

Abbildung 8-13: Microsoft Project gibt Warnungen aus, wenn eine Aktion nicht dem Vorgehensmodell entspricht.

Aha, und warum ist das so? Weil – diese Frage können Sie sich inzwischen selbst beantworten – das Anfangsdatum und das Enddatum eines Vorgangs eigentlich mit der Netzplantechnik berechnet werden.

Sobald Sie ein Datum eingeben, wird, und das ist vielen Anwendern nicht bewusst, automatisch von Microsoft Project eine Einschränkung gesetzt. Diese Einschränkungen hebeln die Netzplantechnik aus, und das Modell ist nicht mehr im Sinne eines Netzplans berechenbar. Das ist dann meistens der Punkt, an dem der Plan nicht mehr kontrollierbar ist und die Kollegen verzweifelt bei mir anrufen und eine Beratung für die Anwendung von Microsoft Project brauchen.

Peter Schüßler

Das Balkendiagramm Gantt

Gantt ist nicht etwa ein Akronym, wie man zunächst glauben mag, vielmehr handelt es sich bei Gantt um den Unternehmensberater Henry L. Gantt, der dieses Instrument freundlicherweise für uns erfunden hat. Obwohl das Gantt-Diagramm nichts anderes darstellt als einen Netzplan, schmeichelt die Darstellung doch ungleich mehr unseren Augen und unseren Sinnen. Wir sind es nun mal gewohnt, uns von links nach rechts und von oben nach unten zu orientieren, zumal wenn es darum geht, Aktivitäten auf einer Zeitachse darzustellen. Machen Sie sich mal den Spaß und schalten Sie in MS Project in die Netzplandarstellung um. Da wird es schon bei wenigen Aktivitäten (beispielsweise 20) recht schnell unübersichtlich. Natürlich hat die Verwendung des Balkendiagramms auch noch einen anderen Grund. Letztlich wird hier das Netzplanmodell auf eine Terminschiene gesetzt. Mit dem Balkendiagramm werden Anfangs- und Endtermine von Arbeitspaketen auf Basis ihrer Dauern, Verknüpfungen und dem hinterlegten Kalender terminiert.

Schritt 4: Terminplan optimieren

Nachdem Sie nun Ihr Termin- und Ablaufplanmodell vor sich haben, stellen Sie in der Regel fest, dass Sie den geplanten Endtermin (dabei handelt es sich um den Endtermin, der Ihnen vom Management oder vom Kunden vorgegeben wurde) nicht werden halten können. Auch das ist ein Ergebnis, nur eben nicht das, was die Beteiligten gern hören wollen. Wir möchten hier auch nicht den Teufel an die Wand malen, vielleicht gehören Sie zu den glücklichen Menschen, die ausschließlich mit verständnisvollen Chefs und realistischen Terminplänen arbeiten. Sollte das nicht der Fall sein, trösten Sie sich zumindest damit, dass Sie nicht allein sind. Im Gegenteil.

Gehören Sie also nicht zu diesen glücklichen Projektmanagern, müssen Sie jetzt etwas tun. Als Erstes können Sie die Dauern Ihrer Arbeitspakete noch einmal prüfen, um zu sehen, ob sich nicht vielleicht doch noch etwas machen lässt. Eventuell haben Sie an bestimmten Punkten bewusst sehr pessimistisch geschätzt und können noch mit einigermaßen gutem Gewissen an ein paar Schräubchen drehen und die Gesamtdauer damit reduzieren. Im Fachjargon der weniger schlechten Projektmanager nennt sich diese Maßnahme auch *Crashing* bzw. *Verdichtung*.

Vielleicht waren Sie auch bei den Verknüpfungen eher konservativ und haben vor allem Ende-Anfang-Verknüpfungen eingesetzt. Prüfen Sie auch hier, ob sich Arbeitspakete nicht doch parallelisieren lassen oder ob zumindest bei der einen oder anderen Verknüpfung mit dem Start des nächsten Arbeitspakets gewartet werden muss, bis der Vorgänger komplett abgeschlossen ist. Diese Maßnahme ist auch als *Fast Tracking* bekannt.

Wie sag ich es meinem Chef alias Management/Auftraggeber?

Eine erstaunlich oft gehörte Frage ist: »Jetzt hab ich meinen Terminplan fertig und stelle fest, dass der geforderte Endtermin unrealistisch ist. Was ist zu tun?«

Mein erster Antwortimpuls, er solle das Problem mit dem Auftraggeber besprechen, wird leider zu oft mit einem lakonischen »Hab ich schon, das will er aber nicht hören« quittiert. Das ist eine typische Situation. Das Management oder der Auftraggeber verschließt die Augen vor der Realität, und sei es auch nur eine geplante Realität.

In dieser Situation haben Sie eigentlich nur zwei Möglichkeiten: Sie legen Ihr Amt als Projektleiter für das Projekt nieder, oder Sie schreiben zumindest einen kurzen Vermerk, der dokumentiert, dass Sie auf die mögliche Verzögerung hingewiesen haben.

Verstehen Sie mich nicht falsch, ich bin absolut kein Freund einer *Cover-your-Ass-Mentalität*, aber Sie sind hier auch in einer Pflicht gegenüber sich selbst. Wer wird am Ende dafür verantwortlich gemacht, dass es nicht funktioniert hat? Das sind Sie als Projektleiter, insofern sollten Sie schon überzeugend darstellen können, dass Sie auf Probleme bereits im Vorfeld während Ihrer Planung hingewiesen haben.

Peter Schüßler

Probleme bei der Terminplanung

So oder so landen wir wieder bei unserer Lieblingsfrage: Wenn es doch so toll und letztlich ja auch weder Teufelszeug noch Magie ist, warum ist Terminplanung so schwierig in die Projektarbeit zu implementieren? Ist es vielleicht gar nicht so schwierig, sondern sieht nur auf den ersten Blick so aus? Oder steckt der Teufel wie so oft im Detail? Ein paar mögliche Gründe für vernachlässigte Terminplanung haben wir hier für Sie zusammengesucht:

Terminplanung wird unterschätzt

Dazu ist zunächst zu sagen, dass das Thema Terminplanung nie getrennt von den entsprechenden Planungstools wie beispielsweise Microsoft Project gesehen werden kann. Bei ausreichender Kenntnis der Methode wird es Ihnen gelingen, einen Netzplan mit 30 bis 40 Arbeitspaketen auf einen Zettel zu malen und zu berechnen, aber wie wollen Sie die Verknüpfungen selbst dieser wenigen Arbeitspakete in der Realisierungsphase pflegen? Sie können natürlich bei jeder Änderung einen neuen Terminplan zeichnen, aber dann sind Sie in Kürze mit nichts anderem mehr beschäftigt. Der Einsatz eines EDV-Tools, das Ihnen die vielfältigen Berechnungsarbeiten abnimmt, ist also durchaus sinnvoll. Leider wird die Arbeit mit einem solchen Instrument häufig falsch eingeschätzt.

Wir bleiben bei Microsoft Project als einem der bekanntesten und am meisten angewandten Projektplanungsinstrumente. Project gehört mehr oder weniger zum Office-Paket von Microsoft. Damit wird die Handhabbarkeit des Produkts mit der grundsätzlichen Handhabbarkeit von Office-Produkten assoziiert, man geht also davon aus, dass Project schon irgendwie so ähnlich funktionieren wird wie Excel, Word und PowerPoint. Das ist grundsätzlich schon mal nicht schlecht, zumindest hat man sich im Laufe der Jahre daran gewöhnt und gelernt, damit umzugehen. Microsoft Project wird aufgrund seines tabellarischen Aufbaus sehr oft mit Excel verglichen (oder gar verwechselt). Sie haben sicher auch schon die Erfahrung gemacht, dass man mit Excel auch ohne spezialisierte Kenntnisse sehr gute Ergebnisse erzielen kann. Mit den wichtigsten Funktionen und ein paar Kenntnissen über bedingte Formatierungen kann man da schon einiges erreichen. Erst wenn Sie sich mit Spezialthemen wie beispielsweise Finanzmathematik beschäftigen, ist die Kenntnis der fachlichen Zusammenhänge nicht nur sinnvoll, sondern auch notwendig, um die Funktionalität von Excel dieses Thema betreffend adäquat zu nutzen.

Ähnlich verhält es sich mit Microsoft Project, jedoch mit dem Unterschied, dass man mit diesem Programm nun mal gar nichts anderes machen kann als Projektplanung und -controlling. Für die adäquate Anwendung von Microsoft Project ist das Wissen um die Methodik des Projektmanagements, zumindest aber um die Methodik der Netzplantechnik, unerlässlich. Die gesamte Terminologie in Project basiert auf der Projektmanagementterminologie. Das wird insbesondere dann offenkundig, wenn man sich die Bezeichnung der Datenbankfelder anschaut. Begriffe wie *Anfang* oder *Ende* kann man vielleicht noch ohne viel Vorwissen einordnen. Doch was bedeuten *Spätester Anfang* oder *Spätestes Ende*, was ist der Unterschied zwischen *Freier Puffer* und *Gesamte Pufferzeit*, was steckt hinter dem Datenbankfeld *Kritischer Pfad*, und warum bekomme ich immer eine Fehlermeldung, sobald ich ein Anfangs- oder Enddatum in die entsprechenden Spalten eintrage? Hier wird deutlich, wie sehr die korrekte Anwendung von Project von dem Methodenwissen seines Anwenders abhängt. Anders gesagt: Während Sie Word auch benutzen können, ohne Schriftsteller oder Drucksetzer sein zu müssen, und in Excel auch vernünftige Ergebnisse bekommen, wenn Sie kein Controller sind, so stoßen Sie bei Project schnell an Ihre Grenzen, wenn Sie sich nicht zumindest mit den Grundlagen des Projektmanagements auskennen.

Wer also glaubt, er könne seinen Terminplan so mal schnell nebenbei in ein Terminplanungsinstrument wie Microsoft Project eintippen, der wird scheitern, zumal er damit wahrscheinlich eher den Zweck verfolgt, das Management mit einem hübschen Schaubild zu befriedigen, als wirklich das Projekt terminlich steuern zu wollen. Ein erster Schritt zu einem guten Terminplan ist eine Schulung, in der nicht nur Toolkenntnisse, sondern zudem auch methodische Kenntnisse vermittelt werden. Das bedeutet, dass Sie in einer solchen Schulung nicht nur erfahren, wie Sie sich den kritischen Pfad in Project anzeigen lassen, sondern auch lernen, wie der kritische Pfad sowohl auf dem Papier als auch innerhalb von Project berechnet wird.

Zudem sollte es um konzeptionelle Fragestellungen gehen. Wie strukturiere ich meinen Terminplan, wie halte ich Ordnung in meinem Terminplan? Welche Attribute vergebe ich für die Arbeitspakete? Wie vermeide ich, dass sich bei jeder Änderung alles andere auch ändert, sprich, welche Mechanismen muss ich etablieren, um den Terminplan handhabbar zu machen? Auch ganz wichtig in diesem Zusammenhang ist die Frage, wie Sie Ihren Terminplan so aufbereiten können, dass er kommunizierbar wird und nicht nur in einem geheimen Ordner auf Ihrem Rechner sein Dasein fristet.

Eine gute Schulung wird Ihnen bei all diesen Fragestellungen die entsprechenden Mittel an die Hand geben, und Sie werden mit ein bisschen Übung in die Lage versetzt, Ihren eigenen Terminplan souverän zu erstellen und zu führen.

Je nach Größe des Projekts kann es sinnvoll sein, sich einen auf Projektplanung spezialisierten Mitarbeiter dazuzuholen. Insbesondere im Umfeld von Großprojekten wachsen Terminpläne zu einem fast unüberschaubaren Monstrum an. Terminpläne mit 10.000 und mehr Arbeitspaketen sind dann keine Seltenheit. Unternehmen, deren vorwiegender Geschäftszweck die Durchführung von Projekten ist, sollten solche Mitarbeiter in jedem Fall mit im Team haben. Sie haben natürlich auch die Möglichkeit, solche Spezialisten auf dem freien Markt zu finden. Allerdings sind gute Projektplaner, die ihr Geschäft und ihr Tool beherrschen, gar nicht so leicht zu bekommen, und vor allem wissen sie um ihre Seltenheit und sind daher meistens nicht gerade günstig. Insofern sollten Sie immer abwägen, ob ein solcher zusätzlicher Mitarbeiter auch in Ihr Projektbudget passt, und rechtzeitig planen, damit der Projektplaner Ihrer Wahl auch pünktlich zum Projektbeginn zur Verfügung steht.

Terminplanung schafft (zu viel) Transparenz

Es gibt einen weiteren Aspekt, der es so schwierig macht, das Thema Terminplanung in die Projektarbeit zu integrieren. Ein guter Terminplan, in dem sich auch Auswirkungen der Verzögerungen von Arbeitspaketen berechnen lassen, schafft nämlich Transparenz. Wenn Sie jetzt stutzen und sich fragen, wo denn bitte schön das Problem sein soll – wegen der Transparenz betreiben wir diesen Terminplanungsaufwand doch überhaupt erst –, dann haben Sie natürlich völlig recht. Der Terminplan gibt Auskunft darüber, wann welches Arbeitspaket zu starten hat, wann es beendet sein soll, wer das Arbeitspaket bearbeitet und wer dafür verantwortlich ist. Er sagt uns, wie viel Aufwand hinter einer Aufgabe steckt und ob genügend Ressourcen am Start sind. Außerdem berechnet er, ob die Terminziele des Projekts realistisch sind.

Verstehen Sie Ihren Projektplan einfach als kleines Helferlein, das Sie hegen und pflegen und das Ihnen dann all die Liebe zurückgibt, die Sie vorher investiert haben. Je sorgfältiger und genauer Sie Ihren Terminplan aufgebaut haben und je regelmäßiger Sie ihn pflegen, desto mehr wird er Sie bei Ihrer täglichen Arbeit unterstützen. Im allerbesten Fall haben Sie sich tatsächlich einen guten Terminplan gebaut. Ein guter Terminplan, der auf einem rechenbaren Netzplan beruht, zeigt Ihnen auf Knopfdruck an, wann Sie hätten starten müssen, um das Projekt termingerecht abzuschließen. Ein guter Terminplan sagt Ihnen auch, wie viele Ressourcen gebraucht werden, wie viel Man- und Womanpower also gebraucht werden, um das Projekt termingetreu zu beenden. Letzteres funktioniert natürlich nur, wenn tatsächlich Ressourcen im Terminplan hinterlegt sind.

Starttermin und benötigte Ressourcen sind allerdings auch zwei Informationen, die beim Management, insbesondere beim mittleren Management, schon mal zu Panikattacken führen können. Überraschend stellt sich heraus: Wir werden nicht rechtzeitig fertig, und wir haben auch gar nicht genügend Personal, um das Projekt zu stemmen! Wer hätte das ahnen können! Endlich ein Grund zur Panik!

Noch spannender wird es, wenn man die Planung für die gesamte Projektlandschaft durchführt und hier feststellt, dass man für sein Projektportfolio weder das nötige Personal noch die nötigen fachlichen Fähigkeiten hat. Zu verlockend ist da die Versuchung, diese obskure Sache mit der Planung lieber gleich zu lassen, weil sonst nur Dinge rauskommen, die sowieso niemand so wirklich wissen will, jedenfalls nicht offiziell. Dass die Mitarbeiter nicht acht, sondern zwölf Stunden im Büro sitzen, um zumindest ein paar mittelmäßige Ergebnisse abzuliefern, wird vielleicht gemunkelt, öffentlich zugeben will und wird das aber keiner. Denn natürlich gibt es einen Zusammenhang zwischen dem Aufwand, also der investierten Zeit, und der Qualität des Ergebnisses. Offensichtlich muss auch auf diesen Zusammenhang immer wieder hingewiesen werden, denn entgegen einem landläufigen Missverständnis erledigen sich die meisten Dinge leider nicht von selbst. Diesen Zusammenhang sollten insbesondere Organisationen im Blick behalten, bei denen die Mitarbeiter neben dem Projektgeschäft auch noch Aufgaben im Tagesgeschäft zu erbringen haben. Der Mythos der Multitasking-Fähigkeit wurde schon längst als ein ebensolcher entlarvt, tatsächlich arbeitet unser Gehirn am besten, wenn es sich auf eine Sache konzentrieren darf. Manche Führungskräfte ignorieren diese Erkenntnis jedoch und schicken ihre Mitarbeiter mit diesem Anspruch so regelmäßig in den Burn-out.

Doch zurück zum Terminplan. Der Terminplan schafft also Transparenz. Das klingt in der Theorie super, in der Praxis ist die Information darüber, dass ein Endtermin nicht gehalten werden kann, leider nicht immer erwünscht. Wie sag ich's meinen Auftraggebern oder meinem Management, dass die Terminschiene, auf der ich mich befinde, eventuell nicht hinhaut? Schnell hört man schon mal Sprüche wie: »Na ja, dann müssen wir halt alle ein bisschen schneller arbeiten!« Doch auch auf die Gefahr hin, dass wir uns wiederholen: Mit einem kollektiven »Wir schaffen das!«, egal wie ernst und motivierend es auch gemeint ist, ist es in den seltensten Fällen getan. Ganz im Gegenteil, letztlich verlieren Sie darüber auch Ihr Team, da es sehr wohl einschätzen kann, ob Terminziele realistisch eingeschätzt sind. Das »R« in »SMART«, das, wie Sie sich hoffentlich erinnern, für »Realistisch« steht, ist deswegen so wichtig, weil es unabdingbare Voraussetzung für die Motivation Ihres Teams ist. Sind Ihre Ziele unrealistisch, laufen Sie Gefahr, dass sich Ihr Team irgendwann gemütlich zurücklehnt und sich mit den Worten »Was soll's, wie schaffen das ja eh nicht« dem organisierten Müßiggang hingibt.

Wir fassen noch mal zusammen: Terminplanung ist nicht so einfach, wie zunächst angenommen, und irgendwie auch aufwendig und nervtötend. Wenn ich dann endlich einen Terminplan habe, wissen das Management und der Auftraggeber sofort Bescheid, wenn der erwartete Projektendtermin nicht zu halten ist. Außerdem ist es sowieso schwierig, jemanden zu finden, der die Materie beherrscht und dann auch noch in mein Projektbudget passt. Also lass ich es lieber gleich, das hält mir dann auch eine Menge Ärger vom Hals.

NEIN! BLOSS NICHT! Machen Sie es, denn als Steuerungs- und Orientierungsinstrument ist der Terminplan unerlässlich. Projekte scheitern, weil Steuerung im Blindflug gemacht wird. Projekte scheitern, weil Projektleiter sich die Augen verbinden und Ihre Teams dann mit Kollektivparolen in die Schlacht »führen«.

Wenn Ihr Projekt nicht gut geplant ist, wenn Ihnen die Ressourcen fehlen oder die Zeit zu knapp ist, wird es sowieso fehlschlagen. Mit einem Terminplan werden Sie aber rechtzeitig davon wissen, wenn etwas im Argen liegt, und können gegensteuern und Maßnahmen ergreifen, um den Ärger doch noch abzuwenden. Sie können also mit einem Terminplan nur gewinnen.

Terminpläne nach dem KISS-Prinzip

Jetzt müssen wir nur noch herausfinden, wie wir die Schmerzen der Terminplanerstellung so klein wie möglich halten. Sicher, so ein Terminplan ist eine aufwendige Aktivität. Aber diese Aktivität ist nun mal die originäre Aufgabe eines Projektmanagers, nämlich das Planen und Steuern von Terminen. Es ist, um es kurz zu machen, nun mal Ihr verdammter Job! Wir können Ihnen aber dabei helfen, diesen Job möglichst gut zu erledigen. Tatsächlich wird häufig der Fehler begangen, Terminpläne mit Tools wie Microsoft Project bis zur Nicht-Handhabbarkeit aufzublähen. Hier gibt es typische Fehler, die man immer wieder beobachten kann und die Sie mit ein bisschen Hilfe vermeiden können. Halten Sie sich an das KISS-Prinzip: *Keep it simple, stupid!*

Detailtiefe

Viele Terminpläne sind einfach viel zu detailliert. Das Herunterbrechen der Arbeitspakete in Stundenschritte ist nur dann zielführend, wenn Sie zum Beispiel eine

Produktionsstraße abbilden möchten. Wir kommen im Rahmen der agilen Softwareentwicklung noch mal darauf zu sprechen. Bei Scrum & Co. ist es nämlich durchaus üblich, im Stundentakt zu planen, allerdings läuft hier die Planung wieder so grundlegend anders, dass man dieses Beispiel tatsächlich gut als die sprichwörtliche Ausnahme von der Regel betrachten kann.

Doch woher weiß ich eigentlich, was die richtige Detailtiefe ist? Das erste Kriterium ist die Projektgesamtdauer und der daraus abgeleitete Zyklus für den Statusbericht. Es ist einleuchtend, dass Sie bei einem Projekt mit einer Gesamtdauer von einem Monat Ihre Arbeitspakete kleiner planen, als wenn Sie ein Projekt mit einer Gesamtdauer von drei Jahren haben. Entsprechend werden Sie bei einem kürzeren Projekt in sehr viel kürzeren Abständen den aktuellen Status erheben wollen. Um bei unserem Beispiel zu bleiben: Ein Projekt mit einer Gesamtdauer von einem Monat bedarf mindestens einer wöchentlichen Statuserhebung, wahrscheinlich ist eine noch kürzere Taktung durchaus sinnvoll. Wenn Sie ein Projekt mit einer Gesamtdauer von drei Jahren haben, reicht es wahrscheinlich aus, wenn Sie Ihren Projektstatus monatlich berichten. Aus dieser organisatorischen Vorarbeit können Sie jetzt sehr einfach die Planungstiefe ableiten: Die Dauer eines Arbeitspakets sollte nicht länger sein als der Berichtszyklus. Für unser Dreijahresbeispiel heißt das, dass ein Arbeitspaket die Länge von einem Monat nicht überschreiten sollte.

Bei der Auswahl der Detailtiefe Ihrer Planung sollten Sie sich auch die Frage stellen, was Sie in der Realisierungsphase eigentlich nachverfolgen möchten und auch nachverfolgen können. Handelt es sich um eine kritische Aktivität, ergibt es möglicherweise sogar Sinn, diese Aktivität detaillierter im Terminplan darzustellen, indem Sie sie in sinnvolle Zwischenschritte einteilen.

Ein Beispiel: Sie sollen für den Kunden eine Dokumentation für ein Softwaremodul erstellen. Anstatt nun einfach nur das Arbeitspaket »Dokumentation erstellen« zu planen, können Sie dieses Arbeitspaket in folgende sinnvolle Schritte einteilen:

1. Erstellung eines ersten Entwurfs (und Übersendung an den Kunden)
2. Abstimmung des Entwurfs mit dem Kunden
3. Finalisierung der Dokumentation
4. Endabstimmung mit dem Kunden

Eine solche Einteilung hilft Ihnen, den Fortschritt gegenüber dem Kunden transparent zu machen und zu dokumentieren, das kommt immer gut an. Überdies ist solch eine Planung dann hilfreich, wenn die Abrechnung der Kosten über den Projektfortschritt erfolgt.

Letztlich legen Sie in der Terminplanung schon den Grundstein für die Steuerungsfähigkeit Ihres Projekts, denn Sie können nur das steuern, was Sie auch geplant haben. Das sollten Sie sich immer vor Augen halten, wenn Sie über den Detaillierungsgrad Ihres Projektplans nachdenken.

Nicht alles, was das Tool bereitstellt, muss verwendet werden

Natürlich sind die EDV-Tools heutzutage wirklich klasse. Was man damit so alles anstellen kann! Wie umständlich das früher war! Ein Wunder! Zukunft! Hurra! Stellen Sie sich an dieser Stelle gern die Autoren vor, wie sie mit Cheerleader-Pompoms rumwedeln. Wir freuen uns auch! Natürlich warten auch Sie gespannt auf die nächste Version Ihrer Lieblingssoftware, in der es hoffentlich wieder ein paar neue Funktionen gibt, die zum Spielen einladen. Damit haben wir den Kern des Problems unmittelbar getroffen. Bei jeder Funktion Ihrer Projektmanagementsoftware müssen Sie sich die Frage stellen, ob Sie sie überhaupt brauchen oder ob Sie sie wirklich nutzen müssen, um ein rechenbares Terminmodell zu erhalten. Wenn es hilft, dann ja, wenn nicht, ist das ein guter Indikator dafür, dass Sie Ihren Terminplan verkomplizieren. Wir stellen Ihnen ein paar typische Funktionalitäten vor, bei deren Anwendung zumindest Vorsicht geboten ist.

Zeitabstand

In Microsoft Project gibt es die Funktion *Zeitabstand*. Brauchen Sie diese Funktion? Ja, denn wie wir in diesem Kapitel im Abschnitt über die Netzplantechnik (siehe Seite 96) gesehen haben, werden mit dieser Funktion Vorgänge miteinander verknüpft, die sachlogisch hintereinandergeschaltet sind, aber einen gewissen Abstand haben. Wir geben ein einfaches Beispiel: In einem Bauvorhaben muss eine Bodenplatte aus Beton gegossen werden. Auf dieser Platte wird dann eine Anlage (wir bleiben unspezifisch) errichtet. Allerdings braucht der Beton ungefähr 30 Tage, um auszuhärten.

Es gibt also zwei Arbeitspakete: »Beton gießen« und »Anlage errichten«, allerdings liegen diese voneinander abhängigen Arbeitspakete 30 Tage auseinander. Hier kommt die Funktion *Zeitabstand* ins Spiel. Sie können diese Ende-Anfang-Verknüpfung mit einem Zeitabstand versehen, und Project berechnet Ihnen den korrekten Anfangstermin für das Arbeitspaket »Anlage errichten« auf Basis des Endtermins von »Beton gießen«. Leider ist dieser Zusammenhang bei sehr komplexen Terminplänen nicht mehr zwingend nachvollziehbar, insofern empfehlen wir, auf die Funktionalität *Zeitabstand* zu verzichten und das Aushärten des Betons als Aktivität im Terminplan darzustellen. Das schafft zudem Transparenz in Ihrem Balkendiagramm, und niemand wundert sich, dass dort diese seltsame Pause ist, und stapft Ihnen arbeitswütig in den weichen Beton.

Unterbrechungen

Es gibt in Microsoft Project weiterhin die Möglichkeit, Unterbrechungen für eine Aktivität zu planen. Natürlich gibt es in der Realität Unterbrechungen, aber überlegen Sie sehr genau, ob Sie diese auch wirklich planen müssen. Falls ja, verwenden Sie hier ebenfalls nicht die Unterbrechungsfunktion von Project. Legen Sie stattdessen eigens eine Aktivität für die Unterbrechung an. Die Implementierung dieser Funktionalität ist nett gemeint, aber deren Anwendung macht Ihren Terminplan ungleich komplizierter, und das Ergebnis steht in keinem Verhältnis zum Aufwand, den Sie haben, um Unterbrechungen einzupflegen.

Einschränkungen

Das dritte Beispiel bezieht sich auf die Verwendung von Einschränkungen in Project. Es gibt immer wieder Vorgänge, die nicht vor einem bestimmten Zeitpunkt starten dürfen (bekannt als »Anfang nicht früher als«). Aber überlegen Sie ganz genau, in welchen Fällen Sie Einschränkungen vergeben wollen. Je mehr Einschränkungen Sie haben, desto unkontrollierbarer wird der Terminplan. Das heißt nicht, dass Sie keine Einschränkung verwenden sollten. Stellen Sie sich nur jedes Mal die Frage, ob diese Einschränkung jetzt tatsächlich gesetzt werden muss. Je mehr und je mehr verschiedene Einschränkungen Sie verwenden, desto komplizierter und damit unverständlicher wird Ihr Plan.

Kalendereinstellungen

Auch Kalendereinstellungen sind so ein Ding. Nehmen Sie als Beispiel unsere eigens für dieses Beispiel erfundene Firma Bugfree Software. Ja, wir haben auch sehr gelacht, als wir uns diesen Namen ausdachten. Bei Bugfree Software gibt es den 7,6-Stunden-Tag. Frau Schmidt arbeitet nur montags, donnerstags und freitags, und in Bayern gibt es andere Feiertage als in NRW. Da fängt der ganze Ärger schon an. Denn natürlich gibt es noch Herrn Sonntag, der außer mittwochs nur halbtags arbeitet, und Frau Çelik ist extern und arbeitet in geraden Kalenderwochen zwei und in ungeraden Kalenderwochen drei Tage. Es sei denn, es wird gerade eng, dann kann sie vielleicht auch fünf Tage die Woche kommen.

Sie sehen, dieses Thema können Sie beliebig verkomplizieren, zumal es ja nicht nur Frau Schmidt, Frau Çelik und Herrn Sonntag gibt, sondern auch noch ganz viele andere Kollegen mit abweichenden Arbeitszeiten.

Die Antwort auf die Frage »Soll ich jetzt für jeden Mitarbeiter einen eigenen Kalender anlegen, der die spezifischen Arbeitszeiten abbildet?« lautet unserer Ansicht nach also: Nein. Wenn Sie damit anfangen, wird es darauf hinauslaufen, dass Sie für jede Ressource einen Kalender anlegen, in dem zudem auch Fehlzeiten bis auf Halbtagsebene abgebildet sind. Wenn Sie dann noch zu jeder Aktivität unterschiedliche Kalender anlegen oder unterschiedliche Kalender haben, die aus unterschiedlichen Bearbeitungsstandorten resultieren, entsteht nur Aufwand, der Ihnen nichts bringt außer, dass Sie nicht mehr einschätzen können, warum der Plan jetzt seltsame Dinge tut, sobald Sie eine Änderung vornehmen.

Zusammenfassend bleibt hier zu sagen: Überlegen Sie immer sehr genau, ob die neue Funktionalität auch wirklich die ist, die Sie brauchen und die Ihnen einen signifikanten Mehrwert bringt. Sobald Sie merken, dass der Aufwand, den Sie betreiben, nicht mehr im Verhältnis zum Ergebnis steht, lassen Sie es einfach. Damit tun Sie sich selber, Ihren Nerven und wahrscheinlich auch Ihrem Umfeld einen großen Gefallen.

Nützliche Tipps

Abschließend noch ein paar nützliche Tipps für den Aufbau Ihres Terminplans mit Microsoft Project. Terminpläne können, wie bereits besprochen, eine stattliche Größe erreichen. Ab 50 Arbeitspakete aufwärts ist eher der Normalzustand, mehrere Hundert Arbeitspakete sind keine Seltenheit, und mehrere Tausend Arbeitspakete sind auch möglich. Ihre Aufgabe ist es, diese Anzahl an Arbeitspaketen sowohl in der realen Welt als auch planerisch zu managen.

Geschlossene Prozessketten

Versuchen Sie nach Möglichkeit, Ihren Terminplan immer so aufzubauen, dass in sich abgeschlossene Prozessketten immer zusammen dargestellt werden. Die Abbildungen zeigen einen generischen Terminplan für einen Umzug. Die Arbeitspakete können jeweils funktional organisiert werden oder eben auch objektorientiert. Wie den Abbildungen jeweils zu entnehmen ist, ist in diesem Fall die objektorientierte Planung der Arbeitspakete ungleich übersichtlicher, weil Sie auf einen Blick die Arbeitspakete sehen, die prozessual zusammengehören. Denken Sie bei der Strukturierung Ihres Terminplans also immer daran, zusammengehörige Arbeitspakete zu identifizieren, und bilden Sie dann bei der Planung in sich geschlossene Prozessketten. In Abbildung 8-14 sehen Sie, welchen Unterschied in der Übersichtlichkeit es machen kann, wie ein Terminplan gegliedert ist.

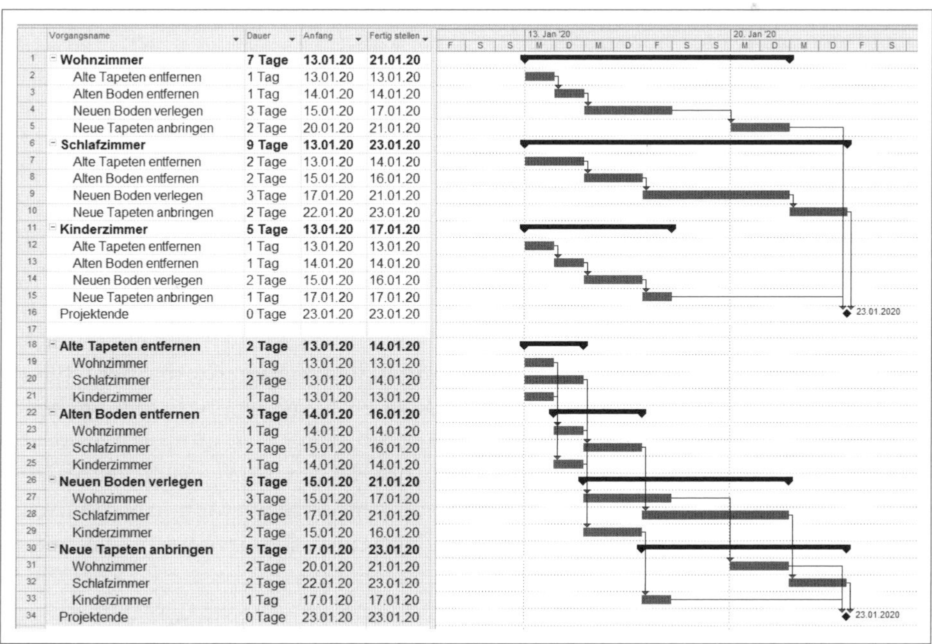

	Vorgangsname	Dauer	Anfang	Fertig stellen
1	**Wohnzimmer**	**7 Tage**	**13.01.20**	**21.01.20**
2	Alte Tapeten entfernen	1 Tag	13.01.20	13.01.20
3	Alten Boden entfernen	1 Tag	14.01.20	14.01.20
4	Neuen Boden verlegen	3 Tage	15.01.20	17.01.20
5	Neue Tapeten anbringen	2 Tage	20.01.20	21.01.20
6	**Schlafzimmer**	**9 Tage**	**13.01.20**	**23.01.20**
7	Alte Tapeten entfernen	2 Tage	13.01.20	14.01.20
8	Alten Boden entfernen	2 Tage	15.01.20	16.01.20
9	Neuen Boden verlegen	3 Tage	17.01.20	21.01.20
10	Neue Tapeten anbringen	2 Tage	22.01.20	23.01.20
11	**Kinderzimmer**	**5 Tage**	**13.01.20**	**17.01.20**
12	Alte Tapeten entfernen	1 Tag	13.01.20	13.01.20
13	Alten Boden entfernen	1 Tag	14.01.20	14.01.20
14	Neuen Boden verlegen	2 Tage	15.01.20	16.01.20
15	Neue Tapeten anbringen	1 Tag	17.01.20	17.01.20
16	Projektende	0 Tage	23.01.20	23.01.20
17				
18	**Alte Tapeten entfernen**	**2 Tage**	**13.01.20**	**14.01.20**
19	Wohnzimmer	1 Tag	13.01.20	13.01.20
20	Schlafzimmer	2 Tage	13.01.20	14.01.20
21	Kinderzimmer	1 Tag	13.01.20	13.01.20
22	**Alten Boden entfernen**	**3 Tage**	**14.01.20**	**16.01.20**
23	Wohnzimmer	1 Tag	14.01.20	14.01.20
24	Schlafzimmer	2 Tage	15.01.20	16.01.20
25	Kinderzimmer	1 Tag	14.01.20	14.01.20
26	**Neuen Boden verlegen**	**5 Tage**	**15.01.20**	**21.01.20**
27	Wohnzimmer	3 Tage	15.01.20	17.01.20
28	Schlafzimmer	3 Tage	17.01.20	21.01.20
29	Kinderzimmer	2 Tage	15.01.20	16.01.20
30	**Neue Tapeten anbringen**	**5 Tage**	**17.01.20**	**23.01.20**
31	Wohnzimmer	2 Tage	20.01.20	21.01.20
32	Schlafzimmer	2 Tage	22.01.20	23.01.20
33	Kinderzimmer	1 Tag	17.01.20	17.01.20
34	Projektende	0 Tage	23.01.20	23.01.20

Abbildung 8-14: Oben ein objektorientierter Terminplan mit geschlossenen Prozessketten, unten ein funktionsorientierter Terminplan, bei dem die Abhängigkeiten der Vorgänge nur schwer nachzuvollziehen sind.

Black-Box-Verfahren

Da wir ja möglichst alle Arbeitspakete miteinander verknüpft haben, ist es naturgemäß so, dass, sobald Sie die Dauer eines Arbeitspakets verändern, diese Veränderung Auswirkungen auf die folgenden Arbeitspakete hat. Das macht Ihren Plan sehr schwer kontrollierbar, und irgendwann verzweifeln Sie daran, da Sie natürlich immer wieder Veränderungen vornehmen müssen. Um dieses Problem zu umgehen, gibt es das sogenannte *Black-Box-Verfahren*. Bei diesem Verfahren geht es darum, zusammengehörige Arbeitspakete zu identifizieren, die auf einen konkreten Meilenstein zulaufen.

Ein einfaches Beispiel zur Verdeutlichung: Sie wollen Ihre Wohnung renovieren. Sie bauen Ihren Projektstrukturplan objektorientiert auf und übertragen die resultierenden Arbeitspakete in Ihren Terminplan. Objektorientiert in diesem Fall bedeutet, dass Sie alle Arbeitspakete für die jeweiligen Räume zusammenfassen. Für den Terminplan ergibt sich eine Reihenfolge, nach der die Arbeitspakete abgearbeitet werden können: Erst werden die Tapeten abgerissen, dann wird der Boden erneuert, danach werden die neuen Tapeten angebracht. Mit diesen drei Arbeitspaketen ist die Renovierung eines Raums abgeschlossen. Für den Abschluss planen Sie im Black-Box-Verfahren einen Meilenstein. Alle Arbeitspakete sind nun unmittelbar oder mittelbar mit diesem Meilenstein verknüpft. Sobald dieser Meilenstein erreicht ist, können Sie mit dem nächsten Raum beginnen etc.

Klar ist, dass sich die Terminsituation aller folgenden Arbeitspakete direkt ändert, sobald sich die Dauer eines der Arbeitspakete ändert. Jetzt kommt der Trick. Setzen Sie für diesen Meilenstein »Raum abgeschlossen« die Einschränkung »muss enden am«. Sobald sich jetzt ein Arbeitspaket für diesen Raum verlängert oder verschiebt, hat diese Veränderung im Plan zunächst nur Auswirkungen auf die Planung des Raums, während die Planung für alle anderen Räume davon unberührt bleibt. Das Black-Box-Verfahren ist ein wichtiges Verfahren, um Verwirrungen in der Planung überhaupt erst gar nicht aufkommen zu lassen.

Meilensteine für Schnittstellen

Verwenden Sie für die Abbildung von Schnittstellen, beispielsweise bei Übergabepunkten, Meilensteine. Oftmals werden solche Übergabepunkte nicht gekennzeichnet, Arbeitspaket »Tapezieren der Wand« schließt sich unmittelbar an das Arbeitspaket »Fliesen verlegen« an. Insbesondere wenn die jeweiligen Arbeitspakete durch unterschiedliche Auftragnehmer bearbeitet werden, ist es sinnvoll, den Abschluss der Arbeiten durch einen Meilenstein zu kennzeichnen. Das schafft Transparenz in Ihrem Terminplan.

Wir können also zusammenfassen: Ja, Termin- und Ablaufplanung ist wichtig, es ist das Planungs- und Steuerungsinstrument des Projektmanagements. Eine gute Terminplanung gibt Ihnen und Ihrem Team Orientierung im Projektverlauf und bildet die wesentlichen Meilensteine und Schnittstellen im Projekt ab. Diese Orientierung ist zwingend notwendig, damit Sie Ihr Projekt nicht im Blindflug abwickeln. Die Devise muss aber immer sein, alles so einfach wie möglich zu halten und sich beim Weben des Netzplans letztendlich nicht in ebendiesem zu verheddern.

In der Projektplanung wie auch in der Softwareentwicklung steht das Akronym KISS für den Leitsatz, sich und seinen Kollegen das Leben nicht unnötig schwer zu machen: *Keep it simple, stupid!*

KAPITEL 9

Ressourcenplanung

Die Systematik der Projektplanung hat eine bestechend einfache Logik, die es uns gestattet, das Kapitel »Ressourcenplanung« relativ kurz zu fassen. Das gilt zumindest, solange wir das Projekt autark betrachten. Jedoch finden Projekte zumeist im Kontext einer Organisation statt, wo typischerweise immer wieder um die eine und andere Ressource redlich oder auch unredlich gekämpft wird. Leider geht es bei diesen Kämpfen oftmals nur vordergründig um das Wohl des einzelnen Mitarbeiters oder gar des Projekts. Stattdessen stehen persönliche Interessen, Machtgewinnung und Machterhalt des Linienvorgesetzten im Mittelpunkt, wenn es darum geht, welcher Mitarbeiter wann für welches Projekt zu wie viel Prozent zur Verfügung stehen kann. Diesen eher unschönen Themenkomplex lassen wir aber an dieser Stelle außen vor und wenden uns lieber der erquickend einfachen Systematik der Ressourcenplanung zu.

Einfach ist es allerdings nur unter der Voraussetzung, dass Sie unseren methodischen Ratschlägen zum weniger schlechten Projektmanager bis zu diesem Kapitel gefolgt sind. Sie haben also einen Projektstrukturplan erstellt, aus dem Sie die für den Projekterfolg relevanten Arbeitspakete ableiten konnten. Danach haben Sie auf Basis Ihres Netzplans einen Terminplan erstellt und kennen nun für jedes Arbeitspaket den jeweiligen Anfangs- und Endtermin. Projektstrukturplan und Terminplan sind die notwendigen Voraussetzungen für die Erstellung eines Ressourcenplans.

Im Projektmanagement geht es letztendlich um die Frage, wer was wann macht. Leider führt diese Sprachlogik oftmals zu einer dem Projektgegenstand nicht wirklich angemessenen Vorgehensweise, da die Reihenfolge nahelegt, zunächst nach dem Wer und erst danach nach dem Was zu fragen. Umgekehrt wird ein Schuh daraus. Als weniger schlechter Projektmanager definieren Sie zuerst Ihren Projektgegenstand, sie prüfen also, was gemacht werden muss (Arbeitspakete), damit Ihre Projektziele erreicht werden und Ihr Projekt erfolgreich abgeschlossen werden kann. Erst wenn klar ist, *was* gemacht werden muss, können Sie die Frage, *wer* es erledigen kann, überhaupt beantworten. Bevor Sie jetzt zustimmend nicken, haben wir noch eine kleine Überraschung für Sie. Die Frage darf nämlich eigentlich nicht lauten, wer ein Arbeitspaket bearbeitet, sondern welche Fähigkeiten gebraucht werden, damit das Arbeitspaket erfolgreich, also in angemessener Qualität zu angemessenen Kosten und im festgelegten Zeitrahmen erledigt werden kann. Bevor Sie also anfangen, konkrete Namen mit Ihrem Projekt zu verbinden und einzufordern, treten Sie auf der Abstraktionsebene noch einmal einen Schritt zurück. Am Ende brauchen Sie nämlich nicht Frau Schumann und Herrn Lindemann, sondern eine fähige Datenbankentwicklerin und einen kompetenten Webdesigner.

Die Frage nach den Fähigkeiten verändert und erweitert an dieser Stelle die Perspektive insofern, als dass sie einen unmittelbaren Bezug zur Organisation herstellt. Letztlich kann aus einer konsequenten Bedarfsanalyse für einzelne Projekte, aber auch für die gesamte Projektlandschaft einer Organisation oder eines Unternehmens, der Personalentwicklungsbedarf abgeleitet werden. An dieser Stelle sollten und müssen weniger schlechte Projektmanager zwingend mit der Personalentwicklung zusammenarbeiten, um auf Basis der Anforderungen aus den Projekten langfristig tragfähige, nachhaltige Personalentwicklungskonzepte zu erarbeiten. Die Gleichung an dieser Stelle ist denkbar einfach. Die moderne Arbeitswelt verändert sich insofern, als dass immer weniger Standardtätigkeiten ausgeführt und immer mehr Projekte durchgeführt werden. Projekte haben Ziele, und um diese Ziele zu erreichen, müssen bestimmte Fähigkeiten im Unternehmen vorhanden sein oder – sofern sie noch nicht im erforderlichen Maße vorhanden sind – entwickelt werden. Wenn Sie bei jedem neuen Projekt erst mühsam Mitarbeiter anheuern oder ausbilden müssen, können Sie Ihren Endtermin direkt mal locker sechs bis zwölf Monate nach hinten verschieben und werden außerdem während der Projektarbeit viele bittere Tränen in Ihr Feierabendbier weinen.

Kommen wir aber zurück zur eigentlichen Ressourcenplanung. Sie haben also in einem ersten Schritt ermittelt, welche Fähigkeiten Sie benötigen. Sie haben den Ressourcenbedarf ermittelt. Hierbei hat Ihnen hoffentlich Ihr Projektstrukturplan geholfen, der, wie Sie ja mittlerweile sicherlich wissen, festlegt, *was* zu tun ist.

In einem zweiten Schritt überlegen Sie sich, wann es zu tun ist. Hierbei hilft Ihnen Ihr Terminplan, denn er zeigt Ihnen, für wann das jeweilige Arbeitspaket geplant ist. Sie haben einen Anfangs- und einen Endtermin für das Arbeitspaket, und diese Termine stehen letztlich für den konkreten Einsatz der Ressource.

Wenn Sie definiert haben, *was* zu tun ist (welche Fähigkeiten werden für das Arbeitspaket benötigt) und dann Klarheit darüber haben, *wann* es zu tun ist (Anfangs- und Endtermin des Arbeitspakets), überlegen Sie, *wer* es denn tatsächlich machen kann. Erst jetzt fangen Sie also an, personenscharf zu planen. Bislang waren Ihre Überlegungen lediglich geprägt von dem Bedarf an bestimmten Fähigkeiten. Wir sprechen in dem Fall von der *generischen Ressourcenplanung*.

Ein kurzes Beispiel aus dem beliebten Heimwerkerbereich: Für das Arbeitspaket »Tapezieren des Wohnzimmers« brauchen Sie einen Maler. Je nachdem, wie groß der zu tapezierende Raum ist und wie viel Zeit Sie eingeplant haben, brauchen Sie vielleicht auch zwei Maler. Im ersten Schritt planen Sie also zwei Maler, Sie nehmen eine generische, funktionsbezogene Ressourcenplanung vor. Alles, was Sie bis jetzt sicher wissen, ist, dass Sie jemanden brauchen, der tapezieren kann. Erst im nächsten Schritt überlegen Sie sich, wen Sie konkret für die Bearbeitung dieses Arbeitspakets einsetzen. Zusätzlich zu dem Was haben Sie auch Überlegungen zum Wann getroffen. Auf dieser Basis können Sie jetzt bei Malerbetrieben in der Umgebung anfragen, klären, ob zu Ihrem gewünschten Zeitpunkt überhaupt zwei Mitarbeiter frei sind, und Kostenvoranschläge einholen. Auf die Projektsituation in Ihrer Firma bezogen, beginnt also jetzt der Abstimmungsprozess innerhalb der Organisation darüber, welcher Kollege überhaupt verfügbar ist.

So einfach geht das also mit der Ressourcenplanung. Wir fassen noch mal zusammen:

1. Bedarf der Fähigkeiten pro Arbeitspaket ermitteln, die für die erfolgreiche Bearbeitung des Arbeitspakets benötigt wird.
2. Auf Basis des Terminplans ermitteln, wann die benötigte Fähigkeit zum Einsatz kommt.
3. Entscheiden, wer über die entsprechenden Fähigkeiten verfügt, zum ermittelten Zeitpunkt zur Verfügung steht und damit tatsächlich auch zum Einsatz kommt.

Aus der Frage »Wer macht was wann?« wird also richtigerweise ein »Was wird wann von wem gemacht?«. Das ist alles keine Raketenwissenschaft, kann aber doch ausreichend schwierig werden. Warum das so ist, klären wir jetzt sofort.

Bislang haben wir uns in Bezug auf das Thema Ressourcenplanung auf die Personalressourcen fokussiert. Der Begriff Ressourcen umfasst natürlich deutlich mehr. Jenseits der Personalressourcen gibt es zudem die Materialressourcen. Allerdings ändert sich bei der Vorgehensweise eigentlich gar nichts, was nicht heißt, dass wir glauben, dass es keinen qualitativen Unterschied zwischen Personal und Material gibt. Material zum Beispiel bekommt keinen Burn-out, wenn der Projektmanager bei der Verplanung unaufmerksam war. Sie stellen aber auch hier bei jedem Arbeitspaket die Frage, welche Materialien Sie brauchen, um das Arbeitspaket erfolgreich zu bearbeiten, wann Sie es brauchen und wie viel davon.

Bleiben wir bei unserem obigen Beispiel: Sie haben festgestellt, dass für die Tapezierarbeiten zwei Maler notwendig sind, inzwischen wissen Sie auch, wann die Tapezierarbeiten ausgeführt werden, und Sie wissen sogar, von wem. Insbesondere für die Materialplanung ist der Anfangstermin der auszuführenden Arbeiten wichtig. Denn spätestens dann müssen die Materialien – Tapeten, Kleister und was man sonst noch für die Ausführung von Tapezierarbeiten braucht – vor Ort sein. Eventuell hängt vor dem Arbeitspaket »Ausführung der Tapezierarbeiten« eine Lieferkette, mit der Sie rückwärts gerechnet (sofern Sie die Lieferzeiten kennen) genau bestimmen können, wann Sie die einzelnen Materialien bestellen müssen, damit sie zum Ausführungszeitpunkt vor Ort sind. Nie mehr Renovierungsstress dank weniger schlechtem Projektmanagement! Das hätten Sie sich auch nicht träumen lassen, dass Ihnen Ihr neuer Job auch im Alltag nützlich sein könnte, was?

Ist das wirklich alles so einfach? Unsere eindeutige Antwort auf die erstaunte und ungläubige Frage des geneigten Lesers und zukünftigen Projektmanagers lautet: »Jawohl!« Einschränkend müssen wir aber sagen: »Ja, sofern es gängige und angewandte Praxis in Ihrem Unternehmen ist, und zwar möglichst für alle Projekte.«

Ressourcenüberlastung

Wir gehen aber noch mal einen Schritt zurück. In der bislang dargestellten Systematik haben wir zunächst die Ressourcenzuweisung zu einem Arbeitspaket betrachtet. Das war einfach: Für das Arbeitspaket »Malerarbeiten« brauchen Sie für einen Zeitraum X einen Maler. Der Zeitraum X hat einen Anfangstermin und einen Endtermin, und Sie haben entschieden, dass diese Arbeiten durch Herrn Meier ausgeführt werden. Jetzt ist es natürlich so, dass es mehrere Arbeitspakete in Ihrem Projekt gibt, in denen Malerarbeiten ausgeführt werden. Und je nach Netz- bzw. Terminplan kann es sogar sein, dass Sie diese Arbeitspakete parallel geplant haben.

Sie merken, worauf wir hinauswollen. Sagen wir, in Ihrem Projekt gibt es drei weitere Arbeitspakete, die mehr oder weniger zeitgleich durch einen Maler bearbeitet werden müssen. Sie haben eine sehr große Wohnung, und in einer Woche kommen Ihre Schwiegereltern zu Besuch, und wenn Sie zeitgleich Maler und Schwiegereltern im Haus haben, werden Sie leider verrückt. Sie brauchen also entsprechend viele Ressourcen, die dazu in der Lage sind, zu streichen und zu tapezieren. Eigentlich brauchen Sie drei Maler, um die jeweiligen Arbeitspakete termingerecht zu bearbeiten. Leider ist Herr Meier aber der einzige Maler, der Ihnen zur Verfügung steht, es ist nämlich mitten in den Sommerferien oder kurz vor Weihnachten, oder zeitgleich gibt es ein Großbauprojekt, bei dem alle Handwerker irgendwie beschäftigt sind.

Das ist der Zeitpunkt, an dem es ein bisschen schwieriger wird, denn Sie haben eine Ressourcenüberlastung für einen bestimmten Zeitraum identifiziert. Diese Ressourcenüberlastung wird Ihnen, sofern Sie mit einem EDV-gestützten Planungstool unterwegs sind, in einem Kapazitätsdiagramm angezeigt. Wenn Sie Ihrem Mitarbeiter Meier drei parallel laufende Arbeitspakete zu 100% zugewiesen haben, dann haben Sie in dem entsprechenden Zeitraum eine Überlastung von 200%. Im Klartext: Herr Meier müsste innerhalb dieses Zeitraums täglich 24 Stunden arbeiten, damit die drei Arbeitspakete auch nach Plan abgearbeitet werden und sich Ihr Gesamtprojekt nicht verzögert. Das ist, bei aller Bereitschaft seitens des Mitarbeiters, »auch mal« Überstunden zu machen, eventuell etwas viel verlangt, anders gesagt: Herr Meier wird Ihnen dezent mitteilen, dass Sie einen Vogel haben. Da Herr Meier sich überraschenderweise auch nicht klonen lassen will, müssen Sie das Problem also irgendwie anders lösen.

Wie so eine Planung der Kapazität aussehen kann, zeigt Abbildung 9-1.

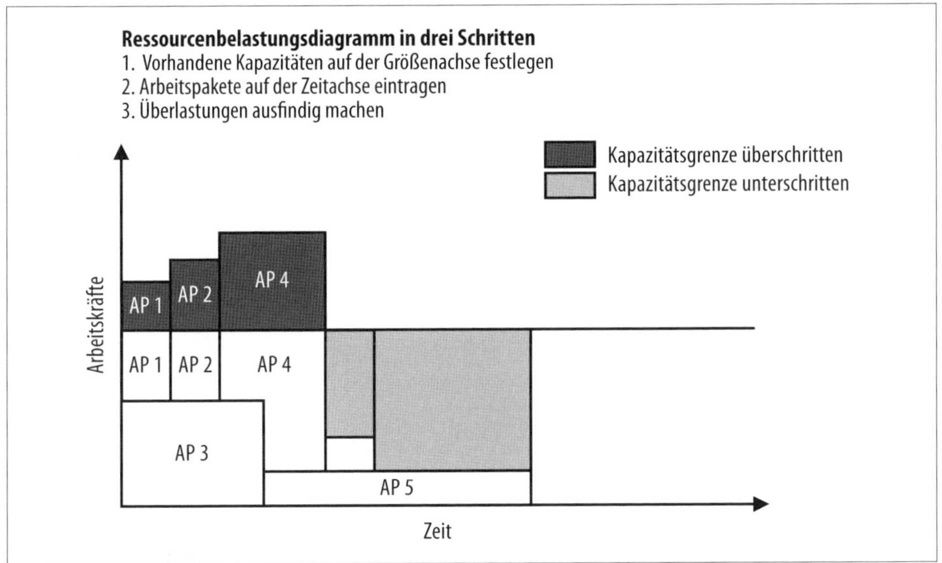

Abbildung 9-1: Das Kapazitätsdiagramm zeigt an, in welchen Zeitphasen die vorhandenen Kapazitäten überlastet sind.

Das ist der Punkt, an dem Sie selbst überprüfen können, ob Sie die bislang dargestellte Planungssystematik verstanden haben. Ist das wirklich so, dass sich das Gesamtprojekt verschiebt? Sofern die drei Arbeitspakete auf dem kritischen Pfad liegen, ist es tatsächlich so. Es kann aber auch sein, dass die Arbeitspakete im Netzplan so hintereinandergeschaltet sind, dass es jeweils Pufferzeiten gibt. In diesem einfachen Fall, unserem Best-Case-Szenario, können wir die Arbeitspakete einfach innerhalb der Pufferzeiten verschieben und haben damit den Ressourcenkonflikt gelöst. Blöd wird es dann, wenn alle drei Arbeitspakete auf dem kritischen Pfad liegen, das ist unser Worst-Case-Szenario. Wir erinnern uns: Ein Arbeitspaket liegt dann auf dem kritischen Pfad, wenn die gesamte Pufferzeit gleich null ist. Das bedeutet, dass sich mit der Verzögerung des Arbeitspakets auch das gesamte Projekt verzögert.

Sie stehen also schwitzend vor Ihrem Netzplan und fragen sich, was nun zu tun ist. Hier kommt das magische Dreieck ins Spiel, das wir in Kapitel 4, *Quo vadis, weniger schlechter Projektmanager? – Das Projektziel*, im Zusammenhang mit den Projektzielen vorgestellt haben. Nun sollten Sie sich die Frage stellen, was eigentlich führend in Ihrem Projekt ist: Leistungs- oder Terminziele oder wirtschaftliche Ziele. Kommt es darauf an, dass der Endtermin gehalten wird, oder kommt es darauf an, dass das Projektbudget nicht gerissen wird? Im ersten Fall ergibt es vielleicht Sinn, eine externe Ressource einzukaufen. Die mag zwar teurer sein, aber die Einhaltung des Projektendtermins bleibt gewährleistet. Spielt der Endtermin hingegen eine untergeordnete Rolle, kann es durchaus sein, dass Sie sich dafür entscheiden, die drei Arbeitspakete entsprechend nach hinten zu verschieben. Beide

Fälle sollten Sie in jedem Fall gegenüber Ihrem Auftraggeber kommunizieren. Am Ende ist er derjenige, der die endgültige Entscheidung darüber trifft, wie mit dem Ressourcenkonflikt an dieser Stelle umgegangen wird.

Als weniger schlechter Projektmanager haben Sie das Spiel jetzt hoffentlich schon durchschaut und haben verstanden, dass der Projektstrukturplan und der Netzplan keine Selbstzweckübungen sind, sondern Ihre besten Freunde bei der Projektplanung. Wenn Sie hier nicht schludern, wird das Ihre Arbeit auch bei der Planung der Ressourcen deutlich erleichtern. Das heißt nicht, dass Sie überhaupt keine Probleme mehr haben werden, denn auch der schönste Projektstrukturplan zaubert Ihnen keine Mitarbeiter in Ihr Team, aber Sie werden zumindest weniger Mühe haben, herauszufinden, wen Sie wann wofür brauchen.

KAPITEL 10

Kostenplanung

Kommen wir jetzt auf ein unschönes Thema zu sprechen: Geld. Geld ist natürlich nicht grundsätzlich unschön, aber es ist zumindest ein Thema, dass die Gemüter erregt, weil meistens nicht genug davon da ist. Auch als weniger schlechter Projektmanager werden Sie früher oder später damit konfrontiert werden, dass es in Ihrer Organisation leider keinen geheimen Kellerraum gibt, in dem ein kleines Männchen Stroh zu Gold spinnt, und dass das, was Sie da tun, auf irgendeine Weise auch rentabel sein muss.

Eine saubere Kostenplanung ist ein wichtiger Aspekt Ihres Projekts, bei der unterschiedliche Zielrichtungen eine Rolle spielen. Zunächst bildet sie natürlich die Grundlage für die Steuerung der Kosten, das ist beinahe selbsterklärend. Wenn wir uns an das magische Dreieck der Projektplanung erinnern, gehört die Planung und Steuerung der Termine, der Qualität und der Kosten zu den wesentlichen Aufgaben des Projektmanagers. Sie sind also dafür verantwortlich, dass sowohl die Terminpläne eingehalten als auch die geplanten Kosten nicht überschritten werden. Für die Einhaltung der spezifizierten Qualität gibt es in der Regel Fachleute, die sich darum kümmern und Ihnen in regelmäßigen Abständen berichten.

Darüber hinaus ist eine valide Kostenplanung für die Planung des Unternehmens-Cashflows relevant. Letztlich planen Sie nicht nur die Gesamtkosten Ihres Projekts, sondern auch die Kosten, die in den einzelnen Zeitphasen anfallen. Sie planen einen Kostenverlauf, aus dem Sie ableiten, wann und wo welche Kosten fällig werden, also wann Sie wie viel Geld zur Verfügung haben müssen, um erbrachte Leistungen bezahlen zu können.

Auch hier können wir als Beispiel aus dem Privatprojektbereich einen Umzug bemühen. Nicht für jede anfallende Aktivität müssen Sie hier einen Profi bemühen, es kommt ein bisschen darauf an, wie handwerklich geschickt Sie sind, wie viele handwerklich geschickte Freunde Sie haben und wie viele davon Sie auch nach dem Umzug noch behalten wollen. Wenn Sie ein Umzugsunternehmen beauftragt haben und die Wohnung von einem Maler haben streichen lassen, werden irgendwann Rechnungen eintrudeln. Ihr Projektplan »Umzug« sollte diese Termine abgebildet haben, damit Sie zum entsprechenden Zeitpunkt in der Lage, sind, die Rechnungen auch zu begleichen. Möglicherweise haben Sie im Vorfeld Ihren Dispokredit erhöht, bereits Geld zur Seite gelegt oder mit dem Dienstleister eine Ratenzahlung vereinbart. Auch die Zinsen, die hier anfallen, sind somit Bestandteil Ihres Projektbudgets. Hauptsache ist, dass Sie von diesen Rechnungen nicht überrascht werden und zusammen mit Ihrem Konto bittere Tränen weinen müssen.

Ein dritter Grund für eine möglichst valide Kostenplanung ist die Beurteilung der Wirtschaftlichkeit eines Projekts. Hierzu muss der Betrachtungshorizont erweitert werden. Für die Beurteilung der Wirtschaftlichkeit ist nicht nur der Projektgegenstand von Bedeutung, sondern der gesamte Projektlebenszyklus. Wenn wir bisher das Hauptaugenmerk darauf hatten, was von Projektanfang bis Projektende geschieht, müssen wir an dieser Stelle weiterdenken. Im besten Fall lebt das, was Sie in Ihrem Projekt geschaffen haben, noch deutlich länger weiter und macht das Leben anderer Menschen besser. Ein einfaches Beispiel: Sie planen die Einführung einer neuen Software zur Optimierung der Bearbeitung von Anträgen auf Kostenerstattung in einer Versicherung. Ihr Projektgegenstand ist die Einführung der Software. Sobald also alles läuft und die Anwender Loblieder auf Sie singen, können Sie sich mit großem Enthusiasmus dem nächsten Projekt widmen. Der Projektlebenszyklus umfasst aber auch den Betrieb der Software und natürlich das kalkulierte Einsparpotenzial (Zeit und Kosten), das durch die Einführung erreicht werden soll. Irgendwann müssen sich die aufgewendeten Kosten, die vor, während und nach Ihrem Projekt anfallen, auch tatsächlich irgendwie rechnen – und sei es, dass die Anwender langfristig bessere Laune haben. Mit dieser längerfristigen Betrachtung ist die Schnittstelle zum Portfoliomanagement abgebildet, denn hier wird auf Basis von Wirtschaftlichkeitsrechnungen entschieden, welches Projekt dem Unternehmen langfristigen Nutzen bringt und welches nicht, welches Projekt also durchgeführt wird und welches Projekt nie über das Stadium der Projektidee hinwegkommen wird.

Zusammengefasst, sind die Hauptziele der Kostenplanung Ihres Projekts also:

1. Die Steuerungsfähigkeit des Projektbudgets. Nur wenn ich das Budget, die anfallenden Kosten, realistisch geplant habe, kann ich auch beurteilen, inwiefern es Abweichungen vom geplanten Budget gibt. Nur wenn ich Abweichungen identifiziert habe, kann ich überlegen, wie ich diese kompensieren kann. Ohne Plan keine Abweichung und keine Korrekturmöglichkeit, so einfach ist das.
2. Eine Hilfestellung für den Cashflow. Das Projektbudget darf nicht nur in Summe betrachtet werden, sondern muss auch Auskunft darüber geben, wann welche Kosten in welcher Höhe anfallen.
3. Beurteilung der Wirtschaftlichkeit eines Projekts. Die Kostenplanung muss Aufschluss darüber bieten, in welchem Verhältnis die Projektkosten zu dem langfristigen Vorteil stehen, den das Unternehmen sich durch das Projekt erhofft.

Sie sollten also möglichst alles tun, um diesen Aspekt Ihres Projekts im Griff zu haben. Denn letztlich sind Sie es, der während der Durchführung des Projekts gefragt wird, woher die Abweichungen zum Budget kommen, zumindest dann, wenn die aktuellen Kosten Ihr geplantes Budget überschreiten. Auch sind Sie derjenige, der im Fall einer Budgetüberschreitung Entscheidungen treffen muss, durch welche Maßnahmen Ihr Projekt wieder auf den Pfad der Kostentugenden zurückgeholt werden kann. Sie geben sich durch eine Kostenplanung also keine Blöße. Sehen Sie zu, dass Sie Ihr Projektbudget genauestens planen und damit auch ebenso genau kennen.

Am Rande bemerkt, eine Abweichung gegenüber dem Budget wird in den meisten Fällen gar nicht als so schlimm wahrgenommen, solange sie sachlich begründet ist. Problematisch wird es erst, wenn Sie Ihr Projektbudget reißen und nicht erklären können, warum.

Wir werden uns hier hauptsächlich mit den Kosten des Projektgegenstands beschäftigen, denn der liegt in Ihrer originären Verantwortung als Projektmanager. Die Frage nach der Wirtschaftlichkeit Ihres Projekts wird bereits zu Beginn, oftmals noch in der Phase der Projektidee, geklärt und betrifft Sie als Projektmanager möglicherweise gar nicht. Grundsätzlich unterscheiden wir hier zwischen der Kostenplanung, also der konkreten und detaillierten Planung der erwarteten Kosten und deren Abgleich mit der Realität, und der Kostenschätzung, also der groben Einschätzung der Gesamtkosten des Projekts.

Zunächst werden wir uns jetzt also ansehen, wie sich eine Kostenplanung von einer Kostenschätzung unterscheidet, um uns dann näher mit der Kostenplanung und den unterschiedlichen Kategorien der Projektkosten zu beschäftigen. Außerdem werden wir die Bottom-up-Kostenplanung, mit der Sie letztendlich die Gesamtkosten für Ihr Projekt errechnen können, näher beleuchten.

Kostenplanung vs. Kostenschätzung

Bevor Sie als Projektmanager mit Ihrem Projekt betraut wurden, wurde vermutlich in irgendeinem Rahmen überhaupt erst geprüft, ob das Projekt umgesetzt werden soll. Möglicherweise waren Sie an diesem Prozess beteiligt und konnten selbst schon erste Einschätzungen abgeben. Es kann aber auch sein, dass alle im Vorfeld getroffenen Überlegungen und Entscheidungen ohne Sie stattfanden. Das betrifft auch die Ersteinschätzung der Wirtschaftlichkeit eines Projekts und damit die Einschätzung, ob sich die weitere Beschäftigung mit einer Projektidee überhaupt lohnt. Für diese Ersteinschätzung ist die Erstellung eines detaillierten Kostenplans eher hinderlich, da sie bereits eine Menge Planungsarbeit voraussetzt. Für eine detaillierte Kostenplanung muss der Umfang des Projekts genau umrissen sein, müssen die Rahmenbedingungen bekannt sein und sollte auch möglichst genau feststehen, welche Ressourcen für das Erreichen der Projektziele gebraucht werden.

In dieser frühen Phase des Projekts ist es demnach durchaus sinnvoll, eine erste Kostenschätzung zugrunde zu legen, die quasi aus der Hüfte geschossen ist. Diese Schätzung sollte nur von ausgewiesenen Experten vorgenommen werden sollte, die ähnliche Projekte auch schon selbst durchgeführt haben und brauchbare Erfahrungswerte besitzen, um locker-flockig größere Geldbeträge in den Konferenzraum zu werfen.[1] Das Problem dieser sehr groben ersten Schätzung ist nämlich, dass plötzlich Zahlen über Projektkosten im Raum stehen, die sich allen zunächst mal in den Kopf setzen und als Referenz für spätere »echte« Planzahlen genommen werden. Insbesondere das Management ist anfällig für diese ersten Schätzungen. In dem Moment, in dem eine detailliertere Planung vorliegt und die hier ermittelten Kosten von dieser ersten Schätzung abweichen, ist es schwer, dass Management von der neuen Situation zu überzeugen, vor allem wenn sich hier ein höherer Betrag ergibt. Dennoch ist eine Ersteinschätzung in dieser frühen Phase des Projekts sinnvoll, allein um zu entscheiden, ob es sich überhaupt lohnt, in die Detailplanung für das Projekt einzusteigen. Aber werden Sie nicht müde, diese Ersteinschätzung auch immer wieder als solche zu kennzeichnen, und lassen Sie sich im späteren Verlauf Ihres Projekts nicht immer und immer wieder auf eine – möglicherweise gar nicht von Ihnen stammende – Grobeinschätzung der Kosten als Richtwert festnageln.

Inhalt der Kostenplanung

Natürlich müssen Sie genau überlegen, welche Kosten überhaupt in die Berechnung einfließen. Hierzu ist es hilfreich, zumindest eine High-Level-Übersicht der relevanten Kostenkategorien zur Hand zu haben, die Ihnen eine erste Orientierung gibt. Es handelt sich dabei um grobe Kategorien wie Personal-, Equipment- und Materialkosten, die wir Ihnen im Folgenden beispielhaft konkreter vorstellen. Solch eine Übersicht kann entsprechend den spezifischen Anforderungen aus Ihrem Projekt selbstverständlich noch detaillierter ausgearbeitet oder erweitert werden. Vielleicht gibt es auch Kostenkategorien, wie zum Beispiel externe Arbeitskosten, die in Ihrem Projekt überhaupt nicht zum Tragen kommen.

Personalkosten

Unter Personalkosten fällt alles, was in die Bereiche Gehalt, Löhne, Sozialkosten und so weiter gehört. Ein häufiger Fehler, der in diesem Zusammenhang gemacht wird, ist, dass diese Kostenpositionen in der Kalkulation der Projektkosten vernachlässigt werden. »Die sind doch eh da«, heißt es, und deswegen spricht man oft von den *Eh-da-Kosten*. Ein fataler Fehler, denn auch für dieses Personal werden, das hoffen wir jedenfalls, Gehälter bezahlt, und in dem Moment, in dem die Kolle-

1 Tatsächlich sind wir alle sehr anfällig dafür, zufällige Zahlen als Referenz für Alltagsentscheidungen zu nehmen. Der amerikanische Psychologe Dan Ariely beschreibt in seinem Buch »Denken hilft zwar – nützt aber nichts«, wie eine Gruppe von Marketingstudenten gebeten wurde, für eine Reihe Produkte den Maximalpreis zu notieren, den sie zu zahlen bereit wären. Der Clou: Vor der Übung sollten die Studenten kurz die letzten beiden Ziffern ihrer Sozialversicherungsnummer aufschreiben. Das Ergebnis: Je höher die Zahl, die die Studenten notiert hatten, desto höher auch der Durchschnittspreis, den sie für die Produkte zu zahlen bereit waren. (Dan Ariely: »Denken hilft zwar, nützt aber nichts«, Droemer 2008)

gen in Ihrem Projekt arbeiten, stehen sie ja für andere Aufgaben nicht mehr zur Verfügung.

Die erste Regel im Umgang mit eigenem Personal lautet also: Es muss bei der Kostenplanung für Ihr Projekt Berücksichtigung finden. Die zweite Regel im Umgang mit eigenem Personal: Machen Sie nicht den Fehler, personenscharfe Kostensätze anzuwenden, also die unterschiedlichen Tagessätze der Mitarbeiter Ihres Projektteams genau anzuwenden. Hier steht der Aufwand nicht im Verhältnis zum Nutzen, zumal Sie damit Gefahr laufen, Abweichungen im Personaleinsatz sofort auch in der Kostenplanung abbilden zu müssen. In der Regel wird Ihnen die Personalabteilung einen Personalkostendurchschnittssatz nennen können, den Sie als Grundlage für die Kostenplanung des eigenen Personals verwenden können.

Equipmentkosten

In der Regel ist das verwendete Equipment, zumindest das interne Equipment, das durch die internen Ressourcen verwendet wird, Bestandteil des oben durch die Personalabteilung übermittelten Gesamtdurchschnittskostensatzes pro mitarbeitende Ressource. Sie müssen also nicht jeden Laptop oder Bürostuhl einplanen. Es kann aber auch sein, dass speziell für Ihr Projekt beispielsweise ein neuer Server oder ein besonders leistungsfähiger Drucker, vielleicht sogar ein großer Plotter, angeschafft werden muss. Sofern der nicht zur normalen Ausstattung des Unternehmens gehört, ist diese Anschaffung auf Ihr Projekt zu buchen. Um auch die Geschäftsführung von der Notwendigkeit einer solchen Anschaffung zu überzeugen, bietet es sich an, solche Kosten auf mehrere Projekte zu verteilen. Vielleicht ist es bereits absehbar, dass ein Folgeprojekt den neu angeschafften Server ebenfalls nutzen kann.

Externes Equipment wird in der Regel vom Lieferanten selbst mitgebracht. Für die Renovierung Ihrer Wohnung müssen Sie weder Tapeziertisch noch Pinsel vorhalten, das ist bereits im Lieferumfang enthalten, zumeist in den Personalkosten versteckt. Aber es kann auch sein, dass Sie externes Equipment extra bezahlen müssen, wenn es über den üblichen Standard hinausgeht.

Materialkosten

Materialkosten sind im Gegensatz zu Equipmentkosten die Kosten, die Sie für verwendete Materialien aufwenden. Diese Position ist zumeist recht einfach zu ermitteln, da es sich um berechenbare Werte handelt. Um einen Raum mit einer Grundfläche von 20 qm mit Parkett auszustatten, brauchen Sie laut Adam Riese ... Moment, Moment, wir haben's gleich ... 20 qm Parkett. Bei einem Quadratmeterpreis von 40 Euro macht das 800 Euro. Zugegeben, das Beispiel ist recht einfach, aber letztlich haben Sie immer auch Experten an der Hand, die Sie über die benötigten Materialmengen informieren. Je nachdem, wie Ihr Projekt aufgestellt ist, werden Ihre Materialkosten überschaubar bis nicht erwähnenswert sein, denn im Gegensatz zu unseren Handwerkerbeispielen spielt Material gerade bei IT-Projekten oft eine eher untergeordnete Rolle.

Die Bottom-up-Kostenplanung

Tatsächlich gibt es mehrere methodische Ansätze, eine detaillierte Kostenplanung vorzunehmen. Das Schöne daran ist, dass Sie auch als weniger schlechter Projektmanager kein BWL-Studium absolviert haben müssen. Sie bemühen lediglich ein bisschen Menschenverstand und haben hoffentlich einen Projektstrukturplan, in dem alle für das Erreichen der Projektziele relevanten Arbeitspakete enthalten sind, erstellt.

Ist das der Fall, funktioniert die Kostenplanung genau wie die Ressourcenplanung: Für jedes Arbeitspaket werden die für das Arbeitspaket spezifischen Kosten ermittelt. Dabei spielt der Termin der Fertigstellung des Arbeitspakets erst mal eine untergeordnete Rolle, viel wichtiger ist es, dass Sie für die Arbeitspakete die notwendigen Ressourcen identifiziert haben. Sie wissen, wie viel die benötigte Personalressource kostet, und Sie wissen, wie lange das Arbeitspaket dauert, also wissen Sie auch, wie hoch die Kosten sind, die für das Arbeitspaket anfallen. Die Kosten der einzelnen Arbeitspakete können dann in die nächste Ebene bis auf Gesamtprojektebene hochaggregiert werden. Wir sprechen in diesem Zusammenhang von der Bottom-up-Kostenplanung, denn wir fangen ganz unten mit den einzelnen Posten an und addieren alles fein säuberlich auf, bis wir ganz oben auf der Abstraktionsebene mit einem Gesamtwert ankommen. Abbildung 10-1 zeigt, wie so eine Planung von unten nach oben aussehen kann.

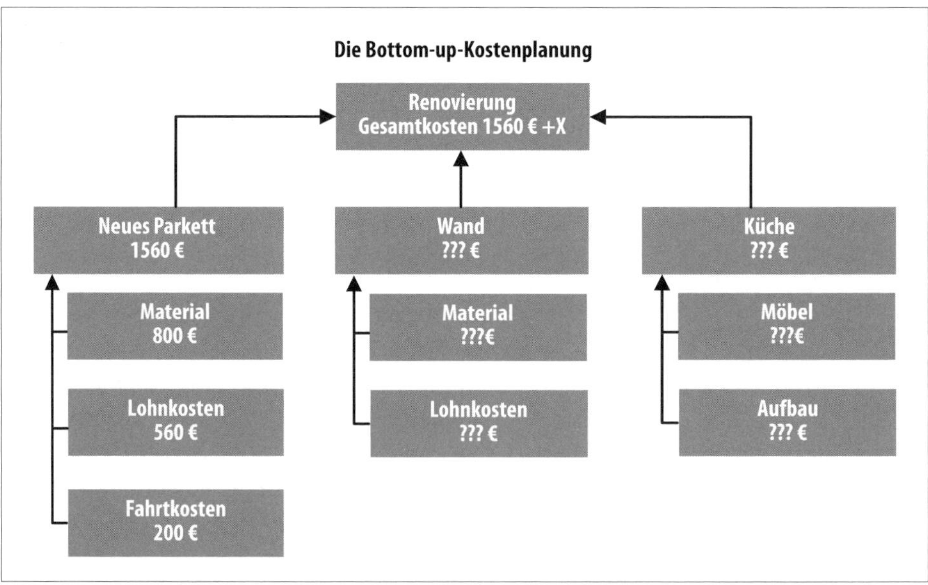

Abbildung 10-1: Beispiel für eine Bottom-up-Kostenplanung, bei der die Kosten für das Verlegen eines neuen Parketts bereits bekannt sind

Am Ende ist es die simple Addition der Kostenpositionen, die Sie für ein Arbeitspaket identifizieren. Wir bleiben bei unserem Parkettbeispiel von oben. Es geht um einen Raum von 20 qm, der mit einem schönen, aber leider auch recht teuren Eichenparkett ausgestattet werden soll. Wir wollen realistisch bleiben, wahrscheinlich macht Ihnen der Parkettverleger einen Preis, und das Ding ist durch. Aber versetzen wir uns mal in die Rolle des Parkettverlegers und rechnen wir die Aufgabe im Sinne einer Projektkostenplanung durch.

Bei einem Quadratmeterpreis von 40 Euro liegen wir für 20 qm bei 800 Euro für das Material. Zusätzlich legt sich das Parkett leider nicht von allein, der Parkettverleger veranschlagt also eine Dauer von zwei Tagen. Bei einem Stundensatz von 35 Euro macht das 560 Euro an Arbeitskosten für den Parkettverleger. Jetzt wird er Ihnen noch An- und Abfahrtkosten in Rechnung stellen, sagen wir pauschal 200 Euro für beide Tage. Und schon haben wir durch einfache Addition der Positionen einen Gesamtpreis für das Arbeitspaket: 800 + 560 + 200 = 1560. Das Arbeitspaket »Parkett verlegen« kostet also 1.560 Euro (ohne Mehrwertsteuer natürlich). In dem Moment, in dem Sie die Kosten Ihrer Arbeitspakete kennen, kennen Sie auch die Kosten Ihres Gesamtprojekts. Addition ist das Mittel der Wahl, und das haben wir glücklicherweise alle schon in der Grundschule gelernt. Kurz gesagt: Die Gesamtkosten des Projekts sind gleich der Gesamtsumme aller Arbeitspakete.

Eventuell schütteln Sie jetzt ungläubig mit dem Kopf und wundern sich, warum das alles so einfach ist. Entweder gibt es hier einen Haken, oder die Autoren hatten gerade keine Lust mehr und wollten lieber mit einem Cocktail auf dem Balkon sitzen, als weiter über langweilige Dinge wie Kostenplanung zu schreiben. Am Ende ist es aber tatsächlich so einfach.

Falls Sie noch eine Top-down-Kostenplanung erwartet haben, müssen wir Sie enttäuschen. Diese kommt so nicht vor. Genau genommen ist das Verfahren, das bei der Kostenschätzung angewandt wird, ein Top-down-Verfahren, aber dabei haben wir es eben – Sie ahnen es schon – mit einer *Schätzung* und nicht mit einer konkreten *Planung* zu tun.

Wir können noch diese einschränkenden Worte bieten: Die Schwierigkeit liegt nicht in der Ermittlung der Kosten auf Basis der Arbeitspakete, viel schwieriger ist die Ermittlung aller Arbeitspakete auf Basis der Ziele Ihres Projekts. Genau hier fängt Ihre methodische Arbeit als weniger schlechter Projektmanager an. Neben den vielen anderen Parametern ist das methodische Schlüsselelement für die erfolgreiche Abwicklung Ihres Projekts die Zieldefinition und die darauf basierende Ermittlung der Arbeitspakete. Wenn Sie nicht wissen, was gemacht werden muss, wie wollen Sie wissen, was es kostet? Machen Sie also einen vernünftigen und durchdachten Projektstrukturplan. Alles andere sind, überspitzt gesagt, Abfallprodukte. Denken Sie immer an das alte Projektmanagersprichwort: *»Sag mir, wie dein Projekt anfängt, dann sage ich dir, wie es endet.«*

KAPITEL 11

Überblick: Die Projektplanung zusammengefasst

Wenn Sie nur ein Kapitel in diesem Buch lesen wollen, dann lesen Sie dieses hier, denn wir fassen alle wichtigen Schritte des Projektplanungsprozesses noch einmal zusammen. Sie hätten uns aber auch vorher sagen können, dass Sie bereit wären, für zwei Seiten den Preis eines ganzen Buchs zu bezahlen, das hätte uns sehr viel Arbeit erspart.

Die Systematik der Projektplanung hat eine bestechende Logik. Hier zeigen wir Ihnen noch einmal kurz, wie die einzelnen Planungselemente ineinandergreifen. Man spricht nicht umsonst von einer *integrierten Projektplanung*, wir haben es also mit einem System zu tun, in dem die einzelnen Teile nicht nur allein für sich selbst stehen, sondern miteinander verwoben sind und einander beeinflussen.

Der Projektstrukturplan klärt das WAS

Im ersten Schritt identifizieren Sie, WAS zu tun ist, damit die *Projektziele* erreicht werden. Sofern es neben dem eigentlichen Liefergegenstand Ihres Projekts (z.B. Software, Infrastruktur) noch weitere Ziele gibt (z.B. Erhöhung der Kundenzufriedenheit oder Imageverbesserung), die Sie definiert haben, sind auch diese Gegenstand Ihres Projekts und müssen mit entsprechenden Maßnahmen eingeplant werden. Das Mittel der Wahl, um zu bestimmen, was zu tun ist, ist der *Projektstrukturplan (PSP)*, mit dem Sie Ihr Projekt, das in der Regel eine komplexe Aufgabe darstellt, in sinnvolle kleinere Einheiten, die sogenannten *Arbeitspakete*, zerlegen. Kriterium für die Detaillierungstiefe ist in dem Fall die Plan- und Steuerbarkeit des Arbeitspakets. Wichtig dabei ist, dass Ihr Projektstrukturplan möglichst vollständig ist, was durchaus auch bedeuten kann, dass bestimmte Teilaufgaben erst später weiter detailliert werden, da zum Zeitpunkt der Erstellung noch nicht alle Informationen zur Verfügung stehen (können).

Der Projektstrukturplan sorgt für ein Höchstmaß an Transparenz, da er den Projektumfang am besten beschreibt. Dabei wird die hierarchische Darstellung der Arbeitspakete im Idealfall in einem Organigramm vorgenommen, wobei alternativ auch die Listendarstellung mit entsprechenden Einrückungen funktioniert. Sofern

Sie bereit sind, auf EDV-gestützte Methoden zu verzichten, versuchen Sie es einfach mit einer Metaplanwand, an die Sie die einzelnen Arbeitspakete mit Metaplankarten heften.

Wir fassen zusammen: Der Projektstrukturplan klärt das WAS!

Der Netzplan klärt das WIE

Im zweiten Schritt definieren Sie, WIE die von Ihnen identifizierten Arbeitspakete hintereinandergeschaltet werden. Dabei geht es um die fachlogische Abfolge bzw. die Beziehung der Arbeitspakete untereinander. Sie klären, welche Arbeitspakete fertig sein müssen, damit die Arbeitspakete A, B oder C starten können. Der *Netzplan* ist das Mittel der Wahl, mit dem Sie diese Frage beantworten und so ein Beziehungsmodell der Arbeitspakete Ihres Projekts erstellen. Sobald Sie alle Arbeitspakete miteinander in Beziehung gesetzt haben, wissen Sie, bei welchem Arbeitspaket Sie welche Pufferzeiten haben. Sie wissen aber auch, welche Arbeitspakete keinen Puffer haben und demnach auf dem *kritischen Pfad* liegen. Das sind die Arbeitspakete, auf die Sie im Projektverlauf einen besonderen Fokus legen, denn der kritische Pfad bedeutet, dass sich bei einer Verzögerung dieses Arbeitspakets Ihr gesamtes Projekt verzögert.

Also noch mal: Der Netzplan klärt das WIE!

Der Terminplan (Balkendiagramm Gantt) klärt das WANN!

Erst jetzt legen Sie die Summe der Arbeitspakete auf eine konkrete Terminschiene. Ihr Modell erhält jetzt einen Anfangstermin, anhand dessen über die für das Arbeitspaket geschätzte Dauer und die Verknüpfung im Netzplan der Anfangs- und der Endtermin für alle Arbeitspakete berechnet wird. Das *Balkendiagramm Gantt* ist das Werkzeug, mit dem Sie einen solchen *Terminplan* realisieren, um den noch abstrakten Netzplan in der Kalenderwochenrealität zu verorten. Es hilft Ihnen als Instrument der Visualisierung von Arbeitspaketen zudem, die zeitlichen Abfolgen besser nachzuvollziehen.

Wir wiederholen: Der Terminplan (Balkendiagramm Gantt) klärt das WANN!

Der Ressourcenplan klärt das WER!

Sobald Sie Anfangs- und Endtermine für Ihre Arbeitspakete identifiziert haben, überlegen Sie sich für Ihren *Ressourcenplan*, wen Sie brauchen, damit das Arbeitspaket termingerecht und in beschriebener Qualität bearbeitet werden kann. Im ersten Schritt denken Sie darüber nach, welche Fähigkeit Sie brauchen (hier spielt eventuell auch das Skill-Level eine Rolle). Erst im zweiten Schritt denken Sie darüber nach, dem Arbeitspaket eine konkrete Person zuzuweisen. Sobald Sie Ressourcenkonflikte aufdecken, nehmen Sie eine Kapazitätsglättung vor, indem Sie entweder das Arbeitspaket verschieben (im Rahmen des Puffers) oder versuchen, mehr oder andere Ressourcen zu allokieren.

Und alle im Chor: Der Ressourcenplan klärt das WER!

Der Kostenplan klärt, WIE VIEL!

Jetzt sind wir bald so weit! Fehlt nur noch die Frage, die alle – oder zumindest die Beteiligten an den Entscheidungspositionen – am meisten interessiert. Was kostet der Spaß? So wie Sie beim Ressourcenplan die notwendigen Ressourcen pro Arbeitspaket ermitteln, ermitteln Sie beim *Kostenplan* die Kosten pro Arbeitspaket. Aus der Summe aller Kosten ermitteln Sie am Ende die Gesamtkosten Ihres Projekts.

Und ein letztes Mal zusammen: Der Kostenplan klärt, WIE VIEL!

In dieser kurzen Zusammenfassung wird nochmals deutlich, wie wichtig ein gut ausgearbeiteter Projektstrukturplan ist. Letztlich leiten Sie alle Planungsschritte daraus ab. Der Projektstrukturplan ist und bleibt das Herzstück Ihrer Projektplanung und sollte dementsprechend in Ihrem eigenen kleinen Projektmanagerherzen einen besonderen Platz einnehmen.

KAPITEL 12

Projektcontrolling

Nachdem wir uns jetzt intensiv mit der Planung unseres Projekts beschäftigt und hoffentlich alle wesentlichen Planungselemente erarbeitet haben, geht es endlich los – wurde nun aber auch wirklich Zeit! Die Realisierungsphase beginnt, und letztlich brauchen Sie nur Ihre Pläne abzuarbeiten, und es fluppt. So lautet zumindest die Theorie. Ganz so einfach ist es leider nicht, denn unsere Pläne richten sich immer in die Zukunft, und wer kann schon in die Zukunft schauen. Insofern gilt hier der simple Satz: Erstens kommt es anders und zweitens, als man denkt. Die Realität holt uns auch im Projektgeschäft immer wieder ein.

Es wird auf den nächsten Seiten also darum gehen, wie Sie mithilfe einer regelmäßigen Statuserhebung jederzeit über den aktuellen Fortschrittsgrad Ihres Projekts informiert und damit auch auskunftsfähig sind. Wir erklären Ihnen, was es mit dieser Statuserhebung und dem Fortschrittsgrad eines Projekts auf sich hat und welche Methoden Sie anwenden können, um Abweichungen des Ist-Zustands vom Plan zu identifizieren.

Eine wesentliche Aufgabe des weniger schlechten Projektmanagers ist es, zu jeder Zeit die Kontrolle über sein Projekt zu haben und auch zu behalten. Zu der Frage, wie es um Ihr Projekt steht (oder besser noch, wo Sie gerade in Ihrem Projekt stehen), müssen Sie zu jedem Zeitpunkt aussagefähig sein. Und eins ist gewiss: Diese Frage kommt, und zwar mit Recht. Natürlich ist Ihr Auftraggeber daran interessiert, wann er mit ersten Ergebnissen rechnen kann und ob diese auch der spezifizierten Qualität entsprechen, und natürlich ist Ihre Geschäftsführung daran interessiert, ob Sie das eingeplante Projektbudget einhalten. Als Projektmanager stehen Sie in der Verantwortung, diese Fragen zu beantworten und eventuelle Planabweichungen auch begründen zu können. Das Zauberwort in diesem Zusammenhang heißt »Plan«, denn Sie können natürlich nur das kontrollieren, was vorher auch geplant wurde.

In diesem Kapitel erfahren Sie, was Statuserhebungen sind und wie diese Ihnen helfen können, jederzeit über Ihr Projekt auskunftsfähig zu sein und rechtzeitig zu merken, wenn die Kosten aus dem Ruder laufen. Wir zeigen Ihnen, welche vier einfachen Schritte notwendig sind, um Ihr Projekt in Hinblick auf das veranschlagte

Budget regelmäßig zu überprüfen und Gegenmaßnahmen zu ergreifen, und wir erklären Ihnen, wie Sie Abweichungen vom Plan mithilfe einer Abweichungsanalyse identifizieren können. Leider ist Projektcontrolling nicht unbedingt der spannendste Aspekt Ihrer Projektmanagertätigkeit, man kann es aber auch schlecht ignorieren, es sei denn, Sie suchen den ultimativen Nervenkitzel der Budgetverantwortung (was wir aber nicht empfehlen).

Für viele Projektmanager wird der Begriff Projektcontrolling mit der Controllingfunktion im Unternehmen assoziiert. Controller sind die Kollegen, die mit aufwendigen Methoden in komplizierten Berechnungen Zahlen hin und her drehen, Auswertungen vornehmen und letztlich der Unternehmensleitung sagen, wie es um ihr Unternehmen steht. Projektcontrolling ist allerdings zu verstehen als ein Steuerungsinstrument für Projekte und hat damit einen gänzlich anderen Fokus. Hier geht es darum, Planabweichungen zu identifizieren und entsprechende Gegenmaßnahmen zu entwickeln, um wieder »in Plan« zu kommen, sollte Ihr Projekt im Laufe der Zeit vom rechten Wege abkommen und ein bisschen träumerisch durch die Landschaft mäandern. Insbesondere weil der Begriff Controlling sehr häufig mit dem Begriff Kontrolle assoziiert wird und daher negativ konnotiert ist, werden wir im Folgenden nicht von Projektkontrolle sprechen, sondern von Steuerung. Als Projektmanager haben Sie die Aufgabe, Ihr Projekt so zu steuern, dass die festgelegten Qualitäts-, Termin- und Kostenziele auch erreicht werden.

Statuserhebung für das Projekt

Wir überlegen nun in einem ersten Schritt, was eigentlich die Grundvoraussetzung dafür sind, Ihr Projekt zu steuern. Es ist eigentlich ganz einfach, wir haben es oben schon angedeutet: Sie brauchen einen Plan.

Dieser Plan ist zum Beispiel ein Terminplan, der Ihnen sagt, welche Arbeitspakete zum aktuellen Zeitpunkt bereits abgeschlossen sein müssten und welche Arbeitspakete genau zum aktuellen Zeitpunkt, dem Stichtag, in Arbeit sein müssten. Ferner müssen Sie wissen, wo die einzelnen Arbeitspakete tatsächlich stehen, welchen Grad der Fertigstellung sie also haben. Neben den Planvorgaben brauchen Sie daher die aktuellen Ist-Daten. Erst durch den Vergleich der Plandaten mit den Ist-Daten werden Abweichungen überhaupt offensichtlich, und erst wenn Sie eine Abweichung identifiziert haben, können Sie Maßnahmen entwickeln, um das Projekt wieder zurück auf Spur zu bringen. Zusätzlich gibt der Plan Auskunft darüber, welche Arbeitspakete in naher Zukunft anstehen. Das gibt Ihnen die Möglichkeit, sich proaktiv bereits mit den Vorbereitungen zu beschäftigen. Sie können sich also rechtzeitig darum kümmern, das Personalressourcen termingerecht einsatzbereit oder benötigte Systeme (zum Beispiel für Testszenarien) fertig eingerichtet sind.

Aus dem vorher Gesagten abgeleitet, vollzieht sich der Steuerungsprozess Ihres Projekts in den folgenden Schritten:

1. **Erhebung der Ist-Daten:** Damit eine wirksame Projektsteuerung gewährleistet ist, muss der aktuelle Status des Projekts regelmäßig erhoben werden. Hier wird anhand der Arbeitspakete der Fertigstellungsgrad, der bislang entstandene Aufwand, die Terminsituation und die Risikolage des jeweiligen Arbeitspakets ermittelt und dokumentiert.
2. **Vergleich der Ist-Daten mit Ihren Plandaten:** Die Gegenüberstellung von Plan- und Ist-Daten gibt Aufschluss über die Projektentwicklung zum Statusdatum hin. Hier werden Abweichungen in Bezug auf Kosten und Termine ermittelt.
3. **Analysieren und Bewerten der Abweichung:** Um angemessen auf Abweichungen reagieren zu können, müssen Sie deren Ursachen kennen. Daher ist die Ursachenermittlung ein notwendiger Schritt auf dem Weg zu den Steuerungsmaßnahmen. Stellen Sie sich die einfachen Fragen: Was sind die Gründe für die Verzögerungen des Arbeitspakets? Wie kam es zu der Abweichung zwischen Plan- und Ist-Daten?
4. **Steuerungsmaßnahmen entwickeln und implementieren:** Dieser Schritt beantwortet die Frage, wie einer Abweichung entgegengewirkt werden kann. Auf Basis der ermittelten Ursachen für Abweichungen müssen nun geeignete Steuerungsmaßnahmen entwickelt und umgesetzt werden. Eventuell führen solche Steuerungsmaßnahmen zu erheblichen Planänderungen, die wiederum seitens der Projektbeteiligten genehmigt und den relevanten Stakeholdern (Auftraggebern und/oder Geschäftsführung) mitgeteilt werden müssen.

Abbildung 12-1 zeigt die einzelnen Schritte der Projektsteuerung noch einmal. Wir haben diesen Prozess als Kreislauf dargestellt, da die Statuserhebung in regelmäßigen Abständen immer wieder bis zum Projektende durchgeführt wird. Nachdem also die gerade entwickelten Steuerungsmaßnahmen umgesetzt wurden, dauert es gar nicht so lange, bis Sie mit dem ganzen Kladderadatsch wieder von vorne anfangen.

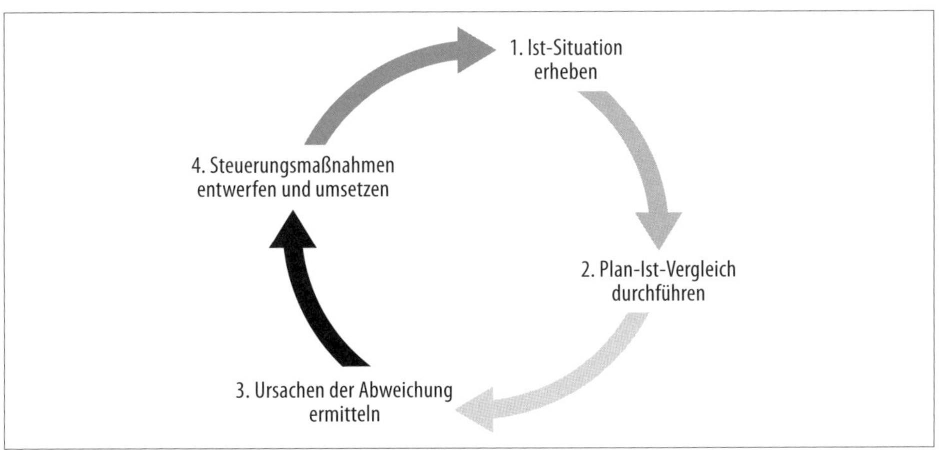

Abbildung 12-1: Kreislauf der Projektsteuerung

Neben der Steuerung der drei wesentlichen Komponenten des magischen Dreiecks (Zeit, Kosten und Qualität) gehört auch die Steuerung der Risiken zu den Aufgaben der Projektsteuerung. Die Fragen, die sich in diesem Zusammenhang stellen, sind: Wo stehen wir aktuell mit den Risiken? Sind Risiken dazugekommen? Gibt es Risiken, die sich erledigt haben? Haben sich Eintrittswahrscheinlichkeiten für Risiken verändert? Das sind die entscheidenden Fragen, die Sie und Ihr Team sich in regelmäßigen Abständen zu stellen haben.

Regelmäßig ist an dieser Stelle ein entscheidendes Stichwort für den weniger schlechten Projektmanager. Natürlich sollten Sie immer am Puls Ihres Projekts sein und wissen, wo einzelne Arbeitspakete stehen, wo es Probleme gibt, aber auch wo es gut läuft. Der hier beschriebene Prozess sollte allerdings einer festgelegten Systematik und damit auch zu festgelegten Zeitpunkten periodisch während des Projektverlaufs durchgeführt werden. Dabei ist der Zeitraum für die Berichterstattung, also die Frequenz für die Statuserhebung, abhängig von unterschiedlichen Faktoren:

- **Größe und Komplexität des Projekts:** Bei einem Projekt mit einer Laufzeit von zwei Jahren ergibt es in der Regel wenig Sinn, jede Woche eine Statuserhebung vorzunehmen. Hier haben sich monatliche Berichtszyklen als sinnvoll erwiesen. Natürlich kann es sein, dass in bestimmten Phasen oder Teilprojekten kürzere Berichtszyklen notwendig sind. Umgekehrt ist es sinnvoll, in einem kurzen Projekt (zum Beispiel mit einer Dauer von zwei Monaten) den Berichtszyklus auf eine Woche oder gar noch kürzer zu reduzieren, um tatsächlich auch steuerungsfähig zu bleiben.
- **Berichts- und Dokumentationspflichten:** In der Regel sind wir mit unserem Projekt nicht alleine. Es gibt Auftraggeber, die natürlich am Fertigstellungsgrad des Projekts interessiert ist. Vielleicht haben Sie einen Lenkungskreis eingerichtet, der wissen möchte, ob es etwas zu entscheiden gibt, und wahrscheinlich haben Sie auch eine Geschäftsführung oder gar einen Aufsichtsrat, der wissen möchte, wofür das Geld des Unternehmens ausgegeben wird. Um diesen Pflichten nachzukommen, ist es sinnvoll, das Ergebnis der Statuserhebung in einem Endprodukt zusammenzufassen, nämlich einem Statusbericht. Das hat den Vorteil, dass Sie für diese Berichte quasi auf ein Abfallprodukt zurückgreifen können, das durch die Statuserhebung sowieso anfällt.
- **Steuerungstiefe:** Mitentscheidend für die Auswahl der Frequenz für die Statuserhebung ist auch die Frage, wie eng Sie steuern wollen und müssen. Als weniger schlechter Projektmanager sollten Sie sich diese Frage auf jeden Fall stellen. Diese Frequenz kann sich auch innerhalb eines Projekts ändern, insofern ist es nicht damit getan, sich diese Frage einmal zu Beginn des Projekts zu stellen und dann nie mehr darüber nachzudenken. Auch wenn Sie also den Berichtszyklus für Ihr Gesamtprojekt auf einen Monat festgelegt haben, kann es durchaus sinnvoll sein, beispielsweise in einer Testphase des Projekts einen kürzeren, vielleicht sogar wöchentlichen Berichtszyklus festzulegen. So sind Sie in der Lage, zeitnah auf etwaige Probleme zu reagieren.

Letztlich ist das hier beschriebene Vorgehen vergleichbar mit der situativen Mitarbeiterführung. Mitarbeiter, die eine hohe Motivation und viel Erfahrung haben, können Sie laufen lassen, Mitarbeiter, die noch nicht so erfahren sind, führen Sie wesentlich enger, um steuern zu können, dass die Aufgabe auch in der von Ihnen formulierten Qualität erledigt wird. Bitte verwechseln Sie steuern niemals mit kontrollieren, denn wenig wurmt einen Mitarbeiter mehr als ein Chef oder Projektmanager, der den Eindruck vermittelt, dass er ihm nicht zutrauen würde, seine Arbeit vernünftig erledigen zu können. Seien Sie nicht diese Art Projektmanager, seien Sie ein weniger schlechter Projektmanager

Methoden der Statuserhebung

Nachdem wir jetzt die grundlegende Systematik der Projektstatuserhebung kennengelernt haben, schauen wir uns nun Methoden an, mit denen Sie diese Statuserhebung vornehmen können. Sofern Sie einen Terminplan gemacht haben, ist es relevant, festzustellen, inwieweit Arbeitspakete von ihrem geplanten Anfangs- und Enddatum abweichen. Sie müssen aber auch wissen, wie sich etwaige Verzögerungen von Arbeitspaketen auf andere Arbeitspakete auswirken, und besonders schön wäre es natürlich, Sie könnten Trends erkennen, wie es um Ihr Projekt terminlich steht. Die relevanten Techniken heißen Abweichungsanalyse sowie Analyse des kritischen Pfads.

Abweichungsanalyse

Abweichungen festzustellen, ist einfach, zumindest erst mal. Wir geben ein Beispiel: Zum Zeitpunkt der Statuserhebung fragen Sie den Arbeitspaketverantwortlichen, ob er mit seinem Arbeitspaket im Plan ist. Mit sehr hoher Wahrscheinlichkeit wird er Ihnen das bestätigen. Um sicherzugehen, fragen Sie vorsichtshalber noch mal nach, wie weit das Arbeitspaket fortgeschritten ist. Auch hier werden Sie mit hoher Wahrscheinlichkeit eine Antwort erhalten, die Sie zunächst zufriedenstellt.

Oder beschleicht Sie das Gefühl, dass es dem Arbeitspaketverantwortlichen gar nicht darum geht, Ihnen zu sagen, wie weit er ist und ob es eventuell eine Verspätung gibt, sondern dass es ihm viel mehr darum geht, Sie einfach zufriedenzustellen oder – drücken wir es mal weniger vorsichtig aus – Sie einfach loszuwerden?

Sie haben es hier mit einem typischen, aber auch mit einem wirklich schwierig zu handhabenden Problem in der Projektarbeit und der Steuerungsfähigkeit von Projekten zu tun, nämlich der Erhebung des physischen Fortschritts der Arbeitspakete. Tatsächlich ergibt sich die Komplexität der Fortschrittserhebung auf mehreren Ebenen.

1. Das Pareto-Prinzip

Unterstellen wir hier zunächst weder grundsätzliches Versagen noch absichtliche Täuschungsmanöver. In vielen Fällen ist es wirklich nicht einfach, den physischen Fortschritt zu bestimmen.

Ein Beispiel: Sie tragen Ihrer Mitarbeiterin auf, einen Abschlussbericht zu dem Teilprojekt »Haselmausdetektor« zu schreiben. Dieser Bericht soll ungefähr 100 Seiten umfassen. Für dieses Arbeitspaket wurde die Dauer von zehn Tagen eingeplant, was bei einer 100%-Auslastung zu einem Aufwand von 80 Stunden führt (vorausgesetzt, Sie gehen von acht Stunden pro Tag aus). Am Ende des zweiten Tags fragen Sie die Mitarbeiterin, wie viel sie denn bereits geschafft hat, und bekommen mit einem gewissen Stolz vermeldet, dass sie schon 40 Seiten geschrieben hat. Das entspricht 40%, und damit ist Ihre Mitarbeiterin tatsächlich dem Plan voraus, denn laut Plan hätte sie erst 20% Fortschritt vorweisen müssen. Als weniger schlechter Projektmanager brechen Sie – entgegen der Erwartung der Mitarbeiterin – ob dieses vermeintlich großartigen Arbeitsfortschritts aber überraschenderweise gar nicht in Jubelstürme aus. Die Mitarbeiterin ist etwas irritiert.

Na ja, Sie kennen sich eben etwas aus und haben auch schon ein bisschen Erfahrung gesammelt. Auch wenn es so scheint, als lägen Sie gut in der Zeit, wissen Sie aus Erfahrung, dass gerade die letzten physischen Arbeiten eines solchen Arbeitspakets sehr viel mehr Zeit in Anspruch nehmen.

Stichwort ist hier das sagenumwobene *Pareto-Prinzip*, das Folgendes besagt: In 20% der zur Verfügung stehenden geplanten Zeit werden 80% physischer Fortschritt erreicht. Für die restlichen 20% Fortschritt werden die 80% der zur Verfügung stehenden Zeit benötigt.

Angewendet auf unser Beispiel, hätten Sie am Ende des zweiten Tags also bereits 80 Seiten haben müssen und liegen somit hinter dem Plan zurück. Das war jetzt eine recht akademische Darstellung, aber Sie verstehen hoffentlich, worauf wir hinauswollen. Allein die Darstellung des physischen Fortschritts reicht eben nicht aus, wenn Sie nicht wissen, wie Sie ihn in ein Verhältnis zur verbleibenden Zeit setzen können.

2. Das 90%-Syndrom

Es gibt ein zweites Phänomen, das die Bestimmung des Fortschrittsgrads schwierig macht. Es ist das sogenannte 90%-Syndrom. Dahinter verbirgt sich das Phänomen, bewusst oder unbewusst seinen eigenen Fortschritt deutlich höher einzuschätzen, als er tatsächlich ist. Rufen Sie bei einem Kollegen an und fragen ihn »Wie weit bist du mit dem Arbeitspaket?«, hören Sie häufig eine Variation der folgenden Sätze: »Keine Sorge, 90% fertig!« oder »Bin bald so weit!« oder »Lange kann's nicht mehr dauern!« oder »Ich muss nur noch das Schlurmswupsel an den Knöggel andengeln!«. Das Blöde, das Ihnen dann passieren kann, ist, dass Sie nach einer Woche wieder anrufen und ähnliche Auskünfte erhalten. Das Arbeitspaket ist halt immer zu 90% fertig, bald so weit, kann nicht mehr lange dauern, und es fehlt nur noch das Schlurmswupsel.

3. Unternehmenskultur

Eine dritte Schwierigkeit bei der Bestimmung des Fortschrittsgrads zielt eher auf einen kulturellen Aspekt in Ihrem Unternehmen oder Ihrem Umfeld ab. Natürlich ist es nicht immer einfach, zuzugeben, dass etwas nicht so besonders gut läuft, dass man sich also mit der Fertigstellung seines Arbeitspakets verspätet. Das nagt mitunter am Selbstbewusstsein, und letztlich möchte man sich ja insbesondere im professionellen Umfeld gegenüber seinen Mitstreitern gern behaupten. Umso schwieriger ist es, wenn das vermeintliche Versagen mit Spott und Häme der Kollegen bedacht und zu allem Überfluss von der Leitung auch noch mit drakonischen Strafen bedacht wird. Schaffen Sie als weniger schlechter Projektmanager eine Kultur des Vertrauens. Fehler oder Verspätungen des Arbeitspakets sind zunächst mal gar nichts Schlimmes. Hier kommt es darauf an, sich mit dem Mitarbeiter auseinanderzusetzen, um gemeinsam mit ihm die Ursachen zu ermitteln. Sie sind dann ein guter Projektmanager, wenn Ihre Teammitglieder keine Angst davor haben, ihre Fehler zuzugeben und Sie gemeinsam mit Ihrem Team an Lösungen arbeiten.

Was machen wir als weniger schlechter Projektmanager jetzt mit dieser Erkenntnis? Die Erhebung des tatsächlichen Fortschritts der Arbeitspakete ist offensichtlich nicht einfach, und nur selten bekommen Sie über den Fortschritt der Arbeitspakete valide Aussagen.

Letztlich schlagen wir Ihnen einen kleinen, aber extrem hilfreichen Trick vor. Als weniger schlechter Projektmanager ändern Sie einfach die Perspektive Ihrer Fragestellung. Fragen Sie nicht nach dem Fertigstellungsgrad des Arbeitspakets, sondern fragen Sie danach, ob das Arbeitspaket zum geplanten Zeitpunkt fertig ist.

Probieren Sie es selbst aus: Die Frage »Wie weit bist du mit der automatischen Haselmauserkennung?« ist eine völlig andere als die Frage: »Kannst du die automatische Haselmauserkennung bis Ende nächster Woche fertigstellen?« Dieser kleine Wechsel in der Perspektive eröffnet Ihnen zudem die Möglichkeit, mit Ihrem Teammitglied eine Diskussion über den Fertigstellungstermin des Arbeitspakets zu führen. Das ist insofern hilfreich, als dass der Fertigstellungstermin eigentlich das Einzige ist, was Sie in diesem Zusammenhang interessiert. Seien wir doch mal ehrlich, letztlich wollen Sie gar nicht so genau wissen, wie weit das Arbeitspaket ist, sondern vielmehr, ob es pünktlich fertig sein wird. Sofern das der Fall ist, verläuft Ihr Projekt planmäßig, und Sie können sich um andere Themen kümmern. Wenn es früher fertig wird, umso besser, davon sollten Sie aber nicht ausgehen, denn das gibt es nur sehr selten.

Analyse des kritischen Pfads

Jetzt kommt aber der entscheidende Punkt: Wir hatten Ihnen ja bereits angekündigt, dass der kritische Pfad auch beim Projektcontrolling wieder eine wichtige Rolle spielen wird.

Also, Ihr Teammitglied meldet eine Verspätung. Nun sind Sie dran, denn Sie wissen, dass der geplante Endtermin nicht eingehalten werden kann. Plötzlich macht Ihr Netzplan mal so richtig Sinn. Denn Sie können nun ruck, zuck feststellen, wie sich die Verspätung des einen Termins auf die folgenden Arbeitspakete auswirkt, und damit wissen Sie auch, wie sich die Verspätung des Arbeitspakets auf den Endtermin Ihres Projekts auswirkt. Wenn es gut läuft, hat das Arbeitspaket einen Puffer, der größer ist als die Verzögerung, sodass es keine Auswirkungen auf den Projektendtermin gibt. Wenn es schlecht läuft, liegt das Arbeitspaket auf dem kritischen Pfad, und die Verspätung hat unmittelbare Auswirkungen auf den Projektendtermin.

Damit haben wir eigentlich die wesentlichen Instrumente für die Steuerung Ihrer Termine und damit auch Ihres Projekts kennengelernt. Das eine Instrument ist die Abweichungsanalyse, die Ihnen verrät, ob die aktuelle Terminsituation mit der geplanten Situation übereinstimmt. Sie analysieren, ob es Abweichungen gibt und wie diese sich auf den weiteren Projektverlauf auswirken. Dann entscheiden Sie, welche Maßnahmen Sie ergreifen müssen, um diese Abweichungen wieder einzuholen. Damit einher geht die Analyse des kritischen Pfads. Schließlich sind vor allem die Abweichungen der Arbeitspakete, die auf dem kritischen Pfad liegen, interessant, denn wenn sich ein Arbeitspaket auf dem kritischen Pfad verzögert, dann verzögert sich letztlich auch Ihr gesamtes Projekt. So einfach ist das. Sofern Sie einen guten Plan gemacht haben, ist die Steuerung nicht mehr allzu schwierig.

An diesem Punkt sind wir erst mal am Ende des klassischen Projektmanagements angekommen. Sie haben gelernt, wie Sie auch ein umfangreiches Projekt sorgfältig planen und steuern können. Sie wissen, wie Sie Ziele definieren, Ihr Projekt in einzelne Arbeitspakete aufteilen, daraus einen Netzplan erstellen und das Projekt mithilfe des Projektstrukturplans sicher durch alle stürmischen Projektphasen steuern. Leider, oder glücklicherweise, hat sich die Welt aber weitergedreht, seit das Projektmanagement erfunden wurde, und so gibt es mittlerweile agile Managementmethoden, bei denen alle bisherigen Erkenntnisse mal ordentlich auf links gekrempelt wurden. Wahrscheinlich haben Sie auch schon von Kanban und Scrum gehört und entweder interessiert Ihre Projektmanageröhrchen gespitzt oder sich panisch an Ihren vertrauten kritischen Pfad geklammert. Im ersten Fall möchten wir Ihre Neugier befriedigen (oder weiter anfeuern, beides ist uns recht), im zweiten möchten wir Ihnen gern Ihre Ängste nehmen und erklären im folgenden Kapitel, was dieses agile Projektmanagement eigentlich soll, wofür es gut ist und wie man es richtig macht.

KAPITEL 13

Agiles Projektmanagement

Round and round it goes, where it stops nobody knows.

– *Englische Redewendung, überraschenderweise schon vor dem Agile Manifesto bekannt.*

Es war einmal ...

Die Geschichte der agilen Softwareentwicklung geht so: An einem stürmischen und dunklen Wintertag trafen sich 17 Meinungsträger (Meinungsträgerinnen waren leider gerade aus) der Softwarebranche hoch oben auf einem Berg mitten im Nichts und überlegten sich an einem großen runden Mahagonitisch ein paar magische Sprüche, um die Softwareentwicklung der Zukunft in vorher kaum erahnte und ebenso magische Sphären zu befördern. Diese Sprüche hielten sie auf einem uralten Pergament (hergestellt aus dem Holz einer tausendjährigen Trauerweide) fest und trugen das Wort alsdann in die Welt hinaus, auf dass alle Softwareentwickler, Produktmanager und Projektmanager von der frohen Botschaft erführen und die magischen Sprüche auch in ihren Softwareteams anwendeten.

In Wahrheit war es etwas anders, aber das Ergebnis war in jedem Fall das sogenannte und in der Tat viel beschworene »Agile Manifesto«, das sich die 17 Softwareentwickler und Agile-Evangelisten im Jahr 2001 in Utah ausdachten und aufschrieben. Dieses Manifest kann man auf der Seite *agilemanifesto.org* in beinahe allen Sprachen der Welt nachlesen und sogar unterzeichnen.

Manifest für agile Softwareentwicklung

Wir erschließen bessere Wege, Software zu entwickeln, indem wir es selbst tun und anderen dabei helfen. Durch diese Tätigkeit haben wir diese Werte zu schätzen gelernt:

- Individuen und Interaktionen mehr als Prozesse und Werkzeuge.
- Funktionierende Software mehr als umfassende Dokumentation.

- Zusammenarbeit mit dem Kunden mehr als Vertragsverhandlung.
- Reagieren auf Veränderung mehr als das Befolgen eines Plans.

Das heißt, obwohl wir die Werte auf der rechten Seite wichtig finden, schätzen wir die Werte auf der linken Seite höher ein.

http://www.agilemanifesto.org/iso/de/

Dieses agile Manifest beruht auf der Erkenntnis, dass Software a) von Menschen b) für Menschen gemacht wird und c) nicht alle Menschen gleich sind. Es wird dementsprechend mehr Wert darauf gelegt, dass die Tools und Prozesse zum Menschen passen und nicht umgekehrt der Mensch sich an Tools und Prozesse anpassen muss.

Anders gesagt, geht es in der agilen Softwareentwicklungslehre immer mehr darum, dass am Ende etwas Vernünftiges entwickelt wird, und eben nicht so sehr um den Entwicklungsprozess selbst. Darüber hinaus wird mehr Wert darauf gelegt, dass die Menschen, die am Entwicklungsprozess beteiligt sind, so gut wie möglich arbeiten können, ohne mit Prozessballast belastet zu werden.

Nicht zuletzt geht es aber auch darum, die Qualität des Endprodukts zu verbessern. Die Idee ist hier, dass ein zu strenger Prozess zu unflexibel ist, um auf die Bedürfnisse sowohl der an der Entwicklung beteiligten Menschen als auch der Software angemessen reagieren zu können. Ein leicht verständliches Beispiel, auf das wir später noch zurückkommen werden, ist die Aufsplittung der Entwicklungszyklen einer Software von einem großen Releasezyklus in viele kleine, nach denen jeweils Feedback des Stakeholders, Produktmanager oder Kunden eingeholt wird. Damit soll sichergestellt werden, dass nicht erst nach neun Monaten offensichtlich wird, dass die entwickelten Features gar nicht das waren, was der Kunde eigentlich wollte, sondern im besten Fall schon nach zwei Monaten.

Agile Softwareentwicklung als Oberbegriff umfasst bekannte Entwicklungsmethoden wie Scrum und Kanban, aber auch davon unabhängige Ideen wie Pair Programming, Continuous Deployment oder Test Driven Development. Während das eine umfassende Methoden sind, die den Entwicklungsprozess vorgeben bzw. steuern, handelt es sich bei den anderen um Bauteile aus dem Toolbaukasten, die je nach Lust und Laune eingesetzt werden können, wo sie sinnvoll erscheinen. Es hindert Sie so auch niemand daran, in einem eher klassischen Projekt Test Driven Development (wir erklären später noch, was es damit auf sich hat) einzusetzen. Gemeinhin gehören die oben genannten Tools aber schon fast zu den Must-dos der modernen Softwareentwicklung, sodass Sie als weniger schlechter Projektmanager oder vielmehr Ihre Entwickler sich dringend damit beschäftigen sollten, falls sie es nicht ohnehin schon tun.

Erfahrungsgemäß kommt der zu euphorisch ins Entwicklungsbüro gejauchzte Ruf nach agilem Projektmanagement nicht immer gut an. Schon die Einführung des obskuren Dings namens »Projektmanagement« mag bei dem einen oder anderen Kollegen (oder vielleicht sogar bei Ihnen selber) Unbehagen ausgelöst haben. Was ist das? Was soll das? Wofür ist das gut? Es ging doch auch bislang ganz gut, warum können wir nicht so weitermachen? So ein skeptisches Ablehnungsverhalten bei neuen Dingen ist nur menschlich, die einen beäugen mit gerunzelter Stirn den neuen Joghurt Waldmeister-Kokos, die anderen eben das Konzept »agiles Projektmanagement«.

Erschwerend kommt hinzu, dass die Geschichte des agilen Projektmanagements eine Geschichte voller Missverständnisse ist. Vielleicht haben Sie es schon irgendwo munkeln hören, dass man mit agilem Projektmanagement schneller Software entwickeln kann. Als Entwickler klingt das ein bisschen nach Fließbandarbeit und wenig angenehm. Verkauft man agiles Projektmanagement falsch, geht das Ganze schnell nach hinten los, und Ihr Team wird mit verschränkten Armen kopfschüttelnd vor Ihnen stehen und »Nein, das machen wir nicht!« murmeln. Dummerweise funktioniert agiles Projektmanagement nur dann, wenn alle mitmachen. Sie können natürlich jedes beliebige Regelwerk auf jedes beliebige Team stülpen und hoffen, dass es sich schon irgendwie ergeben wird. Diese Arbeitsweise ist eine Garantie dafür, dass Sie alle Nachteile der agilen Softwareentwicklung erleben werden und keinen einzigen Vorteil.

Bevor wir aber weiter den Teufel an die Wand malen, wo er eigentlich gar nicht hingehört, müssen wir erst mal festhalten, worum es beim agilen Projektmanagement überhaupt geht und warum es auch etwas für Ihr Projekt sein könnte. In diesem Buch werden wir uns vor allem die beiden Methoden Scrum und Kanban anschauen. Beide Methoden werden gern als Buzzwords fallen gelassen, gefühlt praktiziert jedes Team, das nicht in der Steinzeit stehen geblieben ist, irgendeine Form von Scrum, Kanban oder einer ähnlich schick klingenden Methode. Tatsächlich steckt dahinter leider oft nur, dass irgendwer irgendwann mal Zettelchen an eine Wand gepinnt hat oder dass einmal am Tag jedes Teammitglied erzählen darf, was es in den letzten 24 Stunden gemacht hat und was es in den nächsten 24 Stunden zu erledigen gedenkt.

Kanban oder: endlich eine Zettelwirtschaft

Wir starten mit Kanban, weil Kanban so erschütternd einfach ist, dass die Chance, jemanden gleich wieder zu verschrecken, relativ gering ist. So gesehen ist Kanban vielleicht die Einstiegsdroge ins agile Projektmanagement. Einfach zu bewerkstelligen, aber trotzdem mit Wirkung, vorausgesetzt, man macht es richtig.

Eigentlich brauchen Sie für Kanban nur irgendeine Art Wand und viele Zettel. Das sind Dinge, die in einem Standardbüro meistens entweder schon vorhanden oder ohne Probleme aufzutreiben sind. Statt einer Wand können Sie auch ein großes Fenster nehmen oder ein größeres Whiteboard oder eine Pinnwand, Hauptsache, man kann irgendwie Zettel daran befestigen.

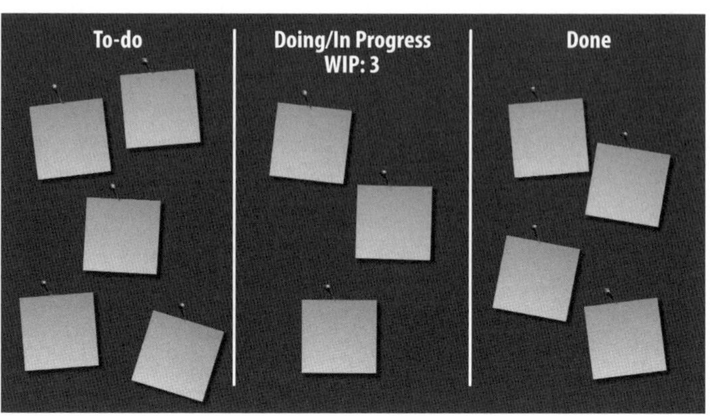

Abbildung 13-1: Die einfachste Variante eines Kanban-Boards

Die Idee eines Kanban-Boards ist es, alle anstehenden Aufgaben sichtbar zu machen und so stets den Überblick darüber zu behalten, was zu tun ist, was gerade gemacht wird und was schon erledigt ist. In der einfachsten Form teilt man sein Board also in drei Spalten auf, im branchenüblichen Englisch sind das meistens *To-do*, *In Progress* und *Done* (siehe Abbildung 13-1), also »Zu tun«, »Wird erledigt« und »Ist erledigt«. Jede Aufgabe wird dann auf einen Zettel geschrieben und in der Spalte *To-do* angebracht. Von dort aus durchläuft sie von links nach rechts alle nötigen Schritte (also Spalten), bis sie in der Spalte *Done* ankommt.

Je nachdem, wie Ihr Entwicklungsprozess ist, können hier noch beliebige Spalten hinzukommen: Beinhaltet Ihr Kanban-Board zum Beispiel auch typische Softwarebugs, könnte die *In Progress*-Spalte in die drei Spalten *Analyse*, *Fix* und *Test* aufgeteilt werden, bei der Neuentwicklung von Features könnte die Spalte *Design* relevant sein. Üblicherweise ergibt es Sinn, wenn die Arbeitsschritte, die sich hinter den jeweiligen Spalten zwischen *To-do* und *Done* verbergen, von unterschiedlichen Kollegen bearbeitet werden. Alternativ ist es auch vorstellbar, diese Arbeitsschritte jeweils auf einen neuen Zettel zu schreiben und dafür die Spaltenanzahl übersichtlich zu halten.

Finden Sie zusammen mit Ihrem Team heraus, wie die üblichen Arbeitsprozesse bei Ihnen aussehen und wie diese am besten abgebildet werden können. Dabei sollten Sie darauf achten, den Zettelschiebeprozess so einfach und transparent wie möglich zu halten. Kanban ist dafür da, Ihnen den Überblick über die Teamaufgaben zu erleichtern, nicht, um ihn zu verkomplizieren und das Team zu verwirren. Starten Sie also so einfach wie möglich und erweitern Sie Ihr Board bei Bedarf in Absprache mit Ihrem Team.

Den vielleicht wichtigsten Aspekt von Kanban haben wir Ihnen aber bislang verschwiegen. Das Geheimnis nennt sich *WiP* oder *Work in Progress*. Hier offenbart sich eines der Hauptprinzipien von agiler Softwareentwicklung. Zwar erlauben diese Methoden viel Freiraum, um für das Produkt und das Team die am besten geeignete Arbeitsweise zu finden, sie sind aber in anderen Punkten auch sehr streng.

Bei Kanban gibt es eine Obergrenze der Aufgaben, die sich zu jedem möglichen Zeitpunkt in einer der mittleren Spalten befinden dürfen. Damit soll vermieden werden, dass sich am Ende alle Aufgaben »in Progress« befinden und doch wieder nichts fertig wird. Ein sinnvoller Wert für diese Obergrenze kann beispielsweise die Anzahl der Teammitglieder sein. Dabei gehen Sie davon aus, dass sich jeder Mitarbeiter jeweils sinnvollerweise nur auf eine Aufgabe fokussieren soll. Wahrscheinlicher ist es, dass sich unter Ihren Aufgabenzetteln immer wieder schnell zu erledigende kleinere Aufgaben verstecken und sich so ein maximaler WiP-Wert von der Anzahl der Teammitglieder x 2 ergibt. Der maximale WiP muss für jede Spalte außer für *To-do* und *Done* festgelegt und auf dem Board festgehalten werden.

Haben Sie das alles erledigt und halten sich Ihre Teammitglieder daran, Zettel von links nach rechts zu verschieben, haben Sie so zu jedem Zeitpunkt einen Überblick über die Menge der anstehenden Aufgaben und wissen, was aktuell in Bearbeitung und was bereits erledigt ist. Kanban ist auch ein gutes Training fürs Bauchgefühl. Sie werden schnell merken, ob sich die *To-do*-Spalte füllt, ohne dass es in der *Done*-Spalte so richtig weitergeht. Sie werden merken, wenn Aufgaben zu lange in Bearbeitung sind oder immer wieder am WiP-Grenzwert gekratzt wird, und Sie werden hoffentlich lernen, wann Sie als Projektmanager eingreifen und nachfragen müssen: Warum geht es nicht weiter? Wieso haben die Entwickler wieder drei Aufgaben parallel in der Pipeline?

Die Antwort auf diese Fragen wird Ihnen Ihr Kanban-Board nicht liefern, die müssen Sie selbst zusammen mit Ihrem Team herausfinden. Aber das Kanban-Board liefert Ihnen die nötigen Informationen, um schnell feststellen zu können, wenn etwas nicht so läuft, wie es laufen sollte, und erste Hinweise darauf, wo etwas im Argen liegen könnte.

Kanban ist streng genommen keine Projektmanagementmethode, sondern schlicht ein Werkzeug, das Ihnen innerhalb Ihres Projekts helfen kann, die Arbeit zu steuern und den Fortschritt transparent zu halten. Es ist auch denkbar, nur für einen bestimmten Teilbereich Ihres Projekts ein Kanban-Board einzusetzen, sodass Sie beispielsweise während der Entwicklungsphase einer Software damit arbeiten, in der Einführungsphase beim Kunden aber darauf verzichten. Die Methode wurde hier nur sehr verkürzt dargestellt, es gibt viele schlaue Bücher und Webseiten, die einen detaillierteren Einblick geben.

Scrum oder: Es ändert sich alles, aber eigentlich auch nicht

Scrum war eine Zeit lang das Zauberwort, wenn es um IT-Projektmanagement ging, und wurde dann so oft falsch betrieben, bis es in Verruf geriet. »Buzzword«, so schimpfte man, und »Viel Lärm um nichts!« Dabei konnte das arme Tierchen

Scrum gar nichts dafür, dass alle so scharf drauf waren, es einzusetzen, aber dann wieder nicht scharf genug, um vorher wenigstens mal ein Buch darüber zu lesen, worum es geht.

Das Wichtigste also vorweg: Entweder man macht Scrum richtig oder gar nicht. »Ein bisschen Scrum« gibt es ebenso wenig, wie es »ein bisschen schwanger« gibt. Das heißt nicht, dass man nicht auch einzelne Elemente aus dem Scrum-Baukasten nehmen und einzeln einsetzen kann. Erlaubt ist alles, was dem Projekt und dem Projektteam hilft, es ist dann nur eben kein Scrum mehr, und man sollte es auch nicht so nennen. Ähnlich wie es in der Scrum-Methodologie selbst um »Commitments«, also Verpflichtungen geht, sollten sich auch das Team und die Organisation zu der Methode verpflichten.

Womit wir auch schon beim ersten Knackpunkt wären: Ohne die Organisation funktioniert es nicht. Sie sollten mindestens die Rückendeckung Ihres Chefs und am besten noch dessen Chefs und am allerbesten noch der Geschäftsführung haben, denn wenn Sie wirklich vorhaben, Scrum so einzusetzen, wie es gedacht ist, dann werden Sie in Zukunft einige Dinge tun, die es in Ihrem Unternehmen so vielleicht noch nicht gegeben hat.

Verlassen Sie sich hier übrigens nicht auf ein bloßes Statement Ihres Vorgesetzten. Wir haben schon Projektmanager gesehen, die zwar auf Bestreben Ihres Chefs Scrum betrieben oder vielmehr betreiben sollten, auf Nachfragen aber zugaben, dass sie eigentlich nur Zettel von links nach rechts schöben und einmal am Tag mit dem einzigen Projektteammitglied die Aufgaben besprechen sollten. Weder gab es einen Product Owner – von einem Scrum Master ganz zu schweigen –, noch wollte man von Retrospektiven überhaupt etwas wissen. Der Chef war aber ganz zufrieden, immerhin konnte er jetzt seinem Chef erzählen, dass bei ihm in der Abteilung jetzt Scrum gemacht wurde. Tatsächlich ist es sogar gut möglich, dass das Zettelschieben und die täglichen Meetings zum vorherigen Prozess eine Verbesserung darstellten, nur Scrum war das eben nicht.

Also: Sorgen Sie dafür, dass Ihre Organisation Sie bei Ihrem Vorhaben, Scrum einzuführen, unterstützt, und zwar ganz und nicht halbherzig. Wenn diese Voraussetzung erfüllt ist, sind Sie schon mal auf dem richtigen Weg und werden erst in ein paar Tagen oder Wochen die ersten Schmerzen spüren und nicht bereits am ersten Tag.

Bevor wir aber von den Problemen anfangen, die Sie bei der Einführung und Umsetzung von Scrum erwarten, erklären wir lieber zunächst, was Scrum überhaupt ist, was es für Sie und Ihr Team bedeutet, worin die Vorteile bestehen und worin die Nachteile. Es gibt ganze Bücher, die nur über Scrum geschrieben wurden, es gibt viel zu sagen. Wir können hier also nur einen kleinen Überblick geben, der Ihnen hoffentlich bei der Entscheidungsfindung hilft und ausreichen sollte, um die wirklich, wirklich allerwichtigsten Dinge, die man über Scrum wissen sollte, abzudecken. Wir bemühen uns, ganz nach der Devise zu arbeiten: »So ausführlich wie nötig, so kompakt wie möglich.«

Was bedeutet Scrum überhaupt?

Der Begriff Scrum kommt eigentlich aus dem Sportbereich. Im Rugby wird so das Gedränge bezeichnet, das als Regelverstoß zu einem Einwurf führt. Die Wikipedia erklärt es so:

> Das **Angeordnete Gedränge** (engl. *scrum*) ist in verschiedenen Varianten des Rugbysports die Standardsituation, um das Spiel nach kleineren Regelverstößen, einem unerlaubten Vorwärtsspielen des Balles oder nach einem Aus (nur im Rugby League) neuzustarten.[1]

Auch bei Scrum dreht sich viel um den Neustart. Bei Scrum arbeitet man in sehr kurzen, abgeschlossenen Entwicklungszyklen. Die Zyklen haben üblicherweise eine Dauer von einer bis vier Wochen, wobei vier schon als sehr lang empfunden wird. Innerhalb eines Zyklus werden von Planung bis Retrospektive alle Phasen eines Projekts abgehandelt, und direkt im Anschluss wird wieder neu gestartet. Das Produkt wird iterativ entwickelt, also immer aufbauend auf den bereits fertiggestellten Komponenten und Funktionalitäten.

Die Idee dahinter ist, dem Kunden möglichst schnell ein funktionierendes Produkt präsentieren zu können, das zwar noch nicht viel kann, aber das immerhin richtig. Auf dieser Basis, so die Annahme, kann der Kunde schneller erkennen, dass etwas so ist, wie er es haben will, und vor allem auch, dass es nicht so ist, wie er es gern hätte. Anstatt drei Monate an einem detaillierten Pflichtenheft entlangzuarbeiten und am Ende zu hören: »Das hab ich mir aber *ganz* anders vorgestellt.«, arbeitet man lieber erst mal zwei Wochen an ein paar Funktionalitäten und lässt dann direkt prüfen, ob das Resultat den Vorstellungen des Kunden auch tatsächlich entspricht.

Scrum ist dabei kein Prozess, sondern ein *Framework*. Das bedeutet, dass es den Rahmen vorgibt, innerhalb dessen gearbeitet wird. Dieser Rahmen beinhaltet bestimmte Rollen, Meetings und Artefakte, die besetzt, durchgeführt und erstellt werden müssen. Über die Arbeitsweise innerhalb dieses Frameworks trifft Scrum zunächst keinen Aussagen oder gar Vorschriften. Es ist durchaus möglich, jeden Sprint als kleinen Wasserfallprozess durchzuführen und damit einen klassischen Prozesse mit einem agilen Framework zu verbinden.

Rollen: Wer gehört zum Scrum-Team?

Das Scrum-Team besteht aus den folgenden Rollen, die Sie unbedingt besetzen müssen. Wenn eine dieser Rollen nicht ausgefüllt wird, machen Sie in der Tat »nur ein bisschen Scrum«, und wir hatten doch schon darüber gesprochen, dass wir das nicht tun wollten.

Zunächst hätten wir den *Product Owner*, der die Verantwortung für das Produkt trägt. Wenn Sie ein internes Produktmanagement haben, liegt die Annahme nahe, dass sich hier erfolgreich ein Product Owner rekrutieren lässt. Die Rolle des Pro-

1 *https://de.wikipedia.org/wiki/Gedr%C3%A4nge_(Rugby)*

duct Owner kann aber auch vom Kunden übernommen werden, vorausgesetzt, er erklärt sich bereit dazu und hat die Zeit, sich allen Aufgaben des Product Owner zu widmen. Der Product Owner verwaltet das Product Backlog, weiß, welche Funktionalitäten entwickelt werden müssen, und entscheidet, was als Nächstes gemacht wird.

Dann brauchen wir noch einen *Scrum Master*. Der Scrum Master betreut das Projektteam, allerdings rein unterstützend. Der Scrum Master ist für die Einhaltung der Regeln und die Durchführung der Meetings zuständig und sorgt dafür, dass das Team möglichst störungsfrei arbeiten kann.

Zuletzt hätten wir das *Team*. Das Team kann unterschiedlich zusammengesetzt sein, bei einem Softwareprojekt liegt es nahe, dass Entwickler im Team sind, aber auch Designer, Tester und Businessanalysten können für die Arbeit wichtig sein. Eine gute Teamgröße bilden unserer Erfahrung nach vier bis sechs Personen, mit dreien kommen Sie vielleicht noch klar, mehr als neun sollten es auf keinen Fall sein. Bei einem zu kleinen Team laufen Sie Gefahr, dass nicht alle benötigten Kompetenzen abgedeckt sind, bei einem zu großen Team wird der Koordinierungsaufwand irgendwann so groß, dass niemand mehr zum Entwickeln kommt. Bei größeren Projekten ist es aber durchaus üblich, mit mehreren Scrum Teams zu arbeiten.

Das Team ist für die eigentliche Entwicklung zuständig, es entscheidet zusammen mit dem Product Owner, welche Aufgaben es im kommenden Sprint realistisch schaffen kann, und arbeitet dann innerhalb eines Sprints an diesen vereinbarten Aufgaben. In der Scrum-Terminologie *committed* sich das Team zu den *User Stories*[2] (es ist sehr einfach, die Scrum-Terminologie etwas albern zu finden, aber da sie gleichzeitig sehr spezifisch ist, kommen wir nicht darum herum, sie zu verwenden und im Laufe dieses Kapitels zu erklären), es gibt dem Product Owner ein Versprechen, das vereinbarte Arbeitspaket innerhalb der vereinbarten Sprintdauer zu erledigen. Als Gegenleistung dazu darf es während eines Sprints mehr oder weniger arbeiten, wie es will, und solange am Ende alles erledigt ist, darf niemand, der nicht zum Team gehört, schimpfen. Außer der Scrum Master, aber auch der nur ein bisschen.

Sowohl der Product Owner als auch der Scrum Master können für mehrere Teams arbeiten. Umgekehrt funktioniert das nicht, ein Team sollte immer nur einen Product Owner und einen Scrum Master haben. Streichen Sie das »sollte« im vorigen

2 Eine »User Story« ist in etwa das Äquivalent einer in sich abgeschlossenen und damit weitgehend unabhängigen Aufgabe. Um hier sicherzustellen, dass alle relevanten Informationen enthalten sind, dass man also nicht jedes Mal wieder neu erklären muss, worum es in der User Story eigentlich geht, wird folgendes Format vorgeschlagen: »Als [hier die Rolle des Anwenders einfügen] möchte ich [hier die gewünschte Funktion einfügen], um [hier den Grund für die Funktion einfügen].« Ein Beispiel für eine User Story ist also: »Als Haselmausenthusiast möchte ich Bilder von von mir entdeckten Haselmäusen hinzufügen, um sie mit anderen Haselmausenthusiasten zu teilen.« Der Charme des letzten Teils liegt darin, dass nicht einfach so Anforderungen an das Programm gestellt werden können, ohne dass es zumindest eine Begründung für die Anforderung gibt. So können nicht nur unsinnige oder überflüssige Anforderungen vermieden werden, dieses Verfahren hat auch den zusätzlichen Vorteil, dass bei problematischen oder aufwendigen Anforderungen oftmals besser über Alternativen diskutiert werden kann. Das Wissen um das »Warum?« erleichtert eben erfahrungsgemäß das Nachdenken über das »Wie?«.

Satz: Ein Team darf immer nur einen und nur einen und niemals mehr als einen Produkt Owner und auch nur einen Scrum Master haben.

Aber hey, Moment, wo bleibt denn da der Projektmanager?

Berechtigte Frage. Der klassische Projektmanager existiert im Scrum-Prozess nicht. Sie können sich eine von zwei Rollen aussuchen. Die naheliegendste Rolle, die Sie einnehmen könnten, ist die des Scrum Master. Sie werden hier weiter für die Organisation des Projekts verantwortlich sein und dafür sorgen, dass alles nach Plan läuft, Sie werden der Ansprechpartner für die Stakeholder oder den Kunden sein, und Sie werden neben dem Team die Person sein, die am besten über das Projekt informiert ist. Allerdings werden Sie weit weniger Befugnisse haben als im klassischen Projektmanagement. Sie werden dem Team nicht vorschreiben können, wie es zu arbeiten hat, Sie werden keine Vorgaben zu Meilensteinen und zum Projektende machen können, Sie werden die Reihenfolge der Aufgaben nicht festlegen können, und es wird sicher noch weiter schöne Aufgaben geben, die im Aufgabenbereich eines Projektmanagers, aber nicht in dem eines Scrum Master liegen. Zusammengefasst, ist der Scrum Master derjenige im Scrum-Biotop, der das Team unterstützt und dazu befähigt, ohne Störung zu arbeiten.

Auf der anderen Seite könnten Sie die Rolle des Product Owner übernehmen. Hier würden Sie eher fachlich arbeiten, würden das Produkt planen, in Aufgaben aufteilen und priorisieren. Sie würden während des Sprints für Rückfragen zur Verfügung stehen, über die Qualität urteilen und am Ende jedes Sprints die fertiggestellten Teile abnehmen oder als nicht zufriedenstellend wieder zurückgeben. Auch hier können Sie weder über die Art und Weise entscheiden, in der das Team arbeitet, noch können Sie die Schnelligkeit des Teams beeinflussen oder Deadlines setzen.

Artefakte: Wie wird dokumentiert und kommuniziert?

Das Rückgrat von Scrum bildet das *Product Backlog*. Dieses Dokument wird vom Product Owner gepflegt und verwaltet. Es beinhaltet alle User Stories des zu entwickelnden Produkts und weitere Informationen zu diesen User Stories. User Stories sind im Wesentlichen einzelne Anforderungen. Der Product Owner schreibt die User Stories und priorisiert sie. Zusammen mit den Entwicklern ermittelt er die geschätzte Größe der einzelnen User Stories, die sogenannten Story Points, und hält diese im Product Backlog fest. Dabei ist das Product Backlog ein lebendes Dokument, es wird also dauernd geändert, neue User Stories kommen hinzu, nicht mehr benötigte werden gelöscht, Prioritäten werden geändert und Story Points ergänzt.

Wie und womit es verwaltet wird, spielt dabei eine nebensächliche Rolle, die einfachste Lösung ist eine Excel-Datei oder ein Word-Dokument, eventuell gibt es aber auch Softwarelösungen, die die Erstellung und Verwaltung des Product Backlog unterstützen. Auch Mischformen sind denkbar; so haben wir schon in Scrum-Teams gearbeitet, in denen die User Stories selber mit einer Referenznummer in einem Wiki gepflegt wurden und dann in einer Excel-Tabelle nur noch die jeweilige Referenznummer, der Titel, die Priorität und die Story Points eingetragen wurden.

Aus dem Product Backlog wird während des ersten Meetings eines jeden Sprints – ein Meeting mit dem spritzigen Namen *Sprint Planning 1* – das *Sprint Backlog* herausgezogen. Das Sprint Backlog umfasst alle User Stories, zu denen sich das Team im kommenden Sprint verpflichtet hat. Dabei wird das Product Backlog von oben nach unten durchgegangen, bis das Team entscheidet, dass der Topf voll ist und es die nächste User Story wirklich nicht mehr schaffen kann.

Bei der Entscheidung, was tatsächlich machbar ist, ist es hilfreich, sich erst mal klarzumachen, was es eigentlich bedeutet, dass etwas fertig ist. Überraschenderweise stellt sich nämlich oft heraus, dass das »Fertig!« der Softwareentwicklerin gar nicht dem »Fertig!« des Product Owner entspricht. Während Erstere nämlich der Meinung ist, etwas sei fertig, wenn es programmiert, getestet und ins Hauptprogramm integriert ist, gehört für den Product Owner auch noch die Bereitstellung von Testdaten für Kundendemos und die Dokumentation des Features im Benutzerhandbuch dazu. Damit man schon bei der Planung nicht grob aneinander vorbeiredet, sollte sich das Team (inklusive Scrum Master und Product Owner) zusammensetzen und eine *Definition of Done* entwickeln, die auch dokumentiert wird und im besten Fall groß auf einen Flipchartbogen geschrieben im Büro des Scrum-Teams an der Wand hängt. Diese *Definition of Done* enthält alle relevanten Punkte, die erfüllt sein müssen, damit eine User Story auch tatsächlich fertig ist. Oft wird der Zustand des wirklich uneingeschränkt komplett fertigen Features dann als »Done done« bezeichnet im Gegensatz zum in der freien Wildbahn häufig angetroffenen Softwareentwickler-»Done«, das irgendeinen eher flatterhaften Zustand des »Läuft grundsätzlich, hat auch schon jemand getestet, aber wir müssen hier noch das eine einbauen, das geht aber schnell, muss nur noch jemand machen, wir haben auch noch nicht alle Möglichkeiten getestet, aber grundsätzlich läuft es eigentlich« beschreibt.

Alle Aufgaben, die sich aus einem Sprint Backlog ergeben, werden ähnlich wie bei Kanban dann auf Zettel geschrieben, mit einer Aufwandsschätzung versehen und an einem *Taskboard* gut sichtbar im Teambüro angepinnt. Diese Zettel wandern dann im Laufe des Sprints von *To-do* über *In Progress* zu *Done* und bilden so den Fortschritt eines Sprints ab.

Eines der wichtigsten Artefakte bei Scrum ist der *Burndown Chart*. Der Burndown Chart zeigt ebenfalls die Entwicklung des aktuellen Sprints an und wird üblicherweise beim täglichen Stand-up-Meeting gepflegt. Die gute Nachricht ist, dass Burndown nichts mit Burn-out zu tun hat, es klingt nur sehr ähnlich.

Auf dem Burndown Chart wird auf der x-Achse die Dauer eines Sprints angezeigt und auf der y-Achse der verbleibende Aufwand, meistens als Anzahl der geschätzten Stunden für alle noch zu erledigenden Tasks. Jeden Tag wird nun der noch verbleibende Aufwand aktualisiert. An diesem Chart können das Team und alle Beteiligten jederzeit sehen, wie die Arbeit von Tag zu Tag hoffentlich weniger wird, und rechtzeitig eingreifen, wenn absehbar ist, dass der vereinbarte Inhalt des Sprints nicht problemlos im festgesteckten Zeitrahmen umsetzbar ist.

Es gibt keine grundsätzlichen Regeln dazu, wie ein »guter« Burndown Chart aussehen soll. Wie eigentlich immer bei agilen Entwicklungsmethoden geht es vielmehr darum, die aktuellen Arbeitsweisen sichtbar zu machen und dann an den vorhandenen Stellschrauben zu drehen, um sie für die nächste Runde zu verbessern. Der ideale Burndown Chart startet bei einem Zwei-Wochen-Sprint mit 100 verbleibenden Stunden, jeden Tag werden zehn Stunden erledigt, und am Ende hat man eine gerade Linie von links oben nach rechts unten. Vergessen Sie dieses Bild sofort, es wird Sie in der Realität nur verwirren. Vielleicht haben Sie ein Team, das am Anfang eher schleppend losläuft, aber zum Ende des Sprints noch mal richtig reinhaut. Vielleicht haben Sie ein Team, das sich unter- oder überschätzt, vielleicht fällt jemand wegen Krankheit aus, vielleicht stellen sich bestimmte Aufgaben als deutlich aufwendiger oder viel weniger schwierig heraus.

Relevant ist, dass durch den Burndown Chart genau diese ganzen Unwägbarkeiten genauso wie die spezifischen Eigenschaften Ihres Teams offensichtlich und transparent werden und Sie damit eine Möglichkeit haben, konkrete Probleme zu erkennen und zu lösen. Vor allem aber ist es neben dem Sprint Backlog das zentrale Instrument, um den Fortschritt des aktuellen Sprints anzuzeigen und rechtzeitig einen Hinweis zu geben, wenn es Probleme gibt.

Es gibt noch andere Artefakte, aber mit diesen haben wir zumindest vier elementare kurz vorgestellt. Zur weiteren Vertiefung empfehlen wir eines der schätzungsweise 3.293 Bücher, die zurzeit zum Thema Scrum auf dem Markt sind.

Meetings & Co.: Wie läuft so ein Sprint jetzt nun ab?

Unabhängig vom Sprintrhythmus sammelt der Product Owner alle seine Anforderungen im Product Backlog und priorisiert sie, um eine brauchbare Reihenfolge für die Planung herzustellen. Die einzelnen Tasks werden dabei User Stories genannt und bekommen Story Points. Diese Story Points legen die ungefähre Größe einer Story fest und werden vom Team vergeben. Dafür gibt es unterschiedliche Verfahren, wichtig ist, dass das Team und der Product Owner am Ende eine gemeinsame Vorstellung davon haben, wie umfangreich in etwa die Bearbeitung einer Story werden wird. Die Vergabe von Story Points kann fest eingebunden innerhalb eines Sprints stattfinden oder unabhängig vom Sprint, zum Beispiel als wöchentliches oder monatliches Meeting, in dem die neuen User Stories durchgesprochen und bewertet werden.

Am ersten Tag eines Sprints trifft sich dann das Team zusammen mit dem Scrum Master und dem Product Owner und legt fest, welche User Stories im kommenden Sprint bearbeitet werden. Dieses Meeting heißt *Sprint Planning 1*. Der Product Owner stellt noch mal jede Story der Reihenfolge nach vor, bis das Team entscheidet, dass der Sprinttopf voll ist und keine weitere Story mehr in den festgesteckten Zeitrahmen passt. Genau hierfür sind die Story Points hilfreich, denn durch sie bekommt das Team eine Vorstellung davon, wie viel Puffer noch übrig ist. Im Laufe der Zeit werden hier alle Beteiligten ein Gefühl dafür entwickeln, wie viele Story Points üblicherweise in einen Sprint passen.

Ist das Gesamtpaket für den kommenden Sprint festgezurrt, ist der Product Owner erst mal raus. Sie oder er weiß jetzt, was er am Ende des aktuellen Sprints zu erwarten hat. Das Team hingegen trifft sich zum *Sprint Planning 2*, um jede Story noch mal im Einzelnen in die nötigen Arbeitsschritte runterzubrechen. Hier gilt es, eine handhabbare Größe zu finden, die nicht zu kleinteilig, aber auch nicht zu groß ist. Üblicherweise eignen sich Größen von einer halben Stunde bis zu einem Tag. Alles, was länger dauert, sollte dahin gehend geprüft werden, ob man es nicht doch noch in kleinere Einheiten aufteilen kann. Diese Aufgaben werden mit der entsprechenden Dauer auf Karten geschrieben, die dann allesamt im Teambüro auf dem Taskboard in die Spalte *To-do* gepinnt werden. Dieser Schritt kommt Ihnen vielleicht bekannt vor, er ähnelt dem Vorgehen bei der Erstellung eines Projektstrukturplans im klassischen Projektmanagement.

Jetzt kann es losgehen, im Team wird entschieden, wer welche Karte bearbeitet, diese wird dann gemeinsam in die Spalte *In Progress* gehängt, und jeder macht sich an die Arbeit.

Als Nächstes folgt jeden Tag der *Daily Scrum*, ein Stand-up-Meeting, bei dem kurz geklärt wird, was seit dem letzten Daily Scrum passiert ist, was als Nächstes zu tun ist und was es für Probleme gibt. Tatsächlich ist hier die Bezeichnung »Stand-up-Meeting« Programm, denn die Teilnehmenden sollen stehen und nicht sitzen. Das Meeting sollte auch nie länger als 15 Minuten dauern. Manchmal hilft es, wenn man das Daily Scrum kurz vor der üblichen Mittagszeit plant, weil dadurch ausufernde Diskussionen automatisch von hungrigen Kollegen mit knurrenden Mägen unterbunden werden. Der Zeitpunkt des Meetings ist grundsätzlich frei wählbar, Hauptsache ist, dass es täglich zur gleichen Zeit stattfindet und das ganze Team teilnehmen kann. In diesem Meeting werden dann auch gemeinsam erledigte Karten in die *Done*-Spalte verschoben, neue Karten werden ausgewählt, verbleibende Aufwände aktualisiert, und am Ende wird der Burndown Chart aktualisiert.

Hände hoch!

Die größte Gefahr bei einem Daily Standup ist, dass sich zwei oder drei Teilnehmer in eine Detaildiskussion verstricken. Hier ist es Aufgabe des Teams und des Scrum Master, solche Diskussionen schnell zu erkennen und genauso schnell abzubrechen.

Das bedeutet nicht, dass diese Detaildiskussionen nicht wichtig wären, sie gehören nur fast nie ins Daily Standup. Wir vertrauen auf Ihren gesunden Menschenverstand, wenn es darum geht, die wenigen Ausnahmen selbst zu erkennen. Falls Sie unsicher sind: Die Chancen stehen gut, dass es keine Ausnahme ist. Ihr Team wird sich schon wehren, wenn es anderer Meinung ist.

Trotzdem kann es schwierig sein, zwei streitende Entwickler auseinanderzukriegen. Wenn sich ausgerechnet die etwas lauteren Mitglieder des Teams in ein Wortgefecht oder eine Detaildiskussion verstricken, stehen die stilleren Kollegen oft daneben und finden keine Gelegenheit, einzugreifen. Möglicherweise denken sie auch, dass sie die Einzigen sind, die die Diskussion nicht adäquat finden, und warten darauf, dass jemand anderer sich zu Wort meldet.

Auf einer Konferenz verriet mir eine Scrum Masterin einen Trick, wie bei ihren Teams das Problem der Nebenkriegsschauplatzdiskussionen gelöst wurde:

Sobald ein Teammitglied der Meinung ist, die Diskussion wäre für sie oder ihn uninteressant oder zumindest jetzt und hier fehl am Platz, hebt es die Hand. Oft, so sagte sie, stehen dann sehr schnell alle bis auf die Diskutanten mit erhobenen Händen rum, und die Sache ist geklärt, ohne dass jemand verbal einschreiten musste.

Anne Schüßler

Am Ende eines Sprints steht dann das *Sprint Review* an. Hier präsentiert das Team dem Product Owner das Ergebnis des Sprints. In diesem Meeting wird der Sprint auch offiziell vom Product Owner abgenommen – oder eben auch bei nicht erfüllten oder fehlerhaft umgesetzten User Stories *nicht* akzeptiert. Nach einem erfolgreichen Sprint Review können die Ergebnisse des Sprints dann ins Hauptprogramm integriert werden.

Aber auch nach dem Sprint Review ist noch nicht Schluss, denn es steht das vielleicht wichtigste Meeting an: die *Retrospektive*. Hier treffen sich das Team und der Scrum Owner und besprechen, was gut und was schlecht gelaufen ist, welche Probleme es gab und wie diese in Zukunft besser gelöst werden können. Dieses Meeting ist insofern so wichtig, als dass es gerade hier darum geht, die Leistung des Teams, die Zusammenarbeit und das daraus entstandene Produkt kontinuierlich zu verbessern und ganz bewusst immer wieder zu überprüfen, ob die aktuelle Arbeitsweise funktioniert oder nicht.

Und nach der Retrospektive ... na klar, Sprint Planning 1!

Der gesamte Prozess vom Product Backlog über die einzelnen Sprints bis zum Produkt ist in Abbildung 13-2 noch einmal vereinfacht dargestellt.

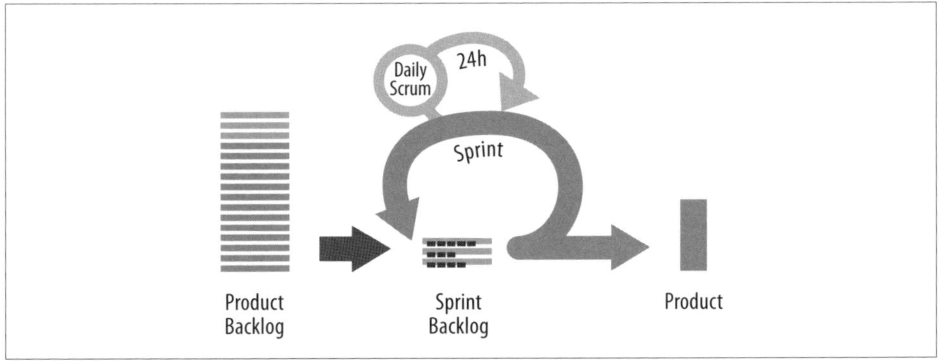

Abbildung 13-2: Scrum-Prozess, wirklich sehr grob zusammengefasst

Wie man Scrum besser nicht macht

Die Einführung von Scrum in einem Unternehmen ist anstrengend und erfordert die aktive Mitarbeit aller Beteiligten. Stolperfallen gibt es genug, und sicherlich wird jeder, der mit Scrum arbeitet, seine eigenen Fehler machen und hoffentlich daraus lernen. Einige potenzielle Probleme haben wir hier schon mal gesammelt.

Mehr als ein Product Owner

Oft sind Entwickler für mehrere Produkte zuständig und bekommen die Anforderungen entsprechend von unterschiedlichen Parteien. Was schon im normalen Projektalltag problematisch sein kann, funktioniert mit Scrum schlichtweg nicht mehr. Die enge Zusammenarbeit mit dem Product Owner und das damit verbundene Vertrauen, das im Laufe dieser Zusammenarbeit aufgebaut wird, wird schnell unterminiert, wenn sich zwei Product Owner um dasselbe Team streiten und im schlimmsten Fall beide Ansprüche an das Team stellen, die es so nicht erfüllen kann.

Falls Sie je in so einer Situation kommen und das grundlegende Problem nicht an den Wurzeln rausreißen können, hilft es vielleicht, einen Zeitplan zu erstellen, der festlegt, welcher Product Owner in welchem Sprint sein Produkt weiterentwickeln lassen kann. Dafür brauchen sowohl Sie selbst als auch die Product Owner als auch das Team eine gute Disziplin.

Interessenkonflikte bei der Rollenbesetzung

Oft sieht ein Unternehmen nicht ein, einen Scrum Master einzustellen (oder aus den Mitarbeitern zu rekrutieren), wo es doch schon so viele Team- und Abteilungsleiter gibt. Das können die doch machen, die haben doch jetzt sowieso Zeit! Außerdem kennen sie das Team und sind sowieso grummelig, weil ihnen auf einmal die Verfügungsgewalt über ihre Untergebenen weggenommen wurde.

Dabei muss jedoch klar sein, dass die Besetzung eines Scrum Master mit einem Teamleiter immer Interessenkonflikte bedeutet. Der Teamleiter muss auf einmal umdenken, denn er kann seinem Team nicht mehr sagen, was es wann zu tun hat, und wird stattdessen – etwas provokant ausgedrückt – zum Diener des Teams runterbefördert.

Genauso wenig funktioniert es, ein Teammitglied zum Scrum Master zu erklären. Das ist eine gute Idee, wenn man den schnellstmöglichen Weg finden will, die Selbstmanagementkompetenz des Teams zu untergraben, aber eine schlechte Idee für alle anderen Fälle. Eine Grundidee von Scrum ist, dass alle Teammitglieder in ihrer Handlungskompetenz gleich sind. Eine wie auch immer geartete organisatorische Sonderrolle torpediert diese Idee sofort.

Auch der Product Owner sollte nie Scrum Master sein, denn sein – stark verkürzt wiedergegebenes – Ziel »ALLES! JETZT! SOFORT!« wird sich schnell mit den Zielen des Teams (»Wir wollen bitte in Ruhe und ohne Störung arbeiten.«) ins Gehege kommen.

Was hingegen funktionieren kann, ist, einen Scrum Master für mehrere Teams einzusetzen. Hier muss natürlich geprüft werden, wie viel Zeit die Kümmerleistung für jedes Team erfordert, damit der Scrum Master auch tatsächlich die von ihm erwartete Leistung erbringen kann. Ein Konflikt ist hier aber nicht zu erwarten. Mittlerweile hat sich die Weisheit, dass Scrum Master durchaus eine vollwertige Stelle mit eigenen Qualifikationen ist, herumgesprochen. Ein Scrum Master ist dabei ein kommunikationsstarker Problemlöser, der den Sprint vorantreibt, selber merkt, wenn es hakt, und sich nicht scheut, Probleme im Team, aber auch außerhalb des Teams anzusprechen.

Teams gegeneinander ausspielen

Scrum produziert viele Zahlen und baut auf Transparenz. Das kann bei dem einen oder anderen Manager auch mal falsch ankommen. Auf einmal hat man Zahlen und Charts, auf denen man erkennen kann, wie schnell welches Team zu welchem Zeitpunkt arbeitet. Toll! Was man damit alles machen kann! Man muss gar nicht lange nachdenken, um auf all die wirklich schlimmen Dinge zu kommen, die solche Zahlen und Informationen in den falschen Händen anrichten können. Strengen Sie ein bisschen Ihre Fantasie an und widerstehen Sie der Versuchung, danach unter eine Decke zu kriechen und »Die Welt ist schlecht« zu murmeln.

Eine besonders perfide Masche ist, die Erkenntnisse aus den Burndown Charts zu verwenden, um Teams gegeneinander auszuspielen. »Guckt mal, Team B schafft viel mehr Story Points als ihr!« muss sich Team A dann anhören. Was der Manager vielleicht nicht weiß: Bei Team A fielen spontan zwei Senior-Entwickler aus, eine Story entpuppte sich unerwartet als komplexer als erwartet, und außerdem muss Team A nicht wie Team B alle vier Sprints einen Bugfixing-Sprint einlegen, um mal ein bisschen die angesammelten Flüchtigkeitsfehler zu beseitigen. Die Gründe dafür, warum die Velocity so ist, wie sie ist, sind mannigfaltig und sollten nur auf das Team selber bezogen analysiert werden, das Gleiche gilt für den Burndown Chart.

Teams auf Basis dieser Werte gegeneinander auszuspielen, führt am Ende nur dazu, dass das Team der Methode nicht mehr vertraut und demotiviert wird. Da Sie es bei Entwicklern oft mit Menschen zu tun haben, deren täglicher Job es ist, Systeme zu durchschauen und für die eigenen Zwecke zu nutzen, werden Sie nur erreichen, dass das Team all seine überbordende Kreativität dazu verwenden wird, das System Scrum zu hacken, um beim nächsten Mal mit exakt der gleichen Arbeitsweise bessere Zahlen vorweisen zu können.

Virtuelle Taskboards

Virtuelle Taskboards sind nicht grundsätzlich schlecht und ablehnenswert, bergen aber ihre ganz eigenen Tücken. Zunächst darf man nie unterschätzen, dass der Mensch an sich ein Wesen ist, das auf Haptik abfährt. Selbst Softwareentwickler, die diese Eigenschaft oft abstreiten würden, unterscheiden sich da nicht großartig.

Kurz gesagt: Das Umhängen von Papierzetteln mit den eigenen Händen ist etwas anderes als das Verschieben eines virtuellen Kästchens per Mausklick. Es macht, das ist zumindest unsere Erfahrung, mehr Spaß (sofern man beim Umhängen von Zettelchen von Spaß reden kann) und erlaubt den Beteiligten eine direktere Partizipation. Auch wenn das ein bisschen albern klingt, es ist tatsächlich so.

Grundsätzlich ist ein Taskboard mit Zetteln und ein Burndown Chart auf einem großen Bogen Papier einer virtuellen Lösung vorzuziehen. Gerade in Zeiten, in denen es fast alles auch irgendwie als Softwarelösung gibt und der Einsatz eines solchen Tools gerade bei technikaffinen Menschen naheliegender und bequemer ist, raten wir dazu, es bitte erst mal mit Zetteln, Stiften und Papier zu versuchen.

Ein weiterer Vorteil der analogen Methode ist die deutlich höhere Sichtbarkeit. Die Transparenz des Arbeitsfortschritts ist einer der zentralen Aspekte von Scrum. Virtuelle Taskboards existieren oft nur auf den Rechnern der Teammitglieder. Selbst wenn diese ganz einfach im Browser aufgerufen werden können, fehlt die ständige Allgegenwärtigkeit des aktuellen Sprintstatus. Vor einem großen Taskboard an der Bürowand lässt es sich als Team auch besser zusammenzufinden als vor dem Monitor des Scrum Master.

Es gibt aber äußere Einflüsse, die ein virtuelles Taskboard nötig oder sogar zwingend machen. Natürlich gibt es hier ebenfalls Vorteile, zum Beispiel lässt sich so der Burndown Chart automatisch berechnen und erstellen, und Änderungen an Aufgaben, zum Beispiel weil sich Bearbeiter oder Zeit geändert haben, müssen nicht mit Durchstreichen oder Drüberkritzeln kenntlich gemacht werden, sondern können einfach angepasst werden.

Befinden Sie sich in einer Situation, in der Sie ein virtuelles Taskboard nutzen müssen, achten Sie darauf, dass Sie die positiven Effekte dieser Artefakte nicht verlieren. Im besten Fall können Sie einen großen Bildschirm organisieren, der im Teambüro angebracht wird und das aktuelle Taskboard und das Burndown Chart permanent anzeigt. Stellen Sie außerdem sicher, dass das Daily Standup nicht zu einem Daily Sitdown verkommt. Selbst wenn sich alle um einen Monitor scharen, um den Fortschritt zu besprechen, sollte dies weiterhin im Stehen passieren. Organisieren Sie einen Stehtisch oder arbeiten Sie direkt an dem an der Wand angebrachten großen Bildschirm, den Sie hoffentlich genehmigt bekommen haben.

Es mag ein bisschen kontraintuitiv scheinen, gerade bei einer Softwareentwicklungsmethode die Arbeit mit Papier und Stift zu preisen, aber glauben Sie uns. Allein das Abhängen aller Zettel und das Einrollen des Flipchartbogens mit dem Burndown Chart nach einem erfolgreichen Ende des Sprints ist als bewusst erlebter und gemeinsam zelebrierter Schlusspunkt schwer durch einen Klick auf *Sprint beenden* zu ersetzen.

Aus dem Toolbaukasten

Folgendes vorweg: Sie sind Projektmanager und somit sicher kein Entwickler und vermutlich auch kein Teamleiter eines Entwicklungsteams. Insofern können Sie Ihren Entwicklern natürlich nicht sagen, wie sie zu arbeiten haben. Das sollen Sie auch gar nicht, das ist nicht Ihre Aufgabe. Wir wollen an dieser Stelle trotzdem einige der wichtigsten (und interessantesten) Werkzeuge aus dem Werkzeugkasten der agilen Entwicklung vorstellen. Das hat zwei Gründe: Zum einen sollen Sie verstehen, wovon die Menschen aus der Entwicklungsabteilung reden, wenn sie von Pair Programming, TDD oder Continuous Deployment sprechen. Zum anderen werden Sie so in die Lage versetzt, Vorschläge zur Problemlösung machen zu können, wenn Sie eine Schieflage entdecken. Achten Sie an dieser Stelle aber immer darauf, sich im Rahmen Ihres Kompetenzbereichs zu bewegen und nicht zum Mikromanager zu werden.

Pair Programming

Wie geht das?

Ganz grob bedeutet Pair Programming, dass zwei Entwickler zusammen an einem Stück Code arbeiten. Das klingt erst mal einfach, damit es aber nicht so endet, dass schließlich einer programmiert und der andere gelangweilt danebensitzt, wurden die Regeln für ordentliches Pair Programming etwas aufgebohrt. Die wichtigsten Regeln: Der programmierende Entwickler ist der Fahrer, der tatsächlich den Code schreibt. Der nicht programmierende Entwickler ist der Mitfahrer, soll aber durchaus auch Zugriff auf einen eigenen Computer haben. Der Mitfahrer soll also nicht nur stumm zuschauen, sondern in der Zeit, die der Fahrer programmiert, recherchieren und Vorschläge machen dürfen. Darüber hinaus sollen Fahrer und Mitfahrer die Rollen in regelmäßigen und relativ kurzen Abständen wechseln. Zuletzt sollen nicht immer die gleichen Paare zusammenarbeiten. Auch bei der Zusammensetzung soll also alle paar Stunden ein Wechsel stattfinden, sodass jeder Entwickler mit jedem anderen Entwickler des Teams zusammenarbeitet.

Vorteil

Die Vorteile sind mannigfaltig. Zum einen sehen vier Augen bekanntlich mehr als zwei, Sie können also davon ausgehen, dass Fehler im Code früher, im besten Fall schon beim Schreiben des Codes, gefunden werden. Darüber hinaus haben Sie jederzeit sichergestellt, dass nicht nur ein Entwickler weiß, was im Code passiert, sondern mindestens zwei. Bei regelmäßigen Wechseln der Paare steigt der interne Wissenstransfer noch weiter. Darüber hinaus gibt es kaum einen besseren Weg, um neue, unerfahrenere Entwickler anzulernen und gleichzeitig zu verhindern, dass die alteingesessenen nur noch ihre bekannten Pfade weiter flachtrampeln.

Nachteil

Pair Programming falsch eingesetzt, klappt eventuell nicht oder zumindest nur sehr schlecht. Nicht alle Paare funktionieren gleich gut zusammen, und nicht jede Arbeit ist unbedingt zum Pair Programming geeignet. Oft wird der Fehler gemacht, einfach zwei Entwickler an einen Rechner zu setzen und das Ganze Pair Programming zu nennen. Wenn man dann nicht aufpasst, macht einer freiwillig und ohne viel Erzählen die ganze Arbeit, und der andere sitzt daneben und darf zugucken. Damit haben Sie nicht nur ein ganzes Teammitglied kurzfristig zur Unproduktivität verdammt, sondern im Zweifel auch frustriert. Bevor Sie wild Paare zusammenwürfeln oder zusammenwürfeln lassen, machen Sie sich bewusst, was es bedeutet, einen Pair-Programming-Kultur zu haben, was diese umfassen sollte und was Sie tun müssen, damit diese Kultur auch gelebt werden kann.

Test Driven Development (TDD)

Wie geht das?

Test Driven Development (kurz TDD) bedeutet zusammengefasst, dass während des Entwicklungszyklus zuerst die Tests geschrieben werden und erst auf Basis der Tests dann der Code geschrieben wird. Das heißt, dass der Entwickler sich zuerst Gedanken über einen möglichen Testfall macht, dann diesen Test als automatisierten Unit Test schreibt und schließlich den Code so schreibt, dass genau dieser Test positiv getestet wird. Danach schreibt er einen zweiten Unit Test mit einer anderen Annahme, schreibt wieder den Code dazu, und testet erneut. Allerdings testet er bei jedem neuen Test auch alle alten Tests für dieses Codestück, sodass sichergestellt ist, dass eine Änderung an einer Stelle nicht ein Fehlverhalten an einer anderen Stelle herbeiführt.

Vorteil

TDD stellt die gelernte und als natürlich empfundene Reihenfolge des Entwickelns auf den Kopf. Allerdings stimmt das nur bedingt. Was in den Unit Tests festgehalten wird, ist ja das gewünschte Verhalten nach Fertigstellung des noch zu schreibenden Codes. Die Entwicklerin überlegt also zuerst, welche Ergebnisse bei welchem Input erwartet werden und welches Fehlverhalten erwartet oder verhindert werden soll, und hält all das schriftlich in einer formalisierten Form fest. Wenn man es so sieht, ist es also gar nicht eine so verkehrte Welt, wie man zunächst annahm. Noch besser: Das Schreiben von Unit Tests nötigt die Entwicklerin dazu, nicht nur den sogenannten Sonnenschein-Fall zu bedenken, sondern auch schon mal alle anderen Wetterlagen zu bedenken. Was, wenn die erwarteten Eingabewerte nicht stimmen, was, wenn die Eingabewerte zu lang, zu groß, zu klein sind, was, wenn sie schlicht fehlen? Softwareentwickler sind von Grund auf optimistische Kreaturen, vor allem was die Funktionsweise ihres eigenen Codes angeht. Setzt man Test Driven Development ein, appelliert man an ihre pessimistische Seite und zwingt zum Umdenken. Wird TDD richtig ein- und umgesetzt, verringert sich das Risiko, dass viele Fehler und Probleme erst dann gefunden werden, wenn ein kritischer Tester oder – noch schlimmer – richtige Nutzer auf das Programm angesetzt werden.

Ein weiterer, vielleicht sogar der größte Vorteil ist die Stabilität des Codes im Lauf der Entwicklung. Ein großes Problem in der Softwareentwicklung sind Nebeneffekte bei der Codeanpassung. Softwareveteranen können ein Lied davon singen: Ein Bug wird gemeldet, ein Entwickler behebt den Fehler, und an einer anderen Stelle geht etwas kaputt. Bei TDD sind alle Basisfunktionen der Software stets automatisiert prüfbar. Bevor eine Änderung produktiv geht, werden alle Unit Tests durchlaufen, und es wird sichergestellt, dass die Änderung nicht an einer anderen Stelle auf einmal ein Problem verursacht. Ab einer gewissen Testabdeckung sorgen Unit Tests also für ein wohliges Gefühl im Bauch, und Entwickler und Tester müssen nicht bei kleinen Änderungen mühsam jedes Mal das gesamte Programm durchtesten. Natürlich sind auch Unit Tests nicht unfehlbar, das fängt schon damit an, dass diese ja von denselben Entwicklern geschrieben werden, die auch gelegentlich aus Versehen fehlerhaften Code schreiben. Und es lässt sich natürlich nicht jeder denkbare Fall in einem Unit Test abbilden. Im besten Fall packt hier der Ehrgeiz die Entwickler, und es geht nicht mehr nur darum, den schönsten Code zu schreiben, sondern auch die besten, schönsten und durchdachtesten Unit Tests.

Nachteil

Mit TDD zu entwickeln, erfordert ein großes Umdenken in der Art und Weise, wie Software entwickelt wird. Zunächst sind Softwareentwickler auf einmal tatsächlich selbst für nachvollziehbare Tests verantwortlich. Natürlich waren sie auch schon vorher irgendwie dafür verantwortlich, dass die Software auch im Rahmen der Entwicklung nicht komplett ungetestet rausgeht, aber die Aufgabe, diese Tests ordentlich festzuhalten und zu dokumentieren, blieb eher bei den Testern hängen. Mit Unit Tests hat man jedoch stets die Testdokumentation der Entwickler parat. Darüber hinaus ändert sich die Reihenfolge, in der entwickelt wird: zuerst die Tests, dann die Codes. Das widerstrebt dem Entwickler, der erst mal zackig bauen will, bevor es ans langweilige Testen geht. Die Schwierigkeit liegt also darin, die Entwickler dahin zu bringen, TDD überhaupt einzusetzen. Ist diese Hürde erst mal geschafft, bleibt nur zu hoffen, dass die Disziplin erhalten bleibt.

Ein weiteres Problem kann die Rechtfertigung von TDD gegenüber dem Kunden sein. Ähnlich wie beim Pair Programming sieht TDD erst mal so aus, als würden mehr Ressourcen für das gleiche Ergebnis draufgehen. Langfristig sparen beide Tools Zeit, Geld und Nerven. Natürlich kann Ihnen kein Kunde oder Stakeholder vorschreiben, wie Sie zu entwickeln haben, hakt er aber an der falschen Stelle nach und will wissen, was diese zehn Stunden »Unit Tests schreiben« sind, die Sie auf der Rechnung aufgeführt haben, dann halten Sie ein paar gute Argumente parat, mit denen Sie jemanden davon überzeugen können, dass Sie mit den zehn Stunden, die für das Schreiben von Unit Tests draufgehen, aber mal locker 20 Stunden Bug Fixing einsparen konnten.[3]

Continuous Integration

Wie geht das?

Continuous Integration bedeutet, vereinfacht ausgedrückt, dass Sie bzw. Ihr Entwicklerteam jederzeit in der Lage ist, eine lauffähige Version auszurollen. Dabei arbeiten alle Entwickler auf derselben Codebasis. Bei einer Neuentwicklung wird üblicherweise ein neuer Zweig erstellt, der von dieser Basis abzweigt, sodass die Entwickler zunächst nicht direkt am nachweislich lauffähigen Code rumwerkeln. Ist die Entwicklung abgeschlossen und sind alle Tests erfolgreich, werden die geänderten Dateien wieder in den Hauptzweig integriert. Über automatisierte Tests wird sichergestellt, dass die Änderungen keine bestehenden Funktionen kaputt gemacht haben. Oft wird durch einen regelmäßigen Prozess aus dem Code eine aktuelle Version der Software erstellt, sodass auch hier Fehler, die erst beim Kompilieren oder Integrieren des Codes entstehen, sofort oder (bei einem nächtlichen Erstellungslauf) spätestens am nächsten Morgen auffallen. Die Voraussetzungen für eine vernünftige Continuous Integration sind dabei in jedem Fall Unit Tests mit einer guten Testabdeckung und ein automatisierter Erstellungsprozess.

Vorteil

Der größte und wichtigste Vorteil: Sie haben die Sicherheit, immer eine lauffähige Version der Software mit dem aktuellen Stand zur Verfügung zu haben. Sie müssen dem Entwicklungsteam nicht zwei Wochen vorher Vorwarnung geben, wenn der Kunde mal sehen will, wie weit Sie eigentlich so sind, und Sie brauchen auch keine Angst zu haben, dass das, was da als angeblich funktionsfähig deklariert wird, nicht doch beim Starten zusammenbricht und elendig vor den Augen des Kunden verstirbt. Es gibt noch viele weitere Vorteile, die jedoch eher Ihren Entwicklern zugutekommen und die Sie nicht direkt betreffen.

Nachteil

Eigentlich gibt es nicht viele Nachteile. Die Option, jederzeit eine funktionsfähige Version Ihrer Software auszurollen, wird Ihr Leben besser machen. Um das zu ermöglichen, müssen allerdings Ressourcen eingeplant werden, damit die Systemumgebung so aufgesetzt werden kann, dass auch jederzeit funktionsfähige Software produziert werden kann. Das müssen Sie vor Ihren Stakeholdern rechtfertigen können. Auch während der täglichen Arbeit wird ein gewisser Prozentsatz in die Aufrechterhaltung des funktionierenden Prozesses investiert werden müssen. Aber auch

3 Hinweis: Das wird wahrscheinlich nicht funktionieren, denn der Kunde wird argwöhnisch nachhaken, warum Sie nicht einfach von Anfang an richtigen Code schreiben. Hoffen Sie einfach, dass Sie nie in diese Situation kommen.

das sollte Sie nicht schrecken. Die Sicherheit, im Ernstfall etwas Präsentierfähiges direkt verfügbar zu haben, sollte die Mühe wert sein.

Agile Entwicklung im Alltag

Genau so, wie man klassische Projektmanagementmethoden auch im Alltag nutzen und sich beispielsweise einen hübschen Netzplan für den nächsten Umzug zeichnen kann, so geht das auch mit agilen Entwicklungsmethoden. Gerade Kanban eignet sich dafür, denn man braucht nicht mehr als ein Stück weiße Wand, etwas bunten Tesafilm oder Schnüre und Zettel, die man irgendwie an der Wand befestigen kann (eventuell braucht man also auch mehr Tesa oder Reißzwecken oder nimmt Haftnotizen statt einfacher Zettel). Natürlich funktioniert auch ein halbwegs großes Whiteboard oder eine Magnettafel, sollte man so etwas sowieso schon irgendwo rumhängen haben.

Kein Kanban, keine Motivation

Anfang des Jahres 2014 ging die Idee einer »Herzliste« durch das Internet (bzw. meinen Teil des Internets). Anders als bei den klassischen guten Vorsätzen (mehr Sport, endlich gesund essen) war die Idee der Herzliste, nur Dinge aufzuschreiben, die man sowieso schon immer machen wollte – nicht, weil man sie als sinnvoll erachtet, sondern weil man Spaß daran hätte –, die aber im Alltag irgendwie dann doch auf der Strecke bleiben. Auf so einer Liste steht dann nicht »Mindestens zwei Mal die Woche Joggen gehen«, sondern »Einmal Karaoke singen«, »Einen Ausflug in eine Stadt, in der ich noch nie war, machen«, »Ein Buch über Projektmanagement schreiben« oder ähnlich Spaßiges. Am Ende hat man eine Liste mit lauter tollen Dingen, die man immer noch mal machen wollte und sich jetzt für das nächste Jahr fest vornehmen will.

Als ich die Liste fertig geschrieben hatte, überlegte ich kurz, ob es sich lohnen könnte, ein vereinfachtes Kanban-Board zu basteln, um die tollen Ideen auch immer wieder vor der Nase zu haben und zusätzlich zu dem primären Glücksmoment des tollen Erlebnisses einen sekundären Glücksmoment zu haben, den ich mir vom stolzerfüllten Umhängen eines Kärtchens von *To-do* nach *Done* versprach. Aber dann kam mir das doch albern vor, außerdem hätte ich Kärtchen kaufen und eine Wand zum Anpinnen finden müssen, und man weiß ja, wie das ist, kaum nimmt man sich im Januar vor, Kärtchen zu kaufen, schon ist wieder Weihnachten, und es lohnt sich nicht mehr.

Mittlerweile ist es 2020, und ich habe immer noch nicht alle Punkte meiner sechs Jahre alten Liste abgehakt. Fest steht: Sollte ich mir für 2021 wieder so eine Liste anlegen, schreibe ich sofort alles auf Pappkärtchen und pinne sie an die Wand. Manchmal muss man seine Motivation selbst überlisten, und wenn man dafür agile Entwicklungsmethoden nehmen muss, dann sei es so.

Anne Schüßler

Familien-Kanban

Auch für Familien eignet sich die eine oder andere Methode des agilen Projektmanagement für die Alltagsorganisation.

Jim Benson und Tonianne DeMaria Barry, Autoren des Buchs »Personal Kanban«[4], stellen auf ihrer Webseite unter dem griffigen Namen *Kidzban*[5] verschiedene Ansätze vor, wie mit Kanban oder Kanban-ähnlichen Methoden innerhalb der Familie Aufgaben organisiert oder in Schulen der Umgang mit begrenzten Ressourcen geplant werden kann. Es ist gar nicht so schwer, sich das vorzustellen, denn wenn schon bei Erwachsenen das simple Auf- und Umhängen von Zetteln Transparenz und Motivation fördert, warum sollte das nicht auch bei Kindern funktionieren?

Auch der Blogger Maximilian Buddenbohm berichtet in seinem Blog *Herzdamengeschichten*[6] von den ersten Gehversuchen mit einem Familien-Kanban-Board.

> Wir haben uns ganz einfach mit diesen bunten Tape-Dingern ein Raster an die Wand gebastelt, fünf Spalten. Die erste als Pool, da kommen die Aufgaben rein, die jemand übernehmen muss. Dann vier Spalten, eine für jeden im Haushalt. Diese Spalten haben einen Trennstrich in der Mitte, oben steht, was zu tun ist, unten das, was getan wurde, was abgehakt ist. Wirklich ganz einfach.

Eigentlich also ganz einfach: Alle Aufgaben werden gemeinsam gesammelt und auf Zettel geklebt, dann wird beraten, wer was machen soll oder kann, und die Zettel werden entsprechend in die jeweiligen Spalten oder Zeilen gehängt. Ob man jetzt lieber von oben nach unten arbeitet oder von links nach rechts, ist dabei dann auch egal, Hauptsache, jeder weiß, was zu tun ist. Eventuell ist es hier von Vorteil, wenn mindestens zwei Kinder im Spiel sind, um ein bisschen Wettkampfcharakter in das Ganze zu bringen. Bei Buddenbohms zeigte sich zumindest ein gewisser Ehrgeiz.

> Das Spiel scheint jedenfalls wunderbar zu motivieren. Während ich hier tippe, saugt Sohn II so ekstatisch Staub, wie Jimy Hendrix Gitarre spielte.

Wenn man also ein bisschen agiles Projektmanagement üben will, Kinder hat und jemanden sucht, der den Müll freiwillig rausbringt, der kann auch zu Hause schon mal damit anfangen. Man braucht nur eine Wand, einen Packen Klebezettel und ein paar ehrgeizige Mitbewohner – es müssen noch nicht mal eigene Kinder sein, die WG-Mitbewohner tun es ja auch.

Der Agile Coach Frank Saucier geht sogar noch weiter und hat Daily Standups und Retrospektiven in den Familienalltag übersetzt, wie er im Harvard Business Manager erzählt.[7] Daily Standups finden beim Abendessen statt, wo jeder über seinen Tag berichtet, und alle zwei Wochen findet eine Familienbesprechung statt, bei der

---

4 Jim Benson und Tonianne DeMaria Barry, *Personal Kanban: Visualisierung und Planung von Aufgaben, Projekten und Terminen mit dem Kanban-Board*, dpunkt.verlag 2013.

5 *http://www.personalkanban.com/pk/kidzban/*

6 *http://www.herzdamengeschichten.de/2015/11/15/familien-kanban/*

7 *http://www.harvardbusinessmanager.de/blogs/mit-scrum-kanban-und-agilem-management-zu-mehr-freizeit-a-1020381.html*

man gemeinsam die letzten zwei Wochen Revue passieren lässt. Auf den ersten Blick mag das ein bisschen seltsam und bemüht erscheinen, wenn sich solche Routinen aber erst mal etabliert haben – das gilt fürs Büro genauso wie für das Wohnzimmer –, laufen sie wie von selbst ab und erleichtern den stressigen Alltag doch sehr.

Das Gute am privaten Experimentieren ist ja, dass einem kein Manager im Nacken sitzt, der einem empört in denselben pustet, wenn man das Kanban-Board nach drei Wochen entnervt wieder von der Wand pflückt oder statt der Familienbesprechung doch lieber ins Kino geht. Zudem kann man sich sicher sein, in Partner, Kindern und Mitbewohnern Menschen um sich herum zu haben, die keine Scheu haben werden, ein nicht funktionierendes System zu kritisieren oder sogar zu verbessern. Nirgendwo scheitert es sich so schön und entspannt wie zu Hause, man sollte diese Chance also nutzen.

KAPITEL 14

Aufschreiben! Alles aufschreiben!

Wahrscheinlich können Sie es schon nicht mehr hören, aber üblicherweise prägen sich Dinge ja besser ein, wenn man sie möglichst oft wiederholt. In diesem Sinne: Als Projektmanager müssen Sie kommunizieren können. Sie sind sowohl dafür verantwortlich, Ihrem Projektteam das Ziel oder die Vision des Projekts nahezubringen, als auch dafür, regelmäßig den aktuellen Stand abzufragen, Probleme aufzuspüren und zu lösen. Das geht selten ohne ein bisschen Kommunikation.

Genauso werden Sie vermutlich regelmäßig Ihren Stakeholdern Rede und Antwort stehen müssen. Ob Ihr Stakeholder nur der Chef der Entwicklungsabteilung ist, mit dem Sie auch schon mal ein Bier getrunken haben, oder ob Sie in Anzug oder Kostüm vor die Geschäftsführung treten müssen oder direkt beim Kunden aufschlagen, ist dabei egal. Sie werden im Zweifel irgendwem irgendwie verklickern müssen, dass es zwei Wochen länger dauert oder eine nicht unwesentliche Summe mehr kosten wird, und eventuell wird das Ihrem Gegenüber nicht gefallen.

Neben diesen sehr konkreten Kommunikationsherausforderungen werden Sie aber täglich über kleinere stolpern. Wenn Kollege Müller nicht weiß, was Kollegin Meier macht, und Kollege Becker nicht darüber informiert ist, dass nicht Kollege Schneider, sondern Kollegin Schmidt seine Ansprechpartnerin ist, ist das vielleicht kein Weltuntergang, eventuell macht dann aber Kollege Müller unnötigerweise die Arbeit von Kollegin Meier doppelt, und Kollege Becker sendet nichtsahnend E-Mails an Kollege Schneider, der aber leider in Urlaub ist, weswegen die Arbeit, die ja sowieso Kollegin Schmidt machen sollte, zwei Wochen liegen bleibt.

Wichtige Dokumente werden nur lokal auf einzelnen Rechnern in undurchdringlichen Ordnerdschungeln abgelegt, und auf einmal fällt auf, dass niemand mehr die Systemarchitektur versteht, weil die Zuständige leider gestern ihren letzten Arbeitstag hatte und sich sämtliche Dokumentationen entweder auf ihrem Rechner oder – noch schlimmer – einfach in ihrem Kopf befanden.

Jenseits dessen, was Sie schriftlich festhalten, stellt sich also früher oder später die Frage, wie Sie das alles organisieren. Auf diese Frage versuchen wir in diesem Kapitel Antworten zu finden und werden Ihnen unterschiedlichen Möglichkeiten vorstellen.

Sorgen Sie als Projektmanager dafür, dass Sie nicht in die Luhmann'sche Falle der unwahrscheinlichen Kommunikation tappen. Nie war seine Feststellung »Kommunikation ist unwahrscheinlich« so wahr wie bei Softwareprojekten, und nie war es so wichtig, diesem Missstand ein Ende zu bereiten. Etablieren Sie Netzlaufwerke, Wikis, Bugtracking-Systeme oder zumindest eine ordentliche Kommunikationskultur per E-Mail. Wenn Sie sich selbst nicht damit rumschlagen wollen (siehe Kapitel 17 über das Delegieren), finden Sie jemanden, der diese Aufgabe für Sie übernimmt.

Sie werden kaum je dankbarer sein, sich rechtzeitig um ein Projekt-Wiki gekümmert zu haben, als an dem Tag, an dem Ihr Lead Developer über den Bordstein stolpert, sich den Fuß bricht und vier Wochen im Krankenhaus liegt.[1]

Warum überhaupt dokumentieren?

Generell gilt: Alles, was irgendwie irgendwo festgehalten wurde, ist gut oder zumindest besser als alles, was nur irgendwo irgendwann mündlich besprochen wurde. Es gibt gute Gründe, die gegen undokumentierte Zwischen-Tür-und-Angel-Verabredungen sprechen:

Menschen sind vergesslich. Tatsächlich muss es noch nicht mal Absicht sein. Gerade hatten Sie ein Gespräch, bei dem Ihnen Ihre Entwicklerin noch fest zusagte, dass sie, sobald sie wieder am Computer sitzt, Ihnen die Unterlagen A und Z zukommen lassen wird. Auf dem Weg zu ihrem Büro holte sie sich noch schnell einen Kaffee, wobei sie in ein Gespräch mit dem Testmanager verwickelt wurde und erst mal zehn Minuten über ein neu aufzusetzendes Tool zur Testautomatisierung reden musste. Zurück am Schreibtisch, blinkte das Telefon, ein Anruf in Abwesenheit, Ihre Entwicklerin rief pflichtschuldig zurück und wurde von einem schweren Sicherheitsbug informiert, der ASAP gefixt werden musste. Long story short, als Ihre Entwicklerin endlich wieder einen freien Kopf hatte, war das Versprechen, Ihnen die Unterlagen A und Z zuzuschicken, schon längst von Testautomatisierung und Sicherheitsbugs aus dem Gedächtnis verdrängt worden.

Flurfunk erreicht nicht immer alle Leute, die er erreichen sollte. Hat man eine wichtige Sache auf unbürokratische Art und Weise am Kopierer oder an der Kaffeemaschine geklärt, vergisst man gern, dass es auch noch andere gibt, die von der Entscheidung in Kenntnis gesetzt werden sollten, und sei es nur als Information. Es gibt kaum einen einfacheren Weg, Unmut im Projektteam zu schüren, als immer wieder Dinge nebenbei zu klären und nicht ans ganze Team weiterzugeben. Im schlimmsten Fall erreichen Sie damit, dass immer alle an der Kaffeemaschine abhängen, allein aus Angst, etwas Interessantes zu verpassen, und keiner mehr die anfallende Arbeit erledigt. Sorgen Sie dafür, dass sämtliche wichtigen und interessanten Informationen auch an alle weitergetragen werden und sich niemand Sor-

1 Dieses illustrierende Beispiel basiert auf einer wahren Begebenheit.

gen machen muss, etwas zu verpassen, nur weil er zufällig in seinem Büro saß und gearbeitet hat.

Mündliche Absprachen bergen immer die Gefahr des Missverständnisses. Am Ende passiert nichts, weil Kollegin A verstand, dass Kollege B Aufgabe C übernehmen sollte, Kollege B aber seit zwei Wochen darauf wartet, dass Kollegin A sich bei ihm meldet, um ihm zu erklären, worum es bei Aufgabe C überhaupt geht. Schicken Sie nach jedem Meeting, in dem Entscheidungen getroffen wurden, eine kleine Mail rum, in dem Sie alle Entscheidungen noch mal auflisten und die Adressaten bitten, sich zu melden, wenn ihnen Fehler auffallen oder noch irgendwas unklar ist. Eine prima Aufgabe, die ein Projektassistent erledigen kann oder die Sie im Team rotieren lassen können. Sie werden auch auf schriftlichem Wege Missverständnisse nie komplett vermeiden können, aber Sie werden die Wahrscheinlichkeit doch erheblich senken.

Für unsere Zwecke unterscheiden wir der Einfachheit halber zwischen drei Motivationen, zu dokumentieren.

1. Der wichtigste Grund dafür, dass Sie die Vorgänge innerhalb Ihres Projekts dokumentieren wollen, sollen und müssen, wird von außen an Sie herangetragen. Als Projektmanager haben Sie immer auch eine rein juristisch bedingte Dokumentationspflicht. Hier muss auch unterschieden werden zwischen reiner Dokumentation und Archivierung. Bei der Dokumentation geht es einfach darum, dass Dokumente, die innerhalb des Projekts anfallen, wiederauffindbar abgelegt werden. Bei der Archivierung kommt noch das Thema der Revisions- und Rechtssicherheit dazu. Bei Dokumenten, die rechts- und revisionssicher abgelegt werden, muss zum Beispiel sichergestellt sein, dass diese nicht mehr im Nachgang verändert oder gar gelöscht werden können. Welche Dokumente das betrifft und wie solch eine Archivierung in Ihrem Unternehmen gehandhabt wird, erfahren Sie von Ihrer Rechtsabteilung (wenn Sie es nicht schon sowieso wissen).
2. Ein zweiter Grund ist der bereits oben genannte: Wichtige Informationen müssen von Ihnen, Ihren aktuellen und auch zukünftigen Projektmitarbeitern und eventuell auch von Kunden oder Stakeholdern auffindbar sein. Je strukturierter Sie das Projektwissen dokumentieren und verwalten, desto schneller haben Sie zu jeder Frage eine Antwort oder können benötigte Informationen oder Dokumente zeitnah weitergeben.
3. Ein letzter, aber auch nicht unwichtiger Grund dient weniger der Dokumentation und fällt eher in den Bereich Kommunikation und Projektmarketing. In diesem Fall geht es nicht unbedingt darum, langfristig Wissen festzuhalten, sondern aktuelle Informationen strukturiert und gesteuert an alle Beteiligten zu verteilen.

Es gibt noch 194 weitere Gründe dafür, dass Sie alle halbwegs wichtigen Dinge dokumentieren sollten. Mitarbeiter werden krank, machen Urlaub, kündigen, fangen neu an, haben ein schlechtes Gedächtnis, verdrängen unangenehme Aufgaben, haben anderweitig viel zu tun, haben schlechte Ohren oder haben gerade ein Kind bekommen und bekommen nur zwei Stunden Schlaf pro Nacht.

Das heißt natürlich nicht, dass immer alles dokumentiert werden muss, am Ende ist man nur noch mit Aufschreiben und Lesen beschäftigt, was für einen Literaturkritiker okay sein mag, im Alltagsgeschäft eines Projekts aber eher hinderlich ist. Überlegen Sie einfach, ob das, was Sie gerade besprochen oder sich überlegt haben, in der Zukunft noch irgendwann relevant sein könnte. Ist die Antwort »Ja!«, schreiben Sie es auf. Ist die Antwort »Ganz bestimmt nicht!«, lassen Sie es. Ist die Antwort »Hm ... Moment ... ich bin nicht sicher ...«, schreiben Sie es auf.

Diese Herangehensweise widerspricht ein bisschen der im agilen Projektmanagement propagierten Forderung, dass der Code die wichtigste Dokumentation ist und der Fokus eher auf ordentlichem Code als auf exzessiver Dokumentation um den Code herum liegen sollte. Wie immer im Leben gibt es hier keine einfache Wahrheit. Lernen Sie aus Ihrer Erfahrung und werden Sie aus Fehlern klug.

Wir gehen davon aus, dass Sie in Ihrem Projektmanagerleben Erfahrungen sammeln und klüger werden. Das heißt auch, dass Sie ein Gespür dafür entwickeln werden, wann etwas lieber schriftlich festgehalten werden sollte und wann es nicht wichtig ist. Spätestens wenn Sie sich das dritte Mal in der gleichen Situation ärgern, etwas nicht notiert zu haben, wissen Sie beim vierten Mal Bescheid.

Nachdem wir also jetzt wissen, wann Sie etwas dokumentieren sollten, steht eine ungleich schwierigere Frage im Raum: Wo und wie sollen Sie es dokumentieren? Wir werden Ihnen im Folgenden verschiedene unterschiedlich gut geeignete Mittel vorstellen, die Ihnen sowohl bei der internen Kommunikation als auch bei der kurz- bis langfristigen Dokumentation helfen können.

Die Wahrscheinlichkeit ist groß, dass Sie mehrere dieser Mittel verwenden werden, und das ist auch genau richtig so. Für unterschiedliche Zwecke sind jeweils andere Mittel geeignet. Ein Protokoll eines Meetings können Sie erst zur Absegnung per Mail verschicken und es anschließend auf einem Netzwerk ablegen oder auf Ihre SharePoint-Teamseite hochladen. Wichtige Neuigkeiten zu einer Änderung im Projektteam können Sie per E-Mail verschicken, in einem Teamblog verbreiten oder in Ihrem zweiwöchentlichen Newsletter unterbringen.

Finden Sie die Mittel der Wahl, mit denen Ihr Team und letztlich auch Sie selbst am besten umgehen können. Probieren Sie dabei ruhig aus: Wenn etwas mittelfristig nicht funktioniert, können Sie es immer noch lassen oder Maßnahmen ergreifen, damit es in Zukunft besser funktioniert. Selbst wenn Ihnen vom Unternehmen vieles vorgeschrieben wird, sollten Sie (hoffentlich) im Detail so viel Spielraum haben, dass Sie vielleicht nicht immer die perfekte, aber zumindest immer eine für alle Beteiligten funktionierende Kommunikations- und Dokumentationsstrategie finden können.

Allzweckwaffe E-Mail

> So richtig gut funktioniert E-Mail nur, wenn keine weiteren Personen involviert sind.
>
> *– Bernd Baltz/@bebal, Twitter, 24. Juni 2014*

E-Mail mag nicht die erste Antwort sein, die Ihnen bei der Frage »Wo soll ich das denn dokumentieren?« in den Sinn kam, und es ist sicherlich nicht immer die beste Wahl, trotzdem ist es in vielen Momenten ein vollkommen legitimer Weg.

E-Mail hat nämlich ein paar nicht von der Hand zu weisende Vorteile:

- E-Mail ist immer schon da. Sie müssen kein Netzlaufwerk beantragen, keine Ordnerstruktur festlegen, kein Wiki aufsetzen. Sie nehmen einfach die Mailsoftware, die mit 99%iger Sicherheit sowieso schon auf Ihrem Rechner geöffnet ist, klicken auf *Neue Mail* und tippen.
- Alle möglichen Adressaten für das gerade Niedergeschriebene haben auch eine E-Mail-Adresse, unter der sie erreichbar sind. Sie müssen sich keine Gedanken über Nutzerzugänge machen, über interne und externe Adressaten, über Berechtigungskonzepte oder Benachrichtigungstrigger.
- E-Mails lösen bei den meisten Menschen keine Berührungsängste mehr aus, wie es viele andere Dokumentationstools noch tun. Sie werden also weniger Hürden zu nehmen haben, wenn Sie Ihre Kommunikationspartner und Ihr Projektteam davon überzeugen wollen, wichtige Dinge »wenigstens per Mail« noch mal schriftlich festzuhalten.

Allerdings hat die E-Mail als Dokumentationsmittel auch Nachteile, die sie nicht immer zur ersten Wahl machen:

- Wichtige Informationen gehen in der täglichen E-Mail-Flut unter. Man bekommt eben nicht nur Mails mit wichtigen und auch für die Zukunft relevanten Inhalten, man bekommt dauernd irgendwelche Mails von irgendwem. Von Einladungen zur Betriebsversammlung über kleinere Nachfragen bis hin zu Hinweisen, dass Kuchen in der Büroküche steht. Ihr E-Mail-Postfach ist üblicherweise die zentrale Sammelstelle für jegliche Kommunikation jenseits von Telefongesprächen, und Sie laufen stets Gefahr, wirklich relevante Informationen nicht mehr oder nur schwer wiederzufinden.
- Jede Mail hat einen Absender und einen oder mehrere Adressaten. Man kann nachher keine weiteren Adressaten hinzufügen, sodass Informationen, die einmal per Mail verschickt wurden, erst mal nur bei den zu diesem Zeitpunkt involvierten Personen bleiben. Meistens merkt man das erst, wenn eine neue Person ins Team kommt. Bei der fünften E-Mail, die man mit einem kurzen »Hier, das ist auch noch wichtig ...« weiterleitet, sollte man überlegen, ob die Informationen nicht an einem anderen Ort besser aufgehoben wären.
- E-Mails lassen sich nicht editieren. Sie können natürlich eine weitere E-Mail an den Verteiler schicken, wenn sich etwas geändert hat, aber das wird nicht

nur Verwirrung im Projektteam schaffen, Sie müssen sich auch immer dran erinnern, dass der aktuelle Stand nicht in der Mail vom 11.7.2020, sondern in der vom 24.9.2020 steht. Im besten Fall können Sie Mails als Konversationen betrachten, sodass Sie sehen können, wie der Kommunikationsverlauf war und wann die letzte Mail zu dem Thema verschickt wurde. Im schlechtesten Fall haben Sie die Mail vom 24.9.2020 vergessen und gehen von einer falschen Informationslage aus.

Als einfache Richtlinie lässt sich sagen: Bevor Sie etwas überhaupt nicht festhalten, schreiben Sie wenigstens eine Mail an diejenigen, die Ihrer Meinung nach am ehesten von dieser Information profitieren können. Dadurch garantieren Sie außerdem, dass Sie als Adressat in Ihrem eigenen Postfach auf die gesendete Mail zugreifen können. Verlassen Sie sich aber nicht auf die E-Mail als zentrales Dokumentationstool, es ist lediglich eine Krücke, die Sie benutzen dürfen, wenn Ihnen wirklich nichts anderes mehr einfällt.

Es gibt andere, besser geeignete Dokumentationsmöglichkeiten, die wir Ihnen im Folgenden vorstellen wollen.

Allzweckwaffe Netzwerklaufwerk

Neben der E-Mail gibt es noch eine weitere Allzweckwaffe: das Netzwerklaufwerk. Wir gehen an dieser Stelle optimistisch davon aus, dass es in jeder Firma, die sich auch nur halbwegs ernst nimmt, Netzwerklaufwerke gibt, also Ablageordner, auf die Sie einfach aus Windows, macOS oder dem Betriebslaufwerk Ihrer Wahl zugreifen können und die sich nicht physisch in oder an Ihrem Rechner befinden, sondern irgendwo auf einem Firmenserver liegen. Sollte das in Ihrem Fall nicht so sein, haben Sie eventuell auf noch viel schwierigerem Terrain zu kämpfen, als wir es uns bisher ausmalen konnten.

Netzwerklaufwerke sind oft so angelegt, dass bestimmte Teams oder Abteilungen ein oder mehrere Ordner haben, auf die alle Mitarbeiter zugreifen können, im besten Fall lesend und schreibend.

Wie genau das in Ihrem Unternehmen gehandhabt wird, wissen wir natürlich nicht. Müssen Sie ein Netzlaufwerk mühsam beantragen, oder haben Sie schon alles, was Sie brauchen? Herrscht Kraut und Rüben, oder liegt eine ausreichend durchschaubare Ordnung vor? Können Sie selbst Berechtigungen vergeben, oder müssen Sie das mit der IT klären?

In den meisten Fällen werden Sie Ordner haben, auf die nur das Team Zugriff hat, und solche, auf die auch andere Teams oder Abteilungen zugreifen können. Die internen Dokumente gehören dann in die Ordner, die nur für das Team freigeschaltet sind. Alles, was auch zur Außenkommunikation oder zum Austausch mit Kollegen außerhalb des Teams gehört, muss vermutlich in die anderen Ordner. Hier sollten Sie dann entweder einen guten Überblick darüber haben, wer tatsächlich Zugriff auf den jeweiligen Ordner hat, oder eben nur Dokumente ablegen, die

Sie auch guten Gewissens überall in der Firma (oder sogar Ihrer Mutter) zeigen können.

Der große Vorteil eines Netzwerklaufwerks gegenüber dem Versand von Dokumenten per Mail ist, dass diese auch für Neulinge sofort zugreifbar sind. Im besten Fall können Sie einen neuen Mitarbeiter während seiner ersten paar Tage auch gut damit beschäftigen, dass er oder sie sich erst mal mit den bereits erstellten Dokumenten vertraut macht. »Guck mal im Ordner H:/Bestes Projekt/, da findest du alles, was du brauchst«, sagen Sie dann, und bei einer vernünftigen Benennung der Ordner und Dateien[2] können Sie sich schon fast sicher sein, dass Ihr Projektneuling am Ende des Tages mehr weiß als am Anfang.

Es gibt allerdings natürlich auch hier Nachteile und Probleme. Zunächst mal ist es zwar sehr sinnvoll, wenn wirklich alle Beteiligten Vollzugriff auf die Dokumente und Ordner haben, auf der anderen Seite lässt sich so nicht ausschließen, dass Unfälle passieren und im schlimmsten Fall wichtige Dokumente gelöscht werden. Aus eigener Erfahrung würden wir sagen, dass ein versehentliches Löschen zwar selten bis so gut wie nie eintritt, ausschließen kann man es aber natürlich nicht.

Darüber hinaus ist es genauso wichtig wie schwierig, eine Ordnerstruktur zu finden, die es sowohl Ihnen als auch Ihrem Projektteam ermöglicht, alle Dokumente sowohl vernünftig abzulegen als auch zeitnah wiederzufinden. Wo hier das Problem liegt, wird am offensichtlichsten, wenn man sich mal im eigenen Computer umschaut. Wenn Sie nicht ausgerechnet zu den an einer Hand abzählbaren Erleuchteten gehören, die ein funktionierendes Ablagesystem für jede Gelegenheit gefunden haben, werden Sie vermutlich mindestens einen Ordner namens *Diverses* (oder mit einem ähnlichen Namen) haben, in den Sie einfach alles schaufeln, das sonst nirgendwo reinpasst. Das mag für den Privatrechner okay sein, sogar für Ihren Arbeitsrechner, für ein System, das von mehr als einer Person genutzt werden soll, ist so etwas jedoch tödlich.

Ihre erste Aufgabe bei der Einrichtung eines Projektlaufwerks ist also, sich Gedanken über eine brauchbare Ordnerstruktur zu machen. Wenn Sie Glück haben, hat ein anderer Projektmanager in Ihrer Firma genau das schon einmal gemacht; dann lassen Sie sich einfach davon inspirieren. Die gute Nachricht ist ja: Sie können im Laufe des Projekts Erfahrungen sammeln und neue Ordner anlegen, alte löschen, umbenennen oder zusammenlegen oder was Ihnen noch so einfällt. Für Ihr nächstes Projekt haben Sie dann schon eine viel bessere Idee dazu, was man so brauchen könnte.

Als kleine Richtlinie beachten Sie vor allem die folgenden drei Punkte:

- Haben Sie bitte keine Ordner namens *Sonstiges*, *Diverses*, *Various*, *Misc* oder was es noch für Synonyme gibt. Es verleitet Sie und Ihr Team nur dazu, genau diesen Ordner vollzumüllen, ohne sich kurz drei Minuten Zeit zu neh-

2 Ja, wir finden's auch witzig!

men, entweder den richtigen Ort zu finden oder eben einen neuen Ordner zu basteln.

- Genauso wenig gehören Dokumente auf die oberste Ebene. Direkt unterhalb des Projektordners sollte eine hübsche Liste mit Unterordnern stehen und sonst nichts. Das Einzige, was Sie auf der obersten Ebene ablegen dürfen, ist ein Dokument mit Erklärungen zur richtigen Verwendung der Ordnerstruktur.
- Stellen Sie sicher, dass Ihr Team mit der Ordnerstruktur vertraut ist und weiß, was abzulegen ist und wo es abzulegen ist. Es ist zwar schön, wenn alle wichtigen Dokumenten sicher zentral abgelegt werden, wenn man sie aber nicht wiederfindet, ist dieser Gewinn leider so gut wie wertlos.

Dokumentenverwaltungssysteme: SharePoint & Co.

Ein Netzwerklaufwerk zu haben, ist eine feine Sache, greift aber eventuell zu kurz. Die nächste Stufe ist ein professionelles Dokumentenmanagementsystem (DMS), das deutlich mehr Funktionalität bietet, allerdings auch mehr Einstiegsfrustrationspotenzial.

In der Wikipedia wird das Dokumentenmanagement »im engeren Sinn« folgendermaßen beschrieben:

> Auf einem Dateiserver kann der Anwender eine Suche nur über Attribute wie Dateiname, Dateiendung, Größe oder Änderungsdatum realisieren. Beim datenbankgestützten Dokumentenmanagement hingegen stehen im Datensatz zu einem Dokument beliebige Felder für Metadaten oder zur Verschlagwortung zur Verfügung, so z.B. für numerische Werte wie Kunden- oder Auftragsnummer. So gekennzeichnete Dokumente sind über mehr Informationsfelder recherchierbar, als sie ein Dateiserver zur Verfügung stellt. Wesentliche Eigenschaften sind visualisierte Ordnungsstrukturen, Checkin/Checkout, Versionierung sowie datenbankgestützte Metadatenverwaltung zur Index-gestützten Dokumentensuche.[3]

Die gleichzeitig gute und schlechte Nachricht: Eventuell müssen Sie die Entscheidung, ob Sie ein DMS nutzen, gar nicht selbst treffen, weil Ihr Vorgesetzter (oder der Vorgesetzte Ihres Vorgesetzten oder irgendjemand anderer) diese Entscheidung schon für Sie getroffen hat. Das bedeutet, dass man Ihnen eventuell vorschreiben möchte, das bestehende DMS zu nutzen oder dass es ganz außer Frage steht, dass ein DMS in absehbarer Zeit eingeführt wird.

Im Gegensatz zu den gängigen Wiki- und Blogsystemen ist ein DMS oft nicht kostenlos und auch nicht »mal eben so« installiert. Die Chance, dass Sie im Alleingang ein DMS auf die Beine stellen, schätzen wir als eher gering ein. Sind Sie der Meinung, nicht ohne ein DMS leben zu können, weil Sie sonst in naher Zukunft im Dokumentenwirrwarr ersticken, sammeln Sie gute Argumente für den Einsatz eines ebensolchen in Ihrem Unternehmen. Gehen Sie aber davon aus, dass es aufgrund vielfacher Faktoren länger dauern wird, bis das gewünschte System dann tatsächlich

3 *https://de.wikipedia.org/wiki/Dokumentenmanagement*

auch eingesetzt werden kann, und sehen Sie Ihren persönlichen Kampf für das DMS lieber schon mal märtyrerhaft als einen Kampf, den Sie für das Seelenheil kommender Projektmanager führen.

Im anderen Fall wollen Sie vielleicht gar kein DMS, werden aber von Ihrem Unternehmen dazu genötigt, eines zu verwenden. So oder so ist es unwahrscheinlich, dass die Entscheidung, ob und welches DMS Sie nutzen wollen oder sollen, allein von Ihnen gefällt wird. Sie können nur das Beste daraus machen.

Im Labyrinth der SharePoint-Teamsites

Wenn in Ihrem Unternehmen SharePoint oder ein ähnlich komplexes System eingesetzt wird, dann beten Sie, dass sich auch jemand in Ihrer Abteilung Gedanken darüber gemacht hat, wie dieses System bei Ihnen eingesetzt wird.

Die einfachste Lösung ist: Jedes Team, jedes Projekt oder jedes Produkt bekommt seinen eigenen Bereich. Eventuell gibt es noch einen Abteilungsbereich für alle Informationen, die alle Mitarbeiter betreffen.

Ich habe in einer Firma gearbeitet, in der SharePoint eher unstrukturiert eingeführt wurde. Jeder durfte Seiten anfordern, allerdings nicht, ohne dass es etwas kostete, was aber – Kostenstelle sei Dank – nicht als das große Hindernis empfunden wurde.

Das hatte unter anderem zur Folge, dass Mitarbeiter, die mit der aufgesetzten Seite eines Kollegen nicht hundertprozentig zufrieden waren, kurzerhand ihre eigene Seite beantragten, um ähnliche bis gleiche Inhalte dort abzulegen. Für andere Mitarbeiter, die keinen Bedarf an einem eigenen SharePoint-Machtbereich hatten, aber auf diese Informationen zugreifen mussten oder wollten, war schnell nicht mehr eindeutig, wo jetzt was abgelegt war. Daraus erwuchs eine zunehmende Frustration, die bis zur totalen SharePoint-Verweigerung führte.

Darüber hinaus waren nicht alle Funktionalitäten bei der Basisausstattung einer SharePoint-Seite standardmäßig aktiviert. Das führte dazu, dass aktuelle Versionen von Dokumenten mit weniger aktuellen Versionen überschrieben wurden. Das kann selbstverständlich immer passieren. Als ich dann versuchte, die aktuelle Version wiederherzustellen, fiel auf, dass die Versionierung nicht funktionierte. Das Dokument befand sich glücklicherweise noch auf dem Arbeitsrechner bzw. als Anhang in einer verschickten Mail im E-Mail-Postfach.

Die Versionierung war schlicht nicht standardmäßig vorgesehen und vom Seitenverantwortlichen entweder absichtlich oder aus Versehen nicht explizit mit angefragt worden.

Diese Beispiele sprechen dafür, den Mitarbeitern im laufenden Betrieb zwar ausreichend Freiheiten zu geben und keine unnötigen Steine in den Weg zu legen, bei bestimmten grundlegenden Fragen aber über Firmenrichtlinien nachzudenken und so keinen Wildwuchs zuzulassen oder riskante Seitenkonfigurationen zu erlauben.

Anne Schüßler

Hurra, ein Wiki!

Das Schöne an einem Wiki: Jeder hat schon mal eins benutzt! Zumindest in Softwarekreisen kann man davon ausgehen, dass jeder bereits einmal einen Artikel in der Wikipedia aufgerufen hat. Man präsentiert seinem Projektteam an dieser Stelle also kein Neuland, sondern deutlich platt getrampelte Pfade.

Das Blöde an einem Wiki: Selber eines aufzusetzen und zu pflegen, stellt sich gelegentlich als überraschend kompliziert heraus. Zunächst wühlt man sich durch einen Dschungel an Wiki-Software, die alle irgendwie alles können, aber anders, oder vielleicht doch nicht alles, aber dafür das anstatt dies. Hat man dann seine Entscheidung getroffen, muss entschieden werden, was ins Wiki gehört und in welcher Form, wie die Artikel geordnet werden, damit man sie auch wiederfindet, und vor allem, wie man dafür sorgt, dass die Informationen aktuell bleiben.

Hat man aber alles gemeistert, befindet man sich in der luxuriösen Situation, alle wichtigen Informationen an einem Ort dokumentiert zu haben. Im besten Fall können neue Teammitglieder bei der Einarbeitung viele Fragen einfach im Wiki nachschlagen. Sie können es auch besser verknusen, wenn Ihnen aus welchen Gründen auch immer während des Projekts ein Teammitglied abhandenkommt.

Den Mitarbeiter zum Wiki-Gärtner machen

Ein Wiki muss gepflegt werden. Das richtige Modalverb ist an dieser Stelle sehr wichtig. Es kann nicht und es sollte nicht, es muss gepflegt werden. Nur ein gepflegtes Wiki ist ein benutzbares Wiki. Und nur wer gewohnt ist, die nötigen Informationen im Wiki ohne große Mühe zu finden, wird das auch einigermaßen verlässlich tun.

Weil die Pflege eines Wikis aber mühsam ist und nicht unbedingt zu den Lieblingsaufgaben der Mitarbeiter gehört, muss man sich etwas dazu einfallen lassen, wie man gleichzeitig ein nutzbares Wiki garantieren kann, ohne die Kollegen dabei unglücklich zu machen.

Typische Aufgaben, die bei dieser Arbeit anfallen: Artikel auf Aktualität prüfen, veraltete Artikel entweder als solche markieren oder direkt aktualisieren (oder löschen), Ideen für sinnvolle neue Artikel sammeln, brachliegende Artikel mit Inhalt füllen (oder löschen), Kategorien prüfen, neue Kategorien einführen, Links prüfen oder einfach mal Texte auf Verständlichkeit und Richtigkeit überprüfen.

Üblicherweise wird ein Mitarbeiter nicht über die fachliche Kompetenz verfügen, alle Artikel zu jedem Thema auch inhaltlich zu prüfen. Er oder sie muss also andere Teammitglieder darauf hinweisen, wenn konkreter Handlungsbedarf besteht. Sorgen Sie als Projektmanager dafür, dass solche Hinweise auch ernst genommen werden. Im Projektgeschäft gibt es vermeintlich immer wichtigere Dinge, die dringender erledigt werden müssen, als irgendwas zu dokumentieren. Das ist ein Irrtum, denn Wiki-Arbeit kann zwar vielleicht auch morgen erledigt werden, wenn es dann aber nie erledigt wird, verlieren Sie womöglich am Ende mehr Zeit, als wenn sich jemand einfach mal zwei Stunden Zeit genommen hätte.

Möglicherweise findet sich tatsächlich jemand im Team, der diese Aufgabe gern übernimmt. Dann hat sich das Problem sehr schnell gelöst, vorausgesetzt, dieser Mitarbeiter bekommt die nötige Zeit eingeräumt, um die Arbeit mit ausreichender Sorgfalt zu erledigen. Außerdem birgt diese Herangehensweise die Gefahr, dass sich die anderen Teammitglieder sofort weniger berufen fühlen, selbst zur Pflege des Wikis beizutragen. (Team steht ja bekanntlich auch für: Toll, ein anderer macht's!)

Eine andere Möglichkeit ist, diese Aufgabe einfach im Team rotieren zu lassen. Jeden Monat wird ein anderes Teammitglied zum Wiki -Gärtner gemacht und darf dort Unkraut jäten, Hecken stutzen und neue Blumen pflanzen. Damit ist die Last dieser Arbeit nicht auf einen (mehr oder weniger willigen) Kollegen abgewälzt. Im besten Fall wächst so auch das Verantwortungsgefühl jedes Einzelnen dafür, dieses wichtige Informationstool nicht zuwuchern oder – wenn wir bei der Gartenanalogie bleiben möchten – absterben zu lassen.

Bei der Wahl der Wiki-Software werden Sie dann erst mal sofort verzweifelt vor dem Rechner zusammenbrechen. So viel! So unübersichtlich! Wie soll man sich da für etwas entscheiden? Die Wikipedia selbst führt eine Liste mit Wiki-Software[4], bei der man nicht weiß, wo man anfangen und worauf man überhaupt achten soll.

Machen Sie es sich leicht: Sie wollen hier kein professionelles externes Wiki aufziehen, sondern ein internes, das für Ihren Zweck verwaltbar ist und die wichtigsten Funktionen abdeckt. Verschwenden Sie also nicht zu viel Zeit damit, alle möglichen Optionen zu prüfen, sondern nehmen Sie lieber das Offensichtliche und schauen, ob es reicht. Die Wikipedia selbst zum Beispiel basiert auf MediaWiki, das Sie sich auf *www.mediawiki.org* herunterladen können. Was für Wikipedia funktioniert, sollte auch für Sie ausreichen.

Wenn in Ihrer Firma SharePoint eingesetzt wird, kann es sein, dass Sie hier eine Wiki-Funktionalität integriert haben und nutzen können. Das ist insofern praktisch, als dass Sie in diesem Fall auch das Berechtigungskonzept von SharePoint nutzen können, um sicherzustellen, dass genau die Menschen Zugriff auf das Wiki bekommen, die ihn brauchen. Auch das Bugtracking-System *Jira* hat mit *Confluence* eine entsprechende Wiki-Software. Es lohnt also, zu prüfen, was sowieso schon in Ihrem Unternehmen eingesetzt wird, und auf bestehende Infrastruktur zurückzugreifen.

Aus unserem Erfahrungsschatz können wir im Folgenden noch ein paar Hinweise darauf geben, was Sie bei einem Wiki unbedingt beachten oder auf keinen Fall vergessen sollten.

4 *https://de.wikipedia.org/wiki/Liste_von_Wiki-Software*

Benutzen Sie Schlüsselwörter

Wir gehen davon aus, dass Sie schon mal etwas im Internet gesucht haben. Sie tippen also etwas in ein Suchfeld ein und hoffen, dass die Ergebnisliste so aussieht, dass Sie möglichst schnell ein möglichst hilfreiches Stück Internet finden werden. Mit der Zeit haben Sie gelernt, mit welchen Wörtern und Wortkombinationen Sie schneller ans Ziel kommen. Das alles funktioniert aber natürlich nur, weil die von Ihnen verwendeten Wörter auch irgendwo in den gesuchten Informationen vorkommen. Die Chance, dass Sie auf einer guten Seite über Haselmäuse landen, wird gering sein, wenn Sie »Blobfisch« in das Suchfeld tippen. Das liegt daran, dass auf Haselmausexpertenseiten selten von Blobfischen die Rede ist. Nutzen Sie dieses Wissen auch für Ihre eigenen Wiki-Artikel und verwenden Sie genau die Wörter in der Schreibweise, von der Sie erwarten, dass jemand, der später diese Information braucht, sie eintippen wird. Jeder Wiki-Artikel ist immer nur so hilfreich, so gut man ihn finden kann, wenn man ihn braucht.

Kategorien vs. Hauptseiten

Ein klassischer Fehler besteht darin, für jeden Themenbereich eine Hauptseite anzulegen, von der aus einzelne Links zu den entsprechenden Wiki-Artikeln zu diesem Thema führen. Im besten Fall haben Sie fleißige und ordentliche Mitarbeiter, die es niemals vergessen, einen neuen Artikel auch auf der passenden Themenhauptseite zu verlinken. Im Normalfall haben Sie fleißige und ordentliche Mitarbeiter, die gelegentlich daran denken, aber oft auch nicht.

Eine Alternative zu solchen Knotenpunkten sind Kategorien. Jedes Wiki, das etwas auf sich hält, bietet als Funktionalität, dass man Kategorien anlegen und jede Seite einer oder mehreren Kategorien zuordnen kann. Dann muss man nur noch auf die Kategorie klicken und sieht alle Seiten, die zu dieser Kategorie gehören. Natürlich kann man immer noch vergessen, seinen neu geschriebenen Artikel allen passenden Kategorien zuzuordnen, aber die Erfahrung sagt, dass der Weg über die Kategorien weniger fehleranfällig ist als der über handgemachte Hauptseiten.

Vereinbaren Sie Gestaltungsregeln

Der erste Schritt ist, Ihr Wiki ans Laufen zu bekommen. Dabei hilft es unter Umständen, wenn Sie Ihren Mitarbeitern nicht allzu viele Steine in den Weg legen, sondern Sie erst mal machen lassen. Nichts lähmt den Enthusiasmus so schön wie das Gefühl, irgendwas falsch machen zu können. Sorgen Sie dafür, dass Ihre Mitarbeiter sich nicht scheuen, aktiv am Wiki mitzuarbeiten.

Damit das Wiki aber nicht zu schnell im Wildwuchs versinkt, sollten Sie regelmäßig prüfen, wie der aktuelle Zustand ist, und zusammen mit Ihren Mitarbeitern überlegen, wie Sie verhindern können, dass Informationen im Wiki nicht aktuell oder schlecht auffindbar sind. Eine einfache Maßnahme kann sein, veraltete Informationen, die noch überprüft werden sollen, mit einem definierten Marker zu versehen, der auf diesen Missstand hinweist. Genau so kann ein Marker vereinbart werden, der darauf hinweist, dass bei einem Artikel noch Informationen fehlen.

Ein einfacher Marker könnte z.B. mit einem roten Rahmen versehen sein und den Warnhinweis »Diese Informationen sind veraltet und müssen geprüft und überarbeitet werden.« enthalten. An den Anfang eines Wiki-Beitrags gestellt, ergeben sich so gleich mehrere Vorteile:

1. Vorteil: Der Leser des Dokuments weiß sofort, woran er ist.
2. Vorteil: Ein guter, eindeutiger Marker kann über die Suchfunktion jederzeit gefunden werden, sodass Sie zu überarbeitende Beiträge immer schnell finden können.
3. Vorteil: Motivierte Mitarbeiter können eigenständig fehlende Informationen nachtragen oder veraltete überprüfen und überarbeiten.

Ein Wiki ist immer ein lebendes System. Auch wenn es nicht so aussieht, als gehöre die Pflege eines Wikis zu Ihren größten Prioritäten, sollten Sie doch dafür sorgen, dass Sie – sofern Sie sich für eines entscheiden – sich etwas Zeit in Ihrem vollen Projektmanagerkalender freiräumen, um gelegentlich nach dem Rechten zu sehen, und mit Ihrem Team abstimmen, wie eventuelle Probleme bei der Wiki-Pflege gelöst werden können.

Project goes Web 2.0: ein Projektblog

»Um Gottes Willen«, werden Sie jetzt stöhnen. »Nicht noch ein Blog! Wir haben keine Zeit für so was!«

Nein, haben Sie natürlich nicht. Im Projektgeschäft haben Sie keine Zeit für irgendwas. Deswegen zieht leider auch dieses Argument nicht so, denn wenn Sie nur das täten, wofür Sie gerade Zeit hätten, würden Sie ja auch dieses Buch hier nicht lesen. Das tun Sie aber offensichtlich gerade.

Anders gesagt: Auch oder vielleicht gerade im stressigen Projektgeschäft lohnt es sich gelegentlich mal, Dinge zu tun, die vielleicht weniger wichtig sind als andere Dinge und auch nicht immer unmittelbaren Nutzen bringen, dafür aber langfristig helfen oder an anderer Stelle unerwartet hilfreich sind. Zu diesen Dingen könnte ein Projektblog gehören.

Aber warum, fragen Sie nun erneut, warum sollte ich ein Blog haben wollen? Was bringt uns das außer mehr Arbeit? Liest das überhaupt irgendjemand? Und können wir das nicht einfach mit E-Mails machen, so wie bisher auch?

Die Nachteile eines Blogs liegen erst mal klar auf der Hand: Es kostet Zeit, es macht Arbeit, man muss sich darum kümmern, und zwar kontinuierlich und nicht nur einmal im Laufe des Projekts. Sie brauchen Mitarbeiter, die bereit sind, Dinge zu schreiben, und zwar so, dass diese auch angemessen interessant und verständlich sind.

Konzentrieren wir uns also auf mögliche Vorteile:

- Ein Blog ermöglicht Ihnen, zentralisiert Informationen zu kommunizieren. So können Sie zum Beispiel wichtige Änderungen an einer Software oder das erfolgreiche Erreichen eines Meilensteins verkünden. *»Das geht aber doch auch per E-Mail!«*, werden Sie einwenden. Jein. Natürlich geht das, aber E-Mail birgt zwei entscheidende Nachteile: Bei einem größeren Adressatenkreis ist es nicht unwahrscheinlich, dass jemand vergessen wird. Vor allem aber: E-Mails lassen sich nicht rückwirkend an neu hinzugekommene Projektmitarbeiter, Stakeholder oder anderweitig Interessierte versenden. Stehen alle wichtigen Informationen zum bisherigen Projektverlauf im Blog, können Sie einmal auf das Blog verweisen, und die Projektneulinge können sich dort alle für sie relevanten Informationen holen. Wer schon einmal als Nachzügler *»Ich leite dir einfach mal alle wichtigen E-Mails weiter!«* hörte und daraufhin 20 Mails aus den letzten sechs Monaten im Postkasten hatte, ahnt vielleicht schon, worin der Vorteil liegt.
- Wenn Sie es schaffen, das Blog im Laufe des Projekts regelmäßig mit den wichtigsten Neuigkeiten, erreichten Meilensteine, wissenswerten Informationen und was es sonst noch so gibt, zu befüllen, haben Sie am Ende des Projekts automatisch eine kleine Projekthistorie, die sich vermutlich besser lesen lässt, als sich die äquivalenten E-Mails aus Ihrem Postfach rauszusuchen.
- Ein Blog kann ein Marketinginstrument sein. Sofern Sie mutig genug sind, Ihr Projektblog auch extern publik zu machen – sei es nur im Unternehmen oder gleich ganz öffentlich im Internet –, und sind Ihre Beiträge sowohl interessant als auch ausreichend professionell, haben Sie hier schon einen Teil der Öffentlichkeitsarbeit geleistet.
- Ein Blog kann das Team stärken. Das ist Ihr Blog. Also nicht Ihr persönliches, sondern das Ihres Teams. Wenn Sie es schaffen, Ihr Projektblog als gemeinsames Informationstool zu etablieren, sorgen Sie im besten Fall dafür, dass wichtige Informationen automatisch dort landen und nicht im Flurfunk versanden.

Was aber kann ein Blog leisten, was ein Wiki nicht kann? Wo sind hier die Unterschiede? Brauche ich beides, oder reicht eins, und wonach entscheide ich, was besser für mich ist?

Der wesentliche Unterschied zwischen einem Blog und einem Wiki ist, dass Sie Ersteres eher für gerade aktuelle Informationen verwenden, während Zweiteres eher für allgemeingültige, zeitlich ungebundene Informationen geeignet ist. Das ist ein grober Richtwert. Nehmen Sie ein Beispiel aus dem untechnischen richtigen Leben: Hier erfahren Sie im Blog der Vogelfreunde, dass die Turteltaube der Vogel des Jahres 2020 ist. Wenn Sie mehr über die Turteltaube erfahren wollen, gucken Sie in der Wikipedia nach, denn Turteltaubeninformationen veralten nicht so schnell. Natürlich stehen die wichtigsten Informationen über die Turteltaube auch im Blogartikel, und in der Wikipedia hätten Sie ebenfalls erfahren, dass die Turteltaube der Vogel des Jahres ist, es geht ja nur um ein generelles Gefühl dafür, wo man für welche Sorte Information so hingehen würde, um nachzuschauen. Die gute Nachricht ist also: Wenn Sie regelmäßig im Internet nach Dingen suchen, werden Sie intuitiv schon ahnen, ob die gewünschte Information eher in einem Blog oder in der Wikipedia zu finden ist.

Die andere gute Nachricht ist: Ob Sie ein Wiki oder ein Blog oder beides oder vielleicht gar nichts davon brauchen, können Sie selbst nicht nur entscheiden, Sie können Ihre Entscheidung auch jederzeit überholen und etwas anderes machen. Stressen Sie sich also nicht zu viel, sondern machen Sie erst mal, und schauen Sie dann, ob es das gewünschte Ergebnis bringt. Wir sind nur hier, um Ihnen die Möglichkeiten aufzuzeigen, auf die Sie eventuell von alleine nicht gekommen wären.

Haben Sie sowohl ein Blog als auch ein Wiki, werden Sie immer wieder vor der Entscheidung stehen, was jetzt wo besser aufgehoben ist. Als grobe Leitlinie lässt sich sagen: Alles, was aktuell ist, sollte eher in ein Blog, alles, was eher eine allgemeine, langlebige Information ist, gehört besser in ein Wiki. Die Meldung, dass ein neues Release in den Produktivbetrieb geht, ist also ein Blogeintrag, die Anleitung, wie das Release installiert werden muss, ist eher ein Artikel im Wiki, auf den dann im besten Fall aus dem Blogeintrag verlinkt wird.

Auch andere Faktoren können eine Rolle spielen. Ein Wiki könnte beispielsweise nur für Ihr Team verfügbar sein, während ein Blog auch für Kollegen in anderen Abteilungen zugänglich ist. Im Wiki steht also dann, wie man einen Testserver aufsetzt, und im Blog finden sich aktuelle Informationen zu dem letzten Produktrelease.

So oder so ist es aber eben gar nicht schlimm, wenn Sie es erst mal nicht so ganz richtig gemacht haben, denn Sie können es ja jederzeit ändern. Wie Ihnen jeder Blogger vorbeten kann, ist ein Blog flexibel und wird sich sowieso an die Realität anpassen, Sie müssen also gar nicht von Anfang an alles richtig machen.

Als Alternative zu einem Projektblog wäre übrigens ein Produktblog denkbar, das auch nach Ende des Projekts weitergeführt wird und in dem hilfreiche Tipps, Releaseneuigkeiten und ähnliche Informationen weitergegeben werden. Ob dieses Blog rein intern zugänglich ist oder auch extern von (potenziellen) Kunden aufgerufen werden kann, müssen Sie selbst überlegen. Ein professionell aufgesetztes Blog, das sowohl über Ihre Produkte und Dienstleistungen als auch darüber hinaus über die eine oder andere Neuigkeit in der Firma berichtet (Messe- oder Konferenzbesuche bieten sich hier zum Beispiel an) oder gelegentlich einen Beitrag über aktuelle technologische Entwicklungen anbietet, kann durchaus viel zur Kundenbindung beitragen. Wollen Sie lieber nur intern bleiben oder bietet sich das, was Sie in Ihrem Projekt oder in Ihrer Firma tun, nun wirklich nicht an, um es öffentlich zu machen, kann auch ein Projektblog jenseits von seinem informativen Nutzen das Wir-Gefühl des Teams stärken.

Wenn Sie sich nun für ein Projekt- oder Produktblog entschieden haben, müssen Sie sich nur noch eine Plattform aussuchen. Eventuell wird in Ihrem Unternehmen SharePoint oder eine vergleichbare Verwaltungssoftware eingesetzt, dann können

Sie einfach die vorhandene Infrastruktur nutzen und die in diesen Tools bereits vorhandene Blogfunktion nutzen.

Alternativ organisieren Sie sich etwas Platz auf dem Server und installieren eine der gängigen Blogsoftwares, die aktuell am Markt zu haben sind. Der bekannteste Anbieter ist hier wohl WordPress, die Software lässt sich recht einfach einrichten, sofern man einen Server und eine kleine MySQL-Datenbank zur Verfügung hat. Wir sind keine Propheten, aber die Chancen, dass WordPress auch in den nächsten Jahren noch ordentlich supportet wird, stehen recht gut. Andere bekannte Blogplattformen wie Googles Blogger.com[5] oder Tumblr[6] sind für die Zwecke eines nicht privaten Blogs eher ungeeignet, da es keine Möglichkeit gibt, diese selbst zu hosten.

Manche Softwareentwickler wie zum Beispiel der in Programmiererkreisen recht prominente Programmierer und Podcaster Scott Hanselman neigen dazu, das Rad neu erfinden zu wollen, und schreiben sich ihre Blogsoftware gleich selbst. Wir raten davon ab, denn erstens haben sowohl Sie als auch Ihre Projektmitarbeiter genug zu tun, zweitens sind Sie nicht Scott Hanselman, und drittens gibt es vermutlich nichts, was Sie brauchen, das es nicht in einer bereits existierenden Blogsoftware schon gäbe oder von einem anderen armen Menschen als Plug-in programmiert und veröffentlicht worden wäre.

Newsletter nicht abbestellen

Bitte zucken Sie nicht schon bei der Überschrift dieses Abschnitts zusammen, wir haben wirklich nichts Böses vor. Tatsächlich stehen Newsletter in dem schlechten Ruf, Mailpostfächer mit unwichtigen und unerwünschten Inhalten zuzuspammen, und diesen Ruf haben sie leider nicht von ungefähr. Doch erstens sind nicht alle Newsletter so schlimm wie ihr Ruf, zweitens gibt es Möglichkeiten, damit umzugehen, und drittens reden wir hier nicht von Ihrem Privat-, sondern von Ihrem Arbeitspostfach, und da hält sich die Newsletter-Flut ohnehin hoffentlich zurück.

Bei einem größeren Projekt, in das mehrere Abteilungen eingebunden sind, hilft es, in regelmäßigen Abständen einen Projekt-Newsletter zu verschicken, in dem alle aktuellen Informationen, der aktuelle Projektstatus und weitere relevanten Dinge zusammengefasst sind. So ein Newsletter hat neben dem offensichtlichen Zweck der Informationsweitergabe noch einige hübsche Nebeneffekte:

1. Sie stärken das Zugehörigkeitsgefühl zu einem Projekt bzw. den Teamgedanken. Binden Sie alle relevanten Abteilungen mit ein, sodass das Entwicklungsteam auch mitbekommt, was im Marketing passiert und andersrum. Auf einmal sind es vielleicht nicht mehr »die da im Marketing, die irgendwas tun«, sondern Jörg und Susanne, die in der letzten Woche ein erstes Konzept zur Vermarktung

5 *https://www.blogger.com/*

6 *https://www.tumblr.com/*

der neuen Software bei der Geschäftsführung präsentiert haben. Diese Information ist für die Arbeit der Entwicklung nicht direkt relevant, es wird auf diesem Wege aber dafür gesorgt, dass das Projekt in seiner Gesamtheit kein abstraktes Konstrukt für die einzelnen Beteiligten ist.

2. Wenn Sie darauf achten, dass der Newsletter wirklich regelmäßig (wöchentlich oder zweiwöchentlich) verschickt wird, werden Sie gleichermaßen dazu genötigt, sich in regelmäßigen Abständen und jenseits von spontanen Nachfragen der Stakeholder oder der Entwicklungsleiterin Gedanken über Ihr Projekt zu machen und diese auch für andere verständlich festzuhalten.
3. Wenn Sie die Newsletter-Kommunikation an einen Projektassistenten weitergeben, kommen Sie auf diesem Weg Ihrem Ziel näher, ein verlässliches Backup für Ihren Sommerurlaub heranzuzüchten. Legen Sie direkt am Anfang fest, welche Inhalte in den Newsletter gehören und welche Parteien darüber hinaus Inhalte beisteuern sollen. Sie erreichen damit nicht nur, dass Ihr Projektassistent stets über den Status des Projekts informiert ist, sondern auch, dass er so die Ansprechpartner und alle beteiligten Parteien an Ihrem Projekt kennenlernt.

Ein paar sinnvolle Inhalte für einen Newsletter können sein:

- Aktueller Projektstatus (alles im Plan, was verzögert sich, worauf wird gewartet?)
- Highlights der Woche (der letzten zwei Wochen/des Monats)
- Aktuelle Probleme (und getroffene Maßnahmen)
- Berichte aus den verschiedenen Abteilungen (verpflichten Sie hierzu die Abteilungsleiter bzw. Teamleiter in Ihrer Abteilung bzw. in Ihrem Team, nach interessanten Themen zu fragen, gegebenenfalls lassen Sie die Verantwortung rotieren, sodass alle beteiligten Teams abwechselnd berichten)
- Vorstellung einzelner Projektmitarbeiter (schicken Sie Ihren Projektassistenten zu einem kleinen Interview)
- Interessante Links (eventuell stolpern Sie im Rahmen Ihres Projekts über interessantes Lesematerial; teilen Sie dies mit dem Rest des Projektteams)

Darüber hinaus sind Ihrer Fantasie keine Grenzen gesetzt. Überlegen Sie sich, was für Ihr Team interessant sein könnte. Achten Sie darauf, dass der Newsletter zu einer festen Institution wird und mit Inhalten gefüllt wird, die für die Adressaten von Mehrwert sind.

Ein Projekt-Newsletter ergibt dann Sinn, wenn das Projekt über einen längeren Zeitraum angelegt und das Projektteam ausreichend groß ist und eventuell verteilt sitzt (innerhalb der Firma oder sogar an verschiedenen Standorten). Bei einem Zweimonatsprojekt mit einem eingeschworenen Projektteam von vier Entwicklern, einem Designer und zwei Testern, die sich zwei Büros teilen, macht ein Newsletter vermutlich mehr Arbeit, als er Gewinn erzielt.

TEIL II

Persönlichkeit und Fähigkeiten

»So I'm a project manager now, now what?«

Wenn Sie bis hierhin gelesen und keine Kapitel übersprungen haben, wissen Sie schon deutlich mehr über das, was Sie bei Ihrer Arbeit erwartet und wie Sie damit umgehen können als vorher. Sie fürchten sich nicht mehr vor Fachbegriffen, können das Projekt zeitlich und ressourcentechnisch planen, haben Strategien, mit Risiken umzugehen und auch keine Angst mehr davor, gelegentlich mit ein paar Zahlen zu jonglieren. Zumindest war das unser Ziel. Sie sind auf dem Weg, ein weniger schlechter Projektmanager zu sein, ein gutes Stück vorangekommen.

Als Projektmanager haben Sie aber nicht nur mit dem fachlichen und methodischen Aspekt Ihrer Arbeit zu tun. Natürlich hilft es, wenn man weiß, wovon die anderen Leute in Meetings reden. Im Gegensatz zum landläufigen Irrglauben reicht es aber leider nicht, nur fachlich kompetent zu sein. Stattdessen spielt die Fähigkeit, organisieren und kommunizieren zu können, eine entscheidende Rolle in Ihrem zukünftigen Berufsalltag.

Es ist sogar noch schlimmer. Manchmal muss ein Projektmanager von der Materie nur grob eine Ahnung haben (keine Ahnung ist allerdings auch keine Lösung), er muss lediglich so viel verstehen, dass es für Planung und Organisation, also für die Anwendung der Methode, ausreicht. Bei manchen Projektmanagern wirkt sich zu viel fachliches Wissen sogar negativ aus. Schlimmer noch: Zu intensives fachliches Wissen kann, insbesondere bei großen Projekten, fatale Folgen haben. Als Projektmanager haben Sie nun nämlich eine Steuerungsfunktion, Sie sind nicht mehr derjenige, der das Softwaremodul programmiert, sondern Sie sind derjenige, der die rechtzeitige Fertigstellung des Moduls verantwortet. Verabschieden Sie sich von Ihren gewohnten, ja vielleicht sogar lieb gewonnenen Aufgaben, die Sie die letzten Jahre Ihres Berufsalltags begleitet haben. Jetzt kommen ganz neue, noch krassere Aufgaben, mit denen Sie fertig werden müssen, und gar nicht mal so viel davon hat damit zu tun, was Sie alles an fachlichem Wissen angesammelt haben.

Fachleute werden in Projekten häufig zu Mikromanagern, die alles selber machen wollen, nur weil sie es zufällig auch können. Außerdem ist es doch viel schöner und angenehmer, sich mit den Dingen zu beschäftigen, mit denen man sich auskennt.

Das ist auch ganz normal und menschlich, natürlich fühlen wir uns wohler, wenn wir wissen, was wir tun, weil wir es vielleicht schon hundertmal getan haben.

Die Beschäftigung mit Plänen, Risiken oder gar Menschen (also zum Beispiel mit Ihrem Team) bringt viele Unsicherheiten mit sich. Wenn das alles nicht wie etwas klingt, das Ihnen prinzipiell Spaß machen könnte, dann ist Projektmanagement vielleicht nicht das, was Sie glücklich machen wird. Ein weniger schlechter Projektmanager muss kein Fachexperte auf seinem Gebiet sein, sondern vielmehr jemand, der in der Lage ist, fachliche Zusammenhänge verstehen zu können, darüber hinaus muss er aber auch gut darin ist, rauszuzoomen und den Überblick zu behalten, Probleme zu erkennen und Teammitglieder so gut anzuleiten, dass sie ihre Arbeit weitestgehend alleine erledigen können.

Leider hat sich diese Weisheit noch nicht in allen Unternehmen herumgesprochen, und so wird oft jemand Projektmanager, der einfach nur lange genug im Unternehmen ist und mal befördert werden sollte. Dass sich nicht jeder zum Projektmanager eignet und auch nicht jeder als Projektmanager glücklich wird, findet dabei leider nicht immer Berücksichtigung. Was als Auszeichnung oder Belohnung gedacht war, geht dann zum allgemeinen Unmut aller Beteiligten eher nach hinten los.

Eigentlich wollen wir uns aber gar nicht so sehr darüber auslassen, was einen schlechten Projektmanager ausmacht. So einer wollen Sie auch gar nicht sein, sonst würden Sie ja keine Bücher darüber lesen, wie man ein weniger schlechter Projektmanager wird. Was macht also einen perfekten oder zumindest einen ganz okayen Projektmanager aus? Die Kenntnis der Methode scheint ein wichtiger Aspekt zu sein, und das ist auch richtig. Die gute Nachricht ist, dass die Methode einfach zu erlernen ist, zumal es sich hier wahrlich nicht um eine Raketenwissenschaft handelt. Aber es gibt noch mehr. Nennen wir es mal die Persönlichkeit des Projektmanagers, die sich häufig in den sogenannten »weichen Fähigkeiten«, den Softskills, zeigt.

Wenn man wissen will, was genau denn von einem guten Projektmanager erwartet wird, kann man sich die Anforderungen in den aktuellen Stellenausschreibungen angucken. Immer und immer wieder wird die Anforderung der Kommunikationskompetenz formuliert. Daraus lässt sich schließen: Kommunikation – GANZ WICHTIG! Tatsächlich sollte der Projektleiter ein guter Kommunikator sein (was einen guten Kommunikator ausmacht, klären wir später). Darüber hinaus stolpern wir immer wieder über Präsentationskompetenz! Der Projektleiter muss in der Lage sein, sein Projekt zu präsentieren, um damit sein Umfeld und seine Stakeholder für das Projekt zu begeistern. Außerdem gerne gefragt: Flexibilität und Belastbarkeit! Was auch immer im Projekt auch mal schiefgeht, im Zweifelsfall sind Sie derjenige, der den Karren aus dem Projektmorast ziehen muss, im schlimmsten Fall allein. Na, Halleluja.

Was Sie noch so erwartet: Sie sollten selbstständig arbeiten und am besten auch dafür sorgen, dass Ihre Mitarbeiter das ebenfalls tun. Dann müssen Sie noch damit rechnen, dass im Projektalltag nicht immer heile Welt herrscht und als Konfliktlöser oder besser noch als Konfliktvorherseher und -vermeider in Erscheinung treten. Und zu guter Letzt sind Sie jeden Morgen motiviert und schaffen es darüber hinaus, dass Ihr Team ebenso voller Vorfreude auf einen neuen Tag im Projektgeschäft an den Schreibtisch hüpft. Zusammengefasst, sind Sie am besten der neue Wolpertinger unter den Kollegen, die Eier legende Wollmilchsau oder eben, genauer gesagt, das neue Modell der motivierten, keinen Konflikt scheuenden, kommunikativen, präsentationssicheren, alles voraussehenden und gut organisierten Führungskraft. Das klingt doch mal gar nicht so einschüchternd.

Jetzt kommt die schlechte Nachricht: Persönlichkeit ist nur bedingt erlernbar. Eine Präsentation vor einem Kunden zu halten, ist erlernbar. Holen Sie sich einen guten Coach, und Sie werden feststellen, dass Sie – vorausgesetzt, Sie sind keine totale Kommunikationsnull – nach wenigen Wochen Übung deutliche Fortschritte in Ihrer Präsentationsfähigkeit machen. Schwieriger wird es mit dem Thema Führung. Es gibt Menschen, denen die Fähigkeit, Menschen zu führen, in die Wiege gelegt ist. Das sind Menschen, denen das Team auch gerne folgt. Kann man so was überhaupt lernen? Ehrlicherweise müssen wir zugeben, dass es hier nicht mehr ganz so einfach ist, aber wir sind sicher, dass es den einen oder anderen Hinweis gibt, der Ihnen weiterhilft.

An dieser Stelle wollen wir wirklich eine Warnung aussprechen. So verlockend der Titel »Projektmanager« auch ist, stellen Sie sich kritisch die Frage, ob Sie das wirklich sind. Haben Sie die persönlichen Eigenschaften, die notwendig sind, um diesen Job zu machen? Stellen Sie sich diese Frage insbesondere dann, wenn Sie als Fachmann oder gar als Spezialist gearbeitet haben. Sie müssen sich darüber im Klaren sein, dass Sie als Projektmanager diesen Komfortbereich verlassen und dass die Aufgaben, die Ihnen bislang Spaß gemacht haben, nicht mehr Ihre Aufgaben sein werden. Die Grundfrage muss hier lauten: Können und wollen Sie mit Menschen? Wir meinen das wirklich ernst, denn wir haben schon zu viele sogenannte »Führungskräfte« kennengelernt, also Menschen in leitenden Positionen, sei es nun im Projektmanagement oder in der Linie, die über die Liebe und Leidenschaft zu ihrem Fach die Menschen, die sie zu führen haben, vergessen. Doch das wird wesentlicher Bestandteil Ihrer zukünftigen Aufgaben sein, also beantworten Sie diese Frage bitte ehrlich, schon allein aus Fairness sich selbst gegenüber, aber auch aus Fairness gegenüber Ihren potenziellen Mitarbeitern. Weder Sie noch Ihre Mitarbeiter werden glücklich sein, wenn Sie sich in Ihrer neuen Rolle nicht wohlfühlen, und kein noch so schöner Titel kann dieses Unglück aufheben.

Sind das alles nicht Grundvoraussetzungen für jeden Job heutzutage? Natürlich schadet keine dieser Eigenschaften auch in jedem anderen Beruf, für den Job eines Projektmanagers sind sie aber mehr als schöne Worte, es sind unabdingbare Voraussetzungen. Wenn Sie die Rolle des Projektmanagers ernst nehmen, werden Sie schnell merken, dass Sie eine ganz andere Verantwortung wahrnehmen müssen. Sie können sich nicht mehr hinter Ihrem Chef verstecken oder anklagend auf die schlechte Planung zeigen, wenn mal was nicht klappt. Auf der anderen Seite haben

Sie endlich die Verantwortung und damit auch die Erlaubnis, Dinge entscheiden zu können und sogar zu müssen.

Schauen wir uns zudem das Spektrum an Softskills an, von dem die *International Project Management Association* (IPMA) meint, sie seien wichtig, um als Projektmanager erfolgreich zu sein. Bei der IPMA findet man unter dem Stichwort »Verhaltenskompetenz-Elemente« Themen wie Führung, Selbststeuerung, Motivation, Offenheit, Ergebnisorientierung, Beratung, Konflikte und Krisen, Verlässlichkeit, Ethik und viele mehr.

Wir wollen uns in den nächsten Kapiteln auf einige wenige persönliche Eigenschaften und Fähigkeiten beschränken, von denen wir meinen, dass sie essenziell sind, um im Projektgeschäft zu bestehen, und versuchen, herauszuarbeiten, was die auf dem Papier formulierte Eigenschaft für Ihr tägliches Handeln im Projekt bedeutet.

Auch wenn wir manchmal sehr streng klingen, wenn es um Ihre eigene Selbsteinschätzung in Hinblick auf Ihre Rolle als Projektmanager geht, soll Sie das nicht entmutigen. Der erste Schritt ist schon dann getan, wenn Sie sich über die zu erwartenden Probleme klar werden und Ihrer Rolle und Ihren Aufgaben bewusst sind. Wir sind nur so streng, weil Sie jetzt eben an einer sehr wichtigen Position sitzen und es dementsprechend auch wichtig ist, dass Sie wissen, was auf Sie zukommen wird und wie Sie damit umgehen können.

Auf der anderen Seite ist noch kein Projektmanager vom Himmel gefallen, und wenn Sie nicht zu den wenigen Menschen gehören, die nicht von Anfang an alles richtig machen, ist das gar nicht schlimm. Viel wichtiger ist es, dass Sie bereit sind, aus Ihren anfänglichen Fehlern zu lernen und es jedes Mal besser zu machen, bis Sie nicht nur ein weniger schlechter, sondern sogar ein ziemlich guter Projektmanager sind.

KAPITEL 15

Projektkommunikation ist (un)wahrscheinlich

Kommunikation ist unwahrscheinlich. Sie ist unwahrscheinlich, obwohl wir sie jeden Tag erleben, praktizieren und ohne sie nicht leben würden.

– *Niklas Luhmann*

Man kann nicht nicht kommunizieren, denn jede Kommunikation (nicht nur mit Worten) ist Verhalten und genauso, wie man sich nicht nicht verhalten kann, kann man nicht nicht kommunizieren.

– *Paul Watzlawick*

Dass Kommunikation ein wesentlicher Erfolgsfaktor für Projekte ist, würde Ihnen jeder ohne Zögern sofort unterschreiben. Klar, miteinander sprechen, super, weiß man ja. Man darf jetzt natürlich nicht weiter nachfragen, was *genau* das eigentlich bedeutet und warum man *im Detail* miteinander reden sollte und über was man *überhaupt* reden soll, denn dann erntet man sehr schnell verständnislose Blicke. Nun ist Kommunikation zugegebenermaßen ein weit gefasster und weit zu fassender Begriff, insofern ist es also auch etwas viel verlangt, aber zur genauen Klärung sind wir ja da und nicht Ihre Freunde. Gehen Sie mit diesen lieber was trinken und unterhalten Sie sich über spannendere Dinge. Wir dagegen holen uns erst mal einen belebenden Tee und widmen uns der Kommunikation.

Da gibt es zunächst die Kommunikation im Sinne von Information. Sie informieren in regelmäßigen Abständen beispielsweise Ihre Stakeholder oder Ihre Auftraggeber über den aktuellen Stand Ihres Projekts. Dazu erstellen Sie Statusberichte, in denen Sie den Fortschritt Ihres Projekts in Bezug auf den Fertigstellungsgrad, die Terminsituation und das verbrauchte Budget dokumentieren. Diese stellen Sie dann den entsprechenden Zielgruppen zur Verfügung, oder Sie geraten gar in die Verlegenheit, den Projektstatus präsentieren zu müssen. Als Projektmanager sind Sie an dieser Stelle mit Ihren Präsentationsfähigkeiten gefragt.

Dann gibt es die Kommunikation in regelmäßig stattfindenden Meetings, vorausgesetzt natürlich, Sie halten Projektmeetings ab. Hier sind Sie als weniger schlechter Projektmanager mit Ihren Fähigkeiten gefragt, ein Meeting zu führen und zu steuern, Sie halten das Heft in der Hand und bestimmen Inhalte und Form des Meetings.

Bei der Präsentation Ihres Projekts oder des aktuellen Projektstatus handelt es sich um Situationen, in denen Sie mit Ihrem jeweiligen Adressaten kommunizieren. Es gibt es ein paar einfache Regeln dazu, wie Sie Ihre Präsentation im Griff haben, die wir Ihnen auch nicht vorenthalten wollen.

Neben der formellen Kommunikation, wie Sie sie in Meetings und Präsentationen betreiben, gibt es natürlich auch die informelle Kommunikation, also die alltägliche Kommunikation morgens in der Kaffeeküche oder mittags beim Mittagessen in der Kantine. Als Projektmanager sind Sie Ansprechpartner für alles und für jeden, hurra, Hauptgewinn! Da hören Sie das, was Sie hören wollen, und Sie hören auch das, was Sie nicht hören wollen. Man wird Sie sicherlich über viele Dinge informieren, die Sie gar nicht so genau wissen wollten, achten Sie aber vor allem darauf, dass Sie über das informiert werden, was Sie wissen müssen!

In diesem Kapitel werden wir uns im Schwerpunkt mit der Kommunikation in Projektmeetings befassen. Hierbei handelt es sich um ein wesentliches Instrument, mit dem Sie als Projektmanager gemeinsam mit Ihrem Team Probleme lösen und Ihr Projekt vorantreiben können. Sie müssen lediglich dafür sorgen, dass Ihre Projektmeetings effizient und zielgerichtet verlaufen und nicht zu einem Debattierklub verkommen.

Der Rollenwechsel im Meeting

Jetzt sind Sie also Projektmanager, und natürlich wird von Ihnen erwartet, dass Sie Meetings abhalten.

»Moment mal! Zu Meetings wurde ich doch bislang immer nur eingeladen. Wenn ich Glück hatte, konnte ich mich immer schön zurücklehnen und ein bisschen meine Gedanken schweifen lassen – und ruck, zuck waren wieder zwei Stunden rum. Eigentlich super entspannend. Aber ich soll jetzt was?! Meetings selber halten?! HABT IHR SIE NOCH ALLE?!?«

Ganz genau, Sie sind jetzt Projektmanager und verantworten damit das Meeting, Sie verantworten die Inhalte, den Verlauf und die Nachhaltigkeit des Meetings. Haben Sie aber keine Angst, wir sind ja bei Ihnen, jedenfalls in Gedanken. In einem ersten Schritt wollen wir Ihnen beschreiben, welche typischen Meetings in Ihrem Projektalltag vorkommen, und Ihnen dann einiges Handwerkszeug an die Hand geben, mit dem Sie sicher und souverän Meetings gestalten können, ohne in Panik zu geraten.

Kick-off-Meeting

Das Kick-off-Meeting ist wichtig, wird aber viel zu oft völlig missverstanden und häufig wirklich ganz und gar falsch durchgeführt. Viel zu viele Kick-off-Meetings, an denen wir teilgenommen haben, waren lediglich Informationsveranstaltungen, in denen innerhalb von zwei Stunden ein Projekt mit einer ausladenden Power-

Point-Präsentation von gefühlt 3.000 Folien vorgestellt wurde und am Ende keine Fragen mehr gestellt wurden, weil alle völlig erschlagen waren und möglichst schnell wieder an ihren Arbeitsplatz zurückkehren wollten, weil man schließlich auch noch anderes zu tun hatte. Das ist dann nicht nur schlecht gelaufen, sondern auch ein denkbar schlechter Einstieg ins Projekt. Schlechter wäre vielleicht nur noch, gar kein Kick-off-Meeting zu halten.

Doch was zeichnet eigentlich ein gutes Kick-off-Meeting aus? Wir sind der festen Überzeugung, dass es sinnvoll ist, von der Idee eines zweistündigen Meetings abzukommen zugunsten einer mehrstündigen – je nach Projektgröße auch mehrtägigen – Veranstaltung mit Workshopcharakter. Die Erfahrungen, die wir mit diesem Format gemacht haben, waren sehr gut.

»Lasst uns einen Kick-off-*Workshop* veranstalten!«, rufen Sie in die Organisation. »Zu teuer!«, schallt es umgehend aus der Organisation zurück. Zugegeben, so eine Veranstaltung kostet Geld und bindet Ressourcen. Diese Kosten müssen natürlich in einem adäquaten Verhältnis zum Projektvolumen stehen. Es versteht sich von selbst, dass ich in einem 100.000-Euro-Projekt keinen Kick-off-Workshop veranstalte, der 10.000 Euro kostet. Aber selbst bei kleineren Projekten haben Sie die Möglichkeit, Ihrem Meeting einen Workshopcharakter zu verleihen, der über die reine Präsentation des Projekts hinausgeht und von dem am Ende alle was haben! Wir sind davon überzeugt, dass ein solcher Workshop Gold wert ist und sich im Projekt auf jeden Fall rechnet.

Ziel eines Kick-off-Workshops ist es, zusammen mit Ihrem Team ein grundlegendes Verständnis über die Inhalte des Projekts und Ihre Zusammenarbeit im Team zu erarbeiten. Insofern ist eines der wichtigsten Ergebnisziele für einen solchen Workshop das gemeinsame Erarbeiten eines Projektstrukturplans. Sie stellen sich alle gemeinsam die Frage, *was* eigentlich in Ihrem Projekt zu tun ist, um Ihre Projektziele zu erreichen. Sie glauben nicht, wie viele Projekte (leider auch mit erschreckend hohen Projektvolumina) wir haben scheitern sehen, weil das Team inklusive Projektleiter schlicht nicht wusste, was zu tun war. Projektziele waren nicht definiert, Zwischenziele gab es nicht, und da die entsprechenden Ansagen der Projektleiter ausblieben, wusste keiner so recht, was er höchstpersönlich jetzt eigentlich zu tun hatte. Im besten Fall haben Sie Mitarbeiter, die dann zumindest irgendwie irgendwas tun, von dem sie denken, dass es eventuell dem Projekt helfen könnte. Im schlechteren Fall stellen sie neue Bürorekorde im Mülleimerweitwurf auf oder feilen an ihren Lebensläufen. Es ist aber auch schon fast egal, wie ehrgeizig Ihre Mitarbeiter sind. Ohne ein gemeinsames Verständnis über das Was und das Wie haben Sie sowieso verloren, und die Erarbeitung eines Terminplans und eines Ressourcenplans ist selbstredend erst recht völlig irrelevant, wenn Sie noch nicht mal die Basisvoraussetzungen geklärt haben.

Auf den Punkt gebracht, sollten Sie folgende Inhalte und Ergebnisziele für einen Kick-off-Workshop festlegen:

1. **Projektziele:** Sie informieren Ihr Team über das Projekt, die Rahmenbedingungen und die Zielsetzung des Projekts.

2. **Projektstrukturplan:** Sie erarbeiten gemeinsam mit Ihrem Team die Arbeitspakete. Die Leitfrage ist hier: »Was ist eigentlich zu tun, damit wir die Projektziele erreichen?« Bei der Identifikation der Arbeitspakete ist es durchaus sinnvoll, zusammen mit dem Team festzulegen, wer für das jeweilige Arbeitspaket verantwortlich ist. Das erhöht die Identifikation mit der Aufgabe. Vermeiden Sie in diesem ersten Workshop Diskussionen um die Reihenfolge der Arbeitspakete. Diese sind in der Regel langwierig und in diesem Planungsstadium nicht zielführend.
3. **Umfeldanalyse:** Führen Sie mit Ihrem Team eine Umfeldanalyse für Ihr Projekt durch. Identifizieren Sie dadurch gemeinsam Stakeholder und etwaige Risiken. Die Umfeldanalyse kann sich auf das Gesamtprojekt, aber auch auf bereits identifizierte Arbeitspakete beziehen. Die systematische Umfeldanalyse bildet die Grundlage für das Stakeholder- und Risikomanagement. Auch hier sollten Sie im ersten Schritt die Bewertung der Risiken außen vor lassen. Wir wiederholen es aus gutem Grund gerne: Diese Diskussionen sind zeitraubend und zu diesem Zeitpunkt in Ihrem Projekt nicht zielführend.

Die Ergebnisse aus dem Kick-off-Workshop bilden die Grundlage für die weitere Projektplanung, die Sie dann im Nachgang gemeinsam mit Ihrem Team entwickeln. Sie erreichen aber noch einen anderen Effekt, der am Ende viel wichtiger ist als alles Gerede über Projektstrukturplan, Risiken und Stakeholder: Sie schweißen das Team zusammen.

Das Kick-off ist die erste Situation, in der Ihr Team zusammenarbeiten muss. Sie synchronisieren das Wissen des Teams und beseitigen erste Hemmschwellen. Das ist vor allem dann wichtig, wenn sich das Team in der Zusammenstellung noch nicht kennt oder wenn Mitarbeiter aus unterschiedlichen Bereichen oder gar unterschiedlichen Unternehmen Teil Ihres Teams sind. Unterschätzen Sie nie, wie wichtig es im Hinblick auf die Zusammenarbeit im Team sein kann, wenn man abends mit seinem Teamkollegen mal gemeinsam im Restaurant oder in der Kneipe mit Cola, Bier, Wein oder unseretwegen auch einem schönen Matcha Latte angestoßen hat. Gemeinsame Erlebnisse und auch das eine oder andere Gespräch jenseits des Büroalltags schaffen Nähe, Verständnis und Vertrauen. So etwas motiviert und bildet die Basis für eine erfolgreiche Zusammenarbeit. Wir wollen hier natürlich nicht zu ausufernden Saufgelagen oder Blutsbrüderritualen aufrufen. Projektarbeit hat immer auch vorrangig mit fachlicher Arbeit zu tun. Darüber hinaus ist es elementar, die Projektmanagementmethodik sicher zu beherrschen und anwenden zu können. Fachkenntnisse und Methodenkompetenz sind aber nur die Basisvoraussetzungen für erfolgreiche Projektarbeit.

Sie werden schnell merken, dass Projektarbeit immer auch mit Menschen zu tun hat. Und ein gut funktionierendes Team kann das eine und andere fachliche oder methodische Defizit schon mal kompensieren. Sehen Sie als Projektmanager zu, dass es den Menschen in Ihrem Team gut geht, füttern Sie sie gelegentlich mit Donuts oder Käsebrötchen und stellen Sie ihnen am 6. Dezember einen Schokoladennikolaus auf den Schreibtisch. Und haben Sie vor allem ein offenes Ohr für Fragen, Probleme und Anregungen.

Jour fixe

Der Jour fixe ist eigentlich das zentrale Steuerungsmeeting in Ihrem Projekt. Vielleicht kennen Sie es auch unter dem Begriff *Statusmeeting*. Dieses Meeting findet in regelmäßigen Abständen zu einem festgelegten Termin statt, also zum Beispiel jeden Mittwoch um 14:00 Uhr.

Sinn dieses regelmäßig stattfindenden Meetings ist der Abgleich des Plans (sofern es einen gibt) mit der Realität. Im Jour fixe wird besprochen, wo die einzelnen Arbeitspakete stehen, wie also der Status eines Arbeitspakets ist, und wo sie laut Plan stehen müssten. Gibt es eine Übereinstimmung zwischen Plan und Realität, dann ist alles gut. Gibt es eine Abweichung zwischen Plan und Realität, sind Sie als Projektleiter in Ihrer Steuerungsfunktion gefragt. Ganz platt gesagt, müssen Sie dafür sorgen, dass das Arbeitspaket wieder auf den »richtigen Pfad«, also quasi auf den Pfad der Tugend geführt wird.

Gemeinsam mit dem Arbeitspaketverantwortlichen ermitteln Sie die Ursache für die Abweichung und entwickeln dann Maßnahmen zur Gegensteuerung. Verfallen Sie an dieser Stelle aber nicht in Aktionismus. Manchmal ist eine identifizierte Abweichung gar nicht so schlimm, solange der verantwortliche Bearbeiter Ihnen glaubhaft vermittelt und zusagt, den geplanten Fertigstellungstermin für das Arbeitspaket zu halten. Ob und wie viel Panik sinnvoll ist, wissen Sie also erst, wenn Sie den Fall genau analysiert haben.

Systematisch Ursachenermittlung mit dem Fischskelett

Bei der Ursachenermittlung kann ein Ursache-Wirkungs-Diagramm sehr hilfreich sein. Das bekannteste Ursache-Wirkungs-Diagramm ist das von Kaoru Ishikawa entwickelte Ishikawa-Diagramm[1]. Dieses Diagramm ist auch bekannt unter dem Namen *Fischgrätendiagramm* oder Fishbone Diagram.

Ausgangspunkt für die Anwendung dieses Diagramms ist ein horizontal gezeichneter Pfeil, an dessen Ende das Problem formuliert wird, in unserem Fall: Verspätung des Arbeitspakets »Lieferung des Features Bierdeckelverwaltung«. An diesen Pfeil werden nun mit schrägen Pfeilen die Haupteinflussgrößen eingetragen. Dabei haben sich zunächst die sogenannten »5 M« bewährt: Maschine, Mensch, Methode, Messung und Material. (Diese 5 M wurden später noch um die folgenden M erweitert: Mitwelt[2] (Milieu/Umwelt), Management und Money). Wie so ein Diagramm aussehen kann, zeigt Abbildung 15-1.

1 *https://de.wikipedia.org/wiki/Ursache-Wirkungs-Diagramm*

2 Nicht Mittwelt, Sie Stephen-King-Nerd!

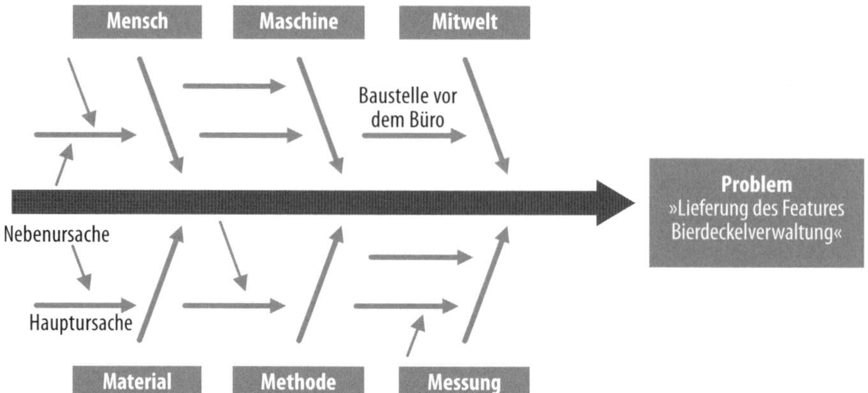

Abbildung 15-1: Ein vereinfachtes Fishbone-Diagramm mit 6 M. Für jedes M können eine oder mehrere Hauptursachen mit jeweils einer oder mehreren Nebenursachen identifiziert werden.

Die 8 M sind in erster Linie Orientierungspunkte im Sinne einer Checkliste, die uns helfen, potenzielle Ursachen tatsächlich zu erfassen und dabei eben keinen wichtigen Aspekt zu vergessen. Lassen Sie uns ein Beispiel durchspielen:

Bei Ihrer Projektmitarbeiterin Tatjana Schmidt kommt es in einem Softwareentwicklungsprojekt regelmäßig zu der Meldung, dass Arbeitspakete verspätet fertiggestellt werden. Sie können nun die verschiedenen Einflussfaktoren wie eine Checkliste systematisch durchgehen und hinterfragen, ob eines der Themen ursächlich für die regelmäßige Verspätung ist:

- **Maschine:** Die Mitarbeiterin ist mit dem neuesten Rechner und einer modernen Entwicklungsumgebung ausgestattet.
- **Mensch:** Frau Schmidt ist in ihrem Fach eine der Besten und ist auch als sehr zuverlässige Mitarbeiterin bekannt. Für die neue, moderne Entwicklungsumgebung hat sie eine ausführliche Schulung erhalten.
- **Methode:** Wir arbeiten seit Jahren nach Programmierungsstandards, die sich bewährt haben. Frau Schmidt hat sich auch in diesem Fall an die Standards gehalten.
- **Messung:** In unserer Methode sind standardisierte und bewährte Verfahren zur Messung des Fortschritts etabliert.
- **Material:** Da es sich um ein Softwareprojekt handelt, müssen wir uns in diesem Fall mit dem Thema Material nicht beschäftigen. Das nächste M bitte!
- **Mitwelt:** Seit einiger Zeit gibt es direkt gegenüber von Ihrem Unternehmen eine Baustelle mit erheblicher Lärmentwicklung. Unglücklicherweise liegt das Büro der Kollegin Schmidt direkt auf der Seite der Baustelle. Auf Nachfrage stellt sich heraus, dass Frau Schmidt durch die ständige Lärmbelästigung Schwierigkeiten hat, sich auf die Arbeit zu konzentrieren, und zudem immer

häufiger die Flucht in die Kaffeeküche angetreten hat. Das Problem hat sie, leider erfolglos, bereits bei ihrem Vorgesetzten adressiert.

Nachdem Sie nun die Ursache für das Problem identifiziert haben, können Sie gemeinsam mit Frau Schmidt und deren Linienvorgesetzten Maßnahmen erarbeiten und durchführen, die es Frau Schmidt wieder ermöglichen, in gewohnter Weise und Qualität zu arbeiten.

Die Statusabfrage

Die Statusabfrage ist eine der heikleren Aktivitäten, die Sie als Projektleiter vorzunehmen haben. Hier geht es darum, den Arbeitspaketverantwortlichen oder -bearbeiter konkret anzusprechen und ihn zu fragen, wie es um den Status seiner aktuellen Arbeitspakete steht. In vielen Unternehmen wird die Abfrage des Status eines Arbeitspakets von den Mitarbeitern leider immer noch als Kontrolle empfunden. Insbesondere ältere Kollegen fühlen sich gestört, wenn der Fortschritt von der Projektleitung abgefragt wird. Auch in Unternehmen, deren Schwerpunkt nicht in der Projektarbeit liegt, wird die Frage nach dem Fortschritt oft kritisch beäugt. Hier gilt es, dafür zu sensibilisieren, dass es genau nicht darum geht, Mitarbeiter zu kontrollieren, sondern darum, etwaige Probleme zu identifizieren und Steuerungsmaßnahmen zu entwickeln, um die Probleme in den Griff zu bekommen. Nicht Kontrolle des Mitarbeiters, sondern Steuerung des Projekts ist die Zielsetzung der Statusabfrage und im Übrigen Ihre Verantwortung als weniger schlechter Projektmanager!

In der Rolle des Projektleiters müssen Sie sich selbst die Frage stellen, ob Sie dazu in der Lage sind, aber insbesondere auch, ob Sie bereit sind, die Rolle desjenigen wahrzunehmen, der bei den Kollegen im Zweifel als »der Kontrolleur« wahrgenommen wird. Hier geht es in Ihrer eigenen Selbsteinschätzung auch darum, sich zu fragen, ob Sie sich vorstellen können, in einen konstruktiven Konflikt mit Kollegen zu treten, und das im Zweifelsfall nicht nur einmal, sondern regelmäßig. Wir haben viele Projektleiter gesehen, die genau diesen Konflikten aus dem Weg gehen und die Mitarbeiter lieber ungestört vor sich herwurschteln lassen, um bloß nicht in den Verdacht des unangenehmen Nachfragers zu geraten. Projektleiter sind nicht Everybody's Darling. Projektmanager, die es jedem recht machen wollen und Konflikte scheuen, werden das Projekt aller Voraussicht nach nicht erfolgreich beenden, es sei denn, sie haben sehr, sehr großes Glück, und alles läuft von sich aus gut. Als weniger schlechter Projektmanager müssen Sie in den sauren Apfel beißen und gelegentlich den Buhmann spielen. Auch im Sinne Ihrer Steuerungsfunktion können und dürfen Sie sich der Verantwortung, Ihren Kollegen und Mitarbeitern auf den Zahn zu fühlen, nicht entziehen.

Steuerung vs. Kontrolle

Wenn es um Projektsteuerung geht, scheint das Herz der deutschen Seele aufzubegehren. Zumindest mache ich diese Erfahrung immer wieder, sei es im Projekt selbst oder auch in zahlreichen Workshops, die ich zum Thema Projektmanagement und Projektcontrolling durchgeführt habe. Interessanterweise handelt es sich hier um ein sehr deutsches Thema, was meiner Beobachtung nach darin begründet liegt, dass es im Deutschen die sprachliche Unterscheidung zwischen Kontrolle und Steuerung gibt. Der Begriff Projektsteuerung ist abgeleitet vom englischen »Project Controlling« und wird bei uns auch entsprechend assoziiert, nämlich mit *Projektkontrolle*. »Moment mal! Da will mich jemand kontrollieren, da will jemand meine Arbeit kontrollieren. So weit kommt es noch!«, höre ich empörte Mitarbeiter rufen. »Betriebsrat!«

Lassen Sie sich davon nicht irritieren. Wenn Sie die Rolle des Projektleiters ernst nehmen, besteht Ihre einzige Pflicht darin – ich überzeichne hier ein wenig –, das Projekt und damit die Teammitglieder so zu steuern, dass die Arbeitspakete zum geplanten Zeitpunkt und zu den geplanten Kosten in der geplanten Qualität fertiggestellt sind.

Hier gilt es, eine Kultur zu schaffen, in der die Statusabfrage eine völlige Selbstverständlichkeit ist. Der Mitarbeiter muss wissen, dass der Projektleiter diese Abfrage im Sinne der Steuerung vornimmt und dass es hier nicht um Kontrolle, sondern um Notwendigkeiten im Projektgeschäft geht. Umgekehrt muss auch eine Kultur geschaffen werden, die es dem Mitarbeiter ermöglicht, einzuräumen, dass sich ein Arbeitspaket verspäten wird. Nur dann besteht die Möglichkeit, gemeinsam mit dem Projektleiter Ursachenanalyse zu betreiben und Steuerungsmaßnahmen zu entwickeln.

Leider ist das Gegenteil nur allzu häufig zu beobachten. Die Abfrage des Status fühlt sich an, als würde der Mitarbeiter, ab jetzt Delinquent, zur Schlachtbank geführt. Vorher gibt es aber noch den obligatorischen Spießrutenlauf, bei dem sich der Delinquent im Statusmeeting den hämischen Bemerkungen der anderen Teammitglieder ausgesetzt sieht.

Wenn Sie diese Kultur etabliert haben, müssen Sie sich nicht wundern, dass Sie nie die richtigen, die ehrlichen Aussagen in Bezug auf den Status eines Arbeitspakets erhalten. Das Arbeitspaket ist immer im Plan, und Sie erhalten immer ein »Läuft!« zur Antwort. In so einem Fall können Sie sich die Abfrage im Prinzip gleich sparen, denn Sie werden nachher nicht klüger sein als vorher.

Peter Schüßler

Fachgespräch

Im Fachgespräch geht es weniger um die Steuerung im Sinne von Terminen und Kosten als vielmehr um die Erörterung von fachlichen Frage- und Problemstellungen. Das hat zwei Implikationen: Zum einen ist hier nicht jedes Teammitglied gefordert. Die Teilnehmer des Fachgesprächs sind nur diejenigen, die tatsächlich auch etwas zur Lösung des Problems beitragen können. Zweitens ist es durchaus üblich, dass der Projektleiter an diesem Meeting nicht teilnimmt, da es sich eben nicht um ein Meeting mit Steuerungsfunktion handelt. Möglicherweise werden Sie aber dazugeholt, wenn Entscheidungen getroffen werden müssen, die außerhalb der Befugnis der Fachprojektleiter liegen und von Ihnen gefällt oder weitergetrieben werden müssen.

Je nach Größe des Projekts und Menge der involvierten Parteien wird das Fachgespräch typischerweise von den Teil- oder Fachprojektleitern durchgeführt. Damit hat der jeweilige Fachprojektleiter auch die Durchführungsverantwortung. Er ist derjenige, der zum Meeting einlädt, also die Teilnehmerauswahl festlegt und die Agenda verschickt. Er ist auch derjenige, der durch das Meeting führt und es nachbereitet, also das Protokoll schreibt und verschickt. Fachgespräche können im Gegensatz zum Jour fixe auch sporadisch stattfinden. Sobald ein fachliches Problem aufpoppt, kann der jeweilige Fachprojektleiter einfach kurzfristig zu einem Klärungstermin einladen. Um die Durchführung des Fachgesprächs nicht dem Zufall oder dem Schicksal zu überlassen, sollte dieses allerdings in regelmäßigen Zyklen durchgeführt werden. Im Zweifel ist es also sinnvoll, ein Fachgespräch auch einzuplanen, wenn gerade kein akutes Problem zu lösen ist, aber seit längerer Zeit kein fachlicher Austausch stattgefunden hat.

Mit diesen drei vorgestellten Meetings haben Sie den wesentlichen typischen Bedarf an Meetings im Projekt erfolgreich abgefiedelt. Es mag noch das eine und andere dazukommen. Das kann dem Projekt selbst geschuldet sein, vielleicht hat aber auch die Organisation, in der Sie unterwegs sind, noch weitere Anforderungen, die Sie als Projektleiter bedienen müssen. Je nach Projektgröße kann es vorkommen, dass der Terminplanungs- und -steuerungsteil in ein separates Meeting ausgekoppelt wird, sodass regelmäßig Terminplangespräche stattfinden. Auch kann es vorkommen, dass Sie regelmäßig bei der Geschäftsführung oder dem Auftraggeber aufschlagen müssen, um über Projektstatus, Projektfortschritt und die neue Risikosituation im Projekt zu berichten.

Wie dem auch sei, jetzt, da Sie wissen, welche Meetings für Sie relevant sind, packen Sie Ihr Wissen in einen *Meeting-Action-Plan*, also eine Übersicht über alle Meetings und deren Sinn und Zweck, den Sie dem Projektteam und allen, die es sonst noch interessiert, zur Verfügung stellen.

So ein Meeting-Action-Plan könnte zum Beispiel so aussehen:

Art des Meetings	Inhalte/Zielsetzung	Teilnehmer	Termin/Zyklus
Kick-off			
Statusmeeting			
Fachgespräch			

So weiß jeder, wann er zu welchem Meeting und zu welchem Thema zu erscheinen hat, welche Inhalte jeweils besprochen werden und welche Ergebnisse aus den jeweiligen Meetings zu erwarten sind.

Wie halte ich denn nun ein Meeting?

Nachdem wir nun wissen, welche Meetings wir als Projektleiter so vor der Brust haben, wollen wir Ihnen ein paar wichtige Tipps für deren Durchführung geben. Die Tipps, die wir hier aufschreiben, beziehen sich nicht nur auf die Durchführung von Projektmeetings, sondern sind grundsätzlich auf jede Art von Meeting anwendbar. Wie bei so vielem im Leben gilt auch hier: Eine gute Vorbereitung ist ein wesentlicher Faktor, damit Ihre Meetings erfolgreich sind. Dies betrifft einerseits die inhaltliche, auf der anderen Seite aber auch die organisatorische Vorbereitung. Ein super organisiertes Meeting hilft niemandem, wenn Sie nicht wissen, was Sie eigentlich sagen oder klären wollten, aber genauso wenig erfreulich ist ein inhaltlich perfekt geplantes Meeting, wenn wichtige Leute nicht eingeladen wurden, Sie erst zehn Minuten warten müssen, bis jemand den Meetingraum aufschließt, und sich dann überraschend herausstellt, dass der Beamer leider gestern zur Reparatur gebracht wurde.

Inhaltliche Vorbereitung

Im ersten Schritt stellen Sie sich die Frage, was die Zielsetzung des Meetings ist, welches Ergebnis nach der Durchführung vorliegen soll. Das mag Ihnen jetzt banal erscheinen, aber überlegen Sie selbst: Wie oft saßen Sie schon in Meetings, bei denen jemand zwar enthusiastisch vor Ihnen stand und etwas erzählte, Sie aber ab der dritten Minute von der Frage »Warum bin ich eigentlich hier?« abgelenkt wurden und bis zum Ende auch keine befriedigende Antwort auf diese Frage erhielten.

Für unser Kick-off-Meeting haben wir festgelegt, dass wir zum einen über das Projekt informieren und in einem zweiten Schritt mit dem Projektteam die notwendigen Arbeitspakete ermitteln wollen. Das von Ihnen festgelegte Ergebnisziel ist in diesem Fall also der Projektstrukturplan. Nach der Durchführung des Meetings können Sie unmittelbar feststellen, ob Sie erfolgreich waren. Wenn es einen Projektstrukturplan gibt, war es wohl gut, ansonsten nicht so sehr.

Als Nächstes sollten Sie sich fragen, welche Themen behandelt werden müssen, damit die Ziele des Meetings erreicht werden. Hier hilft schon eine Abstimmung im Vorfeld mit den entsprechenden Fachleuten, wenn es sich um Sachverhalte handelt, bei denen Sie gar nicht so tief im Thema sind. Oftmals kommen Sie auch zu dem Ergebnis, dass es zur Klärung des einen oder anderen konkreten Sachverhalts Sinn ergibt, ein gesondertes Meeting abzuhalten, und Sie diesen Punkt von der Agenda streichen können.

Nachdem Sie nun wissen, was Sie erreichen wollen, können Sie entscheiden, wer an dem Meeting teilnehmen soll. Dahinter steckt eine ganz einfache Frage, die häufig aber nicht gesehen wird: Wer ist eigentlich notwendig, um die Ergebnisse des Meetings zu erreichen? Leider ist es häufig so, dass am Anfang des Projekts ein Verteiler gebaut wird und alle, die in dem Verteiler sind, immer wieder eingeladen werden, ob sie nun etwas beizutragen haben oder nicht. Das ist nicht nur schlecht für das Meeting selbst, denn die Ineffizienz eines Meetings verhält sich oft antiproportional zur Anzahl der Teilnehmer, es ist auch schlecht für den Teilnehmer, der sich fürchterlich langweilt, sowie für das Unternehmen, da hier Zeit und Ressourcen gebunden werden, die anderswo produktiver hätten eingesetzt werden können. Wichtig ist hier aber immer, dass Sie transparent kommunizieren, wie es zu der Teilnehmerliste kam, um auszuschließen, dass sich Mitarbeiter nicht einbezogen fühlen. Genauso sinnlos wie ein Mitarbeiter, der sich im Meeting langweilt, ist einer, der grollend am Schreibtisch sitzt, weil er glaubt, aus reiner Nachlässigkeit nicht eingeladen worden zu sein.

Erst jetzt ist es Zeit, dass Sie Ihre Agenda zusammenstellen. Diese leiten Sie aus den vorherigen Punkten ab. So einfach geht das!

Organisatorische Vorbereitung

Nach der inhaltlichen Vorbereitung des Meetings geht es in die organisatorische Vorbereitung. Idealerweise haben Sie eine Projektassistenz, die Sie bei dieser Arbeit unterstützt oder die sie Ihnen komplett abnimmt. Meetingraum buchen, Einladung schreiben, prüfen, dass die Technik funktioniert (was im Zeitalter von Telefon- und Videokonferenzen umso wichtiger wird), und so weiter.

Sie finden das banal? Ja, das ist banal! Wir brauchen Ihnen aber wahrscheinlich auch nicht zu erzählen, wie oft teuer bezahlte Mitarbeiter falsche Meetingräume aufsuchen oder Meetingräume belegt sind oder dass zu Beginn des Meetings die ersten 15 Minuten oft mit Unzulänglichkeiten in der Technik gekämpft wird.

Machen Sie mal ein kleines Rechenbeispiel: 12 Teammitglieder mit 100 Euro Selbstkosten pro Stunde müssen 15 Minuten warten, weil die Technik nicht funktioniert. Zack! Schon wieder 400 Euro weg! Wir müssen das jetzt hoffentlich nicht weiter hochrechnen. Gucken Sie sich die Anzahl der Projekte in Ihrer Firma und die Anzahl der Meetings pro Projekt an. Schnell wird klar, wie viel Geld allein dafür draufgeht, dass Menschen unproduktiv dabei zuschauen, wie ein Beamer nicht funktioniert, das Einwählen in die Telefonkonferenz schiefgeht oder Sie die Kollegen vom anderen Standort zwar prima sehen, aber nicht hören können. Eventuell könnte es aber Ihren Geschäftsführer interessieren, wenn er sich mal wieder weigert, einen Projektassistenten bereitzustellen. Achten Sie einfach darauf, dass Sie oder Ihr Projektassistent im Vorfeld immer checken, dass alles einwandfrei funktioniert und Sie pünktlich mit der Durchführung des Meetings starten können.

Durchführung des Meetings

Jetzt wird es ernst. Alles ist vorbereitet, die Agenda verschickt, der Raum hergerichtet, die Technik steht, und die Meetingteilnehmer haben sich einen Platz gesucht und schauen Sie erwartungsvoll an. Es ist so weit: Sie müssen übernehmen.

Sie glauben ja nicht, welchen eigentümlichen Erlebnissen wir in diesem Moment schon beiwohnen durften. Ein besonderes Highlight ist es, wenn der Projektleiter gar nicht anwesend ist. Mit großem Tamtam wurde das Kick-off anberaumt, und dann hat der Projektleiter just in diesem Moment »etwas Wichtiges« zu tun. Ob sich dieser Projektmanager wirklich über seine Aufgabe klar ist, kann in solchen Momenten gern angezweifelt werden. Eine weitere schöne Variante ist die folgende. Der Projektleiter bekommt ausgerechnet in dem Moment, in dem er das Meeting einläuten soll, einen wichtigen Anruf und verlässt den Raum mit der Aufforderung an das Team: »Fangt schon mal an!« Als weitere Alternative hätten wir noch: Der Projektleiter sitzt teilnahmslos vor seinem iPad und tut so, als habe er Wichtiges zu lesen und zu regeln,[3] und der Assistent übernimmt schon mal.

Sind Sie sich immer noch sicher, dass Sie für den Job des weniger schlechten Projektmanagers geeignet sind? Tun Sie sich, Ihrem Team und Ihrem Unternehmen an dieser Stelle einen Gefallen, gehen Sie in sich und denken Sie über alles bisher Gesagte (oder vielmehr Geschriebene) nach! Spätestens beim Meeting gibt es keine Entschuldigungen mehr. Das Handy gehört aus oder zumindest stumm geschaltet und aufs Display gedreht. Das Einzige, was zählt, ist die Anwesenheit und Präsenz des Projektleiters. Er oder sie ist Vorbild! Das fängt schon bei der Pünktlichkeit an. Der Projektleiter ist derjenige, der das Meeting eröffnet, er ist derjenige, der das Meeting führt, er ist derjenige, der das Meeting zusammenfasst, und er ist ganz zum Schluss derjenige, der das Meeting beschließt. Anders gesagt: Sie haben gefälligst pünktlich zu sein und sollten sich auch besser nicht vor Meetingende aus dem Raum schleichen.

Dies gilt so lange, wie im Team oder für das Meeting keine anderen Verabredungen getroffen wurden. So gibt es Situationen, in denen es durchaus sinnvoll ist, einen Moderator für das Meeting zu bestimmen, oder Sie sind gerade im Urlaub oder anderweitig unabkömmlich und können selbst nicht teilnehmen. In solchen Situationen ist es legitim, dass ein anderer Ihren Job übernimmt. In der Regel ist das der stellvertretende Projektleiter. Wenn Sie also noch keinen haben, sollten Sie sich schnellstens einen besorgen, und wenn Sie keinen bekommen, sollten Sie zumindest dafür sorgen, dass Sie jemanden im Team haben, dem Sie zutrauen, dass er diese Rolle ausfüllen kann, wenn es nötig ist.

Da wir jetzt bei der Durchführung des Meetings sind, wollen wir Ihnen einige Hinweise geben, die Ihnen helfen, Meetings effektiv, also zielgerichtet und effizient,

3 Wir können an dieser Stelle natürlich nicht beurteilen, ob es tatsächlich etwas Wichtiges zu lesen oder zu regeln gibt. Was wir beurteilen können: Bei einem Projektmeeting gibt es eigentlich in diesem Moment nichts Wichtigeres als das Projektmeeting, insofern spielt es auch keine Rolle.

oder, noch anders gesagt, ressourcen- und zeitschonend zu führen. Dazu schauen wir uns die Themen an, die von Projektmitgliedern immer wieder als defizitär in der Durchführung von Meetings wahrgenommen werden (siehe auch den Kasten »Effektives Meeting: Anspruch und Realität« auf Seite 209):

1. Keine Agenda

Eine Agenda gehört zum Meeting wie der Pastor zum Gottesdienst. Anders gesagt: Ohne Agenda ist es irgendwie doof. Die Agenda gibt den Teilnehmern die Möglichkeit, sich auf das Meeting vorzubereiten. Es fängt schon damit an, dass sich kein Teilnehmer fragen muss, was er auf diesem Meeting überhaupt soll und ob er seine Zeit nicht irgendwie besser nutzen kann. Sie ist außerdem der Leitfaden, Ihr sprichwörtlicher roter Faden, an dem Sie sich durch das Meeting hangeln können. Darüber hinaus gibt sie die thematische Orientierung vor, die Ihnen (und den anderen Teilnehmern) hilft, sich nicht in Nebenschauplätzen zu verlieren. Sie definiert klar, was das aktuelle Thema ist, und bietet Ihnen so immer die Möglichkeit, die Mannschaft wieder einzusammeln, indem Sie die magischen Worte sagen: »Kommen wir zurück zum Thema!«

2. Schlechtes Zeitmanagement

Wer kennt das nicht: Man sitzt im Meeting, und dann gibt es diese nervigen Vielredner, die nie zum Punkt kommen. Als wenn das nicht schon reichen würde, gibt es dann plötzlich Fachthemen, die ausführlich bis ins kleinste Detail diskutiert werden und bei denen am Ende dann doch wieder kein Ergebnis rauskommt. Sie gähnen ein wenig, denn der Vielredner hat eigentlich nichts Wichtiges zu sagen, und die Fachdiskussion, so heftig auch die Gemüter der Diskutierenden erhitzt zu sein scheinen, betrifft Sie nicht. Sie kritzeln ein wenig auf Ihrem Block, nehmen einen Schluck Kaffee, tauschen genervte Blicke aus. Was aber können Sie tun, um etwas zu ändern?

Fachliche Themen, bei denen es um Details geht, gehören ins regelmäßig stattfindende Fachgespräch (wir sprachen bereits darüber). In der Regel handelt es sich um Spezialprobleme, deren Lösung auch sehr detailliertes Spezialistenwissen erfordert, und Sie können, bei aller Liebe, mit Ihrem Know-how im Eulenabrichten halt gar nichts zum Papageiensprachtraining sagen. Dementsprechend sollten solche Themen auch in die entsprechenden Runden delegiert werden. Aber Vorsicht! In jedem Fall gehören diese Themen auf die *Action-Item-Liste* oder die *List of Open Points*. Die Action-Item-Liste ist eine Liste aller umzusetzenden Aufgaben, die im Meeting identifiziert wurden. Zu jeder Aufgabe gehört auch der Name des oder der Verantwortlichen, der oder die sich um die Umsetzung kümmern soll, und im besten Fall ein vereinbartes Datum, zu dem die Aufgabe erledigt sein soll. Die List of Open Points geht in eine ähnliche Richtung, hier geht es aber um offene Fragen, die innerhalb des Meetings nicht zur allerseitigen Zufriedenheit geklärt werden konnten. Auch dabei ist es wichtig, dass es zu jedem offenen Punkt einen Verantwortlichen gibt, der sich um die Klärung kümmert und einen Zieltermin setzt, zu dem die noch benötigten Informationen eingeholt sein müssen.

Das ist das Instrument, das Ihnen als Projektleiter die Nachverfolgung dieser Themen ermöglicht. Wenn sich in Ihrem Meeting ein solches Thema ankündigt, machen Sie klar, dass das jetzt nicht in dieses Meeting gehört. Vereinbaren Sie die Klärung in einem zukünftigen Fachgespräch und notieren Sie sich das Thema als Punkt auf Ihrer Nachverfolgungsliste.

Die Vielredner dürfen wir aber auch nicht vergessen. Das sind oft Kollegen, die sich – warum auch immer – sehr gern reden hören und jeden noch so kleinen Sachverhalt in eine ausufernde Rede packen. Was machen Sie jetzt mit denen? Das ist nicht immer einfach, vor allem dann nicht, wenn der Vielredner Ihnen disziplinarisch nicht unterstellt ist, sondern zum Beispiel ein Linienkollege ist. »Dem kann ich doch nicht so einfach sagen, dass er die Klappe halten soll!«, hören wir Sie protestieren. Wir sagen: DOCH! Können Sie! Sie sind schließlich der Projektmanager! Aber suchen Sie vielleicht eine etwas weniger schroffe Formulierung, die den Kern Ihrer Botschaft ausreichend rüberbringt.

Die erste Frage, die Sie sich in dieser Situation stellen sollten: »Was zur Hölle hat der Linienkollege in meinem Projektmeeting überhaupt zu suchen?« Es gibt Unternehmen, in denen das durchaus üblich ist mit der Konsequenz, dass die Stellung des Projektleiters durch die Linie systematisch untergraben wird. Das ist, Sie ahnen es schon, ganz schlecht. Wirklich ganz, ganz schlecht. Weniger schlechte Projektmanager sind aber in der Lage, sich von der Linie zu emanzipieren. Vielleicht müssen Sie sogar so weit gehen, dass die Linie letztlich »Meetingverbot« erhält. Warum eigentlich nicht? Oftmals stimmen die Interessen der Linie nicht zwangsläufig mit den Projektinteressen überein, und eine Teilnahme am Projektmeeting hilft hier nicht, diese Dissonanz zu beseitigen.

Jetzt ist es aber mal so, dass der Kollege da ist. Solange Sie nicht David Copperfield sind, können Sie ihn nicht verschwinden lassen, was schade ist, denn es würde Sie beim Rest der Anwesenden sicher im Ansehen steigen lassen. Sie können ihn wahrscheinlich auch nicht einfach so rausschmeißen, jedenfalls nicht ohne Konsequenzen. Was ist zu tun? Zweite banale Antwort: Der Projektleiter ist derjenige, der das Meeting führt, er hat also die Verantwortung insbesondere auch gegenüber seinem Team, dass das Meeting möglichst effizient geführt wird. Insofern ist er derjenige, der den Vielredner unterbrechen kann und ihn darauf hinweisen muss, dass er nun bitte auf den Punkt kommt. Er ist durch seine Rolle als »Projektleiter« tatsächlich nicht nur in der Pflicht, sondern zudem auch noch autorisiert, einzuschreiten.

Es gibt aber auch eine ganz geschickte Lösung, den Vielredner in den Griff zu bekommen. Verabreden Sie einfach von vornherein Meetingregeln und sorgen Sie dafür, dass diese an alle Teilnehmer kommuniziert werden. Eine dieser Regeln könnte heißen: »Jeder Redebeitrag darf maximal zwei Minuten lang sein.« Alle Teilnehmer wissen dann, dass sie sich kurzhalten müssen. Zusätzlich wird ein Zeitnehmer bestimmt, der die Beiträge der Kollegen nachhält und bei Überschreitung den aktuellen Redner bittet, zum Schluss zu kommen. Das mag Ihnen komisch und seltsam vorkommen, tatsächlich ist es aber so, dass die Einführung der Regel schon dafür sorgt, dass sich die Kollegen selbst disziplinieren. Denn natürlich möchte keiner gern als Laberbacke vom Dienst ertappt werden.

Effektives Meeting: Anspruch und Realität

In meinen Workshops zum Projektmanagement, die einen deutlichen Schwerpunkt auf methodische Fragestellungen (Projektplanung und Projektcontrolling) legen, räume ich immer auch ein, dass wir uns einen halben Tag mit Softskills beschäftigen.

Mein Angebot reicht von Kommunikation im Projekt über Konfliktmanagement, Teambuilding und Motivation bis hin zum Selbstmanagement. Tatsächlich entscheiden sich die Teilnehmer sehr häufig für das Thema »Meetings«. Insbesondere die Fragestellung, wie man eigentlich ein Meeting effektiv und effizient gestalten kann, scheint die Teilnehmer zu bewegen. Die Übung, die ich zu diesem Thema mit den Teilnehmern mache, ist denkbar einfach.

In Kleingruppen lasse ich sie diskutieren, welche Aspekte ein Meeting aus ihrer Sicht uneffektiv machen. Dabei fordere ich die Teilnehmer auf, auf ihre eigenen Erfahrungen aus Meetings zurückzugreifen. Die Aspekte werden gesammelt und jeweils auf einer roten Karte notiert. Da ich kein Freund von reiner Meckerei bin, fordere ich die Teilnehmer zudem auf, zu jedem negativen Punkt auf einer grünen Karte eine Lösung für das Problem zu präsentieren.

Das Ergebnis dieser kleinen Übung ist immer wieder überraschend. Es gab bislang keine Gruppe, die die wesentlichen Effektivitäts- und Effizienzblocker nicht identifizieren konnte. Schlimmer noch, es gab keine Gruppe, die nicht immer auch sehr plausible und vernünftige Lösungsansätze präsentieren konnte. Für mich mündet das in eine erschreckende Erkenntnis: Alle wissen, was schiefläuft, alle kennen die Lösungen, und trotzdem gibt es keine Verbesserungen. Ich suche immer noch jemanden, der mir dieses Phänomen erklären kann.

Peter Schüßler

3. Keine Nachhaltigkeit ohne Protokoll

Viele Meetings verlaufen sprichwörtlich im Sand. Einer der besten Indikatoren für ein Meeting, das Sie sich getrost hätten sparen können, ist die Äußerung »Gut, dass wir darüber geredet haben« noch während des Meetings. Das bedeutet so viel wie: »Klar haben wir darüber geredet, direkt gelöst haben wir das Problem allerdings nicht, wir wissen jetzt auch nicht genau, wann wir das Thema wieder aufnehmen wollen, also werden wir vermutlich erst wieder darauf zu sprechen kommen, wenn es zu spät ist und na ja, so ist das halt.«

Als schlechter Projektmanager sind Sie vielleicht damit zufrieden, dass man wenigstens mal drüber geredet hat. Besser als nix, könnte man sagen. Aber Sie wollen ja ein weniger schlechter Projektmanager sein, vielleicht sogar ein guter, und damit ist eines Ihrer Ziele bei Meetings: Nachhaltigkeit. Wie aber schaffen Sie es nun, dass bei einem Meeting auch nachhaltige Ergebnisse herauskommen? Eigentlich ganz einfach: Sie schreiben ein Protokoll (oder lassen eins schreiben), und dieses Protokoll wird beim nächsten Meeting aufgelegt und verabschiedet.

Oft ist diese Vorgehensweise allerdings nicht sehr praktikabel, zumal sich aus einem Meeting Aktivitäten ergeben können, deren Fertigstellung weiter in der Zukunft als das nächste Meeting liegt. Diese Aktivitäten werden zwar heute in das Protokoll aufgenommen und beim nächsten Mal verabschiedet, verschwinden dann aber im Protokoll-Nirvana und tauchen im schlimmsten Fall auch erst wieder auf, wenn es eigentlich schon zu spät ist.

Eine gute und bewährte Praxis ist es, im Protokoll zu unterscheiden zwischen Informationen, Entscheidungen und Aktivitäten (auch bekannt als To-dos):

Informationen

In diese Kategorie kommen alle relevanten Informationen, die während des Meetings ausgetauscht wurden. Hier muss tatsächlich aufgepasst werden, in welcher Tiefe diese Informationen Einzug in das Protokoll finden. Sinn der Informationen ist es, den Projektverlauf zu dokumentieren, aber auch, den Kollegen, die am Meeting nicht teilnehmen konnten, die Möglichkeit zu geben, sich über wesentliche Aspekte des Projekts zu informieren.

Entscheidungen

Die Dokumentation von Entscheidungen ist insbesondere dann wichtig, wenn Entscheidungen auf Termine, Kosten oder auch das Projektergebnis Einfluss haben. Wir beobachten immer wieder, dass in Meetings recht schnell Entscheidungen getroffen, diese aber dann nicht ordentlich dokumentiert werden. Später erinnert sich keiner mehr so recht und will davon auch gar nichts mehr so richtig wissen. Daher raten wir, wesentliche Entscheidungen das Projekt betreffend in einem Protokoll festzuhalten.

Aktivitäten

Aus dem Projektverlauf ergeben sich häufig zusätzliche Aktivitäten, die notwendig werden, um kurzfristig aufgetretene Probleme zu lösen. Diese Aktivitäten werden unter einer kurzen Beschreibung des Sachverhalts sowie einer Deadline einschließlich des Verantwortlichen für die Durchführung der Aktivität in das Protokoll aufgenommen und dann in eine Liste der offenen Punkte, kurz LoP, übertragen. In gängigen Projektabwicklungsplattformen ist die Schnittstelle vom Protokoll zur LoP häufig automatisiert. Dabei ist das Protokoll eher ein »totes« Dokument, das zu Dokumentationszwecken eingesetzt wird, während die LoP ein lebendes Dokument ist, das der Steuerung der Aktivitäten dient. Mit ein bisschen VBA-Kenntnis kann man die Funktion der Übertragung zum Beispiel von einem Word-Dokument (= Protokoll) zu einem Excel-Dokument (= LoP) auch sehr einfach selbst bewerkstelligen.

Bewusst haben wir in diesem Kapitel zum Thema Kommunikation den Schwerpunkt auf die Kommunikation in einem bestimmten Fall gesetzt, nämlich dem Meeting, weil es nun mal der Rahmen ist, in dem offizielle Projektkommunikation regelmäßig stattfindet und es auch der Ort ist, an dem Sie als weniger schlechter Projektmanager die Möglichkeit haben, den Rahmen für Kommunikation zu gestalten.

Wir haben uns bis hierhin noch nicht damit beschäftigt, wie Sie gegenüber Ihren Teammitgliedern oder gegenüber Ihren Auftraggebern kommunizieren sollten. Da es zwischen der Art und Weise, wie Sie kommunizieren, und der Motivation Ihres Teams einen signifikanten Zusammenhang gibt, werden wir diesen Aspekt der Kommunikation im Kapitel 16, *Motivation – man muss nur wollen!*, beleuchten.

Kommunikation zwischen verstreuten Teammitgliedern

Wenn wir bislang allgemein über die Kommunikation im Projekt und im Speziellen über die Kommunikation in Projektbesprechungen gesprochen haben, sind wir immer davon ausgegangen, dass Sie als Projektleiter und Ihr gesamtes Team an einem Ort, wenn nicht in einem Teamraum, so doch zumindest an einem Standort Ihres Unternehmens zusammenarbeiten. Selbst in international agierenden Unternehmen ist es häufig noch so, dass sich die meisten Projekte auf nur einen Standort beziehen oder an einem Standort mit einem Team vor Ort abgewickelt werden.

Dennoch gibt es immer häufiger Projekte, bei denen sich die Zusammensetzung des Teams auf mehrere Standorte verteilt. Dann sitzen Sie als Projektleiter vielleicht in der Unternehmenszentrale, während Ihre Teammitglieder im ganzen Land oder sogar quer über den Globus verstreut sind. In letzterem Fall ist zudem die Wahrscheinlichkeit recht hoch, dass Sie es mit Teammitgliedern zu tun haben, die eine andere Sprache sprechen.

Damit haben wir gleich zwei Themen, die die Kommunikation im Projekt ungleich schwieriger machen. Erstens findet die Kommunikation nicht unmittelbar, also Face to Face, statt. Es ist daher schwierig, Probleme mal eben schnell zu lösen oder auch Informationen mal eben schnell zu vermitteln. Zweitens ist die fremdsprachige Kommunikation anfälliger für Missverständnisse. In der Regel einigt man sich in internationalen Projekten auf eine geltende Projektsprache, zumeist Englisch, die dann für die Projektkommunikation, aber auch alle Projektdokumente und Projektkorrespondenzen verbindlich gilt. Alles nicht so schlimm, sagen Sie, denn Sie sind davon überzeugt, dass Ihr Englisch sehr gut, ja sogar verhandlungssicher ist – nicht umsonst waren Sie in Australien und haben einen Businesssprachkurs belegt, um Ihre Englischkenntnisse dahin gehend zu pimpen. Es kommt aber nicht nur auf Ihre eigene Sprachkompetenz, sondern auch auf die Ihres Gegenübers an. Solange Ihr Teammitglied auch so gut oder, noch besser, ein Muttersprachler ist, sollte das alles kein Problem sein, das ist aber nun mal nicht immer der Fall. Das merken Sie spätestens dann, wenn Sie mit einem Team in Brasilien zusammenarbeiten und einige Ihrer Teammitglieder aus den Favelas kommen, in denen die Bildungsstandards nicht allzu hoch sind. Was machen Sie jetzt als weniger schlechter Projektmanager, der zwar super Englisch, aber leider so gar kein Brasilianisch spricht?

Hier ist die gute Nachricht: Letztlich machen Sie alles genau so, wie Sie es bis hierhin gelernt haben. Die schlechte Nachricht: Sie machen es ein bisschen anders. Aber der Reihe nach.

Das Kick-off-Meeting

Ein Kick-off sollten Sie in jedem Fall machen. Und hier sollten Sie, natürlich im Verhältnis zum Projektvolumen und zur Wichtigkeit des Projekts, von der Workshop-Idee, bei der möglichst alle Teammitglieder vor Ort sind, auch nicht abweichen. Suchen Sie einen Ort aus, bei dem anfallende Kosten für etwaige Reisetätigkeiten und Übernachtungen möglichst gering ausfallen. Diese Workshops sind äußerst effektiv, weil sie in dem Moment das Instrument sind, um das Team zusammenzuschweißen und die Identifikation mit dem Projekt zu erhöhen. Außerdem schaffen Sie es mit einem solchen Workshop, in dem das internationale Team gemeinsam einen Plan für das Projekt entwickelt, etwaige Hemmschwellen die Sprache betreffend abzubauen. Als weiteren Bonuspunkt erhalten die Teammitglieder die Möglichkeit, die unterschiedlichen Kulturen der anderen Teammitglieder kennenzulernen.

In diesem Zusammenhang empfehlen wir im Übrigen, unbedingt ein interkulturelles Training zu organisieren, in dem erfahrene Trainer Sie über die jeweiligen kulturellen Eigenheiten eines Lands informieren. Solange Sie im europäischen Raum bleiben, ist es zumeist unproblematisch, aber sobald Sie im südamerikanischen, asiatischen, aber auch nordamerikanischen Raum unterwegs sind, sollten Sie diese kulturellen Eigenheiten kennen und den Umgang damit auch erlernen. Oft reichen zweistündige Trainings, in denen kurz die zu erwartenden Überraschungen und Schwierigkeiten beleuchtet und erklärt werden und das Team die Chance bekommt, Fragen zu stellen. Die Wahrscheinlichkeit, dass Sie danach in der Lage sind, eine vermeintliche Unhöflichkeit einfach als kulturelle Differenz zu deuten, steigt enorm und sorgt dafür, viel Konfliktpotenzial schon im Vorhinein aus dem Weg zu räumen. Das gilt natürlich für beide Seiten, sorgen Sie also auch dafür, dass Ihre Teammitglieder in der Ferne über die seltsamen Eigenarten der Deutschen, Österreicher oder Schweizer aufgeklärt werden.

Zurück zum Kick-off. Sofern es nicht gelingt, das gesamte Team zum Kick-off zusammenzutrommeln, achten Sie darauf, dass das Kick-off und die erarbeiteten

Ergebnisse gut dokumentiert sind, damit Sie eine solide Grundlage haben, über die sich die nicht teilnehmenden Kollegen im Nachgang informieren können. Fotoprotokolle von Flipcharts und Metaplanwänden sind hier ein sehr gut geeignetes Dokumentationsmedium und in Zeiten der allgegenwärtigen Smartphone-Kamera ohne großen Aufwand umzusetzen.

Telefon- und Videokonferenzen

Natürlich finden auch alle anderen Besprechungen im festgelegten Turnus statt. Dazu kommen die Teammitglieder aber eben nicht alle Nase lang an einem physischen Ort zusammen. Stattdessen werden die verstreuten Teammitglieder über Telefon- oder Videokonferenzen zusammengeschaltet. Hier nehmen die Vor- und Nachbereitungen der jeweiligen Besprechung einen wichtigeren Stellenwert ein. Um Missverständnisse möglichst auszuschließen, sollte die Agenda so aufgebaut sein, dass zu jedem TOP (Tagesordnungspunkt) deutlich gemacht wird, was die Zielsetzung des TOPs ist und was in der Besprechung in Bezug auf das jeweilige Thema erreicht werden soll. Bei Telefonkonferenzen ist es wichtig, ein paar kleine Regeln festzulegen. Die einfachste Regel ist, dass derjenige, der gerade sprechen möchte, jedes Mal kurz seinen Namen sagt, damit auch diejenigen, die im Erinnern von Stimmen nicht so gut sind, wissen, wer gerade was zu sagen hat. Als weniger schlechter Projektleiter gehört es in dieser Konstellation in Telefonkonferenzen zu Ihren Aufgaben, das Gesagte zu den einzelnen Themen zusammenzufassen, um ein möglichst einheitliches Verständnis zu erreichen. Das ist umso wichtiger, wenn es neben den sprachlichen Barrieren auch noch technische Probleme wie Knackser in der Leitung oder eine verminderte Wiedergabequalität von Lautsprechern gibt. Sofern es technisch möglich ist, sollten Sie bereits während der Besprechung Protokoll führen und Ihren Bildschirm teilen, damit alle Beteiligten das Protokoll sehen und dieses am Ende der Besprechung gemeinsam verabschiedet werden kann.

Eines ist aber dann doch anders. Sie müssen sich die Frage stellen, wie Sie es schaffen, Ihre Projektteammitglieder trotz der Entfernung bei der Stange zu halten. In verteilten Teams trifft man sich eben nicht mal eben in der Kaffeeküche, und auch Sie als Projektmanager werden vermutlich nur gelegentlich bei den einzelnen Standorten vorbeischauen können. Hier können Sie sich einer Methode aus dem agilen Projektmanagement bedienen. Veranstalten Sie jeden Morgen, oder zumindest drei Mal in der Woche, ein virtuelles Stand-up. In einer maximal 20-minütigen virtuellen Konferenz besprechen Sie den aktuellen Status des Projekts. Ob Sie dies telefonisch oder per Videokonferenz organisieren, kommt ein bisschen auf die technische Machbarkeit und die Gruppengröße an. Die Leitfragen für dieses virtuelle Stand-up sind die, die Sie schon bei den agilen Softwareentwicklungsmethoden kennengelernt haben: Was ist gestern passiert, was steht für heute an, und welche Probleme gab oder gibt es aktuell?

Dieses Meeting gibt Ihnen als Projektleiter überhaupt erst die Möglichkeit, umfassend informiert zu sein. Darüber hinaus können Sie über diese Meetings kurzfristig steuernd einzugreifen. Probleme, die im Stand-up nicht geklärt werden können, klären Sie dann mit den betroffenen Teammitgliedern und anderen Beteiligten im Nachgang. Dieses tägliche Stand-up hat aber noch einen anderen charmanten Nebeneffekt: Es verpflichtet die Teammitglieder für Ihr Projekt und stärkt so den Zusammenhalt und die Identifikation mit dem Projekt.

Ein paar Worte noch zur Technik. Diese könnten nicht aktueller sein, denn wir schreiben diesen Absatz im April 2020 mitten in einem globalen Ereignis, das irgendwann als *Coronakrise* in den Geschichtsbüchern stehen wird. Beide Autoren befinden sich seit Anfang März im Homeoffice und konnten miterleben, wie in ihren Unternehmen von einem Tag auf den anderen von Büroanwesenheit und Meetings in Konferenzräumen auf Videokonferenzen mit Blick in heimische Wohn- und Arbeitszimmer umgestellt wurde.

Wir können also die freudige Nachricht überbringen: Es geht alles irgendwie und meistens besser, als man glaubt. Es ist davon auszugehen, dass in Ihrem Unternehmen irgendein Videokonferenztool als das Tool der Wahl eingesetzt wird, eventuell ist es Microsoft Teams, Skype, Zoom oder Starleaf oder irgendetwas anderes. Für diese Tools gibt es üblicherweise auch immer eine einfach zu installierende Gratisversion, damit Kommunikationspartner, die nicht zum Unternehmen gehören, ebenfalls eine Chance haben, am Meeting teilzuhaben.

Wir empfehlen, kleinere Meetings als Videokonferenzen abzuhalten, sofern es die Hardware und die Internetbandbreite zulassen. Es ist psychologisch eben doch ein Unterschied, ob man jemanden sieht oder nur hört. Gerade bei verteilten Teams, die nicht regelmäßig auch mal durch die Büroräume laufen, hilft es außerdem, die Zuordnung von Stimme zu Gesicht und damit auch zum Namen zu festigen. In dieser Weisheit steckt der Arbeits- oder zumindest Organisationsauftrag an Sie, dafür zu sorgen, dass Ihr Team hardwareseitig so ausgestattet ist, dass Videokonferenzen von den Arbeitsrechnern oder zumindest aus einem Konferenzraum möglich sind. Bei größeren Meetings sind zu viele wackelnde Köpfe möglicherweise eher ablenkend und belasten die Leitung unnötig. Hier reicht es auch, wenn man sich zu Beginn des Meetings einmal kurz fröhlich zuwinkt und dann die Kameras ausgeschaltet werden.

Sie werden merken, dass die virtuelle Kommunikation mit ein bisschen Übung und Umgewöhnung sehr schnell zur Normalität wird und man auch zu Kollegen auf der anderen Seite der Welt einen persönlichen Draht entwickeln kann, der die Arbeit im Projektteam dann noch mal zusätzlich bereichert.

KAPITEL 16

Motivation – man muss nur wollen!

»Das Problem: Ich könnte wollen, aber ich muss nicht.«

– Alexandra Tobor / @silenttiffy, Twitter, 15. Juli 2013

In der Liste der All-Time-Top-Ten-Kompetenzen eines guten Projektmanagers taucht neben einer guten Kommunikationsfähigkeit auch mit beeindruckender Zuverlässigkeit ein weiterer Kompetenzdauerbrenner auf: Motivationsfähigkeit.

Dabei bezieht sich diese Anforderung weniger auf die eigene Motivation. Dass Sie als weniger schlechter Projektmanager am Montagmorgen gut gelaunt aus dem Bett hüpfen, sich ein Liedchen pfeifend auf den Weg ins Büro begeben und dort mit einem Lächeln allen Kollegen ein »Guten Morgen!« entgegenrufen, versteht sich quasi von allein. Denn wenn Sie nicht gern Projektmanager sind, warum tun Sie sich das alles eigentlich an?

Nein, die Motivationskompetenz eines Projektmanagers bezieht sich viel mehr auf seine Fähigkeit, sein Umfeld für das Projekt zu begeistern und insbesondere das Projektteam für die Projektaufgaben zu motivieren. Der Projektmanager bekommt hier ein bisschen die Aufgabe eines Animateurs, nur eben nicht auf einem Kreuzfahrtschiff oder in einem All-inclusive-Familienhotel, sondern im Büro, dafür aber immerhin mit weniger schlechter Musik, weniger albernen Spielchen und hoffentlich besser bezahlt.

Wir alle kennen die folgende Situation auch aus dem Alltag: Ein neues Vorhaben steht an, alle sind total begeistert, jetzt geht's los, alle packen mit an und sind hoch motiviert, das wird super, das wird total toll, wir freuen uns auf die nächsten Wochen oder Monate, man sieht sich schon mit Sekt auf den gelungenen Projektabschluss anstoßen, endlich, endlich, endlich geht es los! Doch meistens dauert es nicht lange, bis die Begeisterung sichtbar abebbt, gerade bei größeren Vorhaben ist irgendwann die Luft raus, es mag nicht mehr so richtig fluppen, das ehemals Neue ist langweiliger und teilweise mühseliger Alltag geworden, die Motivation ist weg.[1]

1 Die Autoren können ein Lied davon singen, denn es stellt sich überraschend heraus, dass auch ein Projekt wie das »Schreiben eines Buchs über weniger schlechtes Projektmanagement« mit Motivationsverlust einhergeht. Aktuell könnte man im Eiscafé sitzen, die siebte Staffel von »The Good Wife« gucken oder auch einfach eine Runde auf dem Sofa liegen und eindösen. Stattdessen muss man noch ein Kapitel schreiben. Noch eins! Wie viele verdammte Kapitel kann denn so ein Buch haben! Ist es nicht irgendwann mal gut?

Auch in Projekten lässt sich dieses Phänomen beobachten. Für eine kurze Zeit haben die Projektmitarbeiter ein seltsames Glitzern in den Augen, alle sind ganz aufgeregt und motiviert. Ein neues Projekt erscheint ein bisschen wie ein Heilsbringer, der einem den Weg aus dem tristen Büroalltag zeigen soll. Man schwört sich, jetzt aber mal wirklich motiviert und eifrig bei der Sache zu bleiben, selbst Überstunden verlieren ihren Schrecken angesichts dieser Aussicht.

Doch obwohl sich alle sicher waren, dass man dieses Mal motiviert bei der Sache bleiben würde, obwohl sich wirklich alle einig waren, dass dieses Projekt besser, schöner und glitzernder sein würde als das letzte, sieht die Realität anders aus. Kaum hat man als Projektmanager mal fünf Minuten nicht aufgepasst, ist von der anfänglichen Motivation nur noch ein kümmerlicher Rest übrig, und wo die Mitarbeiter anfangs noch hoch motiviert und mit leicht federndem Gang zur Arbeit kamen, sitzen sie jetzt wieder am Schreibtisch, als wäre gar kein Wunder passiert. Mit der Zeit wird es für Sie als Projektleiter immer schwieriger, Ihr Team zu motivieren, und nachdem Sie sich das Trauerspiel ein paar Wochen angeschaut haben, hat sich Ihre eigene Motivation auch verdünnisiert. Meistens geht es schneller, als man denkt, der Kurvenverlauf ist ähnlich wie die Restwertkurve beim Kauf eines Neuwagens. Eben noch war alles schön und glänzend, und auf einmal ist es nur noch halb so viel wert, und der Motor macht auch schon komische Geräusche.

Damit wir verstehen, was da eigentlich passiert und warum von den ganzen Motivationstreueschwüren Ihres Projektteams so schnell nur noch ein paar wenig überzeugend gemurmelte Versicherungen, dass wirklich noch alles super sei, übrig bleiben, müssen wir uns zunächst damit beschäftigen, was uns eigentlich motiviert.

Wir gehen sozusagen dem Grund unserer Motivation auf den Grund. Vermutlich sind wir uns alle einig, dass es hilft, wenn man weiß, worüber man eigentlich spricht, und das gilt nicht nur für Datenbankdesign, Multithreading oder die aktuellsten Frameworks für mobile Apps. Auch wenn wir über scheinbar so eindeutige Begriffe wie »Motivation« sprechen, ist es durchaus hilfreich, einen Schritt zurückzutreten und zu überdenken, was wir damit eigentlich meinen und ob das, was wir uns darunter vorstellen, auch mit der landläufigen Definition übereinstimmt.

Weil wir und Sie ja so vielfältig interessiert sind, haben wir schon mal etwas von extrinsischer und intrinsischer Motivation gehört. Wir erklären es aber jetzt trotzdem noch mal. Die extrinsischen Motivatoren sind all die, die von außen an uns herangetragen werden, wir kennen das klassischerweise als Ruhm, Geld und Ehre, im modernen Berufsalltag also Karriere, Gehaltserhöhung und wohlwollendes Lob vom Chef. Anders gesagt, wenn niemand uns Geld oder anderweitig erstrebenswerte Dinge in Aussicht stellte, würden wir auf der Stelle hinschmeißen, nach Hause gehen und Serien auf Netflix gucken. Intrinsisch motiviert ist man hingegen dann, wenn man in der Sache selbst aufgeht, wenn man etwas macht oder zumindest machen würde, ohne dafür entlohnt zu werden, wenn man Interesse an seiner Arbeit hat – ganz einfach gesagt, wenn das, was wir tun, uns Spaß macht.

Im Onlinelexikon des Psychologen Werner Stangl heißt es dazu wie folgt:

> Extrinsisch ist ein Handeln dann, wenn Mittel (Handlung) und Zweck (Handlungsziel) thematisch nicht übereinstimmen, also andersthematisch (exogen) sind. Handeln ist in diesem Fall Mittel für das Eintreten andersartiger Ziele, die nicht handlungsinhärent sind, sondern in eine willkürliche Instrumentalitätsbeziehung zum Handlungsergebnis gebracht wurden.
>
> Intrinsisch ist im Gegenzug demnach eine Handlung dann, wenn Mittel (Handlung) und Zweck (Handlungsziel) thematisch übereinstimmen, also gleichthematisch (endogen) sind.
>
> – *(http://lexikon.stangl.eu/1951/extrinsische-motivation/)*

Toll, es ist also alles ganz einfach. Sofern Sie dafür sorgen, dass Ihre Teammitarbeiter ausreichend gut bezahlt werden, sie regelmäßig loben und die eine oder andere Erweiterung des Verantwortungsbereichs in Aussicht stellen, ist das schon die halbe Miete. Wenn Sie sich jetzt noch darum kümmern, dass die Projektarbeit abwechslungsreich und spannend statt sterbenslangweilig und nervtötend ist, müsste doch alles im leuchtend grünen Bereich sein. Vielleicht können wir uns auf diesem Weg sogar die Gehaltserhöhung sparen, schließlich setzt sich so langsam auch die Erkenntnis durch, dass eine Arbeit, die Spaß macht, zuweilen mehr wert ist als ein Job mit Firmenwagen und mehr Geld, bei dem man sich aber tagtäglich mit Idioten rumschlagen muss.

Wie immer im Leben ist es am Ende natürlich wieder überhaupt nicht so einfach, wie es zunächst scheint. Das ist auf der anderen Seite jedoch nicht verwunderlich, denn wenn es wirklich so einfach wäre, gäbe es kaum unglückliche Mitarbeiter, und der Montag hätte einen deutlich besseren Ruf.[2] Vielleicht müssen Sie dieses unbekannte und rätselhafte Wesen Motivation noch ein bisschen besser kennenlernen. Doch das Feld ist weit. Beschäftigen Sie sich doch mal mit der maslowschen Bedürfnispyramide[3] (nein, WLAN steht nicht an unterster Stelle, auch wenn das eine oder andere Bild im Internet Ihnen das weismachen will), lesen Sie nach, was es mit dem Führungsbusen auf sich hat (keine Sorge, das können Sie gefahrlos auch im Büro googeln), lernen Sie die Inhaltsmodelle von den Prozessmodellen der Motivation zu unterscheiden, und wenn Sie sich dann genauer mit dem Wort »Tschakka« beschäftigen, beschleicht Sie der leise Verdacht, dass es sich hierbei gar nicht um eine Erfindung des niederländischen Motivationstrainers Emile Ratelband[4] handelt, sondern dass der Ursprung des Worts vielmehr im hawaiianischen Surfermilieu zu suchen ist, wo das Wort »Shaka« mit der entsprechenden Handgeste für eine Welle mit perfektem Wellendesign steht.

Allerdings wollten wir ja kein Buch über Motivation schreiben, deswegen lassen wir Ihnen die oben erwähnten Stichwörter als kleine Brotkrumen zur Weiterbildung da.

---

2 Teresa Bücker auf der re:publica 2013: »Der Montag liebt dich« unter *https://www.youtube.com/watch?v=MpiatFsLE9w*.

3 *https://de.wikipedia.org/wiki/Maslowsche_Bed%C3%BCrfnishierarchie*

4 *https://de.wikipedia.org/wiki/Emile_Ratelband*

Wir haben das Thema vor allem aufgenommen, weil die Motivationsfähigkeit des Projektmanagers aus unserer Sicht ein wichtiges Persönlichkeitsmerkmal ist. Bevor Sie sich jetzt fragen, ob Sie demnächst zusätzlich als Vorturner, Animateur und Büroseelendoktor auftreten müssen, drehen wir den Spieß einfach mal um. Wir fragen jetzt nicht mehr, was Sie als Projektmanager tun müssen, um Ihr Team zu motivieren, sondern wir fragen, was Sie gefälligst unterlassen müssen, um Ihr Team nicht zu demotivieren. Gehen wir einfach davon aus, dass der durchschnittliche Projektarbeiter im Defaultmodus vollkommen ausreichend motiviert ist. Sie müssen gar nicht viel tun, Sie dürfen es jetzt nur nicht vermasseln und Ihren grundsätzlich motivierten Mitarbeiter systematisch in eine chronische Demotivation treiben.

Motivationstheorie nach Herzberg

Was nun sind unsere Demotivatoren? Stellen wir sie uns – da uns die Namensähnlichkeit das nahelegt – wie die Dementoren aus den Harry-Potter-Büchern vor, große schwarze Wesen, die uns vielleicht nicht das Leben, aber zumindest den Arbeitswillen aus dem Leib saugen. Welche Faktoren sind es, die uns tagtäglich runterziehen, die uns die Lust an der Arbeit vermiesen, die uns jeden Morgen »Och nöööö, nicht schon wieder!« denken lassen?

Tatsächlich gibt es eine recht alte Theorie zur Motivation, nämlich die Zwei-Faktoren-Theorie von Frederick Herzberg (1959)[5]. In dieser Theorie unterscheidet Herzberg zwei Arten von Faktoren, die die Motivation beeinflussen können. Zum einen sind das Faktoren, die auf den Inhalt der Arbeit bezogen sind, die sogenannten *Motivatoren*. Zum anderen sind es die Faktoren, die auf den Kontext der Arbeit bezogen sind, die sogenannten *Hygienefaktoren*. Kurz gesagt, geht es bei den Motivatoren um die besonders gern am Montagmorgen gestellte Frage: »Was mach ich hier eigentlich?«, während es bei den Hygienefaktoren um die Rahmenbedingungen geht, unter denen diese Arbeit erledigt werden soll, also zum Beispiel um die Frage, ob die Kaffeemaschine im Büro zuverlässig funktioniert.

Motivatoren sind die Elemente der Arbeit, die zur Zufriedenheit führen. Fehlen sie, führt das aber nicht automatisch und zwingend zur Unzufriedenheit. Man ist vielleicht nicht zu jeder Zeit ein emsiges Bienchen, aber eben auch nicht kreuzunglücklich. Anders gesagt: Das Fehlen von Motivatoren ist (obwohl es ungünstig klingt) zunächst gar kein Problem. Was natürlich nicht bedeutet, dass man sich als weniger schlechter Projektmanager entspannt zurücklehnen sollte. Mit Motivatoren geht es eben noch besser.

Anders verhält es sich mit den Hygienefaktoren. Diese verhindern bei positiver Ausprägung die Entstehung von Unzufriedenheit, sind aber nicht in der Lage, selber Zufriedenheit zu erzeugen. Häufig werden diese Faktoren gar nicht bemerkt, weil sie als selbstverständlich vorausgesetzt werden. Fehlen sie aber, wird der Man-

5 *https://de.wikipedia.org/wiki/Frederick_Herzberg*

gel sehr wohl wahrgenommen, und Unzufriedenheit stellt sich ein. Anders gesagt, wenn ich meine Arbeit tagtäglich auf einem Baumstumpf sitzend mit einem Rechner, auf dem aus IT-Richtliniengründen nur Windows Vista installiert werden darf, erledigen kann, wird mich auch die inhaltliche Güte meines Tuns nicht ausreichend motivieren können. Wird mir hingegen jeden Mittag ein niedlicher Hundewelpe zum Spielen ins Büro gebracht, werde ich auch über die eine oder andere lästige Aufgabe großzügig hinwegsehen können.

Typische Motivatoren sind das Erleben von Erfolg (Erfolgserlebnis), die Übernahme von Verantwortung (Verantwortungsgefühl) oder auch die Arbeit selbst, die einfach Spaß macht. Im Einzelnen können wir beispielsweise folgende Motivatoren identifizieren:

- Erfolg
- Anerkennung
- Arbeitsinhalte
- Verantwortung
- Aufstieg und Beförderung

Typische Hygienefaktoren sind die äußeren Arbeitsbedingungen, persönliche Beziehungen zu den Kollegen und Vorgesetzten, der Einfluss, den die Arbeit auf das Privatleben ausübt, oder auch die Unternehmenskultur. Im Einzelnen sind das folgende Faktoren:

- Entlohnung und Gehalt
- Personalpolitik, Führungsstil
- Arbeitsbedingungen
- zwischenmenschliche Beziehungen zu Mitarbeitern und Vorgesetzten
- Sicherheit der Arbeitsstelle
- Einfluss der Arbeit auf das Privatleben

Jetzt kommt die spannende Pointe der Theorie: Herzberg geht davon aus, dass die positive Ausprägung der Hygienefaktoren Voraussetzung dafür ist, dass die Wirkung der Motivatoren überhaupt greift. Das heißt zum Beispiel: Solange Sie Ihren Mitarbeiter nicht adäquat bezahlen, können Sie ihn befördern, soviel Sie lustig sind, Sie werden ihn nicht motiviert bekommen. Dabei geht es hier noch nicht einmal um die Bezahlung in absoluten Werten, sondern vielmehr um die Höhe der Vergütung im Verhältnis zu anderen. Solange die Bezahlung des Mitarbeiters deutlich niedriger als die seiner Kollegen ist und damit als ungerecht wahrgenommen wird, sind Sie in der Demotivationsfalle.

Ist die grundsätzliche Unternehmenskultur geprägt von Angst, Misstrauen und Schuldzuweisung, können Sie loben, bis Sie schwarz werden, Sie werden Ihre Mitarbeiter damit nicht motivieren. Solange die Arbeitsbedingungen als schlecht empfunden werden, hilft die Verteilung von adäquaten Aufgaben nicht weiter, der Mitarbeiter wird sie nicht mit vollem Elan angehen.

Im Umkehrschluss bedeutet das, dass Sie zunächst dafür sorgen müssen, dass das Arbeitsumfeld, in dem Ihr Projekt stattfindet, grundsätzlich positiv gestaltet ist. Vermeiden Sie eine Kultur der Angst und des Misstrauens, sehen Sie zu, dass Sie Ihre Mitarbeiter gerecht behandeln, vermeiden Sie Schuldzuweisungen. Erst wenn die Hygienefaktoren stimmen, können Sie sinnvollerweise mit dem ganzen Motivationskram anfangen. Erst dann können Sie durch ehrlich gezeigte und ausgesprochene Anerkennung dazu beitragen, dass Ihre Mitarbeiter im Projekt motiviert sind. Wir raten natürlich nicht davon ab, auch bei ungünstigen Rahmenbedingungen zu versuchen, das Beste aus der Situation rauszuholen. Sie müssen sich nur darüber klar sein, dass und warum Ihre ganze Mühe keine Früchte tragen wird.

Zugegeben, Herzberg gehört einer älteren Forschergeneration an (tatsächlich wurde Frederick Irvin Herzberg am 18. April 1923 in Lynn, Massachusetts, geboren und ist am 19. Januar 2000 in Salt Lake City, Utah, verstorben). Er entwickelte seine Zwei-Faktoren-Theorie Ende der 1950er-Jahre des vergangenen Jahrhunderts, das ist immerhin über ein halbes Jahrhundert her und im Zeitalter des Internets eine gefühlte Unendlichkeit. Ist seine Theorie also immer noch aktuell oder doch schon längst überholt? Machen Sie dazu einfach folgendes kleines Experiment: Geben Sie den Begriff »Top Motivatoren« bei Google ein und lesen Sie die ersten Einträge. Sie werden feststellen, dass die Motivationstheorie von Herzberg kaum an Aktualität verloren hat. Auch heute werden nach wie vor die äußeren Arbeitsbedingungen genannt, wenn es um die wesentlichen Faktoren geht, die uns in der modernen Arbeitswelt motivieren.

Wie man eher nicht motiviert

Bevor wir uns also damit beschäftigen, was Sie alles tun können, um Ihr Team zu motivieren, stellen wir sicher, dass Sie nicht an anderer Stelle aus Versehen für Demotivation sorgen und sich so das Wasser systematisch selber abgraben. Das ist nicht nur für alle Beteiligten unbefriedigend, vor allem haben Sie überhaupt keine Zeit für sinnlose Aktivitäten. Besser noch: Das Vermeiden von Demotivatoren zieht im Allgemeinen gar keinen zusätzlichen Zeitaufwand nach sich, Sie müssen nur Dinge etwas anders oder eben im besten Fall einfach gar nicht tun.

Vermeiden Sie Ungerechtigkeit

Einer der größten Fehler, den Sie als schlechter Projektmanager machen können, ist, die Mitarbeiter Ihres Projektteams nicht gerecht zu behandeln. Was für Kinder gilt, ist bei Erwachsenen nicht anders: Auf empfundene Ungerechtigkeit reagieren wir empfindlich. Dass es sich hierbei quasi um einen Urinstinkt handelt, zeigen sehr eindrucksvoll die Forschungsarbeiten von Frans de Waal, dessen Arbeitsschwerpunkte die Erforschung der tierischen und menschlichen Entwicklung von Kultur, Moral und die Entstehung von Empathie und Altruismus ist.[6] Wenn Sie

6 *https://de.wikipedia.org/wiki/Frans_de_Waal*

das Gerechtigkeitsgefühl von Affen in Aktion sehen wollen, sehen Sie sich mal de Waals TED-Talk »Moral behavior in animals« an.[7] Zwei sehr niedliche Kapuzineräffchen in benachbarten Käfigen bekommen Futter, das eine langweilige Gurke, das andere leckere Trauben. Während das eine Äffchen zunächst die Gurke noch artig verspeist, kann es sehen, wie das andere Äffchen das bessere Essen bekommt. Das nächste Gurkenstück wird dann nur noch kritisch beäugt und dann erbost auf den Gurken-und-Trauben-Verteiler geworfen. Traube! Warum bekomme ich keine Traube! Was soll ich mit dieser dämlichen Gurke! Der andere hat auch eine Traube bekommen, ich hab's genau gesehen! Warum bekommt der eine Traube und ich nicht! Geh mir weg mit der blöden Gurke! TRAUBEN! JETZT!

Auch wenn sich die meisten Menschen etwas besser im Griff haben und nicht gleich mit Sachen werfen, wenn sie Ungerechtigkeit verspüren, emotional sieht es gar nicht so viel anders aus. Unser inneres Kapuzineräffchen beäugt die wahrgenommene Ungerechtigkeit kritisch und merkt sich sehr wohl, wenn es bei der Gehaltsrunde übersehen wurde, wenn es das einzige Bürokapuzineräffchen ist, das regelmäßig Überstunden macht, oder wenn die Arbeit der anderen Bürokapuzineräffchen regelmäßig gelobt wird, es selber aber mit einem wohlwollenden Nicken abgefertigt wird.

Achten Sie also darauf, dass Sie Ihre Projektmitarbeiter gerecht behandeln. Das bedarf im Zweifel auch Ihrer erhöhten Aufmerksamkeit. Gehen Sie nicht davon aus, dass Ihre Mitarbeiter Ihren Unmut äußern werden, sie werden wahrscheinlich innerlich grummeln und immer demotivierter zur Arbeit erscheinen, aber nichts sagen. Als weniger schlechter Projektmanager wird von Ihnen erwartet, dass Sie Ihr Team im Griff haben, aber auch, dass Sie Ihr Verhalten Ihrem Team gegenüber im Griff haben. Im Gegensatz zu einem Kapuzineräffchen kann ein Projektmitarbeiter einfach kündigen, und spätestens dann werden Sie sich wünschen, Sie wären rechtzeitig mit einem Gurkenstück beworfen worden.

Vermeiden Sie Phrasendrescherei

Es gibt Menschen, die im Wesentlichen mit knapp 20 Phrasen ihren Kommunikationsalltag bestreiten. Manchmal beschleicht einen sogar das Gefühl, dass sich gerade im Management, auch im Projektmanagement, viele Phrasenschweine suhlen. Das ist zunächst nur anstrengend und selten hilfreich, denn Kommunikation in Phrasen funktioniert eher mäßig gut, um nicht zu sagen schlecht. Schlimmer wird es, wenn man es mit Managern zu tun hat, bei denen man sich des Eindrucks nicht erwehren kann, dass sie ganze Phrasen oder auch nur Buzzwords auswendig gelernt haben, damit sie damit an der richtigen Stelle zum richtigen Zeitpunkt Ihren Gesprächspartner überrumpeln und mundtot machen können.

Diese Menschen haben die Vorteile von Phrasen klar erkannt: Wenn Sie in Ihrem Team eine offene, kritische und feedbackorientierte Kommunikation verhindern

---

7 *https://www.ted.com/talks/frans_de_waal_moral_behavior_in_animals*

möchten, dann machen Sie sich die Verwendung von sinnfreien Phrasen zunutze. Die Verhinderung einer Feedbackkultur steht allerdings nicht auf der To-do-Liste eines weniger schlechten Projektmanagers. Wenn Sie hingegen eine Kultur der offenen Kommunikation fördern möchten, in der konstruktives Feedback nicht nur erlaubt, sondern sogar erwünscht ist, dann unterlassen Sie das Reden in Phrasen. Argumentieren Sie lieber mit Worten, und zwar idealerweise mit Ihren eigenen. Eine offene, ehrliche und glaubwürdige Kommunikation stärkt den Teamgeist und den Willen des Teams, gemeinsam an einem Ziel zu arbeiten. Immerhin haben Sie in Ihrem aktiven Wortschatz etwa 3.000 bis 5.000 Wörter, mit denen Sie Ihre Argumente vortragen können. Das sollte eigentlich reichen, um alles, was Sie sagen möchten, auch sagen zu können.

Falls Sie selbst es mit einem kleinen Phrasendrescher (oder einer kleinen Phrasendrescherin) zu tun haben, können Sie auch einen einfachen Trick anwenden. Lassen Sie sich nicht von scheinbar sonnenklaren Allgemeinplätzen einlullen oder von Buzzwords einschüchtern, sondern fragen Sie immer tapfer nach, was denn damit gemeint sei. Und wenn die Frage mit einer weiteren Phrase beantwortet wird, fragen Sie freundlich und interessiert weiter, bis Sie Ihrem Gesprächspartner eine greifbare Aussage entlockt haben. Dieser Trick ist übrigens universell einsetzbar und funktioniert auch sehr gut auf Partys.

Im Kapitel 15 zur Kommunikation haben wir Ihnen ja versprochen, noch einige Tipps dazu zu geben, wie Sie als weniger schlechter Projektmanager kommunizieren können. Dahinter steckt die Erkenntnis, dass es einen signifikanten Zusammenhang zwischen Motivation und Führung gibt. Daraus resultiert auch die inzwischen landläufig bekannte Erkenntnis, dass Mitarbeiter, wenn sie denn kündigen, nicht das Unternehmen, sondern ihren Chef oder ihre Chefin verlassen. Diese Erkenntnis sollten, nein müssen Sie sich als weniger schlechter Projektmanagement zunutze machen.

Ihr Kommunikationsverhalten ist der Schlüssel dafür, dass Sie als guter Projektleiter und damit auch als Führungspersönlichkeit wahrgenommen werden. Die Vermeidung von nachgeplapperten Allgemeinplätzen ohne Sinn ist eine Möglichkeit, mit der Sie sofort Ihr Kommunikationsverhalten optimieren können. Und da gibt es einige typische Redewendungen, mit denen Sie Ihr Gegenüber eher verschrecken und sicherlich langfristig demotivieren. Wir haben Ihnen mal ein paar solcher typischen Phrasen aufgeschrieben, die Sie tunlichst nicht bemühen sollten, damit Ihre Mitarbeiter nicht überraschend mit Ihnen Schluss machen.

Gesprächsstörer	Typische Redewendungen
Vorwürfe machen	Sie hätten in jedem Fall ...
Reizformulierungen	Ständig müssen Sie ...
Herunterspielen	Das ist doch nicht schlimm!
Unterstellungen machen	Sie regen sich doch nur auf, weil ...

Gesprächsstörer	Typische Redewendungen
Bewerten	Sie denken da falsch!
Befehlen	Zuerst beruhigen Sie sich mal! Sie müssen halt ...
Warnen/Drohen	Denken Sie an die Folgen! Das würde ich mir überlegen!
Lebensweisheiten	Wer einmal lügt ...
Killerphrasen	Das haben wir immer schon so gemacht!

Umgekehrt gibt es aber auch Redewendungen, die das Gespräch fördern und als positiv und konstruktiv wahrgenommen werden:

Gesprächsförderer	Typische Redewendungen
Offene Fragen	Wie sehen Sie das?
Nachfragen	Was meinen Sie dazu?
Zielorientierte Fragen	Was könnte Ihre Situation verbessern?
Aufmerksamkeit signalisieren	Ja./Aha./Blickkontakt/Nicken
Umschreiben, Zusammenfassen	Sie meinen also, dass ...?
Klären, auf den Punkt bringen	Wenn ich Sie richtig verstanden habe ...
Wünsche herausarbeiten	Sie möchten also am liebsten, dass ...? Ihnen ist vor allem wichtig, dass ...?
Namentliche Ansprache	Genau, Frau ...
Positives Formulieren	Schön./Klar./Gerne./Gut.
Verständnis signalisieren	Ich kann gut verstehen, dass ... Das kann ich mir vorstellen.
Verbindlichkeiten signalisieren	Ich kümmere mich sofort darum.

Vermeiden Sie Schuldsuche und Schuldzuweisung

Gerade in Situationen, in denen in einem Projekt etwas schiefgelaufen ist, neigt ein schlechter Projektmanager (oder grundsätzlich eine schlechte Führungskraft) dazu, erst mal nachzuforschen, wer es verbockt hat, und nicht, warum es verbockt wurde. Erst sucht man den Schuldigen, um ihn ordentlich zusammenstauchen zu können, danach kann man sich vielleicht noch damit beschäftigen, was überhaupt passiert ist und wie es dazu kam.

Es gibt Projektleiter, die glauben, dass sie, sobald sie den Verursacher eines Problems (z.B. das Projekt verzögert sich, oder das Projektbudget wird nicht eingehalten) identifiziert haben, sie jemanden haben, den sie verantwortlich machen können. Damit sind sie selbst aus der Schusslinie und können getrost auf den armen Kerl verweisen, den sie als Verursacher des Problems identifiziert haben. Wenn es richtig schlecht läuft, wird derjenige im nächsten Jour fixe auch noch mal so richtig vor allen anderen Teammitgliedern zur Schnecke gemacht (manchmal findet man auch den Begriff »gegrillt«), damit alle wissen, dass der Projektleiter und alle anderen sich nichts haben zuschulden kommen lassen.

Damit haben Sie als Projektmanager leider überhaupt nichts gewonnen. Das Einzige, was Sie erreichen, ist, dass das Teammitglied verunsichert und demotiviert ist und von jetzt an ein bisschen weniger gern zur Arbeit kommt. Auch die Projektmitarbeiter, die gar nicht betroffen waren, sind nicht dumm und werden sich vor allem merken, zukünftige Probleme, Fehler und Schwierigkeiten möglichst gut und möglichst lange vor Ihnen geheim zu halten. Sie werden versuchen, Verantwortung für schwierigere Themen von sich zu weisen, und stets dafür zu sorgen, dass sie im Ernstfall nicht für das Scheitern von was auch immer verantwortlich gemacht werden können. Kurz: Sie erziehen sich damit einen kleinen Schwarm schlüpfriger Karpfen, die Ihnen bei jedem Versuch, einem Problem habhaft zu werden, aus den Fingern glitschen. Was Sie in jedem Fall aber nicht erreicht haben: Sie haben das Problem nicht gelöst, da Sie bislang nur den Verursacher, aber eben nicht die Ursache für das Problem identifiziert haben. Aber halt, glauben Sie wirklich, Sie sind aus der Schusslinie, glauben Sie wirklich, Sie können die Verantwortung für Ihre Probleme im Projekt auf Ihre Teammitglieder abwälzen? Weit gefehlt, sagen wir Ihnen, als Projektleiter sind am Ende des Tages Sie, und zwar Sie allein, in der Verantwortung, es sei denn, Sie wurden vorsätzlich getäuscht, was leider auch schon mal vorkommen kann.

Also sehen Sie zu, dass Sie bei Problemen im Projekt rasch der Ursache auf den Grund kommen, und von da aus diskutieren Sie den Sachverhalt lösungsorientiert und konstruktiv in die Zukunft schauend. In diesem Zusammenhang gilt auch, dass Sie in Ihrer Führungsrolle als Projektmanager eingreifen müssen, sobald derlei Verhalten aus dem Team offenkundig wird. Sie müssen einschreiten, wenn ein Teammitglied ein anderes Teammitglied mit Schuldzuweisungen angeht. Sie sind in der Verantwortung, den Gesprächsverlauf in einer solchen Situation zu versachlichen.

Die Rote Karte im Meeting

Im Laufe der Jahre habe ich in unterschiedlichsten Zusammenhängen Lessons-Learned-Prozesse zu Projekten begleitet. *Lessons Learned* ist ein wichtiger Bestandteil der Projektarbeit und sollte eigentlich auch ein regelmäßiger sein, nicht nur am Ende, sondern auch während des Projekts. Einfach formuliert, geht es um die Frage, wie man aus den gemachten Fehlern lernen und wie man auf Basis des Gelernten die nächsten Projekte optimieren kann, um in der Zukunft erfolgreicher zu sein.

Eigentlich ein gutes Ansinnen. Leider geraten derlei Veranstaltungen allzu häufig zu Bashing-Exzessen, in denen der eine und andere endlich das institutionalisierte

Forum sieht, dem Kollegen, der vor ein paar Wochen irgendwas Doofes gemacht oder gesagt hat, einen reinzuwürgen. Hier können Sie lang und breit erklären, dass es nicht darum geht, herauszufinden, wer was wann falsch gemacht hat, sondern darum, zu identifizieren, was wir mit dem heutigen Wissen im nächsten Projekt anders und besser machen können. Dennoch kann der erste Wortbeitrag so lauten: »Sie haben ja erklärt, dass es hier nicht um Schuldzuweisung geht, aber man muss doch ganz klar sagen, der Herr Kallinowsky ist schuld!« Hä? Da hat wohl irgendjemand was nicht verstanden. Die daraufhin beginnende Rechtfertigungsorgie nimmt nur Zeit in Anspruch und hat ansonsten keinen Nährwert.

Nachdem ich derlei Verlauf das eine oder andere Mal beobachtete, habe ich einen kleinen Kunstgriff angewandt. Jeder Teilnehmer hat zu Beginn der Veranstaltung eine rote Karte bekommen. In der Einführung zur Veranstaltung wurde eine Regel festgelegt: Sobald in einem Wortbeitrag Schuldzuweisungen erfolgen, haben die anderen Teilnehmer die Möglichkeit, dem Kollegen die rote Karte zu zeigen, und der muss dann augenblicklich seinen Beitrag versachlichen. Bemerkenswert ist, dass in diesen Runden tatsächlich von personalisierten Schuldzuweisungen abgesehen wird. Warum? Weil plötzlich das Identifizieren und Anmerken eines Fehlverhaltens als Regel etabliert war. Natürlich möchte keiner dabei ertappt werden, dass er sich nicht richtig verhält, also tut er es auch nicht. Aus Erfahrung eine sehr gute und hilfreiche Methode!

Peter Schüßler

Motivation und Projektorganisation

Was hat denn jetzt die Projektorganisation mit der Motivation zu tun? Hilfreich für das Verständnis sind die Ausführungen aus Kapitel 19, *Organisiert euch!*, zur Matrixorganisation und zur reinen Projektorganisation ab Seite 253 in diesem Buch. Ein Hauptmerkmal der reinen Projektorganisation ist die Auskopplung des Projektteams aus der Organisation. Das Team arbeitet ausschließlich an dem Projekt und wird nicht mit anderen Aufgaben z. B. aus anderen Projekten oder aus der Linienorganisation betraut oder, besser gesagt, durch andere Aufgaben abgelenkt. Durch die Zielorientierung und durch die Zusammenarbeit im Team wird bereits ein hohes Maß an Motivation für das Projekt erreicht, umgekehrt wird Motivation aber auch im Kern erstickt, wenn neben den Projektinteressen und -aufgaben noch andere Interessen Platz einnehmen. Ein Beispiel: Der Mitarbeiter in der Matrixorganisation ist Mitglied Ihres Projektteams. Im wöchentlich stattfindenden Jour fixe werden Aufgaben verteilt. Der Mitarbeiter nimmt die Aufgaben mit und verabschiedet sich, motiviert, diese Aufgaben bis zum nächsten Jour fixe abgearbeitet zu haben. Jetzt kehrt besagter Mitarbeiter in sein Büro zurück, in dem sein Linienchef schon auf ihn wartet und ihn mit »dringenden« Linienaufgaben betraut. Raten Sie, wie hoch die Motivation des Mitarbeiters ist, sich noch für Ihr Projekt zu engagieren?

Motivation und Ziele

Die Motivation des Teams ist im Übrigen auch in der Projektmanagementmethodik verankert. Oftmals sind wir uns dessen aber gar nicht bewusst. Im Kapitel zur Projektmanagementmethodik haben wir intensiv darauf hingewiesen, wie wichtig es ist, die Projektziele zu definieren (siehe Kapitel 4, *Quo vadis, weniger schlechter Projektmanager? – Das Projektziel*). Der Schwerpunkt lag in diesem Kapitel natürlich auf der Systematik der Zieldefinition (Stichwort: Zielhierarchie) bzw. auf den Möglichkeiten, Ziele adäquat zu beschreiben (Stichwort: SMART). Tatsächlich gibt es einen engen Zusammenhang zwischen Zielen und Motivation. Wenn wir ein Ziel vor Augen haben, das wir unbedingt erreichen wollen, sind wir motiviert, alles zu tun, um dieses Ziel zu erreichen. Dabei wachsen wir das eine oder andere Mal über uns selbst hinaus. Im Leistungssport ist dieser Zusammenhang offenkundig, und nicht ohne Grund gibt es Projektleiter, die zur Erklärung Ihrer Motivation Bilder aus dem Sport bemühen: »Wenn ich auf den Platz gehe, möchte ich auch gerne gewinnen.« Natürlich möchten Sie als Projektmanager und Ihre Teammitglieder gewinnen, sprich, Sie wollen erfolgreich sein. Erfolg ist aber nur messbar, wenn Sie sich zuvor Ziele gesetzt haben und feststellen können, dass Sie diese erreicht haben.

Aus diesem Zusammenhang ergibt sich auch die Notwendigkeit von Zwischenzielen, die nicht nur für die Planung und die Projektsteuerung wichtig sind, sondern die auch für die Motivation des Teams und die Selbstmotivation des Projektmanagers von entscheidender Bedeutung sind. Ein Beispiel: Sie haben ein Projekt gewonnen, in dem es um die Einführung von Projektmanagementprozessen im Unternehmen geht, Sie machen einen Projektplan und stellen fest, dass, sofern sich alle an Ihren Plan halten, in einem Jahr alle relevanten Prozesse etabliert sind. Das Nächste, was passiert, ist, dass alle erst mal gemütlich die Füße hochlegen, denn: Wir haben ja Zeit, ein Jahr, das ist lange hin! Zeit kann in zweierlei Hinsicht ein Grund für fehlende Motivation sein: Haben wir zu wenig Zeit, sind wir nicht motiviert, weil der Druck zu hoch ist und wir irgendwann die Gewissheit haben, dass das Ziel in der Zeit sowieso nicht zu erreichen ist. Haben wir zu viel davon, legen wir die Füße hoch und beschäftigen uns mit anderen Sachen. Insofern ist es wichtig, dass Sie als Projektleiter sinnvolle Zwischenziele definieren und diese sowohl quantifizieren als auch qualifizieren und terminieren. Wir bleiben bei unserem Beispiel: Das übergeordnete Ziel heißt: In einem Jahr sind alle relevanten Prozesse implementiert. Daraus abgeleitet, ergibt sich zum Beispiel das Teilziel, dass zwei Monate nach Projektbeginn die Ist-Aufnahme der vorhandenen Prozesse stattgefunden hat. Wenn Sie jetzt noch den erfolgreichen Abschluss des Teilziels »Ist-Aufnahme« mit Ihrem Team feiern, dann sind Sie auf dem Weg, ein weniger schlechter Projektmanager zu sein, der auch ein weniger schlechter Motivator für sich selbst und sein Team ist.

Das Zielvereinbarungsdilemma

In vielen Firmen ist es üblich, eine Bonuszahlung an Zielvereinbarungen zu knüpfen. Dahinter steckt die grundlegende Annahme, dass Geld ein super Motivator ist, um Mitarbeiter zu mehr Einsatz zu bewegen. Oft zeigt sich aber schnell, dass hier die Theorie von der Praxis meilenweit abweicht.

Das fängt schon bei der grundsätzlichen Frage an, warum gewisse Teilaspekte der Arbeit an eine zusätzliche Motivation gekoppelt werden und andere nicht. Da es mir im Grunde genommen freigestellt ist, auf das zusätzliche Geld zu verzichten, scheint die Aufgabe ja nicht so wichtig zu sein. Oder andersrum: Ist sie besonders wichtig, weil ich immerhin extra dafür ent- oder vielleicht auch belohnt werde? Und wenn sie nicht so wichtig ist, warum muss sie überhaupt gemacht werden? Oder wenn sie besonders wichtig ist, warum ist es nötig, besondere Anreize zu schaffen?

Ein viel wichtigerer Punkt ist aber ein psychologischer. Menschen funktionieren leider nicht immer so, wie man es gern von ihnen hätte. Das trifft für die Supermarktschlange genauso zu wie für den Arbeitsalltag. Wird einem Mitarbeiter Anfang des Jahres ein gewisser Geldbetrag in Aussicht gestellt, wenn er bis Ende des Jahres Bedingungen A bis F erfüllt, dann wird er das Geld schon im Januar gedanklich verplanen. Stellt sich im Laufe des Jahres heraus, dass die Erfüllung der Bedingungen schwierig werden könnte, fühlt es sich für den Mitarbeiter so an, als würde er dieses Geld verlieren.

Im schlimmsten Fall wird der Mitarbeiter also nicht durch den Anreiz einer Prämie motiviert, sondern durch die Angst des Verlusts der innerlich schon fest verplanten Bonuszahlung demotiviert. Noch demotivierender wirkt es dann, wenn das Nichterreichen der Ziele gar nicht am Mitarbeiter selbst scheitert, sondern an den Rahmenbedingungen.

Bis hierhin haben wir noch nicht mal das Problem der Zieldefinition selber angerissen. Aus eigener Erfahrung kennen wir das Hadern und Seufzen bei der jährlichen Suche nach geeigneten Zielen. Nicht zu einfach sollen sie sein, aber auch nicht unmöglich zu erreichen, irgendwie sinnvoll sollen sie sein, aber eben auch nicht einfach die alltägliche Arbeit abbilden. Oft wird nach ein bis zwei Jahren, in denen sich alle Beteiligten noch ordentlich Mühe gegeben haben, ein Standardprogramm abgespult, von dem alle wissen, dass es sowieso erreicht wird. Spätestens jetzt werden die Zielvereinbarungen ad absurdum geführt, und man könnte sich den ganzen Aufwand sparen.

Es gibt sicherlich gute und sinnvolle Gründe, seine Mitarbeiter mit zusätzlichen Anreizen anzuspornen. Wir möchten hier das Prinzip der Zielvereinbarung auch nicht grundsätzlich schlecht reden. Wenn es aber darum geht, Mitarbeiter zu motivieren, dann ist das Vereinbaren von Zielen mit der Aussicht auf mehr Geld mit Vorsicht zu genießen, denn es birgt einige Fallen, die auf den ersten Blick nicht ersichtlich sind.

KAPITEL 17

Selbststeuerung und Zeitmanagement

In Ihrer Arbeit als Projektmanager werden Sie feststellen, dass sich einiges, wenn nicht sogar vieles verändert hat. Wir haben Ihnen bereits angedroht, dass sich die Arbeit in Projekten und die Rolle des Projektmanagers deutlich von der »normalen« Büroarbeit und damit dem normalen Büroalltag unterscheiden. Ihre Rolle hat sich verändert, Sie sind jetzt nicht mehr das Teammitglied, sondern Sie leiten das Team. Ihre Aufgaben haben sich verändert, Sie übernehmen jetzt nicht mehr Fachaufgaben, sondern Projektsteuerungsaufgaben. Wahrscheinlich haben sich auch die Menschen, mit denen Sie zu tun haben, verändert, Sie kommunizieren jetzt nicht mehr nur unter Kollegen und zu Ihrem Vorgesetzten, sondern es gibt Kunden, denen Sie das Projekt präsentieren müssen, es gibt die Geschäftsführung, die gern über den Projektstatus informiert werden möchte, es gibt das Team, das Anweisung und Hilfestellung zu den Projektaufgaben von Ihnen erwartet, und viele andere, die an Ihnen und an Ihren Nerven zerren.

Sie haben nicht nur viel, sondern wahrscheinlich sogar deutlich mehr zu tun als vorher, und Sie haben das Gefühl, dass die Zeit einfach nicht ausreicht. Spätestens wenn Sie zum ersten Mal noch abends um zehn Uhr in Ihrem Büro sitzen und merken, wie still es um Sie herum geworden ist, wissen Sie auch, dass die Rolle des Projektmanagers kein entspannter Nine-to-five-Job ist, sondern deutlich mehr Zeit und Einsatz erfordert.

Bevor Sie jetzt anfangen, über die Angemessenheit Ihrer Vergütung nachzudenken, lassen Sie uns überlegen, was schiefgelaufen ist und wie Sie diesem Problem entgegentreten können, denn als Projektmanager managen Sie nicht nur Ihr Projekt, Ihr Team und Ihren Kunden, sondern noch eine weitere nicht unwesentliche Kleinigkeit: sich selbst und Ihre Zeit. Das Blöde ist – und das ist eine Binsenweisheit des Zeitmanagements –, die Ressource Zeit ist endlich, die Aufgaben, die Sie im Projekt haben, kommen Ihnen aber unendlich vor. Offenbar haben wir hier einen Konflikt, den wir auflösen müssen.

Der weniger schlechte Projektmanager muss also in der Lage sein, seine zur Verfügung stehende Zeit zu managen, und zwar immer in der irren Hoffnung, dass am Ende tatsächlich alle anfallenden Aufgaben in einem akzeptablen Zeitrahmen erledigt werden. Dazu müssen Sie sich eine Superkraft aneignen: die Kraft des Delegierens. Als Erstes schauen wir uns also an, wie Sie lernen, Dinge nicht zu tun. Und das ist manchmal schwerer, als man denkt.

»Nein, diese Arbeit mach ich nicht!« – oder die Kunst des Delegierens

Wer von jetzt auf gleich zum Projektmanager wird, droht gerade am Anfang in Arbeit zu versinken. Da muss noch was erledigt werden, hier müssen Mails geschrieben werden, dort eine Dokumentation, Meetings wollen nicht nur geplant, sondern auch durchgeführt werden, und das Protokoll muss ja auch jemand machen. Als Projektmanager fühlt man sich mitunter für all das verantwortlich und übersieht dabei eine der wichtigsten Aufgaben seines neuen Jobs: Arbeit wegdelegieren!

Die Kunst beim Delegieren ist, möglichst viel von der Projektarbeit an andere, besser für diese Aufgabe geeignete Menschen zu verteilen und sich nachher lediglich noch mit dem rumzuschlagen, was wirklich nur ein Projektmanager erledigen sollte. Wir versprechen Ihnen: Es wird noch genug Arbeit übrig bleiben, sodass Sie ausreichend beschäftigt sind.

Nun sitzen Sie also an Ihrem neuen Projektmanagerschreibtisch und bekommen irgendwelche Zettel, E-Mails und Telefonate, die so ganz anders sind als das, was Sie vorher gemacht haben. Und dann noch so viel davon! Wie sollen Sie das denn alles alleine schaffen, ohne dabei verrückt zu werden oder jeden Tag Überstunden zu machen? Wenn Sie das vorher gewusst hätten, dann hätten Sie aber mal ganz locker auf diesen Job verzichtet und glücklich in Ihrer alten Position weitergearbeitet. Da konnte man sich wenigstens beim Chef beschweren, wenn es zu viel wurde, oder – wenn das nichts nützte – sich bei den Kollegen ausweinen.

Besonders wenn man aus der Linie zu seiner neuen Aufgabe als Projektmanager kommt, ist es schwierig, zu verstehen, dass man nicht mehr alles machen muss. »Ach komm, das mach ich schnell selber«, denkt und sagt sich sehr schnell, wenn man es über Jahre hinweg tatsächlich sowieso immer gemacht hat. Selbst wenn Sie den Tisch schon zugepackt haben mit lauter wichtigem Zeug, scheuen Sie sich davor, etwas davon abzugeben.

Das Zauberwort heißt Delegieren, und so mancher Projektmanager muss diese wichtige Fähigkeit erst lernen und verinnerlichen. Dazu gehört auch manchmal eiserne Disziplin. Natürlich dauert es nur drei Minuten, wenn man den Eintrag in der Datenbank selbst vornimmt. Als frischgebackener Projektmanager freut man sich vielleicht sogar darüber, zwischendurch Zeug zu erledigen, das einen an die guten alten Zeiten erinnert, als man noch kein Projektmanager war.

Kurzfristig gesehen, mag das noch funktionieren, langfristig hingegen macht man sich nur selbst Probleme. Erstens verbringt man wertvolle Zeit mit Kleinkram, obwohl man sie viel sinnvoller mit wichtigeren Organisationsjobs ausfüllen könnte. Zweitens verweigert man seinem Projektteam die Möglichkeit, selbstständig arbeiten zu können und zu lernen. Es mag vielleicht einmalig mehr Zeit kosten, sein Wissen weiterzugeben, auf Dauer spart man so aber Zeit ein. Es ist also wichtig, dass Sie lernen, Arbeit abzugeben, auch wenn es gerade am Anfang schwerfällt. Wir verraten Ihnen auf den folgenden Seiten, wie Sie lernen können, Arbeit abzugeben, und trotzdem weiter ruhig schlafen.

Delegieren: Wer, was und wie?

Jetzt, da Sie wissen, was Sie daran hindert, zu delegieren, wissen Sie letztlich auch, was zu tun ist:

1. Delegieren Sie die Aufgaben an den, dem Sie die Aufgabe zutrauen.
2. Steuern Sie die Bearbeitung der Aufgabe durch regelmäßige Haltepunkte.

Wem trauen Sie nun die Aufgabe zu? Natürlich demjenigen, der die beste fachliche Voraussetzung mitbringt, klar, keine Frage, und hier kommt Ihr Problem. Nicht immer ist der- oder diejenige mit dem besten Fachwissen Mitglied Ihres Teams. Die schlechte Nachricht ist: Daran können Sie vermutlich nichts ändern. Die gute Nachricht ist: Sie brauchen auch gar nicht zwingend den allerbesten Mitarbeiter für diese Arbeit, Sie brauchen nur einen, der die Aufgabe erledigt.

Aber letztlich ist das gar kein Weltuntergang, Sie müssen sich nur darüber im Klaren sein, dass weniger Know-how bedeutet, dass Sie sich ein bisschen mehr um denjenigen kümmern müssen, an den Sie die Aufgabe delegieren. Hier ist es hilfreich, die Aufgabe in kleinere Teilaufgaben zu unterteilen und diese mit dem Kandidaten Ihrer Wahl zu besprechen. Dabei ist es wichtig, zu klären, welche Ergebnisse Sie erwarten und wann die jeweilige Teilaufgabe fertiggestellt sein soll. Das gibt Ihnen die Möglichkeit, die Fertigstellung der Gesamtaufgabe immer im Blick zu haben und Korrekturen vorzunehmen, falls die Ergebnisse nicht Ihren Anforderungen oder den Anforderungen des Projekts entsprechen.

Klären Sie auch immer, ob Ihr gewünschter Erledigungskandidat sich diese Aufgabe selber zutraut, bevor Sie ihn wieder in die Projektwildnis entlassen. Sollte es hier Zweifel geben, versuchen Sie, diese zu beseitigen. Eventuell fühlt sich Ihr Kandidat der Aufgabe noch nicht gewachsen oder weiß nicht, wo er überhaupt anfangen soll. Hier hilft es zum Beispiel, wenn Sie ihm direkt ein paar Ansprechpartner im Unternehmen nennen, die er befragen kann. Bei fachlichen Unsicherheiten geben Sie ihm Fachliteratur oder schicken ihm eine Liste mit Links, die auf entsprechende Ressourcen im Internet verweisen. Machen Sie ihm auch klar, dass sie selbstverständlich jederzeit für Fragen zur Verfügung stehen und Probleme mit ihm gemeinsam klären können.

Aber nicht nur bei fachlichen Themen, auch im Projektmanagementumkreis wird es Aufgaben geben, die Sie gar nicht selber auszuführen brauchen. Je nachdem, wie sich Ihr Projektteam zusammensetzt, haben Sie vielleicht noch einen oder zwei Projektassistenten, die sich schon seit Wochen langweilen und bei Level 1183 der Candy Crush Saga sind, weil Sie alles allein machen, statt Aufgaben an andere Mitarbeiter weiterzuleiten. Lösen Sie sich an dieser Stelle von dem hehren Ansinnen, alles selber machen zu wollen, sei es, weil Sie ein kleiner Kontrollfreak sind oder weil es Ihnen zu peinlich ist, doofe Fleißarbeit an Mitarbeiter abzugeben.

Hier haben wir mal einen positiven Aspekt Ihrer Projektmanagertätigkeit: Sie dürfen, ja Sie *sollen* sogar doofe Fleißarbeit an andere abgeben. Ihre Projektassistenten sind genau für diesen Zweck da, sie sollen Ihnen lästige Arbeit abnehmen, damit Sie sich auf wichtigere Dinge konzentrieren können. Wir raten Ihnen nicht dazu, an jeder Ecke Ihre Managerkarte auszuspielen, aber hier hätten wir einen Bereich, in dem das absolut in Ordnung ist.

Help Me, Help You

In einer Firma kam es mal dazu, dass bei einer Umstrukturierung Menschen Aufgaben bekamen, die neu für sie waren, während diejenigen, die vorher mit diesen Aufgaben betraut waren, zwar immer noch im Unternehmen saßen, aber andere Aufgaben hatten.

Das führte dazu, dass wiederum andere Menschen auf die Idee kamen, an denen vorbeizuarbeiten, die jetzt neu an einem Schnittstellenbereich saßen und ihre Anfragen entweder an ihren alten Ansprechpartner stellten oder es einfach selbst machten: »Wenn ich das jetzt an den Thomas schicke, dann weiß der wieder nicht, was er damit machen soll!«

So verständlich dieses Verhalten auf der einen Seite ist – schließlich will jeder sein Anliegen so schnell und so professionell wie möglich bearbeitet wissen –, so wenig hilfreich ist es natürlich, denn auf diesem Weg hat der neue Mitarbeiter überhaupt keine Chance, in seinem neuen Bereich fit zu werden.

Die generelle Lektion aus dieser Geschichte lautet: Helfen Sie Ihren Kollegen, indem Sie sich geduldig zeigen, wenn sich wieder mal jemand mit seiner neuen Aufgabe arrangieren muss. Gehen Sie keine alternativen Wege, sondern planen Sie ein bisschen mehr Zeit ein.

Die übertragene Lektion für Projektmanager lautet: Bilden Sie Ihre Projektassistenten aus. Fangen Sie – wenn nötig – mit einfachen Fleißaufgaben an und steigern Sie den Schwierigkeits- und Verantwortungsgrad. Wenn Sie gute Projektassistenten haben, können Sie eventuell irgendwann sogar einmal in Ruhe drei Wochen in Urlaub fahren, ohne dass das Projekt still steht, Sie jeden Tag angerufen werden oder nach Ihrem Urlaub in ein komplettes Chaos zurückkehren.

Anne Schüßler

Delegieren hat auch immer etwas mit Vertrauen zu tun. In dem Moment, in dem Sie die Aufgaben in die Hand eines anderen geben, vertrauen Sie darauf, dass das

Ergebnis der von Ihnen erwarteten Qualität entspricht. Im Übrigen ist die Art und Weise, *wie* die Aufgabe erledigt wird, zweitrangig, aber Ergebnis (Qualität), Termin (Zeit) und Aufwand (Kosten) müssen natürlich stimmen.

Der Zettel am Monitor

Wer permanent vergisst, dass er als Projektmanager gar nicht alles selbst machen muss, sondern Arbeit abgeben darf, soll und sogar muss (vorausgesetzt, man möchte auch noch ein Privatleben haben und nicht komplett durchdrehen), dem hilft vielleicht dieser simple Trick: Man befestige einfach am Monitor ein Post-it mit dem Satz: »Ein anderer kann das machen!«

Jedes Mal, wenn man nun Gefahr läuft, Aufgaben zu erledigen, die genauso gut jemand anderer erledigen könnte, erinnert einen der Zettel an genau diese Tatsache. Jetzt muss man nur noch auf sich selbst hören und hat mehr Zeit und Ruhe, die Dinge zu erledigen, die eben kein anderer machen kann.

Jetzt haben Sie also erfolgreich eine Aufgabe abgegeben. Der Mitarbeiter entschwindet aus Ihrem Sichtkreis und macht sich daran, die Aufgaben zu lösen. Fühlt sich komisch an? Das ist jetzt so, finden Sie sich damit ab. Sie glauben, Sie könnten das besser oder schneller erledigen? Mag sein, es ist aber nicht mehr Ihre Aufgabe. Finden Sie sich damit ab oder geben Sie Ihr Projektmanagerhütchen zurück.

Was Sie nicht abgeben können, ist die Verantwortung über das Gesamtergebnis. Deswegen müssen Sie natürlich auch die delegierten Aufgaben im Blick haben, kontrollieren und korrigieren. Wir beziehen uns hier (mal wieder) auf das magische Dreieck des Projektmanagements: das ewige Zerren an den drei Ecken Zeit (*Wie lange dauert es?*), Aufwand (*Wie viel kostet es?*) und Ergebnis (*Wie gut ist es?*). An diese drei Ecken können sich auch Ihre Korrekturmaßnahmen anlehnen:

- **Korrekturmaßnahmen können sich auf die Zeit beziehen:** Ist gewährleistet, dass die Aufgabe zum geplanten Termin fertiggestellt ist? Wenn es Verzug gibt, überlegen Sie, wie kritisch die Aufgabe ist und wie Sie die Bearbeitung beschleunigen können.
- **Korrekturmaßnahmen können sich auf den Aufwand oder die Kosten beziehen:** Wird die Aufgabe in einem angemessenen Aufwand abgearbeitet? Natürlich braucht der weniger versierte oder unerfahrene Mitarbeiter länger, um die Aufgabe zu bearbeiten. Umgekehrt kostet er in der Regel auch nicht so viel. Wenn der veranschlagte Aufwand zu groß zu werden droht, überlegen Sie, wie Sie Aufwand einsparen können.
- **Korrekturmaßnahmen können sich auf die Qualität des Ergebnisses beziehen:** Ist sichergestellt, dass das Ergebnis die geforderte Qualität hat? Ein Softwareentwickler, der ein Problem zum ersten Mal bearbeitet, wird eventuell nicht die eleganteste Lösung präsentieren. Hier helfen Codingstandards

und gegenseitige Code-Reviews, um Konsistenz und Qualität zu gewährleisten. Auch das sind Aufgaben, die Sie gar nicht selbst erledigen müssen, sondern an erfahrene Entwickler abgeben können – gemäß der Weisheit »Vier Augen sehen mehr als zwei«.

Indem Sie sich und dem Kollegen, dem Sie die Aufgabe übertragen haben, zu regelmäßigen, definierten Zeitpunkten diese Fragen stellen, betreiben Sie im besten Sinne des Worts Projektsteuerung. Es geht eben nicht darum, den Mitarbeiter zu kontrollieren und ihn dann, am besten noch vor versammelter Mannschaft, bloßzustellen. Es geht schlicht darum, sicherzustellen, dass die Aufgabe im Sinne des Projekts bearbeitet und beendet wird. Insofern ist es hilfreich und wichtig, genau diesen Aspekt mit dem Mitarbeiter im Vorfeld zu klären. Erklären Sie ihm, warum Sie die Kontrolltermine, oder besser Steuerungstermine, in regelmäßigen Abständen abhalten, was Sie erwarten und dass es hier sicher nicht darum geht, dass Sie ihm nicht trauen, sondern dass Sie gemeinsam mit ihm sicherstellen wollen, dass das Ergebnis gut, pünktlich und im Aufwand angemessen ist. Diese Kontrolle muss übrigens gar nicht nur von Ihnen ausgehen. Ihre Mitarbeiter müssen wissen, dass sie jederzeit zu Ihnen kommen können, wenn sie merken, dass es bei der Erledigung der Aufgabe Probleme gibt – sei es, weil sich die Aufgabe als komplexer entpuppt, als ursprünglich angenommen, sei es, weil Fachwissen fehlt, oder sei es, weil in der Zwischenzeit andere Aufgaben auf den Tisch kamen und die Prioritäten neu geklärt werden müssen.

Es ist wichtig, dass Sie Kontrolle nicht mit Mikromanagement verwechseln und zwar fleißig Aufgaben delegieren, auf die Kontrolle des Mitarbeiters aber genauso viel Zeit aufwenden, wie Sie für die eigenhändige Erledigung gebraucht hätten. Erstens haben Sie nichts davon, und zweitens wird Ihr Projektteam Ihr Misstrauen merken. Wenn Sie Defizite merken, sorgen Sie wenn möglich dafür, dass diese abgebaut werden können. Delegation heißt auch immer, dass Sie Ihren Mitarbeitern die Möglichkeit geben, neue Fähigkeiten zu erlernen. Sehen Sie es als Nebenziel, dass Ihr Projektteam am Ende des Projekts schlauer ist als beim Start des Projekts.

Delegation bedeutet nicht, dass Sie Aufgaben einfach abgeben und dann nichts mehr damit zu tun haben. Es bedeutet, dass Sie nicht federführend für deren Erledigung zuständig sind und mehr Zeit und Konzentration für die Gesamtorganisation des Projekts haben. Bei Fragen oder Problemen bleiben Sie selbstverständlich der Ansprechpartner, der helfen, vermitteln und – im schlimmsten Fall – auch wieder übernehmen kann.

Die Eisenhower-Matrix

Praktisch bei jeder Aufgabe, die nicht unmittelbar mit dem eigentlichen Projektmanagerjob zu tun hat, kann man sich fragen, ob das nicht eigentlich die Aufgabe eines anderen Mitarbeiters sein müsste.[1] Zur Entscheidungshilfe kann man auch das Eisenhower-Prinzip anwenden. Jede Aufgabe wird aufgrund von zwei Kriterien in einen von vier Quadranten eingeordnet.

Die Kriterien sind:

1. Ist die Aufgabe dringend oder nicht so dringend?
2. Ist die Aufgabe wichtig oder nicht so wichtig?

Dringende und wichtige Aufgaben erledigt man sofort selbst. Wichtige und nicht so dringende Aufgaben terminiert man und erledigt sie dann selbst, wenn sie entweder doch etwas dringender werden oder man Zeit dafür hat. Dringende, aber nicht so wichtige Aufgaben delegiert man weiter an kompetente Mitarbeiter. Aufgaben, die weder besonders wichtig noch besonders dringend sind, ignoriert man gekonnt. In der folgenden Abbildung wird das Prinzip noch mal grafisch verdeutlicht:

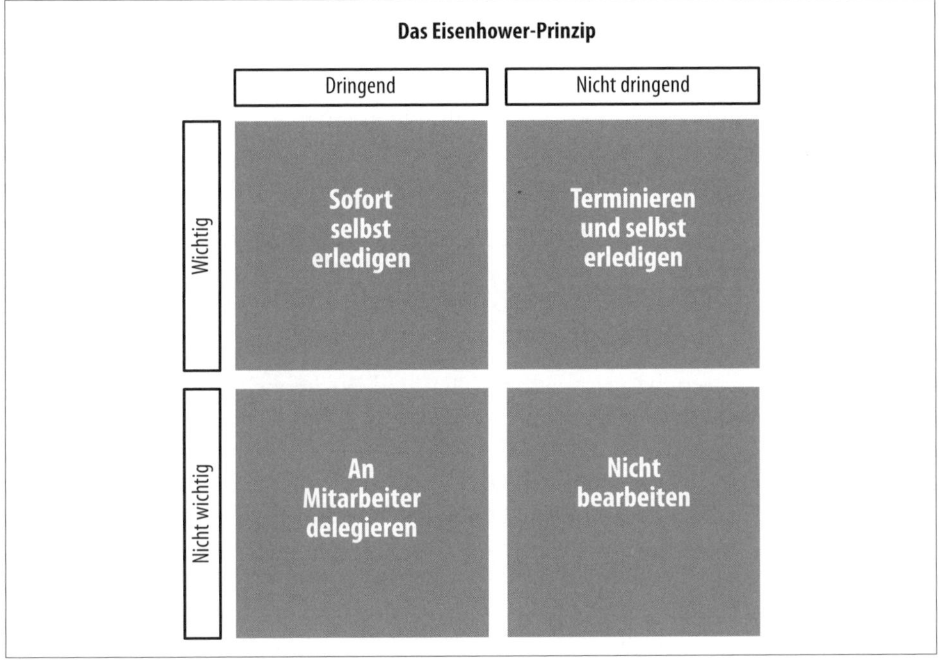

Abbildung 17-1: Eisenhower-Prinzip: Eine Aufgabe wird in Hinblick auf ihre Wichtigkeit und ihre Dringlichkeit bewertet und innerhalb einer Matrix eingeordnet.

1 Aufgaben anderer Mitarbeiter (kurz AAM) sind übrigens nicht zu verwechseln mit dem bekannten Problem anderer Leute (kurz PAL) aus der Anhalter-Trilogie von Douglas Adams. Im Gegensatz zu einem PAL, das das Gehirn aus dem Gedächtnis streicht, weil es lieber nichts damit zu tun haben will, ist eine AAM sehr wohl sichtbar und sollte das zunächst auch sein, denn sie wird nicht einfach durch Nichtbeachtung weggehen, und als Projektmanager wird man im Zweifelsfall derjenige sein, der dafür geradestehen muss. Hat man die AAM aber an einen kompetenten Mitarbeiter abgegeben, darf man sie zumindest ein bisschen vergessen und sich auf andere Dinge konzentrieren. Je kompetenter und zuverlässiger der Mitarbeiter, desto mehr darf man sich das Vergessen erlauben. Auf der Plusseite wird man es bei AAMs seltener mit Überfällen von Aliens zu tun haben. Bei PALs ist das eher der Fall.

Allerdings ist das Eisenhower-Prinzip durchaus auch mit kritischem Auge zu betrachten. Dringlichkeit ist hier der entscheidende Faktor, der bestimmt, ob eine Aufgabe jetzt oder später (oder gar nicht) bearbeitet wird. So kann es passieren, dass wichtige, aber nicht so dringliche Aufgaben immer warten müssen, obwohl sie auf jeden Fall erledigt werden sollten. Hat man keine Mitarbeiter, an die man delegieren kann, stellt sich zudem die Frage, ob jetzt die wichtigen, aber nicht dringenden oder die dringenden, aber nicht wichtigen Aufgaben Vorrang haben. (Wenn Sie als Projektmanager jedoch keine Mitarbeiter haben, an die Sie delegieren können, haben Sie vermutlich ganz andere Probleme als das Nicht-Funktionieren des Eisenhower-Prinzips.)

Als Anfangsstütze eignet es sich aber durchaus, um überhaupt ein Gefühl für Wichtigkeit und Dringlichkeit von Aufgaben zu bekommen und vor allem dafür, dass es sich um zwei unterschiedliche Kriterien handelt, die auch unterschiedliche Handlungsoptionen erfordern. Wir unterstellen Ihnen hier und auch generell ausreichend Intelligenz und gesunden Menschenverstand, um nicht starr vor Schreck in Ihrem Bürostuhl zu sitzen, weil Sie sich nicht entscheiden können, welche Aufgabe als Nächstes dran wäre. Sollte es tatsächlich so weit kommen, dann schreiben Sie alle Aufgaben auf Zettel, mischen sie durcheinander und ziehen einfach eine. Das ist zwar sicherlich keine professionelle Arbeitsweise, aber immer noch besser, als vor Entscheidungsunfähigkeit gar nichts zu machen.

Schlechtes Projektmanagement: Management by Dringlichkeit

Im Alltag verwechseln wir gern Dringlichkeit und Wichtigkeit. Es ist wichtig, zu verstehen, dass dringliche Sachen nicht zwingend wichtig sind und umgekehrt manch wichtige Sache nicht unbedingt dringend ist.

Schlechte Projektmanager konzentrieren sich nur auf die dringlichen Sachen. Kaum landet etwas mit einer knappen Deadline auf dem Schreibtisch oder im E-Mail-Postfach, wird alles stehen und liegen gelassen, die Pferde werden scheu gemacht, und sofort wird dieser neue Task bearbeitet. Die Frage, ob das wirklich nötig ist, wird gar nicht gestellt.

Natürlich gibt es dringliche Dinge, die man wirklich sofort erledigen muss, eben weil sie auch wichtig sind. Sicher gibt es auch dringliche Dinge, die man schnell erledigen und sich fünf Minuten später wieder auf andere (wichtigere) Dinge konzentrieren kann.

Warnen wollen wir davor, *Management by Dringlichkeit* zu betreiben, also nur noch auf Ereignisse zu reagieren und bisweilen kopflos Aufgaben zu erledigen (oder erledigen zu lassen), die einem zwar als dringend verkauft wurden, die man aber vielleicht doch auch später oder sogar gar nicht hätte erledigen können bzw. müssen.

Als weniger schlechter Projektmanager sollten Sie nicht *reagieren*, sondern *agieren*. Achten Sie darauf, dass Sie das Projektgeschäft im Griff haben und nicht andersrum das Projektgeschäft Sie fest im Griff hält.

Die Königsdisziplin: Abwarten und Tee trinken

Erfahrenere Projektmanager dürfen sich auch an der Prokrastinationsmethode versuchen, wie sie von Kathrin Passig und Sascha Lobo in ihrem Buch »Dinge geregelt kriegen – ohne einen Funken Selbstdisziplin«[2] vorgeschlagen wird. Die grundlegende Idee dabei ist: »Alles, was wichtig ist, kommt von alleine wieder.«

Diese Methode ist aber sowohl im Privaten als auch im Beruflichen mit viel Vorsicht zu genießen. Tatsächlich kommt fast alles, was wichtig ist, von alleine wieder, aber dann eventuell mit einer Mahngebühr oder als Mail mit deutlich schärferem Tonfall. Hier kann jeder Projektmanager seine persönliche Risikomaschine anwerfen und überlegen, wie kritisch oder zumindest unangenehm es werden könnte, wenn man eine E-Mail oder Aufgabe zunächst einfach ignoriert und abwartet.

Tatsächlich gibt es aber genügend unkritische Fälle, bei denen die Prokrastinationsmethode durchaus helfen kann. Kommt zum Beispiel eine Kundenanforderung rein, die zwar prinzipiell nicht blöd ist, aber deren geschätzter Mehrwert gegenüber dem erwarteten Aufwand erst mal gering ausfällt, kann man erst mal abwarten, ob die Anforderung vielleicht noch mal von einem anderen Kunden kommt oder ob der erste Kunde ein paar Wochen später noch mal nachfragt. Tritt beides nicht ein, war es wahrscheinlich nicht so wichtig, und man kann die Sache abhaken und sich freuen, keine Zeit in das Formulieren einer ausgefeilten Anforderung für die Softwareentwicklung investiert zu haben. Tritt eines von beidem oder sogar beides ein, setzt man sich mit der Sache auseinander. Was auf den ersten Blick ein bisschen nach Arbeitsverweigerung aussieht, entspringt nicht zuletzt der bitteren Erfahrung jedes Softwareentwicklers und Projektmanagers, der schon einmal erlebt hat, wie ein dringend eingefordertes Feature aufwendig entwickelt und getestet wurde, um dann kein einziges Mal ernsthaft verwendet zu werden.

Als weniger schlechter Projektmanager muss man in der Lage sein, prokrastinationstaugliche Aufgaben von solchen zu unterscheiden, deren Versäumnis doch eher unangenehme Konsequenzen hat. Kann man das nicht, sei von dieser Methode dringend abzuraten.

Nur weil Sie als Projektmanager auf einmal für alles verantwortlich sind, heißt das nicht, dass Sie für ALLES verantwortlich sind. Natürlich müssen Sie irgendwie alles im Blick behalten, Sie müssen aber auch lernen, welche Aufgaben oder Anforderungen Sie derzeit nicht leisten können und müssen. Niemandem ist geholfen, wenn Sie in der täglichen Arbeit untergehen.

2 Kathrin Passig und Sascha Lobo: »Dinge geregelt kriegen – ohne einen Funken Selbstdisziplin« (rowohlt Berlin, 2008)

KAPITEL 18

Situation normal: All fucked up – Konfliktmanagement

Eines vorweg: Sind Sie das, was gemeinhin als konfliktscheu bezeichnet wird, dann können wir Ihnen an dieser Stelle schon mal mitteilen, dass das mit dem Managen von Projekten nicht wirklich etwas für Sie ist, denn eines ist sicher: Konflikte werden Sie in Ihrem Projektalltag in jedem Fall haben. »Nun gut«, hören wir Sie sagen, »ich bin ja recht friedliebend, und Konflikte kommen bei mir eigentlich nicht vor, sollen die anderen sich doch streiten.« So einfach ist es leider nicht, denn als Projektleiter sind *Sie* in der Rolle, in der Sie nicht nur mit Ihren eigenen Konflikten konfrontiert sind, sondern auch mit den Konflikten in Ihrem Team, mit den Konflikten in Ihrem Unternehmen und den Konflikten, die gegebenenfalls zwischen unterschiedlich involvierten Parteien auftreten können. Und von Ihnen, dem weniger schlechten Projektmanager, wird erwartet, dass Sie sich diesen Konflikten nicht nur stellen, sondern sie im besten Fall auch lösen.

Die Aufgaben des Projektmanagers sind vielfältig: Sie sind Motivator, Kommunikator, Präsentator, und Sie können sich gut selbst organisieren, indem Sie beispielsweise in Lage sind, Aufgaben und Verantwortung zu delegieren – alles Themen, in denen Sie sich inzwischen hoffentlich einigermaßen sicher fühlen, nicht zuletzt deswegen, weil Sie die entsprechenden Kapitel in diesem Buch gelesen haben.

Aber das Managen von Konflikten ist – und das wird Ihnen gerade bewusst – doch noch mal eine ganz andere Liga. Wir werden Ihnen hier einen kleinen Einblick in die Methodiken des Konfliktmanagements geben. Dabei werden wir unsere Ausführungen auf wenige Beispiele beschränken, die Ihnen zeigen, wie Sie mit dem schon durch dieses Buch erworbene methodische Repertoire des Projektmanagements bereits im Vorfeld das Zustandekommen von Konflikten quasi proaktiv vermeiden können. Natürlich ist zunächst zu klären, was ein Konflikt überhaupt ist und welche unterschiedlichen Konflikttypen es gibt. Natürlich müssen Sie dazu auch wissen, wie Sie einen Konflikt überhaupt erkennen, und letztlich und ganz entscheidend müssen Sie wissen, welche Möglichkeiten Sie haben, Konflikte zu lösen.

Warum das Managen von Konflikten und insbesondere auch das Lösen von Konflikten wichtig sind, liegt auf der Hand. Konflikte sind Motivationshemmer, Konflikte behindern massiv die Produktivität in Ihrem Projekt, Konflikte machen Ihr

Team kaputt, und letztlich gefährden Konflikte den Erfolg Ihres Projekts. Das alles möchten Sie als weniger schlechter Projektmanager selbstverständlich vermeiden, mal abgesehen davon, dass es sich einfach angenehmer arbeiten lässt, wenn nicht alle dauernd schlecht gelaunt sind.

Dank des wunderbaren Internets haben wir zügig eine ebenso wunderbare wie formschöne Definition an der Hand: Bei einem Konflikt handelt es sich um einen *»Prozess der Auseinandersetzung, der auf unterschiedlichen Interessen von Individuen und sozialen Gruppierungen beruht und in unterschiedlicher Weise institutionalisiert ist und ausgetragen wird«*[1]. Was sollen uns diese klugen Worte denn nun wirklich sagen? Zu oft lesen wir schlaue und einleuchtende Definitionen und nicken, ohne genau analysiert zu haben, worauf es ankommt und was sie eigentlich wirklich bedeuten.

Entscheidend sind in der obigen Definition genau zwei Worte, nämlich die Worte »unterschiedliche Interessen«. Damit steigen wir sofort in das Wesen von Konflikten ein, denn Konflikte sind insbesondere geprägt durch die unterschiedlichen Interessen von agierenden Personen oder Personengruppen. Nicht umsonst sprechen wir von einem *Interessenkonflikt*. Jetzt, da wir wissen, was Konflikte sind, ist es noch hilfreich, zu wissen, wie Konfliktmanagement definiert ist:

»Konfliktmanagement bezeichnet den Prozess der Konflikterkennung, -analyse, -lösung und der nachhaltigen Konfliktvermeidung.«[2] Diese Definition ist hilfreich, weil sie uns die Prozessschritte vor Auge führt, die wir im Konfliktmanagement zu durchlaufen haben: erkennen, analysieren, lösen und dann darauf achten, dass der Konflikt nicht wieder auftritt. Sehr schön!

Konfliktarten

Wenn wir uns anschauen, welche Konfliktarten es überhaupt gibt, kann zunächst grundsätzlich unterschieden werden zwischen Konflikten, deren Ursachen persönlich begründet sind (man spricht hier auch von psychosozialen Konflikten), und Konflikten, die sachlich begründet sind. Das Managen des psychosozialen Konflikts ist ungleich schwieriger, da diese Konflikte durch die Unterschiedlichkeit von Persönlichkeiten, Wertvorstellungen (*Wertekonflikt*) oder auch nur aufgrund von Antipathie (*Beziehungskonflikt*) entstehen. Es gibt halt Menschen, die sich einfach nicht leiden können. Die sachlichen Konflikte basieren, wie man schon ahnen kann, auf unterschiedlichen Interessen der Konfliktparteien. Diese können auch unterschiedliche Ausprägungen haben:

Bei einem *Zielkonflikt* haben die Konfliktparteien unterschiedliche Ziele, und diese Ziele sind nicht miteinander vereinbar. Wenn Sie gern im Sommerurlaub nach Norwegen möchten, Ihr Partner oder Ihre Partnerin aber lieber an der Côte d'Azur

1 *https://wirtschaftslexikon.gabler.de/definition/konflikt-41120*

2 Wiley-Schnellkurs Projektmanagement von Holger Timinger (Wiley-VCH, 2015)

am Strand liegen will, haben Sie einen ganz klassischen Zielkonflikt. Ein anderer Zielkonflikt bestünde dann, wenn Sie einfach überhaupt irgendwohin in Urlaub fahren wollen, Ihr Partner oder Ihre Partnerin aber das Geld lieber für eine Renovierung sparen möchte.

Der *Rollenkonflikt* entsteht, wenn zwischen den agierenden Parteien ein unterschiedliches Verständnis über das Ausfüllen einer Rolle besteht.

Ein Konflikt kann auch entstehen, wenn ein Sachverhalt unterschiedlich beurteilt wird. Dann haben wir einen *Beurteilungskonflikt*. Einen klassischen Beurteilungskonflikt im IT-Alltag können Sie dann beobachten, wenn ein neues Feature von einer Partei (z.B. dem Anwender) als super wichtig, aber von einer anderen Partei (z.B. dem Entwicklungsleiter) maximal als hübscher Schmuck am sprichwörtlichen Nachthemd erachtet wird.

Bei einem *Verteilungskonflikt* handelt es sich um einen Konflikt, der dann entsteht, wenn unterschiedliche Vorstellungen zur Verteilung von Ressourcen (Budgets, Material, Personal, Zeit etc.) vorherrschen.

In den folgenden Ausführungen konzentrieren wir uns auf den *Rollen-* und den *Verteilungskonflikt*. Die hier entwickelten Beispiele zeigen typische Konflikte, die in Projekten immer wieder vorkommen, aber es sind auch Beispiele, bei denen Sie als weniger schlechter Projektmanager qua Amt Einflussmöglichkeiten haben.

Verteilungskonflikt

Einen der häufigsten Verteilungskonflikte in der Projektarbeit haben Sie beim aufmerksamen Lesen dieses Buchs bereits kennengelernt. Dieser Konflikt ist dem Wesen von Projekten bereits immanent. Zu Anfang unseres Buchs haben wir die Merkmale kennengelernt, die aus einer Aufgabe ein Projekt machen. Ein Kriterium dafür, dass es sich um ein Projekt handelt, war die Begrenztheit der Aufgabe. Sie haben nur dann ein Projekt, wenn Ihr Vorhaben zeitlich und in Bezug auf die zur Verfügung stehenden Ressourcen (wir beschränken uns hier auf die Personalressourcen) begrenzt ist. Dass es unterschiedliche Interessen in Bezug auf den Personaleinsatz geben wird, erscheint auch ohne große Fantasie schon unausweichlich. Diese unterschiedlichen Interessen haben insbesondere dann eine hohe Ausprägung, wenn Ihr Projekt in einer Matrix organisiert ist. Bei der Matrixorganisation greifen Sie als Projektleiter auf die Mitarbeiter aus der Linie zu, die Ihnen dann fachlich zugeordnet sind. Wie genau das aussieht, erfahren Sie in Kapitel 19, *Organisiert euch!*, in dem wir verschiedene Organisationsformen vorstellen.

In matrixorganisierten Projekten ist der Kampf um die Projektressourcen eher die Regel als die Ausnahme, und Sie dürfen getrost davon ausgehen, dass dieser Kampf ein hohes Maß an Konfliktpotenzial bietet. Im besseren Fall teilen Sie sich die Ressource mit weiteren Projektleitern, und es gibt ein gutes Verständnis darüber, zu welcher Zeit und mit welcher Intensität die Mitarbeiter A und B in zwei parallelen Projekten jeweils eingesetzt werden können. Sie können das deshalb gut entscheiden, weil Sie als weniger schlechter Projektmanager einen Plan gemacht haben, und Ihr Projektleiterkollege, der dieses Buch auch gelesen hat, ebenfalls einen Plan gemacht hat. Das erleichtert die Kommunikation in Bezug auf den Ressourceneinsatz enorm.

Deutlich schwieriger wird es, wenn Sie den Mitarbeiter aus der Linie loseisen müssen. Konflikte mit dem Linienvorgesetzten des Mitarbeiters sind hier, insbesondere bei weniger guten Führungspersönlichkeiten, vorprogrammiert. Die Frage, warum es hier immer wieder zu Konflikten kommt, ist recht einfach zu beantworten. Ab dem Moment, ab dem der Mitarbeiter in Ihr Projekt kommt, entzieht er sich der Kontrolle der Linienführung. Oft sind Führungskräfte im mittleren Management noch unsicher in Bezug auf das Thema Führung und müssen selbst erst ein Verständnis ihrer Führungsrolle aufbauen. Die wesentlichen Gründe dafür, dass sie eine Führungsposition innehaben, sind nicht immer ihre hervorragenden Führungsqualitäten, sondern häufig eher ihre fachlichen Qualitäten. Leider geht es noch schlimmer: Menschen werden auch deshalb zur Führungskraft, weil sie einfach schon lange genug im Unternehmen sind. Das Prinzip, nach dem in Unternehmen oft Menschen auf Führungspositionen sitzen, von denen sie überfordert sind, ist auch als »Peter-Prinzip«[3] bekannt. Die gute Nachricht: Die Erkenntnis, dass Führen eine Fähigkeit ist, die man erlernen und dementsprechend auch in Seminaren vermitteln kann, hat sich in den Unternehmen schon weiter herumgesprochen.

Eine gute Führungskraft mit entsprechenden Führungsqualitäten kommt gut damit klar, dass der Mitarbeiter in unterschiedlichen Projekten arbeitet und sich damit in gewisser Weise seiner Kontrolle entzieht. Eine weniger gute und sichere Führungskraft ängstigt eine solche Situation vielleicht. Schließlich nehmen Sie ihr gerade einen wesentlichen Baustein ihres Rollenselbstverständnisses einfach so weg. Und das ist tatsächlich ein weiteres schwerwiegendes Problem, mit dem sich der Linienvorgesetzte konfrontiert sieht: Gerade in Unternehmen, die den Wechsel zu mehr Projektorientierung vollziehen, ist die Rolle des mittleren Managements extrem infrage gestellt. Wenn ein Großteil der Mitarbeiter in Projekten arbeitet und damit der Projektleiter derjenige ist, der den Mitarbeiter, zumindest fachlich, führt, ist es verständlich, dass bei den Führungskräften der Linie Unmut entsteht. Denn seien wir mal ehrlich, als einzige Aufgabe noch zu haben, mit dem Mitarbeiter eine Zielvereinbarung zu treffen, dem Mitarbeiter seinen Urlaub zu genehmigen und im Krankheitsfall den gelben Schein des Mitarbeiters entgegenzunehmen, ist ja nun wirklich nicht befriedigend.

Aber wir schweifen ab, zurück zu unseren Konflikten. Woran erkennen Sie nun, dass sich hier ein Konflikt anbahnt oder dass es vielleicht schon einen handfesten Konflikt gibt? Nun, da gibt es zunächst ganz einfache Anzeichen. Als Projektleiter suchen Sie das Gespräch mit der Linienvorgesetzten Schulz, und die sagt Ihnen mehr oder weniger unverhohlen, dass Mitarbeiter Schmidt für Ihr »kleines« Projekt »nur sehr beschränkt« zur Verfügung steht. Wir übersetzen das mal für Sie: *»Ich bin hier*

3 *https://de.wikipedia.org/wiki/Peter-Prinzip*

die Linienvorgesetzte, die darüber entscheidet, wo mein Mitarbeiter arbeitet. Ihr Projekt ist so klein und unwichtig, dass es für mich überhaupt keine Relevanz hat, auf meinen Mitarbeiter können Sie lange warten, der wird Ihnen nicht zur Verfügung stehen.«

Neben diesen offensichtlichen Anzeichen gibt es aber auch eher verdeckte Anzeichen dafür, dass Sie sich in einer konfliktgeladenen Situation befinden. Vielleicht war Frau Schulz geschickt und hat Ihnen die Mitarbeit des Kollegen Schmidt zugesagt. Während des Projektverlaufs stellen Sie allerdings fest, dass Herr Schmidt immer wieder bei wichtigen Projektbesprechungen fehlt und auch die pünktliche Fertigstellung seiner Arbeitspakete in der geforderten Qualität deutlich zu wünschen übrig lässt. Im ersten Moment könnten Sie denken, Herr Schmidt sei einfach überfordert. Aber denken Sie auch darüber nach, dass Herr Schmidt vielleicht – und unsere Erfahrung lehrt uns, dass es oft so ist –, durch seine Vorgesetzte Frau Schulz aktiv mit anderweitigen Aufgaben beschäftigt wird und diese dadurch verhindert, dass Herr Schmidt in adäquatem Umfang für Ihr Projekt zur Verfügung steht. Wir halten vorerst fest: Sie haben jetzt eine Konfliktsituation oder zumindest eine sich anbahnende Konfliktsituation.

Rollenkonflikt

Der Rollenkonflikt im Projekt ist ein Konflikt, von dem Sie in der Regel nicht selbst betroffen sind, sondern der eher Ihr Team betrifft. Ganz allgemein gesprochen, entstehen Rollenkonflikte dann, wenn sich das Handeln einer Person und die Erwartungen, die die soziale Bezugsgruppe an das Handeln dieser Person stellen, widersprechen.

Wir machen das mal einfacher: Die soziale Bezugsgruppe ist Ihr Projektteam, die handelnde Person ist Ihr Teammitglied Frau Köhler. Ein Rollenkonflikt entsteht, wenn Frau Köhler nicht das tut, was von ihr erwartet wird. So etwas kann schon mal passieren und ist in Einzelfällen gar nicht schlimm. Problematisch wird es dann, wenn Rollen, also Status, Aufgaben und Verantwortungsbereiche der einzelnen Teammitglieder, bei Projektstart gar nicht oder nur unzureichend geklärt sind. Die Folgen ungeklärter Rollen in der Projektarbeit sind vielfältig. Im einfachen Fall sind Sie mit Doppelarbeit konfrontiert, dann wurden die Verantwortlichkeiten für die Bearbeitung eines Arbeitspakets nicht geklärt, und das Arbeitspaket wird von zwei Teammitgliedern gleichzeitig bearbeitet. Das ist ärgerlich, aber das können Sie dann auch unter »ärgerlich« einfach mal abhaken, denn immerhin wurde das Arbeitspaket ja bearbeitet und fertiggestellt.

Schwierig wird es dann, wenn Teammitglieder darüber streiten, ob sie überhaupt für die Bearbeitung eines Arbeitspakets verantwortlich sind. Zunächst ist es vielleicht nur der kleine Streit darüber, wer denn jetzt das ungeliebte Arbeitspaket bearbeiten muss. Wenn hier aber keine dauerhafte Klärung erfolgt ist, werden sich diese Auseinandersetzungen bei der Bearbeitung der nächsten Arbeitspakete häufen. Sie laufen Gefahr, dass sich diese kleinen Streitereien zu einem handfesten Konflikt entwickeln, bei dem es später gar nicht mehr um das Arbeitspaket, also um das sachliche Problem geht, sondern längst um persönliche verdeckte oder auch offene Anfeindungen. Das ist der Punkt, an dem Sie merken, dass es unschön wird, und Sie haben jetzt eine astreine Konfliktsituation.

Konfliktlösung

Moment mal, haben wir jetzt nicht zwei Schritte im Prozess übersprungen? Wie war das noch ... erkennen, analysieren und lösen? Warum sind wir schon beim Lösen, wo bleiben erkennen und analysieren?

Keine Sorge, es ist alles in bester Ordnung. Als wir Ihnen die beiden Konfliktarten *Verteilungskonflikt* und *Rollenkonflikt* vorgestellten, haben wir gleichzeitig auch überlegt, wie es eigentlich zu dem jeweiligen Konflikt kommen konnte. Das heißt, wir haben den Konflikt analysiert und herausgearbeitet, welche Anzeichen es gibt, an denen Sie den jeweiligen Konflikt erkennen können und welche Gründe und Motivationen die jeweils handelnden Personen haben, so zu handeln, wie sie handeln. Im ersten Fall war es die Linienvorgesetzte Frau Schulz, die sich partout weigert, Ihnen den Mitarbeiter Schmidt in Ihrem Projekt zur Verfügung zu stellen. Im zweiten Beispiel ging es darum, dass es zwischen zwei Mitgliedern Ihres Teams zu einem Konflikt kommt, weil nicht geklärt ist, wer welche Aufgaben zu bearbeiten hat, wer also welche Rolle im Team einnimmt. Im ersten Fall sind Sie selbst Bestandteil des Konflikts und daher eine der Konfliktparteien. Im zweiten Fall sind Sie in der Rolle desjenigen, der die Konfliktparteien beobachtet und sie dabei unterstützt, den Konflikt zu lösen. In beiden Fällen ist Ihr Handeln entscheidend dafür, wie die jeweiligen Situationen gelöst werden.

Wir rufen uns an dieser Stelle noch mal in Erinnerung, dass es sich bei einem Konflikt um einen Prozess der Auseinandersetzung handelt, der auf *unterschiedlichen Interessen* von Individuen und sozialen Gruppierungen beruht.

Bleiben wir bei unserem ersten Beispiel. Die Situation ist eindeutig und recht einfach. Sie brauchen den Mitarbeiter Schmidt in Ihrem Projekt, aber die Linienvorgesetzte Frau Schulz möchte Ihnen Herrn Schmidt nicht oder zumindest nur sehr ungern zur Verfügung stellen. Sie als Projektleiter und Frau Schulz als Vorgesetzte haben in Bezug auf Herrn Schmidt jeweils andere Interessen.

Wie lösen Sie nun diesen Interessenkonflikt auf? Eines der wesentlichen Elemente des Konfliktmanagements ist die Fähigkeit, mögliche Konflikte und Konfliktpotenziale bereits im Vorfeld zu erkennen und entsprechende Verhandlungsstrategien zu entwickeln, um den Konflikt gar nicht erst entstehen zu lassen. In dieser Situation geht es um Ihr Verhandlungsgeschick. Da Sie in diesen Konflikt selbst involviert sind, haben Sie tatsächlich auch die Möglichkeit, proaktiv dafür zu sorgen, dass es gar nicht erst zu einem ausgereiften Konflikt kommt. *Win win* heißt hier das Zauberwort: Schaffen Sie eine Win-win-Situation. Der Konflikt oder der sich anbahnende Konflikt sollte so gelöst werden, dass beide Parteien als Gewinner aus der Situation hervorgehen. Das ist das Grundprinzip des Konfliktmanagements.

Im konkreten Beispiel wollen Sie etwas von der Linienvorgesetzten Frau Schulz. Das ist für Sie eine Win-Situation. Für Frau Schulz ist das Ganze eher eine Lose-Situation, de facto hat sie nichts davon, Ihnen Herrn Schmidt für Ihr Projekt zur Verfügung zu stellen. Wir haben also eine Win-lose-Situation, die denkbar schlechteste Voraussetzung für eine gute Lösung. Auf der anderen Seite geht Frau Schulz' Sinnen und Trachten aller Wahrscheinlichkeit nach dahin, dass sie selbst als Gewinnerin aus der Situation hervorgeht, indem sie Ihnen den Mitarbeiter nicht zur Verfügung stellt und Herr Schmidt weiter innerhalb seiner Linientätigkeit arbeitet. Diese Situation ist für Sie eine Lose-Situation.

Nach diesen Überlegungen können Sie proaktives Konfliktmanagement betreiben, indem Sie im Vorfeld darüber nachdenken, *wie* Sie in das Gespräch mit Frau Schulz gehen. Stellen Sie sich die Frage, was Sie der Kollegin anbieten können. Was hat sie eigentlich davon, wenn sie Ihnen in Ihrem Projekt hilft? Quid pro quo! Also das Prinzip der Gegenleistung. Bieten Sie der Kollegin beispielsweise an, dass sie ein Mitglied des Projektlenkungskreises werden kann, machen Sie ihr klar, dass das Projekt von entscheidender Bedeutung für das Unternehmen ist und der Einsatz von Herrn Schmidt die Wichtigkeit ihrer Abteilung unterstreicht. So seltsam oder geradezu absurd Ihnen unsere Vorschläge erscheinen mögen, wir haben das alles schon erfolgreich ausprobiert. Natürlich müssen Sie selbst innerhalb Ihres Projektumfelds beurteilen, mit welchem Vorteil Sie Ihr jeweiliges Gegenüber überzeugen können. Das Grundprinzip bleibt aber immer dasselbe, eben *quid pro quo*: Fragen Sie nicht nur nach Ihren eigenen Vorteilen, sondern suchen Sie auch aktiv nach den Vorteilen für Ihre Verhandlungs- bzw. Konfliktpartner.

Wenden wir uns nun unserem zweiten Beispiel zu. Hier ist zwischen zwei Mitarbeitern, nennen wir sie mal Frau Scholz und Herr Rüter, dadurch ein Konflikt entstanden, dass die jeweiligen Rollen und die damit verknüpften Kompetenzen und Zuständigkeiten nicht geklärt waren. Wir haben dieses Beispiel genommen, weil es nicht nur eine typische Situation in Projekten widerspiegelt, sondern weil es auch die Konflikte abbildet, die durch proaktives Management bereits im Vorfeld gelöst werden können. Zu dem Konflikt wäre es gar nicht erst gekommen, wenn Sie in Ihrer Rolle als weniger schlechter Projektmanager dafür gesorgt hätten, dass die Aufgaben *eindeutig* im Team verteilt sind. Das Beispiel zeigt, wie sich ungenügende Planung auf das Konfliktpotenzial im Team negativ auswirken kann. Im umgekehrten Fall wird sich eine gute Planung, in der zu jedem der identifizierten Arbeitspakete auch der Arbeitspaketverantwortliche benannt ist, positiv auf das Team auswirken.

Die RASIC-Matrix

Sollte es nun doch zu Uneinigkeiten in Bezug auf die Aufgabenverantwortlichkeiten kommen, ist die Erstellung einer RASIC-Matrix ein gutes Instrument, um Transparenz und Klärung herbeizuführen. Hierbei diskutieren und klären Sie gemeinsam mit Ihrem Team, wer in welcher Rolle bei der Bearbeitung des jeweiligen Arbeitspakets involviert ist. In der Abkürzung RASIC steht jeder Buchstabe für eine bestimmte Aufgabe oder Funktion innerhalb des Arbeitspakets:

- **R = Responsible:** Derjenige, der für die Bearbeitung des Arbeitspakets verantwortlich ist. Hierbei handelt es sich bei IT-Projekten in der Regel um den Programmierer, der den Programmcode für ein Programmmodul schreibt.
- **A = Accountable:** Derjenige, der für das Arbeitspaket verantwortlich zeichnet. Er trifft Entscheidungen das Arbeitspaket betreffend oder ist für das Budget verantwortlich. In der Regel ist das der Projektleiter oder der zuständige Fach- oder Teilprojektleiter.
- **S = Support:** Sofern Sie Unterstützung für die Bearbeitung oder Fertigstellung des Arbeitspakets brauchen, ist der Supporter derjenige, der diese Unterstützung leistet. Hierbei kann es sich um Spezialistenwissen handeln, über das der Bearbeiter (R) nicht verfügt, oder Sie haben gerade einen Studenten »eingekauft«, der im Rahmen seiner Fähigkeit bei der Fertigstellung des Arbeitspakets unterstützen kann.
- **I = Informed:** Es gibt Menschen, die nach einer Entscheidung zu einem Arbeitspaket oder auch nach der Fertigstellung eines Arbeitspakets informiert werden müssen. Hierbei kann es sich zum Beispiel um den Auftraggeber handeln, der über den Fortschritt von Arbeitspaketen informiert werden möchte.
- **C = Consulted:** Auch gibt es Arbeitspakete, bei denen Sie für die Fertigstellung, oder um Entscheidungen zu treffen, fachliches, juristisches oder kaufmännisches Know-how einholen müssen. Diese Personen stehen Ihnen beratend zur Seite.

Abbildung 18-1 zeigt Ihnen den grundlegenden Aufbau einer RASIC-Matrix.

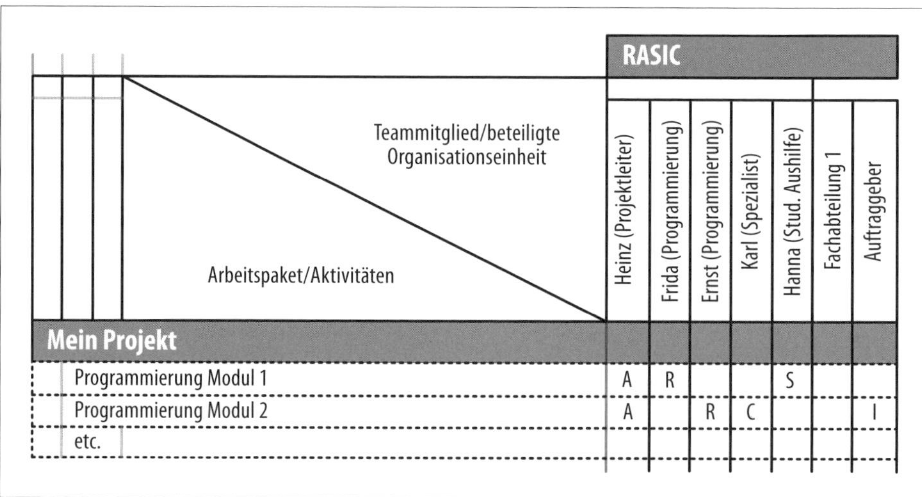

Teammitglied/beteiligte Organisationseinheit / Arbeitspaket/Aktivitäten	RASIC						
	Heinz (Projektleiter)	Frida (Programmierung)	Ernst (Programmierung)	Karl (Spezialist)	Hanna (Stud. Aushilfe)	Fachabteilung 1	Auftraggeber
Mein Projekt							
Programmierung Modul 1	A	R			S		
Programmierung Modul 2	A		R	C			I
etc.							

Abbildung 18-1: Beispiel einer RASIC-Matrix

Das erscheint Ihnen zu viel Aufwand? Keineswegs, das Gegenteil ist der Fall. Die investierte Zeit in die gemeinsame Erarbeitung einer RASIC-Matrix ist Gold wert und hat sich immer und immer wieder in der Projektarbeit bewährt. Am Ende steht ein verbindlich abgestimmtes Ergebnis, auf das sich jeder berufen kann, wenn es mal wieder zu Unstimmigkeiten in Bezug auf Zuständigkeiten und Kompetenzen kommt. Das hilft! Aber viel wichtiger ist in diesem Zusammenhang die Zeit, die Sie zusammen mit Ihrem Team verbringen, um in Bezug auf Zuständigkeiten Klarheit und Transparenz zu schaffen. Da wird es die eine und andere mühselige Diskussion geben, aber diese konstruktiven Diskussionen werden von Ihnen als weniger schlechter Projektmanager geführt und geleitet. Das ist allemal besser, als wenn diese Diskussionen ohne Sie nur zwischen den Mitarbeitern stattfinden, denn dann können Sie davon ausgehen, dass der darauffolgende Konflikt weit mehr Zeit und Ressourcen in Anspruch nimmt als der von Ihnen initiierte RASIC-Workshop. Diesen können Sie übrigens zwecks Teambuilding auch mit einem netten gemeinsamen Bierchen ausklingen lassen.

Uns ist bewusst, dass wir Ihnen einige Bereiche aus den klassischen Methoden des Konfliktmanagements vorenthalten haben. Wir haben z.B. die Forschungsergebnisse des Konfliktforschers Friedrich Glasl, der die Eskalationsstufen für Konflikte in neun Schritten systematisch beschreibt und darstellt, wie sich der Konflikt in diesen neun Stufen entwickelt, außen vor gelassen.[4] Auch haben wir auf eine systematische Darstellung unterschiedlicher Strategien im Konfliktmanagement verzichtet, und wir haben Ihnen auch nicht gesagt, wie Sie ein Konfliktgespräch führen. All das und noch viel mehr können Sie in den entsprechenden Fachartikeln im Internet nachlesen. Es gibt zu dem Thema so viel zu sagen, dass Sie ganze Bücher nur darüber lesen können, das können wir in einem Kapitel beim besten Willen nicht in gleichem Umfang leisten.

Wichtig war uns, Ihnen den Zusammenhang zwischen typischen Methoden aus dem Projektmanagement und dem Konfliktmanagement zu zeigen. Bereits die Anwendung einer Methode kann ein Baustein bei der Lösung von Konflikten darstellen. Das ist die Nachricht, die wir rüberbringen wollten!

4 *https://de.wikipedia.org/wiki/Konflikteskalation_nach_Friedrich_Glasl*

TEIL III
Organisation

Womit wir in diesem Buch bei dem letzten wichtigen Teil angelangt wären. Bis jetzt haben Sie nicht nur die verschiedenen Methoden kennengelernt, die Sie brauchen, um ein Projekt ordentlich planen, durchführen und steuern zu können, Sie wissen auch, wie Sie Risiken in Ihrem Projekt identifizieren und managen können und wie Sie Ihre Stakeholder glücklich machen. Nach den Hardskills kamen die Softskills, und wir haben Ihnen persönliche Fähigkeiten aufgezeigt, die Ihnen helfen werden, im Projektalltag nicht zu verzweifeln, und wie Sie sich diese aneignen können. Sie sind auf einem guten Weg, ein weniger schlechter Projektmanager zu werden. Doch in diesem Teil wartet noch ein besonderes Thema auf Sie: die Organisation. Wir wissen nicht, in welcher Firma Sie arbeiten, aber wir können davon ausgehen, dass Ihr Projekt im Rahmen irgendeiner Art Organisation umgesetzt wird und dass auch Ihre Organisation nach bestimmten Regeln funktioniert und sowohl ihre eigene Kultur als auch ihre ganz eigenen Vorzüge wie auch Nachteile mit sich bringt.

Es wird nun also ernst für Sie. Sie werden von Ihrem Vorgesetzten mit einem ersten Projekt beauftragt. Weil Sie aufmerksam ein schlaues Buch über Projektmanagement (dieses hier) gelesen haben, wissen Sie, was nun zu tun ist: Sie machen einen Kick-off-Workshop, vereinbaren Ziele, erarbeiten einen Projektstrukturplan, erstellen einen Terminplan in Microsoft Project und kommunizieren mit dem Team. Kurzum, Sie machen all die Dinge, die wichtig und notwendig sind, um im Projektmanagement erfolgreich zu sein und Projekte zum Ziel zu führen.

Aber irgendwie ... irgendwie will es nicht so recht fluppen. Die Deadline für den ersten Meilenstein ist schon gerissen. Das Team scheint nicht so recht motiviert, denn allzu häufig werden Arbeitspakete verspätet gemeldet. Wesentliche Informationen das Projekt betreffend laufen an Ihnen vorbei. Entscheidungen werden auf anderen Ebenen gefällt. Sie fühlen sich eher wie ein Koordinator und nicht wie ein echter Steuerer. Ihr Einfluss scheint gering, Sie agieren nicht, sondern Sie reagieren nur, Sie fühlen sich also vom Projekt und Ihrem Umfeld getrieben. Was ist hier nur los? Sie fangen an zu zweifeln, zunächst an der Methode. Habe ich die richtigen Arbeitspakete definiert? Habe ich die Dauern für meine Arbeitspakete richtig eingeschätzt? Habe ich wesentliche Projektrisiken übersehen? Sie überprüfen Ihre Planung. Alles gut! Jetzt beginnen Selbstzweifel. Bin ich etwa doch nicht geeignet als Projektmanager, als Leiter für mein Team, als Kommunikator, als Präsentator und Moderator? Nein, nach neuerlicher kritischer Prüfung scheint auch hier alles in Ordnung. Die Frage bleibt: *Was ist hier los?* Sie haben alles richtig gemacht, aber es läuft partout nicht. Es ist schlichtweg zum Verzweifeln, und Spaß macht das so alles mal gar nicht.

Wenn es also an allen Ecken knirscht, Sie aber beim besten Willen die Ursache nicht herausfinden können, dann ist es an der Zeit, dass Sie sich genauer anschauen, wie Ihr Projekt organisiert ist. Sollten Sie jetzt protestieren, dass Sie das nicht nur längst wissen, sondern dass Sie sogar höchstselbst für die Projektorganisation verantwortlich sind und auch alles vom Organigramm bis zur Ressourcenplanung mit den anderen Verantwortlichen abgestimmt ist – das wissen wir alles. Vielleicht war das missverständlich ausgedrückt. Wir präzisieren: Wir schauen uns an, wie Ihr Projekt in der Organisation verankert ist. Vielleicht haben Sie es auch selbst schon gemerkt: Wer sind eigentlich die entscheidenden Personen (hier auch mal ganz im wörtlichen Sinne gemeint)? Sind Sie der Entscheider oder jemand anderer, Ihr Vorgesetzter, die Geschäftsführung oder wer auch immer? Eine weitere Frage lautet dann: Was macht eigentlich Ihr Team? Arbeiten die Mitarbeiter Ihres Teams tatsächlich vorrangig für Ihr Projekt, oder priorisieren sie (heimlich oder ganz offen) die Arbeiten, die ihnen dann doch noch von ihren Linienvorgesetzten auf den Schreibtisch geschoben werden? Identifizieren sich Ihre Projektmitarbeiter mit dem Projekt, oder empfinden sie es als lästige Arbeit, die halt auch irgendwie gemacht werden muss, aber eben am besten von jemand anderem?

Hieraus leiten wir die entscheidende Frage dieses Kapitels ab: Wie ist Ihr Projekt in der Organisation verankert, und wie ist Projektmanagement in Ihrer Organisation verankert?

Hinter dieser Frage stecken wichtige Erkenntnisse. Ja, das Wissen um die Methodik ist nicht nur wichtig, sondern Grundvoraussetzung, da Sie Ihnen das Handwerkszeug für weniger schlechtes Projektmanagement an die Hand gibt. Ja, die Person des Projektleiters, sprich die Persönlichkeitsmerkmale des Projektleiters, sind wichtige Erfolgsfaktoren für die Bearbeitung und Steuerung von Projekten. Beides ist aber nicht zwangsläufig ausreichend, um erfolgreiches Projektmanagement zu betreiben und damit erfolgreich Projekte zu steuern. Mindestens genauso wichtig ist das organisatorische Umfeld, in dem sich Ihr Projekt bewegt. Begriffe wie Matrixorganisation, Stabsorganisation oder autonome Projektorganisation haben Sie wahrscheinlich schon einmal gehört. Wir werden gleich darauf zurückkommen und uns diese Organisationsformen im Detail ansehen. Denn jede dieser Organisationsformen birgt Vor-, aber auch entscheidende Nachteile. Wir gehen sogar noch einen Schritt weiter und werden uns in diesem Kapitel auch die Frage stellen, inwieweit Ihre Organisation überhaupt für die Durchführung – oder vielmehr die *erfolgreiche* Durchführung – von Projekten aufgestellt ist. Welchen Stellenwert und welche Akzeptanz haben die Projekte in Ihrem Unternehmen, und welchen Stellenwert hat die Projektarbeit in Ihrem Unternehmen? In welchem Verhältnis steht die Projektarbeit zur Linienarbeit? In welchem Verhältnis steht der Projektleiter zum Linienvorgesetzten? Was bedeutet es überhaupt für eine Organisation, also auch für Ihr Unternehmen, sich projektorientiert aufzustellen?

Bevor wir uns gleich mit diesen Fragen beschäftigen, muss aber eines klar sein: Natürlich hat die Organisation wesentlichen Einfluss auf den Erfolg des Projekts, allzu häufig muss sie aber auch herhalten, um das eigene Versagen als Projektleiter zu rechtfertigen. »Ich würde ja so gerne, aber ich kann halt nicht, weil mir immer irgendwer Steine in den Weg legt«, sagt sich sehr leicht, vor allem wenn man sich dem wissenden Kopfnicken der Kollegen oder anderer Projektmanager gewiss ist. Bevor wir jetzt aber mit einem einfachen »Die Organisation ist halt doof, da kann man nix machen« alle Schuld von uns weisen, prüfen Sie sich sicherheitshalber erst einmal selbst. Stellen Sie sicher, dass es nicht an der Methodik hapert und Sie die Rolle des Projektleiters auch nach bestem Wissen und Gewissen ausfüllen. Wenn wir aber sicher sind, dass es nicht am Projektleiter und auch nicht an der Methode liegt, können wir uns in Ruhe darum kümmern, was alles in der Organisation schiefläuft und Sie und Ihre Projektmitarbeiter daran hindert, Ihre Arbeit richtig zu machen.

Leider ist es so, dass Ihre persönliche Einflussnahme auf Ihre Organisation wahrscheinlich eher gering ist. Im Gegensatz zu Projektmanagementmethoden, die Sie erlernen, und persönlichen Fähigkeiten, die Sie sich aneignen können, ist die Organisation Ihres Unternehmens vorgegeben und nicht mal so eben zu ändern. Es gibt jedoch immer auch kleine Stellschrauben, mit denen Sie die Gegebenheiten zu Ihren Gunsten justieren können. Damit werden Sie zwar das Unternehmen nicht komplett auf einen neuen Kurs lenken, aber Ihren Projektmanageralltag und den Ihres Teams ein bisschen angenehmer gestalten.

KAPITEL 19

Organisiert euch!

Zunächst wollen wir uns ansehen, wie das Projekt innerhalb einer Organisation überhaupt eingebunden sein kann. Grundsätzlich werden drei Arten der Projektorganisation unterschieden: die Stabsorganisation, die Matrixorganisation und die autonome Projektorganisation. Bei Wikipedia gibt es zwar einen schönen Artikel zum Thema Projektorganisation[1], der die jeweiligen Projektorganisationsformen beschreibt, jedoch nicht auf die jeweiligen Vor- und Nachteile eingeht. Aber dafür haben Sie ja jetzt dieses Buch.

Stabs- oder Einflussorganisation

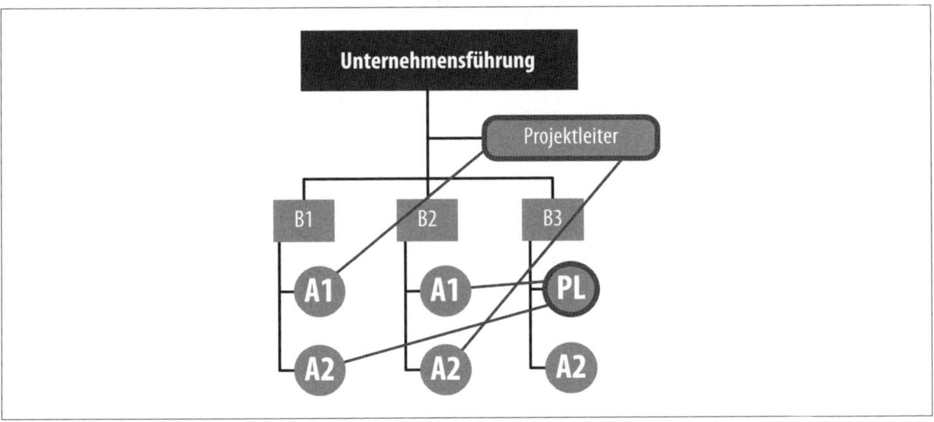

Abbildung 19-1: In der Stabsorganisation bleiben die Mitarbeiter (A1 und A2) sowohl disziplinarisch als auch fachlich ihren Bereichen (B1 bis B3) zugeordnet. Der Projektleiter, der entweder auf einer Stabsstelle oder selber in einem der Bereiche sitzt (PL), kann nur koordinatorisch auf die Fachabteilungen zugreifen, hat aber keine Weisungsbefugnis.

1 *https://de.wikipedia.org/wiki/Projektorganisation*

Bei der *Stabs- oder Einflussorganisation* bleibt das Projekt weitestgehend in der Abteilung. Der Projektleiter ist hier häufig Sachbearbeiter und Projektleiter in Personalunion. Sofern mehrere Fachabteilungen eingebunden sind, ist der Projektleiter eher ein Koordinator, der sich die projektrelevanten Informationen und Arbeitsergebnisse aus den Fachabteilungen erfragt und zusammenstellt. Die disziplinarische Weisungsbefugnis verbleibt beim Linienvorgesetzten. Der teilt in der Regel auch die Projektaufgaben zu und priorisiert diese. Aus diesem Grund wird die Stabsorganisation manchmal auch *schwache Matrixorganisation* genannt. Lassen Sie sich an dieser Stelle nicht von den vielen neuen Begriffen irritieren. Was eine Matrixorganisation ausmacht, erklären wir gleich noch. Typischerweise werden kleine Projekte, die wenig interdisziplinären Charakter haben, in dieser Organisationsform durchgeführt. Warum? Ganz einfach: Weil es schnell umzusetzen ist. Der Projektleiter muss einfach nur benannt werden, und ein weiterer Eingriff in die Primärorganisation ist nicht notwendig. Jedes Teammitglied kann von seinem Arbeitsplatz aus die Zuarbeit leisten, niemand muss umziehen, die disziplinarische Führung bleibt unangetastet, und man muss auch mit niemandem über irgendwelche unbeliebten Änderungen diskutieren.

Was sich hier zunächst als Vorteil darstellt, ist in der Konsequenz gleichsam auch der Nachteil dieser Organisationsform. Der Name *Einflussorganisation* ist insofern nicht nur verwirrend, sondern sogar irreführend, denn de facto hat der Projektleiter leider überhaupt keinen Einfluss. Letztlich ist er auf den guten Willen der Kollegen, die in seinem oder ihrem Projekt mitarbeiten, angewiesen, die in der Regel auch andere Projekte bearbeiten oder sowieso mit dem Tagesgeschäft schon genug zu tun haben. In so einer Organisationsform hat der Projektleiter zwar einen schönen Titel, aber leider keine Leitungsfunktion und auch kein wirkliches Team. Tatsächlich ist er nur ein Koordinator, statt »Projektmanager« oder »Projektleiter« müsste also wahrheitsgemäß eher »Projektkoordinator« auf der Visitenkarte stehen. Seine eigentliche Aufgabe, Projekte zu planen und insbesondere zu steuern, kann er gar nicht wahrnehmen.

Nicht selten geraten solche Projekte sehr schnell in eine terminliche Schieflage. Meilensteine und Endtermine werden nicht gehalten, da das Projekt bei den Sachbearbeitern keine Priorität hat und natürlich alles andere wesentlich wichtiger ist als die Bearbeitung der Projektaufgabe. Seien Sie also vorsichtig, wenn Ihnen in so einer Konstellation der Job des Projektmanagers angeboten wird. Zwar mag dieses Angebot zunächst verlockend erscheinen, es stellt sich aber ziemlich schnell die Gretchenfrage: Wer ist voraussichtlich schuld, wenn es am Ende schiefgeht, wenn die Termine nicht gehalten werden oder gar die Ergebnisse nicht den definierten Anforderungen entsprechen?

Die Antwort auf diese Frage ist einfach und fällt für Sie leider nicht günstig aus: Natürlich ist der Projektleiter schuld (also Sie)! Hier hilft dann auch die schönste Argumentation oder Rechtfertigung nicht weiter, noch nicht mal dann, wenn alles der Wahrheit entspricht. Natürlich können Sie nichts dafür, wenn Kollege Schneider die benötigten Dokumente nicht rechtzeitig geliefert oder Kollegin Schäfer das entscheidende Softwaremodul nicht termingerecht fertiggestellt hat. Obwohl Sie mehrfach nachfragten, auf Zieltermine hinwiesen und sogar mit den Vorgesetzten über die Verfügbarkeit diskutierten, blieben die Ergebnisse aus oder wurden verspätet mit einem Schulterzucken abgegeben. Wir wissen, dass Sie nichts dafür können, vermutlich wissen es auch die Projektmitarbeiter, die vielleicht sogar liebend gern rechtzeitig geliefert hätten, die Zeit dafür aber nicht hatten. Aber erzählen Sie das mal Ihrem Vorgesetzten oder Projektauftraggeber. Wenn Sie Pech haben, interessiert sich an dieser Stelle keiner dafür, wieso es nicht so geklappt hat wie erwartet, sondern nur dafür, dass es nicht geklappt hat. Als Projektleiter tragen Sie die Verantwortung für das Gelingen des Projekts, es wird – letztlich sogar zu Recht – erwartet, dass Sie die Sache schon irgendwie im Griff haben.

Was ist zu tun? Klären Sie unbedingt im Vorfeld die Situation, also Ihre Rolle im Projekt. Verdeutlichen Sie Ihrem Auftraggeber oder Ihrem Vorgesetzten, dass Sie von der Zuarbeit der Kollegen aus anderen Abteilungen abhängig sind und dass dementsprechend das Projekt nur dann erfolgreich sein wird, wenn alle mitspielen. Die Linie ist hier in der Verantwortung, die jeweiligen Abteilungsleiter müssen die Mitarbeiter auf das Projekt einschwören und von seiner Wichtigkeit überzeugen, müssen eventuell sogar Mitarbeiter freischaufeln, damit diese die Aufgabe im Projekt ungestört vom etwaigen Tagesgeschäft oder anderen Projekten erfüllen können. Hier wird offenbar, was die Linienvorgesetzten für das Gelingen des Projekts beitragen können und müssen. Sie müssen den Rahmen schaffen, in dem die Mitarbeiter ihre Arbeit, also auch alle Projektaufgaben, ohne größere Konflikte bearbeiten und erledigen können. Die Autorität der Linie ist in diesem Fall Ihr wichtigster Trumpf, und die Linienvorgesetzten sind Ihre wichtigsten Stakeholder, denn das sind diejenigen, die den entsprechenden im Zweifelsfall auch disziplinarischen Einfluss auf die Projektmitarbeiter nehmen können. Die Linienvorgesetzten sind Ihre Freunde, mit denen Sie zusammenarbeiten müssen.

Was ist, wenn die Linie nicht mitspielt? Was, wenn Abteilungsleiter Krämer nicht einsieht, dass die Hälfte seines Teams für mindestens sechs Monate fürs Tagesgeschäft nicht oder nur sehr eingeschränkt zur Verfügung steht? Was, wenn Teamleiterin Krüger es zwar prinzipiell super findet, dass zwei ihrer Mitarbeiter am Projekt mitarbeiten, aber vergisst, Ihnen mitzuteilen, dass Kollegin A in zwei Monaten für vier Wochen in Urlaub und Kollege B ab Juli an zwei Tagen in der Woche nur im Homeoffice ist? Klare Antwort: Verzichten Sie lieber auf den Titel Projektmanager, Sie werden hier keinen Spaß haben.

Klären Sie also zuerst die Rahmenbedingungen für Ihr Projekt und Ihre Projektleiterrolle. Stellen Sie sicher, dass Sie die Unterstützung sowohl der Mitarbeiter als auch ihrer jeweiligen Vorgesetzten haben. Machen Sie klar, dass das Projekt Priorität hat und dass Sie als Projektleiter fachliche Anweisungen geben können, ohne dass diese jedes Mal infrage gestellt werden. Wenn das alles so weit geklärt und erledigt ist, können Sie mit der tatsächlichen Projektarbeit anfangen: Machen Sie alles wie gehabt. Erstellen Sie einen Plan, definieren Sie Meilensteine und kommunizieren Sie Ihre Planungsergebnisse nicht nur an die Mitarbeiter, sondern auch in die Linie. Fordern Sie Ergebnisse ein! Verlassen Sie sich aber nicht auf die mündliche Kommunikation, sondern fordern Sie die Arbeitsergebnisse schriftlich, per Mail oder anderweitig verbindlich ein. Hier geht es nicht darum, dass Sie einen Generalverdacht gegenüber den Projektmitarbeitern hegen. Gehen Sie einfach auf Nummer sicher. Im Zweifelsfall sind Sie derjenige, der den Nachweis erbringen muss, alles Erdenkliche getan zu haben, um die Projekttermine zu halten. Auf diese Weise sorgen Sie auch für Transparenz im Projekt- und Arbeitsalltag Ihres Projektteams. Ein schriftlich zugesagter Termin lässt sich im Zweifel nämlich auch gegenüber dem Vorgesetzten besser verteidigen als einer, der zwischen Tür und Angel vereinbart wurde.

Im Folgenden haben wir die Vor- und Nachteile dieser Organisationsform in Hinblick auf das Projektmanagement noch mal zusammengefasst:

Vorteile

- Projekte lassen sich personell einfach und schnell verwirklichen.
- Es ist kein organisatorischer Umbau notwendig, ein Projekt kann sofort gestartet werden.
- Die Mitarbeiter bleiben fachlich und disziplinarisch in der Stammorganisation.

Nachteile

- Der Projektleiter kann seine Steuerungsaufgabe nicht wahrnehmen, da er nur eine koordinierende Funktion und auch nur begrenzt Zugriff auf notwendige Personalressourcen hat.
- Die Entscheidungswege sind mitunter umständlich, der Projektleiter kann nur Vorschläge unterbreiten, somit also nur informell Einfluss nehmen.
- Die Anforderungen des Tagesgeschäfts bestimmen den Einsatz der Ressourcen, insofern ist der Projektleiter auf den guten Willen der Kollegen angewiesen.
- Die Projektmitarbeiter verhalten sich eher loyal zum Unternehmen und zur Abteilung als zum Projekt.

Maßnahmen

- Klären Sie Ihre Rolle (Befugnisse und Verantwortlichkeiten) im Vorfeld mit allen Beteiligten (insbesondere mit dem Auftraggeber).
- Stimmen Sie sich regelmäßig mit den Linienvorgesetzten der Mitarbeiter ab.

Matrixorganisation

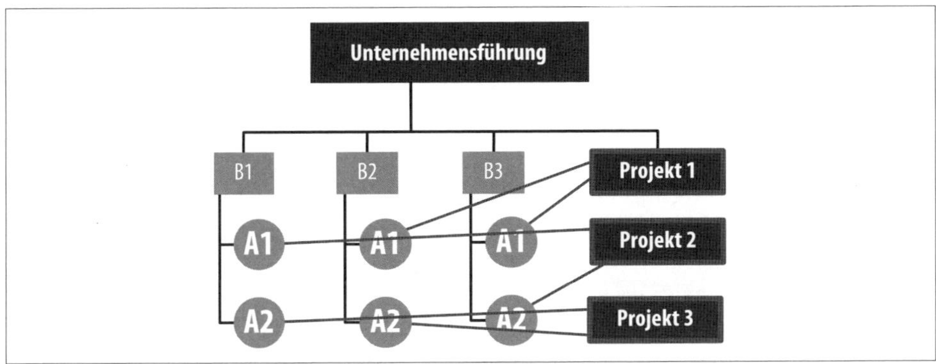

Abbildung 19-2: In der Matrixorganisation bleiben die Mitarbeiter (A1 und A2) ihren Bereichen (B1 bis B3) disziplinarisch zugeordnet und werden vorübergehend einem oder mehreren Projekten fachlich zugeteilt.

Bei der Matrixorganisation handelt es sich um die wohl am weitesten verbreitete Organisationsform für Projekte. Bei dieser Organisationsform sind die Mitarbeiter dem Projekt entweder in Vollzeit oder – das ist der Regelfall – in Teilzeit zugeordnet. Der Projektleiter hat fachliche Weisungsbefugnis, er verantwortet also die Arbeitsergebnisse, die Einhaltung der Termine und die fachliche Entwicklung der Mitarbeiter. Die disziplinarische Weisungsbefugnis (also alles, was üblicherweise in Hinblick auf Urlaub, Arbeitszeit, Gehalt und so weiter zu klären ist) bleibt in der Matrixorganisation beim Linienvorgesetzten. Vorteil dieser Organisation ist der flexible Einsatz und damit auch die gleichmäßige Auslastung der Mitarbeiter. So können insbesondere Auslastungsflauten, die in Projekten immer wieder vorkommen, durch den Einsatz in anderen Projekten oder im Tagesgeschäft kompensiert werden. Umgekehrt können Auslastungsspitzen durch den Einsatz weiterer Ressourcen abgefangen werden.

So weit, so gut. Bei der Kompensation von Auslastungsflauten wird jede freie Minute des Mitarbeiters kritisch beäugt. Kaum wird die Minute zur Stunde, wird der Mitarbeiter in anderen Projekten eingesetzt oder muss andere Aufgaben bearbeiten. Beim Abfangen von Bearbeitungsspitzen wird hingegen gern ein Auge zugedrückt. Da wird erwartet, dass der Mitarbeiter auch mal länger arbeitet. Es ist ja für das Projekt, und das Projekt ist bekanntlich sehr wichtig.

Eine systematische Ressourcenplanung, in der aufgezeigt wird, wer in welchem Projekt wie lange mit welchen Aufgaben eingesetzt wird, ist in matrixgeführten Organisationen leider zu selten anzutreffen. Dummerweise schafft sie nämlich Transparenz, und zwar insbesondere darüber, dass Mitarbeiter über das erlaubte Maß in unterschiedlichen Aufgaben eingesetzt werden – wir nennen es auch »Überstunden«. Und seien wir ehrlich, welcher Geschäftsführer will das schon so genau wissen? Bis zu einem gewissen Grad ist das vielleicht sogar akzeptabel, denn das vorgeschobene Argument, dass das halt in der Projektarbeit so ist und es da auch schon mal Bearbeitungsspitzen gibt, ist zunächst nicht von der Hand zu weisen und wird von einem durchschnittlich motivierten Mitarbeiter üblicherweise auch akzeptiert.

Leider merken viele Führungskräfte aus der Linie nicht, wie sie Mitarbeiter durch diese Form des Ressourceneinsatzes und der damit einhergehenden Überlastung systematisch demotivieren. Die Mitarbeiter sind ja nicht blöd, natürlich möchte jeder so gut es geht seinen Beitrag leisten und ist auch bereit, über die normalen Arbeitszeiten hinaus seinen Job zu machen, aber irgendwann ist auch der beste Wille des Mitarbeiters überstrapaziert und die Arbeitsbelastung einfach zu hoch. Wer hier Mut zur Transparenz zeigt und kurzfristig nötige Überstunden von dauerhaft unnötiger Belastung trennen kann, hat bessere Chancen, seine Projektmitarbeiter motiviert und im allerbesten Fall sogar glücklich zu halten. Dass es in einem konkreten Fall nötig ist, auch mal das Wochenende durchzuarbeiten, erschließt sich Mitarbeitern oft ohne große Überzeugungsarbeit. Wenn Sie dann aber zum achten Mal Wochenendarbeit anordnen, verlieren Sie auch den motiviertesten Mitarbeiter, der zu Recht fragt, was Sie denn eigentlich als Projektmanager falsch machen, dass Ihre Planung so überhaupt nicht funktioniert.

Nicht selten ziehen sich solcherart überlastete Mitarbeiter irgendwann zurück und machen bewusst Dienst nach Vorschrift, erst recht, wenn ihnen seitens des Unternehmens oder disziplinarischer Vorgesetzten keine Anerkennung für den zusätzlichen Einsatz gezollt wird. Aus dem motivierten Mitarbeiter, der mit seinen Kompetenzen und seiner Motivation in der Lage ist, das Projekt und damit das Unternehmen nach vorne zu bringen, wird ein schlecht gelaunter Bürobewohner – fast das Schlimmste, was einem Unternehmen passieren kann. Noch schlimmer wird es, wenn die Mitarbeiter beim Doktor landen, der ihnen einen gelben Schein gibt. Übrigens nicht, weil sie krank zu sein *scheinen*, sondern weil sie krank *sind*. Burn-out ist im Projektgeschäft ein nicht selten anzutreffendes Phänomen.

An dieser Stelle werden wir etwas pathetisch, nicht zuletzt weil es hier um *Ihre* Verantwortung gegenüber *Ihren* Mitarbeitern geht. Wenn Sie nicht nur ein weniger schlechter, sondern sogar ein guter Projektmanager sein wollen, merken Sie sich folgende Warnung: *Demotivation von Mitarbeitern ist Führungsversagen auf ganzer Linie!*

Damit kommen wir auch schon zum zweiten entscheidenden Nachteil der Matrixorganisation, der das Auftreten des Burn-out-Syndroms noch zusätzlich begünstigt. Letztlich ist der Mitarbeiter in der Matrixorganisation nämlich immer der sprichwörtliche Diener zweier Herren.

Auf der einen Seite steht der Projektleiter mit fachlichen Anforderungen aus dem Projekt, auf der anderen Seite ist es der disziplinarische Vorgesetzte, der mit den Anforderungen aus dem Tagesgeschäft an den Mitarbeiter herantritt. Wir unterstellen Ihren Mitarbeitern nur Gutes und behaupten, dass sie ihre Arbeit gut, ja sogar sehr gut machen wollen und dabei sowohl den Anforderungen aus dem Projekt als auch denen des disziplinarischen Vorgesetzten gerecht werden möchten. Solch ein prinzipiell löbliches Arbeitsethos geht dann aber schnell zulasten des Mitarbeiters. Eventuell bekommen weder Sie noch Ihr Pendant in der Linie etwas davon mit, weil diese Mehrbelastung nicht thematisiert wird und eine Kommunikation zwischen Ihnen und dem disziplinarischen Vorgesetzten nicht stattfindet. So tragen Sie beide dann am Ende Aufgaben an den Mitarbeiter heran, die zwar alleine problemlos zu schaffen wären, in der Dopplung aber über die Grenzen des Machbaren hinausgehen.

Nicht selten haben Mitarbeiter in dieser Situation nicht nur einen Achtstundentag, sondern sind weit darüber hinaus beschäftigt, den Bedürfnissen ihrer beiden Vorgesetzten gerecht zu werden. Dann werden Arbeiten nicht nur abends mit nach Hause genommen, die Arbeit findet auch Einzug ins Wochenende, obwohl das ja eigentlich und aus gutem Grund der Erholung vorbehalten sein sollte. Auch hier darf man sich dann nicht wundern, wenn Mitarbeiter irgendwann den Geist aufgeben, im schlimmsten Fall sogar im wahrsten Sinne des Wortes. So einfach basteln Sie sich aus einem motivierten Mitarbeiter, der mit seinen Ideen und seinem Einsatz das Projekt weiterbringt, einen demotivierten Mitarbeiter, der vor lauter Stress nicht mehr richtig denken kann.

Wir wiederholen also unsere Warnung von vorhin: *Demotivation von Mitarbeitern ist Führungsversagen auf ganzer Linie!*

Aber es geht noch schlimmer: Diese Situation wird weiter verschärft, wenn die Projektziele nicht mit den Zielen der Abteilung, aus der die Mitarbeiter kommen, übereinstimmen. Insbesondere dann, wenn die Abteilungen im Unternehmen als Profitcenter organisiert sind, ist ein Zielkonflikt mit dem Projekt vorprogrammiert. In dem Moment, in dem jeder im Unternehmen sein eigener Unternehmer ist, gibt es immer unterschiedliche Interessen, die teilweise diametral gegeneinanderlaufen.

Wir potenzieren das Problem, nur so zum Spaß. Wir erinnern uns, der Abteilungsleiter ist der disziplinarische Vorgesetzte. Konsequent zu Ende gedacht, heißt das, dass der Abteilungsleiter das Zielvereinbarungsgespräch mit dem Mitarbeiter führt. Nicht selten haben wir gehört, dass die hier vereinbarten Ziele mit den Projektzielen nicht vereinbar sind. Willkommen in der Unternehmensrealität! Was ficht mich das an, werden Sie jetzt denken, da sollen sich doch die Abteilungsleiter mal schön selber bekriegen. Und überhaupt haben Sie für solche Rivalitäten gar keine Zeit. Interessant für Sie ist einzig, was zu tun ist, um Ihr Projekt von derlei Kriegsschauplätzen fernzuhalten.

Gehen wir erst einmal davon aus, dass es grundsätzlich zwischen den Zielen des Projekts und den Zielen und Interessen der Abteilung keinen Konflikt gibt. Dennoch befindet sich der Mitarbeiter in dem Zeitkonflikt, dass beide Vorgesetzte, Sie als Projektleiter und der disziplinarische Vorgesetzte, Anforderungen an ihn oder sie stellen. Mit diesem Konflikt dürfen Sie den Mitarbeiter nicht allein lassen, denn er wird nicht in der Lage sein, diesen Konflikt selbst zu lösen. Besprechen Sie das

Problem in jedem Fall mit dem Mitarbeiter selbst, aber auch mit seinem Vorgesetzten, und erarbeiten Sie gemeinsam Lösungen, die dem Mitarbeiter die Projektarbeit wieder erträglich machen. Vereinbaren Sie zum Beispiel feste Tage, an denen der Mitarbeiter entweder nur für das Projekt oder nur für die Abteilung arbeitet. Das schafft auch für Sie als weniger schlechten Projektmanager Transparenz, weil Sie nun den Einsatz des Mitarbeiters verlässlich planen können.

Neben der Arbeitszeit spielt auch der Arbeitsort eine entscheidende Rolle für effektives Arbeiten an einem Thema oder Projekt. Stellen Sie dem Mitarbeiter für die Zeit, die er im Projekt arbeitet, einen Projektarbeitsplatz zur Verfügung. Erfahrungsgemäß wird das Bearbeiten von Aufgaben vom Stammarbeitsplatz des Mitarbeiters immer wieder durch Anforderungen aus der Abteilung torpediert, frei nach dem Motto: »Herr Schmidt, können Sie das nicht mal eben schnell erledigen?« So wird ein eben noch konzentriert am Projekt arbeitender Kollege rabiat aus seinem Flow gerissen.

Jetzt haben wir Ihnen schön viele Probleme aufgetischt und Ihnen die Matrixorganisation ordentlich madig gemacht, obwohl wir doch eigentlich versprochen hatten, Ihnen besseres Projektmanagement beizubringen. Wenden wir uns also den hilfreichen Projektalltagstipps zu und fragen wir: Was können Sie tun, wenn der Vorgesetzte partout nicht mitarbeiten will, und der Projektmitarbeiter, der Ihnen eigentlich zusteht, partout nicht verfügbar ist? Das ist zunächst das gute Recht des Linienvorgesetzten, denn Projekt hin oder her, er ist immer noch der Vorgesetzte Ihres Mitarbeiters und kann somit entscheiden, wie und wann sein Mitarbeiter eingesetzt wird. So weit, so hinderlich. Es wird also eventuell etwas kniffelig. Wenn es gar nicht funktionieren will, nehmen Sie die nächste Eskalationsstufe: Sie wenden sich in der Sache an den Vorgesetzten des Vorgesetzten. Die Kniffeligkeit der Situation ist vielleicht nicht sofort offensichtlich. Es ist nämlich so: Jetzt wird sich entscheiden, welchen Stellenwert Ihr Projekt hat, und möglicherweise bekommen Sie nicht immer die Antwort, die Sie sich wünschen.

Sie sind sich sehr sicher, dass Ihr Projekt überaus wichtig für das Unternehmen ist, insofern gehen Sie davon aus, dass Sie ja wohl die Unterstützung von höherer Ebene erhalten werden. Aber Pustekuchen! Tatsächlich können Sie sich der Wichtigkeit Ihres Projekts nur dann sicher sein, wenn die höhere Ebene *jetzt* eine Entscheidung in Ihrem Sinne fällt. Falls das nicht passiert, wissen Sie zumindest Bescheid. Ein kleines Trostpflaster, aber zumindest etwas, womit Sie weiterarbeiten können. Außerdem wird man Ihnen nicht vorwerfen können, Sie hätten die Problematik nicht ausreichend thematisiert. So sehr Sie auch als Projektleiter für Ihr Projekt verantwortlich sind, so sehr sind andere Stellen im Unternehmen dafür verantwortlich, die an sie adressierten Probleme ernst zu nehmen und entweder anzugehen oder zumindest eine Entscheidung zu treffen.

Das Eskalationsspiel können Sie natürlich weitertreiben, und irgendwann landen Sie dann beim Vorgesetzten vom Vorgesetzten vom Vorgesetzten. Das ist aber nur bedingt empfehlenswert – eigentlich gar nicht, um ehrlich zu sein. Abteilungsleiter, also das mittlere Management, tragen zwar einiges an Verantwortung, legen den Fokus aber oft vor allem auf ihre Abteilung und das in dieser zu bewältigende Tagesgeschäft und sind in die entsprechenden übergeordneten strategischen Ziele erfahrungsgemäß gar nicht oder nur unzureichend eingebunden. Die Ebene darüber sollte sich aber schon durch größere Weitsicht auszeichnen. Wenn man sich auf dieser Ebene gegen Sie oder vielmehr gegen Ihr Projekt entscheidet, werden Sie relativ wahrscheinlich auch in der nächsten Eskalationsstufe nicht weiterkommen.

Und jetzt? Im Sinne des Projekts verbünden Sie sich nun mit dem betroffenen Mitarbeiter, was Ihnen aber auch nur bedingt gelingen wird, denn dieser führt sein Mitarbeitergespräch, in dem es um Zielvereinbarungen, Tantiemen und um die nächste Gehaltserhöhung geht, nicht mit dem Projektleiter, also Ihnen, sondern mit seinem disziplinarischen Vorgesetzten. Machen wir es kurz: Wenn es so weit kommt, werden Sie in Ihrem Projekt Probleme haben und müssen jetzt entscheiden, ob Sie mit diesen Problemen umgehen können und wollen oder nicht.

Trotz dieser entscheidenden Nachteile, die die Matrixorganisation hat, soll nicht verschwiegen werden, dass es auch echte Vorteile gibt. Nicht umsonst hat sie sich als gängige Organisationsform etabliert, wobei sich die Frage stellt, ob sie sich nur deswegen etabliert hat, weil die anderen Organisationsformen so wenig bekannt sind. Mit einer kleinen Projektmanagementschulung könnte man diese Wissenslücke schnell auffüllen und die alternativen Organisationsformen wieder bewusster im Repertoire der Unternehmen verankern, die langfristig Projekte umsetzen wollen.

Vorteile

- Die Projektleitung hat die Verantwortung für die Zielerreichung, damit hat die Projektleitung auch eine hohe Identifikation mit dem Projekt.
- Flexibler Personaleinsatz wird ermöglicht (die Krux dabei haben wir ja bereits thematisiert).
- Ein regelmäßiger fachlicher Austausch mit den Kollegen aus den Fachabteilungen bleibt gewährleistet. Oft schmoren die Projektmitglieder im eigenen Projektsaft, da ist ein Impuls seitens der fachlichen Basis oft hilfreich und notwendig.
- Es gibt keine Versetzungsprobleme, die Mitarbeiter bleiben räumlich an ihren angestammten Arbeitsplätzen. (Dies kann aber auch ein Nachteil sein, da so der unmittelbare Zugriff vonseiten der Linie die Projektarbeit stören kann.)

Nachteile

- Es besteht die Gefahr eines Zielkonflikts, denn die Mitarbeiter unterstehen zwei Vorgesetzten; fachlich werden sie vom Projektleiter, disziplinarisch vom Linienvorgesetzten geführt.
- Es kann zu Machtkämpfen die verfügbaren Ressourcen betreffend kommen, dadurch ergibt sich ein hoher Kommunikations- und Abstimmungsbedarf in Bezug auf die Ressourcenverfügbarkeit.

- Mitunter ist die Entscheidungsfindung langwierig, insbesondere dann, wenn der Projektleiter nur bedingt Entscheidungskompetenz hat.
- Die Auslastung des Mitarbeiters ist schwer abschätzbar, sofern es keine transparente Ressourcenplanung gibt. Daher kommt es häufig zur Überlastung des Mitarbeiters, der für das Projekt (oder gleich mehrere Projekte) und die Linie arbeitet.

Maßnahmen

- Planen Sie Aufwand und Einsatz des einzelnen Mitarbeiters möglichst transparent und realistisch, insbesondere beim Einsatz in mehreren Projekten.
- Synchronisieren Sie die Ziele zwischen Ihrem Projekt und denen der Abteilung, in der der Mitarbeiter disziplinarisch aufgehängt ist.
- Stimmen Sie sich regelmäßig mit dem Linienvorgesetzten des Mitarbeiters ab, möglichst zusammen mit dem Mitarbeiter.
- Falls erforderlich: Nutzen Sie die Eskalationsmöglichkeiten in die nächsthöhere Hierarchieebene, um den Mitarbeitereinsatz für Ihr Projekt eindeutig zu klären.

Autonome/reine Projektorganisation

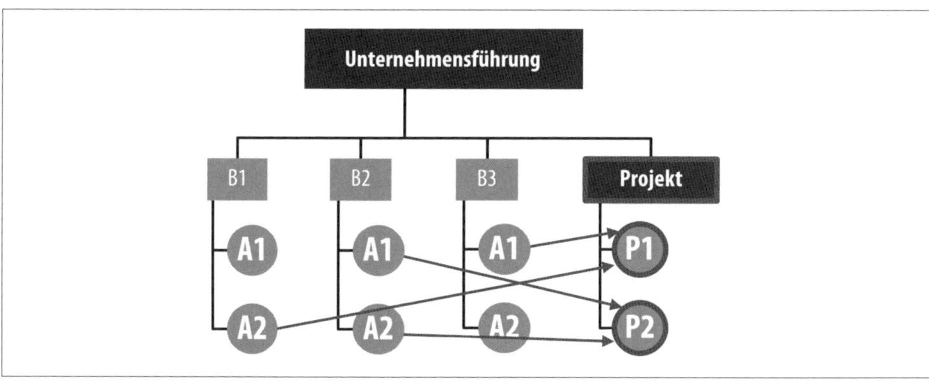

Abbildung 19-3: Bei der autonomen oder reinen Projektorganisation werden die Mitarbeiter (A1 und A2) vollständig aus ihren Bereichen (B1 bis B3) gezogen und unterstehen für die Dauer des Projekts (P1 und P2) sowohl disziplinarisch als auch fachlich dem Projektleiter.

Bei der autonomen Projektorganisation wird das Projektteam von der Primärorganisation entkoppelt. Die Mitglieder des Projektteams werden aus den Fachabteilungen oder von extern (je nach fachlichen Anforderungen) rekrutiert und für die Laufzeit des Projekts dem Projekt zugeordnet. Das Team wird dann auch räumlich zusammengefasst, bei Bedarf werden entsprechende Räume von der Organisation vorgehalten oder, was ebenfalls nicht selten vorkommt, für die Laufzeit des Projekts angemietet. Der Projektleiter hat für die Projektlaufzeit die fachliche sowie die disziplinarische Weisungsbefugnis. Insofern ist diese Organisationsform insbesondere bei komplexen Projektvorhaben ratsam, vor allem mit langer Dauer, sodass sich die Auskopplung der Mitarbeiter aus der Primärorganisation auch lohnt.

Die räumliche Bündelung des Projektteams hat den entscheidenden Vorteil, dass sich das Team und die einzelnen Teammitglieder vollständig auf das Projekt und ihre Aufgaben im Projekt konzentrieren können. Es gibt keine Anforderung aus der Linie, die den Mitarbeiter ablenkt und damit die rechtzeitige Bearbeitung der Projektaufgaben verhindert. Auch befindet sich der Mitarbeiter nicht in einem etwaigen Zielkonflikt mit den Anforderungen aus der Linie. Seine ganze Arbeitskraft steht dem Projekt zur Verfügung. Da dies für alle Projektmitarbeiter gilt, haben Sie hier tatsächlich ein Team, das in den nächsten Wochen und Monaten einzig für Ihr Projekt arbeiten wird. Nur in dieser Situation sind Sie als Projektleiter in der Lage, echten Teamgeist zu schaffen. Die gemeinsame Arbeit an einer Aufgabe auf ein klar definiertes Ziel hin hat eine enorm motivationsfördernde Wirkung auf den Einzelnen. Wir sagen es, wie es ist: Das ultimative Projektgefühl wird sich vermutlich nur einstellen, wenn Sie es schaffen, Ihr Projektteam für die Dauer des Projekts komplett zu sich zu holen. Das ist nicht zwingend das Vorgehen, wie es sich Ihr Unternehmen und die Linienvorgesetzten wünschen, aber es lohnt sich für Sie als weniger schlechten Projektmanager, sich dafür einzusetzen, es doch auch mal mit der autonomen Projektorganisation zu versuchen.

So toll die autonome Projektorganisation für das Projekt selbst und Sie als Projektmanager ist, sie hat nicht nur Vorteile. Gerade für die Mitarbeiter ist es in hohem Maße disruptiv, wenn sie aus ihrem Tagesgeschäft gerissen und in ein komplett neues Umfeld geschmissen werden. Neue Kollegen, neues Thema, neuer Chef, das sind viele Unwägbarkeiten und Unsicherheiten, die auf einen Mitarbeiter zukommen und bei denen er oder sie auch nicht immer einschätzen kann, ob das überhaupt eine gute Sache ist. Die Rückführung in die Linie oder der Einsatz in einem neuen Projekt ist ebenfalls nicht unproblematisch. Der Sinn der reinen Projektorganisation ist ja eben, dass Sie als Projektmanager ein Team haben, das Ihnen in Vollzeit und für die gesamte Projektdauer zur Verfügung steht. Wenn dann nach Projektende ein Team, das über mehrere Monate zusammengewachsen ist, wieder neu verteilt wird, bedeutet das für die Mitarbeiter erneut Unsicherheit und Veränderung in kurzer Zeit.

Was hier so negativ klingt, bedeutet einfach, dass Sie gerade in Hinblick auf Ihre Mitarbeiter umsichtig und empathisch sein müssen und eine besondere Verantwortung haben, was den Umgang mit Ihrem Projektteam angeht.

Was die A40 mit Projektmanagement zu tun hat

Im Jahr 2012 wurde die A40 bei Essen für mehrere Wochen komplett gesperrt. Die Tragweite dieser Entscheidung ist eventuell für Nicht-Ruhrgebietler nicht auf Anhieb klar. Die A40 ist die Hauptschlagader des Autoverkehrs im Ruhrgebiet und führt wirklich mitten durch Essen. Der Verkehr wurde also ebenfalls mitten durch die Stadt, die sich auch so schon nicht durch eine besonders entspannte Verkehrslage auszeichnet, umgeleitet. Es war ein großer Spaß für alle Beteiligten.

Bauprojekte an bestehenden Autobahnen werden häufig während des laufenden Betriebs durchgeführt. Da werden einzelne Spuren gesperrt, die restlichen Spuren irgendwie umgeleitet. Der Verkehr kann so mit Behinderungen weiterlaufen, während die Bauarbeiter Teilabschnitt für Teilabschnitt und Spur für Spur weitersanieren.

Übertragen wir das auf das Projektmanagement, haben wir zum einen eine Organisation, bei der die Mitarbeiter zwar am Projekt arbeiten, aber irgendwie auch dafür sorgen müssen, dass der Regelbetrieb weitergeht. Im anderen Fall stoppt man alles und lässt die Mitarbeiter konzentriert und fokussiert am Projekt arbeiten, bis es fertig ist.

Die Nachteile dieses letzteren Verfahrens liegen auf der Hand, erst recht, wenn man sich das Beispiel der A40 noch mal vor Augen führt. Der Regelbetrieb muss sich massiv umstellen, weil auf einmal wichtige Ressourcen fehlen.

Es gibt aber auch große Vorteile. Der komplette Bauabschnitt um Essen konnte in knapp drei Monaten statt in zwei Jahren erfolgreich und pünktlich abgeschlossen werden – und seien wir ehrlich, wann hört man schon mal von Bauarbeiten, die pünktlich beendet werden. Durch die Vollsperrung konnten außerdem rund 5,5 Millionen Euro eingespart werden.

Die Schaffung eines Projektteams, das einzig und allein für ein Projekt arbeitet, kann ohne Zweifel im Tagesgeschäft kleinere (oder auch größere) Schmerzen verursachen, ist aber mitunter die beste Option, wenn Sie Ihren Terminplan halten wollen. Natürlich muss dafür gesorgt werden, dass die ausfallenden Mitarbeiter für den Projektzeitraum adäquat ersetzt werden, schon allein damit sie nach Projektabschluss nicht zu einem Haufen nicht erledigter Arbeiten zurückkehren. Es gibt gute Gründe für eine Vollsperrung, und jetzt haben Sie ein Argument mehr dafür.

Vorteile

- Der Projektleiter ist für die Projektlaufzeit fachlich und disziplinarisch weisungsbefugt und kann im Sinne des Projekts entscheiden.
- Über die Projektressourcen kann uneingeschränkt verfügt werden.
- Es besteht eine eindeutige Zuweisung von Aufgaben, Verantwortung, Kompetenzen und Befugnissen.
- Die Teammitglieder können sich mit den Zielen (insbesondere Terminzielen und Qualitätszielen) des Projekts identifizieren.
- Die direkte, unmittelbare Kommunikation im Projekt ermöglicht rasches Agieren und Reagieren auch auf Störungen durch den Projektleiter und das Team.
- Schnittstellen und damit verbundene Probleme werden reduziert.

Nachteile

- Die 100%-Auslastung der Mitarbeiter ist nicht immer gewährleistet, da es je nach Projektphase für bestimmte Fachbereiche Bearbeitungsspitzen, aber auch Bearbeitungsflauten gibt.
- Die Wiedereingliederung des Projektmitarbeiters in die Linie stellt sich als schwierig dar. Oftmals ist der Mitarbeiter nach einer langen Phase im Projekt verunsichert, was sein Verhältnis zu seinem »neuen« Vorgesetzten und seinen »neuen« Aufgaben betrifft.
- Wissenstransfer, insbesondere wenn Ressourcen von extern eingekauft werden, ist nicht immer gewährleistet. Bei Softwareprojekten beispielsweise ist nach der Einführung dafür Sorge zu tragen, dass das aufgebaute Know-how im Unternehmen verbleibt. Die frühzeitige Initiierung von Wissenstransfer ist dringend notwendig.

Maßnahmen

- Klären Sie im Vorfeld, ob der Mitarbeiter wirklich in die Projektarbeit gehen möchte. Manche Mitarbeiter fühlen sich im Tagesgeschäft wohl und den Anforderungen des Projektgeschäfts nicht gewachsen.
- Entwickeln Sie bei absehbarem Projektende frühzeitig zusammen mit der Personalentwicklung und dem Linienvorgesetzten eine Rückkehrstrategie und bereiten Sie den Mitarbeiter auf die Rückkehr in die Linie vor. Zu klären sind die zukünftige Position in der Abteilung, die zukünftigen Aufgaben und die Befugnisse, die der Mitarbeiter in der Linienorganisation einnimmt.
- Sichern Sie regelmäßig das Projekt-Know-how zum Beispiel durch Workshops zum Wissenstransfer oder Lessons Learned. Sorgen Sie dafür, dass Wissen dokumentiert und in das Unternehmen getragen wird.

It's All Over Now, Baby Blue?

Tatsächlich ist das Thema *Wiedereingliederung* ein Problem, das mitunter zu kuriosen Situationen führt. Ich hatte immer nur darüber gelesen, bis ich es selbst am eigenen Leib erfahren habe.

»Das Projekt war so klasse, ich habe mich so mit meiner Aufgabe identifiziert, das Team war super, und neue Freunde habe ich auch gefunden. Warum soll das jetzt alles zu Ende sein? Ich will einfach so weitermachen.«

Dieses fast schon heimelige Gefühl, das Mitarbeiter aus der Arbeit in der reinen Projektorganisation mitnehmen, kann dazu führen, dass sie einfach über das Projekt hinaus unter dem Vorwand der Erledigung von Restarbeiten im Projektraum sitzen bleiben und sich weigern, in die Linienorganisation, also an ihren angestammten Arbeitsplatz, zurückzugehen. Es gibt sogar Fälle, in denen aus diesen Restarbeiten ein Folgeprojekt aufgesetzt wurde, nur um die Projektidylle, die sich nun mal eingestellt hat, nicht zu stören.

Ich selbst habe schon mit Kollegen über Monate im Projektbüro verbracht, obwohl das Projekt offiziell beendet war. Das wirklich Kuriose daran war, dass es niemanden wirklich interessiert hatte. Das zeigt umgekehrt, wie wichtig nicht nur der offizielle Projektabschluss, zum Beispiel im Rahmen einer Feier, ist, sondern zudem die frühzeitige Initiierung von Wiedereingliederungsmaßnahmen, um dem vorzubeugen.

Peter Schüßler

Typische Problemstellungen in der Projektorganisation

Sie sehen also, die Auswahl der Projektorganisationsform kann entscheidenden Einfluss darauf haben, wie es in Ihrem Projekt läuft. Wenn wir »entscheidenden Einfluss« sagen, dann meinen wir es auch so. Nicht die angewandte Methodik, nicht Ihre persönlichen Fähigkeiten, sondern die Projektorganisation entscheidet mitunter, ob es gut oder schlecht läuft. Oftmals stehen Sie vor Ihrem Projekt und sehen machtlos mit gebundenen Händen zu, wie es den Bach runtergeht. Sie können keinen Einfluss nehmen, weil Ihnen die Linie immer wieder dazwischenfunkt. Das Verhältnis von Linie und Projekt ist nicht geklärt, eine sinnvolle Abgrenzung der Kompetenzen und Befugnisse hat nicht stattgefunden. Natürlich sind noch andere Havarieszenarien denkbar. Wir haben Ihnen noch mal einen Überblick über vier typische Problem- und Konfliktsituationen, die sich aus der Auswahl der Projektorganisation ergeben können, zusammengestellt, damit Sie nicht ahnungslos ins nächste Desaster laufen.

Das Fachexpertenproblem

Oft werden die besten Fachexperten zum Projektleiter gemacht, vor allem in Matrix- oder Stabsorganisationen. Entscheidet sich ein Unternehmen, ein Projekt in einer reinen Projektorganisation abzuwickeln, ist man sich in der Regel über die Skillanforderungen an den Projektleiter bewusst: Man weiß, dass es eben nicht die fachliche Qualität ist, die einen Mitarbeiter zum guten Projektleiter macht, sondern dass es andere Fähigkeiten sind, die einen guten Projektleiter ausmachen.

Solange man sich in der Matrix- oder der Stabsorganisation befindet, ist dieses Bewusstsein häufig nicht vorhanden, oder man misst dem nicht die entsprechende Bedeutung zu. Insofern kommt es nicht selten vor, dass gerade derjenige, der sich mit seinen fachlichen Fähigkeiten hervorgetan hat, jetzt das Projektmanagement übernimmt. Wir betonen es erneut: Damit ist niemandem geholfen. Der Projektleiter fühlt sich unwohl, weil er merkt, dass er die notwendigen Fähigkeiten nicht hat. Das Projektteam leidet, weil es nicht adäquat geführt wird. Das Projekt leidet, weil die wichtigen fachlichen Fähigkeiten des Projektleiters nicht zur Verfügung stehen (er macht ja jetzt was anderes), und letztlich leidet das Unternehmen, weil das Projekt nicht ordentlich bearbeitet und zum Ziel geführt werden.

Lösung

Die simpelste Lösung: Augen auf bei der Auswahl des Projektleiters! Okay, okay, so einfach ist es leider meistens nicht. Hilfreich ist in diesem Zusammenhang, wenn es im Unternehmen eine Rollenbeschreibung für den Projektleiter gibt. Diese liefert mit dem entsprechenden Anforderungsprofil Auswahlkriterien für die Auswahl des Projektleiters. Zudem muss sich das Unternehmen in die Lage bringen, einschätzen zu können, wer denn wirklich das Zeug zu einem weniger schlechten Projektmanager hat und wessen fachliche Fähigkeiten im Projekt so unentbehrlich sind, dass er oder sie in keinem Fall auch noch Leitungs- und Steuerungsfunktionen übernehmen kann. Es geht hier letztlich nicht nur um dieses eine Projekt, sondern auch langfristig um die Entwicklung der Mitarbeiter. Die Fähigkeit, aus dem fachlichen Tagesgeschäft der Abteilung die Eignung eines Mitarbeiters zum Projektmanager ableiten zu können, wird dabei häufig überschätzt. Insofern ist an dieser Stelle eine Zusammenarbeit mit der Personalabteilung und der Personalentwicklung unumgänglich.

Das Statusproblem

Insbesondere in der Matrixorganisation fühlt sich quasi jeder berufen, dem Projekt »beizustehen«, ob er zum Team gehört oder nicht. Und jeder hat natürlich seine eigenen Interessen, die er mit seinen Aktionen für oder gegen das Projekt verfolgt. Nur allzu häufig kommt es dann vor, dass es Kräfte im Unternehmen gibt, die erfolgreich gegen das Projekt arbeiten, indem sie Mitarbeiter abziehen oder sich über Projektziele hinwegsetzen – es gibt ja so viel anderes, was bearbeitet werden muss, deshalb kann jetzt ausgerechnet Frau Dingenskirchen ihre Aufgaben im Projekt nicht bearbeiten.

Lösung

Dieses Problem weist auf ein grundsätzliches Führungsproblem in Unternehmen hin. Es ist die Geschichte von den Fürstentümern im Königreich oder die simple Frage, wer eigentlich im Unternehmen die Hosen anhat und diese Rolle auch wahrnimmt. Letztlich muss ein solches Problem top-down gelöst werden, insbesondere dann, wenn das Projekt auf der Prioritätenliste ganz oben steht. Wir haben schon zu häufig gesehen, wie plumpe Machtspielchen des mittleren Managements elendig Ressourcen unproduktiv gebunden und damit auch bewusst die Erfolglosigkeit von Projektvorhaben in Kauf genommen haben. Der erste Lösungsansatz für dieses Problem kann also gar nicht von Ihnen kommen, denn er muss von ganz oben erfolgen.

Dieses Problem ist allerdings noch kennzeichnend für ein anderes Problem, was zunächst nicht offensichtlich ist. Es geht um die Frage, ob es *überhaupt* eine Prioritätenliste gibt, in der die Projekte Ihres Unternehmens in wichtig oder nicht ganz so wichtig eingeteilt werden. Oder sind bei Ihnen alle Projekte gleich wichtig? (Letzteres Phänomen begegnet einem zwar in der Unternehmenswildbahn häufiger, bedeutet aber meistens vor allem, dass niemand bereit ist, sich einmal hinzusetzen und sich die Projekte genauer anzusehen.)

Wenn Sie immer wieder auf diese Fragestellung stoßen, ist es sinnvoll, anzuregen, die Prioritäten der unterschiedlichen Projekte festzulegen und für alle Beteiligten transparent zu machen. Sobald klar ist, was wirklich, wirklich wichtig ist und was zur Not auch noch ein bisschen Zeit hat, können Ressourcenkonflikte vernünftig gelöst werden. Dabei brechen Sie sich als weniger schlechter Projektmanager auch keinen Zacken aus der Krone, wenn Ihr Projekt gerade nicht die Nummer eins im Unternehmen ist. Oft sind es einfach äußere Rahmenbedingungen, die die Wichtigkeit (oder zumindest eine Dringlichkeit) eines einzelnen Projekts bestimmen. Über die langfristige Bedeutung des Projekts sagt es also gar nicht zwingend etwas aus, wenn in einem konkreten Konflikt einem anderen Projekt die höhere Priorität zugeschrieben wird.

Das Abstimmungsproblem

Wenn Mitarbeiter nicht allein für Ihr Projekt arbeiten, werden Sie früher oder später vor dem Problem stehen, dass Ihr Projektteam gar nicht so zur Verfügung steht, wie Sie es brauchen. Im schlimmsten Fall benötigen Sie konkret einen Mitarbeiter, der aber genau in dieser Woche an irgendetwas anderem arbeitet, und zwar nicht, weil ihm langweilig war oder er Ihr Projekt vergessen hatte, sondern weil es so von seinem Vorgesetzten angeordnet wurde und es sogar in der Projektorganisation vorgesehen war, dass er zusätzlich auch noch andere Aufgaben übernehmen soll.

Lösung

Auch hier hilft es, wenn das Problem von oben geklärt wird, denn sowohl Sie als Projektmanager als auch Ihr Kollege als Vorgesetzter des Mitarbeiters haben grundsätzlich beide laut Organisation die Möglichkeit, den Mitarbeiter einzusetzen. Lässt sich hier mittelfristig keine verlässliche Regelung finden, die sicherstellt, dass Sie beide und der betroffene Mitarbeiter, den das sicher ebenfalls brennend interessiert, genau wissen, wann er für wen was zu tun hat, muss eskaliert werden. An dieser Stelle müssen dann auch wieder die Prioritäten geklärt werden. Ist Ihr Projekt wichtiger oder das Tagesgeschäft in der Abteilung des Kollegen? Selbst wenn diese Klärung zu Ihren Ungunsten ausfällt, haben Sie jetzt zumindest Klarheit. Nutzen Sie diese Erkenntnis für die weitere Projektplanung und machen Sie klar, dass Sie unter diesen Umständen die vereinbarten Termine mitunter nicht halten können.

Wichtig ist, dass Sie am Ende eine gemeinsame und abgestimmte Vereinbarung haben, an die Sie sich dann gefälligst auch alle halten.

Der Wissenstransfer als Problem

Während der Dauer eines Projekts wird sich an vielen Stellen in Ihrem Team Wissen und Know-how sammeln. Leider passiert das meistens nicht organisiert und gleichmäßig, sondern zufällig. Auf einmal haben Sie einen Mitarbeiter, der zu einem ganz speziellen Aspekt des Projekts Superdetailkenntnisse hat und der dadurch immer unverzichtbarer wird. Fällt dieser Kollege dann ungeplant aus, weil die Kinder Streptokokken aus der Kita mitgebracht haben, steht das Projekt an dieser Stelle urplötzlich still, weil niemand so richtig weiß, was eigentlich zu tun ist. Mit viel Mühe, heftigem Fluchen und dem einen oder anderen verzweifelten Anruf auf dem Privathandy des Kollegen schaffen Sie es zwar, den Karren irgendwie wieder halb aus dem Morast zu ziehen, dabei gehen aber mehrere Tage und drei Tafeln Schokolade drauf.

Vor einem ähnlichen Problem stehen Sie, wenn das Projekt abgeschlossen ist und zur weiteren Pflege in den Alltagsbetrieb übergeht. Auch hier geht viel Wissen verloren, weil die Mitarbeiter, die jetzt zuständig sind, mitunter am Projekt selbst gar nicht beteiligt waren und das, was Sie und Ihr Team alles Tolles gelernt haben, mangels Gedankenübertragung nicht wissen können.

Lösung

Verlassen Sie sich nicht darauf, dass Wissen schon irgendwie weitergegeben wird. Im Projektalltag gibt es keine gemütlichen Treffen am Lagerfeuer, bei denen in ausführlichen Geschichten die Erfahrungen und Erkenntnisse weitergegeben werden. Stattdessen müssen Sie aktiv dafür sorgen, dass das Wissen um Projektdetails nicht bei einzelnen Personen fest verankert bleibt, sondern koordiniert geteilt wird.

Sie können regelmäßige Lessons-Learned-Meetings veranstalten, in denen ein Projektmitarbeiter einen Teilaspekt des Projekts ausführlich präsentiert und Fragen gestellt werden können. Sie können außerdem ein Wiki oder ein gemeinsames Laufwerk einrichten, in dem das angesammelte Know-how strukturiert dokumentiert werden kann (siehe Kapitel 14, *Aufschreiben! Alles aufschreiben!*). Das Wichtigste: Fordern Sie immer wieder ein, dass Know-how weitergegeben wird, und prüfen Sie regelmäßig, dass dies auch geschieht. Wenig sagt sich leichter als »Das müsste man mal dokumentieren«, und wenig ist lästiger, als genau das dann auch zu tun.

Organisationsformen im Arbeitsalltag

Ich selbst habe in Matrixorganisationen, aber auch in reinen Projektorganisationen gearbeitet. Oftmals liest sich die Beschreibung der Vor- und Nachteile leicht und verständlich. Die Bedeutung versteht man aber erst, wenn man tatsächlich die Erfahrung gemacht hat, was es heißt, neben den Aufgaben aus dem Projekt auch noch den meist spontanen Anforderungen aus der Linie gerecht zu werden.

Da leidet auf Dauer nicht nur die Lebensqualität. Diese Arbeitsweise hat auch eine direkte Auswirkung auf die Qualität der Arbeitsergebnisse. So geistert immer noch das Phantom der Fähigkeit zum Multitasking durch die Köpfe mancher Führungskräfte, obwohl doch bezweifelt werden kann, dass Multitasking und qualitativ hochwertige Ergebnisse in Übereinstimmung gebracht werden können.

Noch schlimmer wird es, wenn seitens der Linie minderwertige Qualität zugunsten der Bearbeitung mehrerer Aufgaben in Kauf genommen wird. Das schadet den Mitarbeitern, weil sie demotiviert werden, das schadet aber insbesondere auch dem Unternehmen, das mit diesem Qualitätsanspruch an Kunden herantritt. Spätestens an dieser Stelle ist es Zeit, die nächsten Eskalationsstufen zu bemühen.

Doch zurück zum Erleben von Organisationsformen. Neben der Matrixorganisation habe ich persönlich auch die reine Projektorganisation erlebt: die volle Konzentration auf ein Ziel, der Zusammenhalt im Team, die Motivation des gesamten Teams und das gemeinsame Erleben von Erfolgen, sobald Zwischenziele erreicht sind. Alles das sind Faktoren, die die Arbeit erleichtern, die motivierend auf den Einzelnen einwirken und die letztlich der Garant dafür sind, dass das Projekt erfolgreich ist. Hier gibt es einen unmittelbaren Zusammenhang zwischen der bewusst gewählten Organisationsform und der langfristigen Motivation der einzelnen Mitarbeiter.

Peter Schüßler

Jetzt, da Sie alles über Projektorganisationsformen wissen, was man wissen muss, ist die nächste interessante Frage natürlich, was Sie mit diesem Wissen anfangen können. Wir klären im nächsten Kapitel also, wie Sie die richtige Organisationsform für Ihr Projekt finden und was Sie machen können, wenn Ihnen dabei Steine in den Weg gelegt werden.

KAPITEL 20

Welche Organisation passt zu mir?

Welche Projektorganisation soll es denn jetzt sein, fragen Sie sich zu Recht. Wenn die autonome Projektorganisation so toll ist, machen wir doch alles in Zukunft nur so, oder? So einfach ist es natürlich nicht, denn so unterschiedlich Projekte sein können, so unterschiedlich können die Anforderungen an die dahinterstehende Organisationsform sein. Es gibt also wieder mal nicht die eine klare Antwort, sondern ein unangenehm eindeutiges »Kommt drauf an«. Worauf es ankommt, dafür geben wir Ihnen jetzt einige Kriterien an die Hand, die Ihnen die Auswahl der Projektorganisation erleichtert.

In Tabelle 20-1 haben wir einige wichtige Kriterien in Hinblick auf die im vorigen Kapitel vorgestellten Organisationsformen konkretisiert. Ausschlaggebend sind hier die Rahmenbedingungen Ihres Projekts. Aus diesen ergibt sich der Anspruch, den Ihr Projekt und damit auch Sie als weniger schlechter Projektmanager an Ihre Organisation stellen und die sich daraus ergebende am besten geeignete Organisationsform.

Tabelle 20-1: Kriterien für die Wahl der Projektorganisation: Überlegen Sie, wie Sie Ihr Projekt in Bezug auf die Kriterien links einschätzen, und schauen Sie dann rechts, in welcher Organisationsform es optimal aufgehoben wäre.

Kriterien	Reine Projektorganisation	Matrixprojektorganisation	Linien-/Stabsprojektorganisation
Bedeutung des Projekts für das Unternehmen	sehr groß	groß	gering
Größe des Projekts	sehr groß	groß	klein, mittel oder mehrere
Risiko	hoch	mittel	gering
Technologieanspruch	sehr hoch	hoch	normal
Projektdauer	lang	mittel	kurz
Komplexitätsgrad	hoch	mittel	gering
Bedürfnis nach zentraler Steuerung	sehr groß	groß	gering
Mitarbeitereinsatz	permanent	Teilzeit	oft neben dem Tagesgeschäft

Inwiefern sich das Ergebnis Ihrer Analyse und die Realität vereinbaren lassen, steht auf einem anderen Blatt, eine Einordnung kann Ihnen aber dabei helfen, die zu drehenden Stellschrauben zu finden und so zumindest die Rahmenbedingungen so anzupassen, dass es ein bisschen besser passt. Alternativ gibt Ihnen die Einordnung Ihres Projekts anhand der aufgezeigten Kriterien Argumente an die Hand, mit deren Hilfe Sie Ihre Probleme eskalieren können.

Sie haben vielleicht herausgefunden, dass Ihr Projekt ob seiner Größe und Komplexität eigentlich nur innerhalb einer reinen Projektorganisation sinnvoll umgesetzt werden kann, in Ihrem Unternehmen sind Projekte aber in der Regel als Matrix organisiert. Auch wenn Sie nicht von heute auf morgen die gesamte Unternehmensstruktur umkrempeln können, so haben Sie jetzt zumindest ein argumentatives Rüstzeug, mit dem Sie als weniger schlechter Projektmanager an das Management herantreten und verhandeln können, ob eine Ausgliederung Ihres Projekts in eine autonome Projektorganisation eine Option ist. Zu oft findet eine solche Überlegung nicht statt, und so werden auch für das Unternehmen wichtige Projekte weiterhin in einer Matrixprojektorganisation abgewickelt, obwohl sie in einer reinen Projektorganisation deutlich erfolgreicher umgesetzt werden könnten.

Sie kennen jetzt die wesentlichen Organisationsformen mit den jeweiligen Vor- und Nachteilen und fragen zu Recht: »Und was mach ich jetzt damit?« Was bedeutet dieses Wissen für Sie als weniger schlechter Projektmanager? Ganz einfach: Sie können die Verankerung und Organisation Ihres Projekts mit den konkreten Projektanforderungen abgleichen und seine Stellung im großen Unternehmensgefüge hinterfragen. Wir haben Ihnen in gewisser Weise eine weitere oft recht gut versteckte Stellschraube gezeigt, an der Sie drehen können, wenn Sie die ganzen anderen Stellschrauben schon an die richtigen Positionen gedreht haben.

Vielleicht sind Sie gedanklich aber schon einen Schritt weiter und beklagen sich: »Ich habe doch gar keinen Einfluss auf die Projektorganisation, bei uns werden Projekte halt in der Matrixorganisation abgewickelt, das war schon immer so, und ich werde es auch nicht ändern.« Zugegeben, die Organisationsstellschraube ist eine große, dicke, schon etwas rostige Schraube, die dringend mal geölt werden müsste und die Sie alleine oft gar nicht bewegen können.

Anders gesagt: Der Einfluss, den Sie auf die Organisation von Projekten nehmen können, ist oft eher gering. Selbst scheinbar einfache Dinge wie das räumliche Zusammenziehen von Projektmitarbeitern – vor allem ohne dabei den nachvollziehbaren Leitungsanspruch der Linienvorgesetzten infrage zu stellen – scheint in vielen Unternehmen wie eine schier unlösbare Aufgabe.

Unternehmensformen ansprechen

Sie merken also, dass etwas in Ihrem Projekt schiefläuft. So vage, so unhilfreich. Was können Sie als weniger schlechter Projektmanager tun?

Meistens suchen Sie die Ursachen für ein nicht gut laufendes Projekt erst mal in der Methode, bei den Teammitgliedern oder bei sich selbst. Haben Sie die Methode richtig angewendet, haben Sie wirklich alle Arbeitspakete identifiziert und richtig geordnet, ist das Teammitglied Schmidt fachlich überhaupt in der Lage, diese Arbeitspaket zu bearbeiten, sind Sie überhaupt die oder der Richtige, Ihr Team zu motivieren? Das sind typische Fragen, die Sie sich jetzt stellen und denen Sie sich richtigerweise auch stellen müssen.

Aber nur zu häufig liegen die Ursachen eben nicht in der Methode, beim Team oder bei der Projektleitung, sondern in der Organisation. Was uns ganz schnell wieder zu der Ausgangsfrage zurückbringt, was Sie an dieser Stelle tun können. Leider ist die Frage tatsächlich nicht so einfach zu beantworten. Wenn Sie einen externen Beobachter fragen, bekommen Sie oft den Rat, mit Ihrem Vorgesetzten darüber zu sprechen, dass Sie Ihr Projekt anders organisiert haben möchten, und das Problem bei Bedarf eben im Ernstfall bis zur Geschäftsführung zu eskalieren. Doch so einfach dieser Ratschlag in der Theorie klingt (und so richtig er im Grundprinzip auch ist), in der Praxis hilft er Ihnen mitunter nicht, denn gerade derlei Änderungen greifen tief in die Organisationsstruktur eines Unternehmens ein und werden als störende Veränderungen in den Machtstrukturen Ihrer Organisation wahrgenommen.

Wir wollen uns der Frage deshalb vorsichtig nähern. Häufig geht es zunächst mal darum, die direkt am Projekt Beteiligten, angefangen bei Ihrem eigenen Vorgesetzten, für den Zusammenhang zwischen Organisation und Projekterfolg zu sensibilisieren. In einer Idealwelt werden Mitarbeiter zu Führungskräften, weil sie nicht nur fachlich gut sind, sondern auch ein Händchen für Menschen haben und deswegen gut geeignet sind, Mitarbeiter zu führen. Wir befinden uns aber in der Realität, in der gelegentlich auch Kollegen zu Führungskräften werden, weil sie in ihrem Fachbereich sehr gut oder einfach schon sehr lange im Unternehmen sind. Erst später stellt sich dann heraus, dass die nötigen Fähigkeiten, Mitarbeiter zu führen, anzuleiten und zu motivieren, im Skillset des Beförderten nur rudimentär angelegt sind und sich auch nicht immer einfach so herbeizaubern lassen.

In einem ersten Schritt müssen Sie als weniger schlechter Projektmanager Ihre Kollegen mit etwas Feingefühl überhaupt erst mit dem entsprechenden Wissen um den Zusammenhang zwischen Organisation und Projekterfolg ausstatten. Sie sollten ein Bewusstsein dafür schaffen, dass das hundertste Methodentraining für den Projektleiter oder das Projektteam nicht den Kern Ihres konkreten Problems trifft, sondern stattdessen ein methodisches Training für die Organisation helfen könnte. In diesem Zusammenhang ist es hilfreich, wenn Sie sich an einen Projektmanagementberater oder -trainer wenden. In der Regel kennen erfahrene Berater die Problematik, denn tatsächlich sind Sie mit diesen Problemen nicht allein. Schildern Sie ihm oder ihr genau Ihre Situation, und Sie bekommen erste Hilfestellungen, was zu tun ist. Ziel sollte sein, dass Sie Ihren Vorgesetzten davon überzeugen, das Gespräch mit dem Berater zu suchen. Idealerweise sollte ein Workshop für das Projektteam stattfinden, in dem das Thema Projektorganisation diskutiert wird und der im Übrigen auch gar nicht so lange dauern muss (eventuell reicht ein halber Tag).

Wissen für alle!

In meiner Rolle als Inhouse-Berater für Projektmanagement habe ich ein Workshop- bzw. Schulungsprogramm für Projektleiter, aber auch für alle Projektmitarbeiter initiiert. Der Ansatz war denkbar einfach: Wenn wir Projektmanagement im Unternehmen leben wollen, müssen alle, die mit Projekten in Berührung kommen, wissen, worum es geht. Das ist im Übrigen ein allgemeingültiger Ansatz. Wenn Sie etwas verändern möchten, müssen Sie auch alle mit dem entsprechenden Wissen darüber ausstatten, was Sie verändern möchten.

Ich war mir sicher, dass es nicht ausreicht, nur die Projektleiter mit den entsprechenden Methodenkenntnissen auszustatten, sondern auch die Projektmitarbeiter, und zwar selbst dann, wenn sie die Methode selber gar nicht anwenden müssen. Das Programm war mehrstufig aufgebaut: Projektleiter haben auf eine Zertifizierung hingearbeitet, während die Mitarbeiter in einem dreitägigen Basisworkshop zum Thema Projektmanagement mit der Methodik vertraut gemacht wurden. Durch einen kleinen Kunstgriff habe ich offengehalten, wer denn nun tatsächlich zum Workshop kommt. Eingeladen waren nicht nur die Projektmitarbeiter, sondern alle, die in irgendeiner Form mit Projekten in Berührung kamen. Tatsächlich war das Programm ein voller Erfolg. Innerhalb von weniger als zwei Jahren durchliefen ca. 150 Mitarbeiter das Programm.

Es wurde aber auch deswegen ein Erfolg, weil Linienvorgesetzte die Einladung ebenfalls wahrgenommen und entweder an dem dreitägigen Workshop oder gar an der weitergehenden Zertifizierung teilgenommen hatten. Da in dem Workshop die Methoden anhand eines Fallbeispiels von den Teilnehmern durchgespielt wurden, konnten die Linienvorgesetzten auch die praktische Erfahrung machen, was es bedeutet, in einem Projektteam zu arbeiten.

Insbesondere zu dem Thema Projektorganisation kam von den Linienvorgesetzten immer wieder das Feedback: »Es war mir gar nicht so bewusst, welchen Einfluss die Projektorganisation auf die Projektarbeit hat, welche Rolle ich in diesem Zusammenhang spiele und in welchem Maß ich hier auch positiv Einfluss nehmen kann.«

Ein sehr schönes Feedback, über dass ich mich nicht nur gefreut habe, sondern dass auch gezeigt hat, wie sinnvoll diese Workshops für das Projektmanagement im Unternehmen waren!

Peter Schüßler

Kernteam und Projektmanagementbüro

Es gibt noch ein weiteres Phänomen, das häufig beobachtet werden kann. Obwohl das Projekt nicht nur die ausreichende Größe, sondern auch die ausreichende Wichtigkeit im Unternehmen hat, fällt es den Unternehmen dennoch schwer, sich für die richtige Projektorganisation zu entscheiden. Häufig werden auch solche Prio-A-Projekte in einer Matrixorganisation abgewickelt, was nicht nur unweigerlich zur Überlastung der Ressourcen, sondern auch zu schlechten Projektergebnissen oder im schlechtesten Fall gar zum Scheitern des Projekts führt.

Jetzt ist natürlich nicht die Projektorganisation allein am Scheitern von Projekten schuld, damit würden wir es uns ein bisschen zu einfach machen. Es können jedoch durch die geeignete, projektspezifische Auswahl der Organisation durchaus Risiken, die sich zum Beispiel durch zu viele Schnittstellen ergeben (Stichwort *Kommunikation*), vermindert werden. Auch wenn es partout nicht möglich ist, sich bei solchen Projekten von der Matrix zu trennen, ist es doch empfehlenswert, dass zumindest ein Projektmanagementkernteam gebildet wird, das den Projektleiter nicht nur bei Planungs- und Controllingaufgaben, sondern auch beim Reporting unterstützt und ihn insofern entlastet, dass er sich auf seine Steuerungsaufgaben konzentrieren kann.

Neben der Idee eines solchen Kernteams kann diese Aufgabe auch durch die Einrichtung eines Projektbüros langfristig im Unternehmen institutionalisiert werden. Ein solches Projektbüro kann dann mehrere Projekte gleichzeitig unterstützen und ist in seiner Funktion weit mehr als ein Sekretariat, da es in gewissem Maße auch fachlich in die Projekte involviert sein muss. Das trifft insbesondere dann zu, wenn es Reporting- oder Planungsaufgaben übernimmt, da in diesen Fällen alle Informationen aus unterschiedlichen Fachbereichen im Projektbüro zusammenlaufen und hier gebündelt werden können. Oft scheuen Unternehmen die Einrichtung eines Projektbüros erst recht, wenn es um eine dauerhaft agierende Institution geht. Es wird eher als unangenehmer und irgendwie fragwürdiger Kostenfaktor wahrgenommen und nicht als Investition in die dauerhafte Implementierung einer Projektmanagementkultur, die in der Institutionalisierung ihren Ausdruck findet und letztlich den Erfolg von Projekten begünstigen kann.

Zu Beginn des Kapitels sprachen wir über die Verankerung von Projektmanagement in der Organisation. Dahinter steckt die Frage, welchen Stellenwert Projektmanagement eigentlich in Ihrem Unternehmen hat. Bereits die Einrichtung eines temporären Projektbüros geht in die richtige Richtung. Im besten Fall können Sie damit die Skeptiker im Unternehmen an einem ganz konkreten Beispiel davon überzeugen, dass ein Projektbüro keine Geld fressende Schnapsidee aus einem obskuren Projektmanagementhandbuch ist, sondern eine sinnvolle Einrichtung, über die man ruhig mal intensiver sprechen sollte.

Projektarbeit und die damit verbundenen Projektmanagementaufgaben werden richtigerweise als Tätigkeiten wahrgenommen, die nicht so einfach nebenbei erledigt werden können, sondern für die letztlich Ressourcen benötigt werden, die über Fähigkeiten verfügen, um diese Aufgaben erfolgreich durchzuführen. Es ist ein wenig grotesk und vor allem eine völlige Verschwendung von Ressourcen, eine Programmiererin oder einen Ingenieur, die sehr gut in ihrem Fachbereich sind (und im Übrigen mit ihrem Tätigkeitsfeld auch sehr glücklich), plötzlich mit Planungsaufgaben zu betrauen. Das ist einfach nicht ihr Metier, und letztlich schadet es allen Beteiligten, dem Projekt und dem Unternehmen. Die Qualität der Planung wird leiden, die Mitarbeiter sind frustriert, weil sie das, was sie machen wollen, nicht machen dürfen und dafür Dinge tun müssen, mit denen sie sich nicht wohlfühlen. Zudem wird Zeit gebunden, die den Mitarbeitern für ihre eigentliche Aufgabe, nämlich ein Programmmodul oder ein Gebäudedesign zu entwickeln, nicht mehr zur Verfügung stehen.

Die hohe Schule des Projektbüros ist das Projektmanagementbüro – oder auf Englisch *Project Management Office* (kurz PMO). Dabei handelt es sich um eine dauerhaft installierte Institution im Unternehmen, die je nach Ausprägung den Projekten nicht nur operativ zugeordnet, sondern auch übergeordnet für die Entwicklung der Projektmanagementsystematik im Unternehmen verantwortlich ist. Dazu gehört die Entwicklung von Projektprozessen genauso wie die Entwicklung und Verankerung von Projektmanagementwissen im Unternehmen. Auch die Erstellung und Bereitstellung von standardisierten Vorlagen, die die Projektarbeit in möglichst allen Belangen unterstützen, fällt in das Aufgabenportfolio solch eines PMO. Das PMO übernimmt damit Aufgaben, die sonst häufig bei den Mitarbeitern eines konkreten Projektteams gesehen werden, die aber von diesen oft gar nicht geleistet werden können, sei es, weil die Ressourcen oder die dazu benötigten Kenntnisse nicht vorhanden sind.

Die Einrichtung eines PMO ist zumindest ein guter Hinweis darauf, dass Ihr Unternehmen das Thema Projektmanagement wirklich ernst nimmt. Es ist aber wie immer auch eine Frage des Maßstabs, der Größe Ihres Unternehmens und des Anteils der Projektarbeit innerhalb Ihres Unternehmens. Sie brauchen also nicht zu verzagen, wenn das Thema PMO bei Ihrer Firma (noch) keine Rolle spielt.

Sie haben nun alle Werkzeuge und Kenntnisse beisammen, die Sie brauchen, um ein weniger schlechter Projektmanager zu sein, und sind – zumindest was dieses Buch angeht – am Ende der Reise angekommen. Ihre Reise als weniger schlechter Projektmanager hat hingegen hoffentlich gerade erst begonnen. Wir hoffen, wir konnten Ihnen die Angst vor Ihrer großen Aufgabe nehmen, ohne dass Sie dabei aber den Respekt vor den anstehenden Herausforderungen und der damit verbundenen Verantwortung verloren haben.

Als weniger schlechter Projektmanager kennen Sie die Methoden, die Sie benötigen, um ein Projekt gut zu planen und zu steuern. Sie wissen, welche persönlichen Fähigkeiten ein weniger schlechter Projektmanager braucht und was Sie tun können, wenn Ihnen diese nicht sofort und wie durch ein Wunder zufallen. Außerdem haben Sie gelernt, wie Sie Projekte innerhalb der Organisation Ihres Unternehmens verankern können, und haben eine Vorstellung davon, was nötig ist, wenn etwas im Argen liegt und den Projekterfolg gefährdet.

Zwar ist das Thema »Projektmanagement« ein weites Feld, und wir könnten sicherlich noch ein bis zehn weitere Kapitel schreiben, aber wer soll das bitteschön alles lesen? Sie haben doch sicher Besseres zu tun, oder? Weniger schlecht Projekte managen zum Beispiel. Vielleicht sogar richtig gut Projekte managen. Wir freuen uns, wenn wir unseren Teil dazu beitragen konnten.

ANHANG A

Weiterlesen

Folgende Bücher können wir als weitergehende Lektüre empfehlen:

Philip Baguley: »Optimales Projektmanagement« (Falken, 1999). Leider vergriffen, wenn Sie es aber noch gebraucht bekommen, schlagen Sie unbedingt zu, es lohnt sich.

Uwe Braehmer: »Projektmanagement für kleinere und mittlere Unternehmen: Schnelle Resultate mit knappen Ressourcen« (Carl Hanser Verlag, 2005)

Tom DeMarco: »Der Termin: Ein Roman über Projektmanagement« (Carl Hanser Verlag, 2007)

Harold Kerzner: »Projektmanagement: Ein systemorientierter Ansatz zur Planung und Steuerung« (mitp, 2. Auflage 2008)

Michael Lang und Reinhard Wagner: »Der Weg zum projektorientierten Unternehmen« (Carl Hanser Verlag, 2019)

Michael Lopp: »Managing Humans: Biting and Humorous Tales of a Software Engineering Manager« (Apress, 2016).

Pascal Mangold: »IT-Projektmanagement kompakt« (Spektrum, 2009)

Heinz Schelle: »Projekte zum Erfolg führen: Projektmanagement systematisch und kompakt« (dtv Verlagsgesellschaft, 8. Auflage 2018)

Josef W. Seifert und Christian Holst: »Projekt-Moderation« (GABAL, 2004)

Andrew Stellman und Jennifer Greene: »Beautiful Teams: Inspiring and Cautionary Tales from Veteran Team Leaders« (O'Reilly, 2009)

Holger Timinger: »Modernes Projektmanagement: Mit traditionellem, agilem und hybridem Vorgehen zum Erfolg« (Wiley, 2017)

Hans W. Wieczorrek und Peter Mertens: »Management von IT-Projekten von der Planung zur Realisierung« (Springer, 4. Auflage 2010)

Index

N

O

P

R

S

T

U

V

W

Z

Über den Autor

Anne Schüßler studierte aus Interessensüberforderung erst brotlose Kunst, kriegte dann aber doch noch die Kurve und machte eine Ausbildung zur Fachinformatikerin. Sie arbeitete über zehn Jahre als Softwareentwicklerin in verschiedenen Branchen und ist jetzt Anwendungsberaterin in einem großen Kölner Medienunternehmen. Sie glaubt fest an agile Softwareentwicklung, transparente Kommunikation und Marillenknödel. Ansonsten ist sie ein bisschen zu oft in diesem Internet[1], wo sie unter *@anneschuessler* twittert, kann drei Lieder auf dem Kontrabass spielen und mag Hunde lieber als Menschen (sorry, Menschen).

Peter Schüßler ist als zertifizierter Senior Projektmanager (IPMA Level B) Leiter eines Stabsbereichs für Inhouse-Beratung und Coaching mit Schwerpunkt Projektmanagement in einem deutschen Energiekonzern. Auf dem Weg dahin hat er eine Menge Erfahrung in unterschiedlichen Projekten und Projektrollen im In- und Ausland gesammelt, ist in der Bucht von Rio de Janeiro gepaddelt und mit einem Bummelzug zu einem indonesischen Vulkan gefahren. Sein Studium der Psychologie hilft ihm dabei, zu verstehen, dass es beim Projektmanagement nicht immer nur um Methoden, sondern auch um Menschen geht. Nach Feierabend verbringt er die eine oder andere Stunde[2] in seinem kleinen Musikstudio.

Kolophon

Das Tier auf dem Cover von *Weniger schlecht Projekte managen* ist eine Damagazelle (*Nanger dama*). In den trockenen Savannen der Sahara und Sahelzone leben nur noch wenige tausend Tiere dieser größten Gazellenart – die Tiere sind extrem vom Aussterben bedroht. Nur im Tschad, im Niger, in Mali und im Senegal streifen noch einige wenige Herden dieser langbeinigen und eleganten Tiere umher. Die unkontrollierte Jagd des Menschen – in jüngerer Zeit auch mithilfe von Autos – und die Zerstörung ihres Lebensraums stellt die größte Bedrohung dar. Wiederansiedelungsversuche haben bisher nur im Senegal zu kleinen Erfolgen geführt. Kriegsereignisse in den genannten Ländern haben diese Versuche in der Vergangenheit häufig zunichte gemacht.

Der feine Kopf der Damagazelle mit den großen Augen wird gekrönt durch S-förmige Hörner, die bei den männlichen Tieren etwas größer ausfallen. Der Nacken und der Rücken sind rötlich-braun. Auffällig ist ein weißer Fleck in der Kehlregion. Die Tiere haben eine Schulterhöhe von 90 bis 120 Zentimetern.

Auf ihren Wanderungen folgen sie dem jahreszeitlichen Nahrungsangebot. Zur Regenzeit sind sie in den nördlicheren Wüstengebieten der Sahara zu finden, während sie sich in der Trockenzeit in die feuchtere Sahelzone zurückziehen. Die Her-

1 Definitiv zu oft! (Anm. von Peter Schüßler)

2 Untertreibung des Jahrhunderts! (Anm. von Anne Schüßler)

den bestehen meist aus einem Männchen und mehreren Weibchen. Im Frühjahr kommen die Jungtiere zur Welt, die bereits nach wenigen Tagen so stark sind, dass sie der Herde auf den Wanderungen folgen können.

Wie andere Gazellen- und Antilopenarten vollführen Damagazellen bei Gefahr den sogenannten Prellsprung. Dabei stoßen sie sich mit ihren vier steifgestreckten Beinen gleichzeitig von der Erde ab und schnellen in die Höhe. Man geht davon aus, dass dieses Verhalten den potenziellen Angreifer irritieren und die Vitalität der Tiere demonstrieren soll.

Viele der Tiere auf den O'Reilly-Covern sind vom Aussterben bedroht, doch jedes einzelne von ihnen ist für den Erhalt unserer Erde wichtig.

Die Umschlagillustration zu diesem Buch stammt von Karen Montgomery, sie basiert auf einem Stich aus *Shaw's Zoology*. Den Umschlagentwurf haben Karen Montgomery und Michael Oréal erstellt. Auf dem Cover verwenden wir die Schriften Gilroy Semibold und Guardian Sans, als Textschrift die Linotype Birka, die Überschriftenschrift ist die Adobe Myriad Condensed, und die Nichtproportionalschrift für Codes ist LucasFonts TheSans Mono Condensed.